丛书编委会

大学预科系列教材

高等数学基础

GAODENGSHUXUEJICHU

暨南大学华文学院预科部 编

主　编：谢益民

副主编：谭学功

编　者：（以姓氏笔画为序）

刘岑枫　刘家有　岑　文　张　卓

周思当　谢益民　赖章荣　谭学功

中国·广州

图书在版编目（CIP）数据

高等数学基础／暨南大学华文学院预科部编. —广州：暨南大学出版社，2024.3
大学预科系列教材
ISBN 978－7－5668－3798－1

Ⅰ.①高…　Ⅱ.①暨…　Ⅲ.①高等数学—高等学校—教材　Ⅳ.①O13

中国国家版本馆 CIP 数据核字（2023）第 209326 号

高等数学基础
GAODENG SHUXUE JICHU
编　者：暨南大学华文学院预科部

出 版 人：阳　翼
策划编辑：李　战
责任编辑：黄　颖　周海燕
责任校对：刘舜怡　林玉翠　黄晓佳　黄子聪
责任印制：周一丹　郑玉婷

出版发行：暨南大学出版社（511434）
电　　话：总编室（8620）31105261
营销部（8620）37331682　37331689
传　　真：（8620）31105289（办公室）　37331684（营销部）
网　　址：http：//www.jnupress.com
排　　版：广州市新晨文化发展有限公司
印　　刷：佛山市浩文彩色印刷有限公司
开　　本：787mm×1092mm　1/16
印　　张：26
字　　数：700 千
版　　次：2024 年 3 月第 1 版
印　　次：2024 年 3 月第 1 次
定　　价：98.00 元

前　言

暨南大学华文学院预科部，是暨南大学一个有着悠久历史的教育教学机构，长期以来承担着学校大学预科教学和研究的重任。几十年以来经过大家的不懈努力，预科部向学校及国内其他高校输送了大量合格的港澳台侨青年学生，在人才培养方面取得了极为丰硕的成果。

教书育人离不开教材。教材是学科知识体系和能力要求的集中体现，是编写者专业水平和学科智慧的结晶，是课程的核心教学材料，是教师“教”和学生“学”的具体依据。《大学预科系列教材》作为大学预科课程标准的规范文本，除了要符合上述特点外，还须具备一项非常重要的功能：切实贯彻和落实港澳台侨学生教育理念，将他们培养成为我们所需要的人。——编好这样的教材，其重要性不言而喻。

我们编写的《大学预科系列教材》，第一版出版于2000年，包括《语文》《数学》《历史》《地理》《物理》《化学》《生物》共7个科目。在使用十年后的2010年，我们又出了第二版。在第一版7个科目的基础上，第二版增加了《通识教育读本》和《英语》；原《地理》也改为《中国地理》。现在，又过去了十几年，为实现暨南大学侨校发展战略及“双一流”和高水平大学建设的宏伟目标，结合新形势下对港澳台侨学生教育的要求和各个学科发展的具体情况，我们对第二版《大学预科系列教材》进行了认真的研究和分析，对教材内容进行了必要的增、删、调整或更新。在此基础上，我们出版了这套全新的《大学预科系列教材》。

这套新版《大学预科系列教材》，符合港澳台侨预科学生身心发展规律和认知特点，体现了各学科的最新知识和研究成果，在理解和尊重多元文化的同时，力争突出中华优秀文化的源远流长和博大精深，彰显其强大的影响力和感召力。通过这套教材，我们希望进一步加强港澳台侨预科学生的国家、民族和文化认同教育，为维护“一国两制”和祖国统一，为“一带一路”的文化交流，为粤港澳大湾区的建设，培养具有高度政治素养、文化素养和专业基础素养的合格人才。

这套新版教材，由《语文》《高等数学基础》《英语》《通识教育》《中国历史》《中国地理》《物理》《化学》《生物》9个科目构成。原来的《数学》在新版改成《高等数学基础》，《通识教育读本》改成《通识教育》，《历史》改成《中国历史》。

这套新版教材的编写工作以预科部教师为主，暨南大学华文学院应用语言学系的部分英语教师也参与了这项工作。对大家在教材编写过程中付出的辛勤劳动，我们在此表示衷心的感谢！

由于时间仓促，书中难免存在问题，希望广大师生能对这套教材提出宝贵的意见。

温宗军

2024年3月

目　录

CONTENTS

第一章　函　数

函数是微积分的主要研究对象．在中学，我们学习过集合和函数的基础知识，初等数学研究的函数大多只涉及一些具体函数的具体性质，而高等数学中所研究的函数及性质除了具体的，还有抽象的．本章将介绍集合、映射、函数、初等函数等基本概念，以及函数的一些基本性质及应用．

第一节　集　合

集合在数学中具有特殊的重要性．集合论的基础是由德国数学家康托尔（Cantor，1845—1918）奠定的，现代数学的各个分支几乎都是建立在严格的集合论的理论上的．为了深刻理解函数概念，更好地学习高等数学，集合知识不可或缺．

一、集合的概念

集合是数学中的一个基本概念，“集合”一词与我们日常熟悉的“整体”“一类”“一群”等词语的意义相近．例如“数学书的全体”“地球人的全体”“实数的全体”等都可以分别看成一些“对象”的集合．

一般地，把一些能够确定的不同的对象看成一个整体，就说这个整体是由这些对象的全体构成的**集合**（set），简称为集．构成集合的每个对象叫做这个集合的**元素**（element）．

集合通常用大写英语字母 A，B，C，… 表示，它们的元素通常用小写英语字母 a，b，c，… 表示．如果 a 是集合 A 的元素，就说 a **属于**（belong to）A，记作 $a \in A$；如果 a 不是集合 A 的元素，就说 a **不属于**（not belong to）A，记作 $a \notin A$．

含有有限个元素的集合叫做**有限集**（finite set）；含有无限个元素的集合叫做**无限集**（infinite set）；不含有任何元素的集合叫做**空集**（empty set），记作$\varnothing$．

集合有如下特性：

（1）确定性．作为一个集合的元素，必须是确定的．不能确定的对象就不能构成集合．也就是说，给定一个集合，任何一个对象是不是这个集合的元素也就确定了．

（2）互异性．对于一个给定的集合，集合中的元素一定是互不相同的（或者说是互异的）．这就是说，集合中的任何两个元素都是不同的对象，相同的对象归入同一个集合时只能算作集合的一个元素．

(3) 无序性. 集合中的元素排列无先后顺序，任意调换集合中的元素位置，集合不变。

我们约定，用某些大写英语字母表示常用的一些数集.

全体非负整数组成的集合，叫做**自然数集**或**非负整数集**(natural numbers set)，记作 $\mathbf{N}$，即

$$\mathbf{N}=\{0,1,2,3,\cdots,n,\cdots\};$$

在自然数内排除0的集合，叫做**正整数集**（positive integers set)，记作 $\mathbf{N}^*$ 或 $\mathbf{N}_+$，即

$$\mathbf{N}_+=\{1,2,3,\cdots,n,\cdots\};$$

全体整数组成的集合，叫做**整数集**（set of integers)，记作 $\mathbf{Z}$，即

$$\mathbf{Z}=\{\cdots,-n,\cdots,-2,-1,0,1,2,\cdots,n,\cdots\};$$

全体有理数组成的集合，叫做**有理数集**（rational numbers set)，记作 $\mathbf{Q}$，即

$$\mathbf{Q}=\left\{\frac{p}{q}\ \middle|\ p\in\mathbf{Z},q\in\mathbf{N}^+\text{ 且 }p\text{ 与 }q\text{ 互质}\right\};$$

全体实数组成的集合，叫做**实数集**（real numbers set)，记作 $\mathbf{R}$，全体正实数组成的集合记为 $\mathbf{R}^+$.

表示集合的方法通常有以下两种：

一是**列举法**（enumeration)，就是把集合的元素一一列举出来，并用大括号“{ }”括起来表示集合的方法. 例如，由元素1，2，3，4，5组成的集合 A，可以表示成

$$A=\{1,2,3,4,5\}.$$

二是**描述法**（description)，就是用集合所含元素的共同特征表示集合的方法. 若集合 A 是由集合 I 中具有性质 $p(x)$ 的所有元素构成的，就表示成

$$A=\{x\in I\mid p(x)\}.$$

例如，集合 B 是方程 $x^2-3x-2=0$ 的解集，就可以表示成

$$B=\{x\in\mathbf{R}\mid x^2-3x-2=0\}.$$

在不致发生误解时，x 的取值集合可以省略不写. 例如，在实数集 $\mathbf{R}$ 中取值，“$x\in\mathbf{R}$”常常省略不写. 上述集合 B 可以写作

$$B=\{x\mid x^2-3x-2=0\}.$$

有时也用**韦恩图**（Venn diagram）表示集合. 用平面内一个封闭曲线的内部表示一个集合，这个区域通常叫做韦恩图. 如用图1-1表示集合 A.

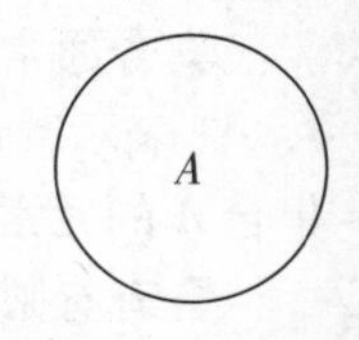

图1-1

例1 用列举法表示下列集合：

(1) $\{x\mid x\text{ 为不大于5的自然数}\}$;

(2) $\{x\mid x^2-2x-8<0,\ x\in\mathbf{Z}\}$;

(3) $\{(x,\ y)\mid x+2y=7,\ x,\ y\in\mathbf{N}_+\}$.

解： (1) $\{0,\ 1,\ 2,\ 3,\ 4,\ 5\}$;

(2) $\{x\mid -2<x<4,\ x\in\mathbf{Z}\}=\{-1,\ 0,\ 1,\ 2,\ 3\}$;

(3) $\{(1,\ 3),\ (3,\ 2),\ (5,\ 1)\}$.

例 2　用描述法表示下列集合：

（1）所有 10 的整数次幂；

（2）$\{1, -3, 5, -7, 9, -11, \cdots\}$.

解：（1）$\{x \mid x=10^n, n \in \mathbf{Z}\}$；

（2）$\{x \mid x=(-1)^{n+1}(2n-1), n \in \mathbf{N}_+\}$.

练习 1.1

1. 用列举法表示下列集合：

（1）中国古代四大发明的集合；

（2）由不大于 13 的质数组成的集合；

（3）15 的质因数的全体构成的集合；

（4）$\{x \mid x^2-4x-5<0, x \in \mathbf{Z}\}$.

2. 用描述法表示下列集合：

（1）{长江、黄河、珠江、黑龙江}；

（2）{春、夏、秋、冬}；

（3）除以 3 余 2 的数的全体构成的集合；

（4）坐标平面上到两坐标轴距离相等的点构成的集合.

3. 下列的集合，哪些是有限集？哪些是无限集？哪些是空集？

（1）中国现有直辖市的全体；

（2）坐标平面上，第二象限的点的集合；

（3）今天生活在火星上的地球人构成的集合；

（4）$\{x \mid x^2+5x+6<0，x\in \mathbf{N}\}$.

二、集合之间的关系

对于两个集合 A 与 B，如果集合 A 的任何一个元素都是集合 B 的元素，那么集合 A 叫做集合 B 的**子集**（subset），记作 $A\subseteq B$ 或 $B\supseteq A$，读作“A 包含于 B”或“B 包含 A”.

按照上述定义，任意一个集合 A 都是它本身的子集，即 $A\subseteq A$.

我们规定空集是任意一个集合的子集，也就是说，对任意集合 A，都有 $\varnothing\subseteq A$.

如果集合 A 是集合 B 的子集，并且集合 B 中至少有一个元素不属于集合 A，那么集合 A 叫做集合 B 的**真子集**（proper subset），记作

$$A\subsetneqq B(\text{或} B\supsetneqq A),$$

读作“A 真包含于 B”，或“B 真包含 A”，用图形表示如图 1－2 所示.

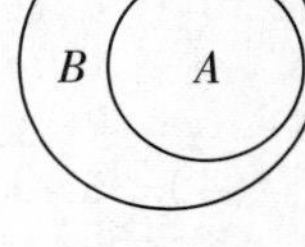

图 1－2

例如，$A=\{1，2\}$，$B=\{1，2，3，4\}$，由观察可知，A 是 B 的子集，但 $3\in B$，$3\notin A$，所以 A 是 B 的真子集，即 $A\subsetneqq B$.

根据子集、真子集的定义可推知：

对于集合 A，B，C，如果 $A\subseteq B$，$B\subseteq C$，则 $A\subseteq C$；

对于集合 A，B，C，如果 $A\subsetneqq B$，$B\subsetneqq C$，则 $A\subsetneqq C$.

一般地，如果集合 A 的每一个元素都是集合 B 的元素，反过来，集合 B 的每一个元素都是集合 A 的元素，那么我们就说集合 A 与集合 B **相等**（equality），记作

$$A=B.$$

例如，设 $A=\{1，2\}$，$B=\{x \mid x^2-3x+2=0\}$，则 $A=B$.

由相等的定义，可得：

如果 $A\subseteq B$，同时 $B\subseteq A$，则 $A=B$；反之，如果 $A=B$，则 $A\subseteq B$，且 $B\subseteq A$.

例 1 写出集合 $\{0，1，2\}$ 的所有子集及真子集.

解： 集合 $\{0，1，2\}$ 的所有子集是 $\varnothing$，$\{0\}$，$\{1\}$，$\{2\}$，$\{0，1\}$，$\{0，2\}$，$\{1，2\}$，$\{0，1，2\}$.

集合 $\{0，1，2\}$ 的所有真子集是 $\varnothing$，$\{0\}$，$\{1\}$，$\{2\}$，$\{0，1\}$，$\{0，2\}$，$\{1，2\}$.

例 2 说出下列每对集合之间的关系：

（1）$A=\{1，2，3，4，5\}$，$B=\{1，3，5\}$；

（2）$P=\{x \mid x^2=1\}$，$Q=\{x \mid |x|=1\}$；

(3) $C=\{x \mid x\text{是奇数}\}$, $D=\{x \mid x\text{是整数}\}$.

解: (1) $A \supsetneqq B$; (2) $P=Q$; (3) $C \subsetneqq D$.

例3 用适当的符号($\in$, $\notin$, $=$, $\subsetneqq$, $\supsetneqq$)填空:

(1) 0 ______ $\varnothing$; (2) 0 ______ $\{0\}$; (3) $\varnothing$ ______ $\{0\}$;

(4) a ______ $\{a\}$; (5) $\varnothing$ ______ $\{a, b\}$; (6) $\mathbf{Z} \cup \mathbf{N}$ ______ $\mathbf{N}$;

(7) $\mathbf{Q} \cup \mathbf{Z}$ ______ $\mathbf{R}$; (8) $\mathbf{Q} \cap \mathbf{Z}$ ______ $\mathbf{N}$; (9) $A \cup B$ ______ B.

解: (1) $\notin$; (2) $\in$; (3) $\subsetneqq$; (4) $\in$; (5) $\subsetneqq$; (6) $\supsetneqq$;
(7) $\subsetneqq$; (8) $\supsetneqq$; (9) $\supsetneqq$.

练习 1.2

1. 用适当的符号($\in$, $\notin$, $\subsetneqq$, $\supsetneqq$, $=$)填空:

(1) a ______ $\{a\}$; (2) $\varnothing$ ______ $\{0, 1, 2\}$;

(3) d ______ $\{a, b, c\}$; (4) $\{b, c, a\}$ ______ $\{a\}$;

(5) $\{a, b\}$ ______ $\{b, a\}$; (6) 0 ______ $\{0\}$;

(7) 已知集合 $A=\{x \mid x^2-1=0\}$, 则有:

1 ______ A, $\{-1\}$ ______ A,

$\varnothing$ ______ A, $\{1, -1\}$ ______ A.

2. 若集合 $A=\{x \mid x=0\}$, 则下列式子成立的是( )

A. $0=A$　B. $\varnothing=A$　C. $\{0\} \subseteq A$　D. $\varnothing \in A$

3. 设集合 $p=\{x \mid x \leqslant 3\}$, $a=2\sqrt{2}$, 则( )

A. $a \subsetneqq p$　B. $a \notin p$　C. $\{a\} \in p$　D. $\{a\} \subsetneqq p$

4. 已知集合 $A=\{1, 2, 3, 4, 6\}$, 那么集合 $B=\{x \mid x=\dfrac{b}{a}, a, b \in A\}$ 中所含元素的个数为( )

A. 21　B. 17　C. 13　D. 12

5. 写出集合 $\{0, 1, 2, 3\}$ 的所有子集、真子集和非空真子集.

6. 已知集合 $A=\{a, a+q, a+2q\}$, $B=\{a, aq, aq^2\}$ (a 为常数), 若 $A=B$, 求 q 的值.

三、集合之间的运算

过去我们只对数或式进行算术运算或代数运算, 这里集合运算的含义是, 由两个已知的集合, 按照某种指定的法则, 构造出一个新的集合. 集合的基本运算有以下几种: 交集、并集、补集.

对于两个给定的集合 A，B，由所有属于集合 A 且属于集合 B 的元素所组成的集合，叫做 A 与 B 的**交集**（intersection set），记作 $A\cap B$，读作"A 交 B"，即

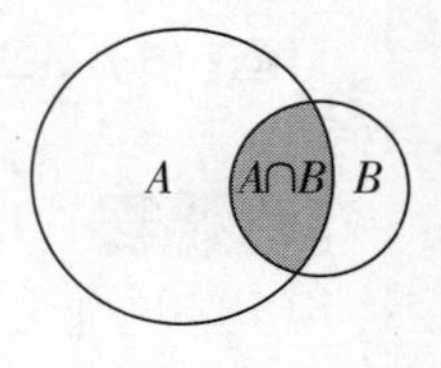

图 1－3

$$A\cap B=\{x\mid x\in A \text{ 且 } x\in B\}.$$

例如，$\{1,2,3,4,5\}\cap\{3,4,5,6,8\}=\{3,4,5\}$.

集合 A 与 B 的交集，可用图 1－3 阴影部分表示.

例 1 求下列每对集合的交集：

（1）$A=\{x\mid x^2+2x-3=0\}$，$B=\{x\mid x^2-x-12=0\}$；

（2）$C=\{2,5,7,9\}$，$D=\{3,6,8,10,12\}$.

解：（1）$A\cap B=\{1,-3\}\cap\{-3,4\}=\{-3\}$；

（2）$C\cap D=\varnothing$.

例 2 设集合 $A=\{x\mid -1\leqslant x\leqslant 1\}$，$B=\{x\mid x>0\}$，求 $A\cap B$.

解：$A\cap B=\{x\mid -1\leqslant x\leqslant 1\}\cap\{x\mid x>0\}=\{x\mid 0<x\leqslant 1\}$.

例 3 设集合 $A=\{x\mid x \text{ 是奇数}\}$，$B=\{x\mid x \text{ 是偶数}\}$，$\mathbf{Z}=\{x\mid x \text{ 是整数}\}$，求 $A\cap\mathbf{Z}$，$B\cap\mathbf{Z}$，$A\cap B$.

解：$A\cap\mathbf{Z}=\{x\mid x \text{ 是奇数}\}\cap\{x\mid x \text{ 是整数}\}=\{x\mid x \text{ 是奇数}\}=A$，

$B\cap\mathbf{Z}=\{x\mid x \text{ 是偶数}\}\cap\{x\mid x \text{ 是整数}\}=\{x\mid x \text{ 是偶数}\}=B$，

$A\cap B=\{x\mid x \text{ 是奇数}\}\cap\{x\mid x \text{ 是偶数}\}=\varnothing$.

一般地，对于两个给定的集合 A，B，把它们所有的元素并在一起构成的集合，叫做 A 与 B 的**并集**（union set），记作 $A\cup B$，读作"A 并 B"，即

$$A\cup B=\{x\mid x\in A \text{ 或 } x\in B\}.$$

例如，$\{2,4\}\cup\{5,6,8\}=\{2,4,5,6,8\}$，$\{1,3,5\}\cup\{2,3,4,6,7\}=\{1,2,3,4,5,6,7\}$.

集合 A 与 B 的并集，可用如图 1－4（1）或（2）中的阴影部分表示.

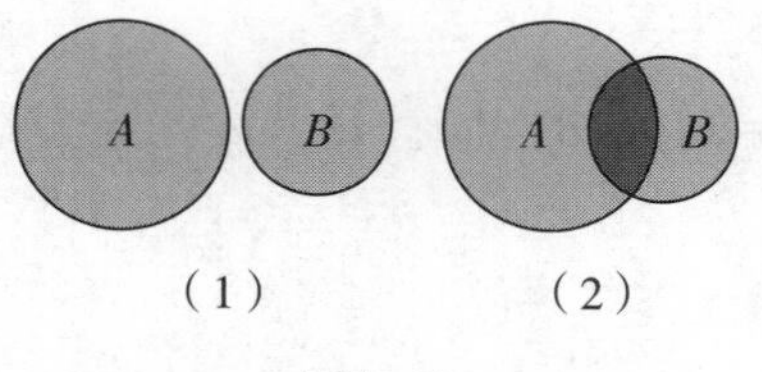

图 1－4

例 4 已知 $\mathbf{Q}=\{x\mid x \text{ 是有理数}\}$，$\mathbf{Z}=\{x\mid x \text{ 是整数}\}$，求 $\mathbf{Q}\cup\mathbf{Z}$.

解：$\mathbf{Q}\cup\mathbf{Z}=\{x\mid x \text{ 是有理数}\}\cup\{x\mid x \text{ 是整数}\}=\{x\mid x \text{ 是有理数}\}=\mathbf{Q}$.

例 5 设集合 $A=\{x \mid -1<x<2\}$，集合 $B=\{x \mid 1<x<3\}$，求 $A\cup B$.

解： $A\cup B=\{x \mid -1<x<2\}\cup\{x \mid 1<x<3\}=\{x \mid -1<x<3\}$.

在研究集合与集合之间的关系时，这些集合常常都是一个给定的集合的子集，这个给定的集合叫做**全集**（universal set），用符号 U 表示．

如果 A 是全集 U 的一个子集（即 $A\subseteq U$），由全集 U 中不属于 A 的所有元素组成的集合，叫做 A 在 U 中的**补集**（complementary set），记作 $\complement_U A$，读作"A 在 U 中的补集"，即

$$\complement_U A=\{x \mid x\in U \text{ 且 } x\notin A\}.$$

集合 A 在全集 U 中的补集，可以用图 1－5 中的阴影部分表示.

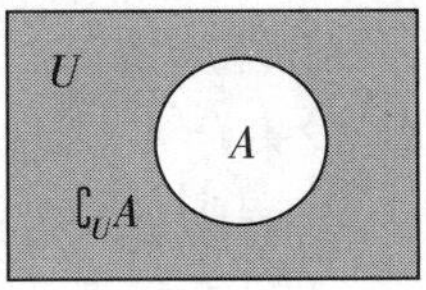

U
A
$\complement_U A$

图 1－5

集合的并集、交集、补集运算满足下列法则：

若 A，B，C 为集合，则

（1）等幂律：$A\cup A=A$，$A\cap A=A$；

（2）交换律：$A\cup B=B\cup A$，$A\cap B=B\cap A$；

（3）结合律：$(A\cup B)\cup C=A\cup(B\cup C)$，
$(A\cap B)\cap C=A\cap(B\cap C)$；

（4）分配律：$(A\cup B)\cap C=(A\cap C)\cup(B\cap C)$，
$(A\cap B)\cup C=(A\cup C)\cap(B\cup C)$；

（5）德摩根律：$\complement_U(A\cup B)=\complement_U A\cap\complement_U B$，
$\complement_U(A\cap B)=\complement_U A\cup\complement_U B$.

例 6 已知 $U=\{1, 2, 3, 4, 5, 6, 7, 8\}$，$A=\{1, 3, 5, 7\}$，求 $\complement_U A$，$A\cap\complement_U A$，$A\cup\complement_U A$.

解： $\complement_U A=\{2, 4, 6, 8\}$，$A\cap\complement_U A=\varnothing$，
$A\cup\complement_U A=\{1, 2, 3, 4, 5, 6, 7, 8\}=U$.

例 7 已知 $U=\{x \mid x \text{ 是实数}\}$，$\mathbf{Q}=\{x \mid x \text{ 是有理数}\}$，求 $\complement_U\mathbf{Q}$.

解： $\complement_U\mathbf{Q}=\{x \mid x \text{ 是无理数}\}$.

例 8 设 $U=\{x \mid x\leqslant 8, x\in\mathbf{N}^*\}$，$A=\{3, 4, 5\}$，$B=\{4, 7, 8\}$，求 $\complement_U A$，$\complement_U B$，$\complement_U A\cap B$，$A\cup\complement_U B$，$\complement_U(A\cup B)$.

解： $U=\{1, 2, 3, 4, 5, 6, 7, 8\}$，则
$\complement_U A=\{1, 2, 6, 7, 8\}$，$\complement_U B=\{1, 2, 3, 5, 6\}$，
$\complement_U A\cap B=\{7, 8\}$，$A\cup\complement_U B=\{1, 2, 3, 4, 5, 6\}$，
又 $A\cup B=\{3, 4, 5, 7, 8\}$，得 $\complement_U(A\cup B)=\{1, 2, 6\}$.

例 9 设二次方程 $x^2-px+15=0$ 的解集为 A，方程 $x^2-5x+q=0$ 的解集为 B，当 $A\cup B=\{2, 3, 5\}$，$A\cap B=\{3\}$ 时，求集合 A 和 B 以及 p 和 q 的值.

解： 由 $A\cap B=\{3\}$，可知 3 是两个方程的公共根，所以

$$\begin{cases}3^2-3p+15=0,\\ 3^2-5\times 3+q=0,\end{cases} \text{得} \begin{cases}p=8,\\ q=6.\end{cases}$$

解方程 $x^2-8x+15=0$，得 $x_1=3$，$x_2=5$，

$x^2-5x+6=0$，得 $x_1=3$，$x_2=2$，

$\therefore A=\{3,5\}$，$B=\{2,3\}$.

练习1.3

1. 设集合 $M=\{1,3,5,7,9\}$，$N=\{x\mid 2x>7\}$，则 $M\cap N=$（　　）

   A. $\{7,9\}$　　B. $\{5,7,9\}$　　C. $\{3,5,7,9\}$　　D. $\{1,3,5,7,9\}$

2. 设集合 $A=\{-1,0,1\}$，$B=\{1,3,5\}$，$C=\{0,2,4\}$，则 $(A\cap B)\cup C=$（　　）

   A. $\{0\}$　　B. $\{0,1,3,5\}$　　C. $\{0,1,2,4\}$　　D. $\{0,2,3,4\}$

3. 已知集合 $A=\{x\mid -1<x<1\}$，$B=\{x\mid 0\leqslant x\leqslant 2\}$，则 $A\cup B=$（　　）

   A. $(-1,2)$　　B. $(-1,2]$　　C. $[0,1)$　　D. $[0,1]$

4. 设集合 $A=\{x\mid x^2-4\leqslant 0\}$，$B=\{x\mid 2x+a\leqslant 0\}$，且 $A\cap B=\{x\mid -2\leqslant x\leqslant 1\}$，则 $a=$（　　）

   A. -4　　B. -2　　C. 2　　D. 4

5. 已知集合 $U=\{-2,-1,0,1,2,3\}$，$A=\{-1,0,1\}$，$B=\{1,2\}$，则 $\complement_U(A\cup B)=$（　　）

   A. $\{-2,3\}$　　B. $\{-2,2,3\}$

   C. $\{-2,-1,0,3\}$　　D. $\{-2,-1,0,2,3\}$

6. 已知集合 $A=\{x\mid x\text{是偶数}\}$，$B=\{x\mid x\text{是奇数}\}$，$C=\{x\mid x\text{是质数}\}$，求 $A\cap C$，$B\cap C$，$A\cap B$，$A\cup B$.

7. 已知集合 $U=\{x\mid x\text{是实数}\}$，$A=\{x\mid x\text{是无理数}\}$，$B=\{x\mid x\text{是正实数}\}$，求：

   (1) $\complement_U A$，$\complement_U B$，$\complement_U A\cap\complement_U B$.

   (2) 已知集合 $U=\{x\mid x\text{是实数}\}$，$A=\{x\mid x^2+2x-8\leqslant 0\}$，求 $\complement_U A$.

8. 设 $A=\{x\mid x^2-16<0\}$，$B=\{x\mid x^2-4x+3\geqslant 0\}$，$U=\mathbf{R}$，求 $A\cap B$，$A\cup B$，$\complement_U A\cup\complement_U B$，$\complement_U(A\cap B)$.

四、区间

设 a，b 是两个实数，并且 $a<b$，那么：

（1）满足不等式 $a\leqslant x\leqslant b$ 的实数 x 的集合叫做**闭区间**（closed interval），记作 $[a,\ b]$ [图 1－6（1）]，即

$$[a,b]=\{x\mid a\leqslant x\leqslant b\};$$

（2）满足不等式 $a<x<b$ 的实数 x 的集合叫做**开区间**（open interval），记作 $(a,\ b)$ [图 1－6（2）]，即

$$(a,b)=\{x\mid a<x<b\};$$

（3）满足不等式 $a\leqslant x<b$ 或 $a<x\leqslant b$ 的实数 x 的集合，都叫做**半开半闭区间**（semi-open closed interval），分别记作 $[a,\ b)$，$(a,\ b]$ [图 1－6（3）、（4）]，即

$$[a,\ b)=\{x\mid a\leqslant x<b\},$$
$$(a,\ b]=\{x\mid a<x\leqslant b\}.$$

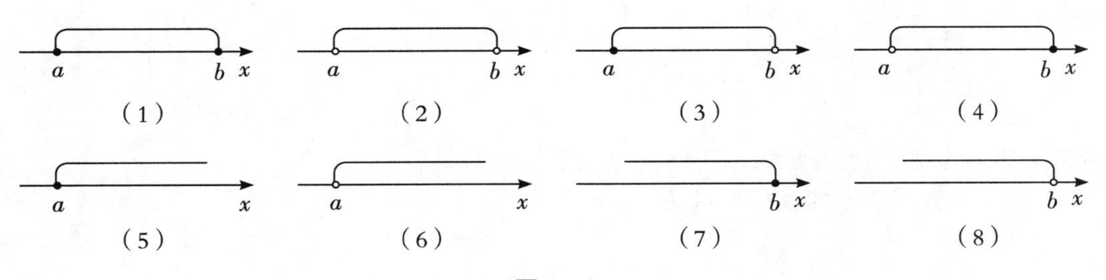

图 1－6

全体实数的集合 **R** 表示为 $(-\infty,+\infty)$，“∞”读作“无穷大”，“$-\infty$”读作“负无穷大”，“$+\infty$”读作“正无穷大”.

把满足 $x\geqslant a$，$x>a$，$x\leqslant b$，$x<b$ 的实数 x 的集合分别表示为 $[a,\ +\infty)$，$(a,\ +\infty)$，$(-\infty,\ b]$，$(-\infty,\ b)$ [图 1－6（5）、（6）、（7）、（8）].

注：实数 a 与 b 叫做相应区间的**端点**（end of a interval）. 在数轴上表示区间时，属于这个区间端点的实数，用实心点表示；不属于这个区间端点的实数，用空心点表示.

习题 1－1

1. 用列举法表示下列集合.

（1）中国法定节假日的集合；

（2）15 的约数的全体构成的集合；

（3）一年中有 31 天的月份的全体；

(4) $\{(x, y) \mid x+3y=10, x, y \in \mathbf{N}\}$.

2. 用描述法表示下列集合.

(1) $\{2, 4, 6, 8, 10\}$;

(2) 所有偶数的集合;

(3) 大于 1 且小于 100 的质数的全体构成的集合;

(4) $\left\{\frac{1}{2}, \frac{3}{4}, \frac{5}{6}, \frac{7}{8}, \cdots\right\}$.

3. 下列的集合，哪些是有限集？哪些是无限集？哪些是空集？

(1) 地球上身高 7 米的人构成的集合;

(2) 把线段 AB 等分为 100 等份的点的全体构成的集合;

(3) $\{(x, y) \mid y=2x+1, x \in \mathbf{R}\}$;

(4) 猴子身上的毛构成的集合.

4. 用适当的符号 ($\in$, $\notin$, $\subsetneqq$, $\supsetneqq$, $=$) 填空.

(1) 已知集合 $A=\{x \mid 2x-3<3x\}$, $B=\{x \mid x \geqslant 2\}$, 则有:

-4 ______ B;　　　-3 ______ A;

$\{2\}$ ______ B;　　　B ______ A.

(2) $\{x \mid x$ 是菱形$\}$ ________ $\{x \mid x$ 是平行四边形$\}$;

$\{x \mid x$ 是等腰三角形$\}$ ______ $\{x \mid x$ 是等边三角形$\}$.

5. 已知 $A=\{1, 2, 3, 4\}$, $B=\{3, 4, 5, 6, 7\}$, $C=\{6, 7, 8, 9\}$, 求:

(1) $A \cap B$, $B \cap C$, $A \cap C$;

(2) $A \cup B$, $B \cup C$, $A \cup C$.

6. 已知 $A=\{(x, y)\mid 2x+y=3\}$，$B=\{(x, y)\mid 3x-2y=1\}$，求 $A\cap B$.

7. 设 $U=\{a, b, c, d, e, f\}$，$A=\{a, c, d\}$，$B=\{b, d, e\}$.

(1) 求 $\complement_U A$，$\complement_U B$，$\complement_U A\cap\complement_U B$，$\complement_U A\cup\complement_U B$；

(2) 验证：$\complement_U(A\cap B)=\complement_U A\cup\complement_U B$，$\complement_U(A\cup B)=\complement_U A\cap\complement_U B$.

8. 设方程 $x^2-mx+14=0$ 的解集为 A，方程 $x^2-8x+n=0$ 的解集为 B，当 $A\cup B=\{1, 2, 7\}$，$A\cap B=\{7\}$时，求集合 A 和 B 以及 m 与 n 的值.

9. 若集合 $M=\{x\mid \sqrt{x}<4\}$，$N=\{x\mid 3x\geqslant 1\}$，则 $M\cap N=$(　　)

A. $\{x\mid 0\leqslant x<2\}$　　B. $\left\{x\mid \frac{1}{3}\leqslant x<2\right\}$

C. $\{x\mid 3\leqslant x<16\}$　　D. $\left\{x\mid \frac{1}{3}\leqslant x<16\right\}$

10. 已知集合 $A=\{(x, y)\mid x, y\in\mathbf{N}^*, y\geqslant x\}$，$B=\{(x, y)\mid x+y=8\}$，则 $A\cap B$ 中元素的个数为(　　)

A. 2　　B. 3　　C. 4　　D. 6

第二节　函数的概念和性质

一、函数的概念

1. 映射

在现实生活和科学研究中，不仅是数集之间存在着某种对应关系，很多集合之间也存在着某种对应关系. 例如，亚洲的国家构成集合 A，亚洲各国的首都构成集合 B，对应关系 f：国家 a 对应于它的首都 b. 这样，对于集合 A 中的任意一个国家，按照对应关系 f，在集合 B 中都有唯一确定的首都与之对应. 我们将对应关系 f：$A\to B$ 称为映射.

设 A，B 是两个非空集合，如果按照某种对应法则 f，对 A 内任意一个元素 x，在 B 中有且仅有一个元素 y 与 x 对应，则称 f 是集合 A 到集合 B 的**映射**（mapping）. 这时，称 y 是 x 在映射 f 的作用下的**象**（image），记作 $f(x)$. 于是

$$y=f(x),$$

x 称作 y 的**原象**（inverse image）. 映射 f 也可以记为

$$f: A\to B,$$
$$x\to f(x).$$

如果f是集合A到集合B的映射，并且对于集合B中的任意一元素，在集合A中都有且只有一个原象，这时我们说这两个集合的元素之间存在对应的关系，并称这个映射为从集合A到集合B的**一一映射**（one-to-one mapping /bijection）.

例1 以下给出的对应是不是从集合A到集合B的映射？

（1）集合$A=\{P\mid P$是数轴上的点$\}$，集合$B=\mathbf{R}$，对应关系f：数轴上的点与它所代表的实数对应；

（2）集合$A=\{P\mid P$是平面直角坐标系中的点$\}$，集合$B=\{(x, y)\mid x\in\mathbf{R}, y\in\mathbf{R}\}$，对应关系$f$：平面直角坐标系中的点与它的坐标对应；

（3）集合$A=\{x\mid x$是新华中学的班级$\}$，集合$B=\{x\mid x$是新华中学的学生$\}$，对应关系f：每一个班级都对应班里的学生.

解：（1）按照建立数轴的方法可知，数轴上的任意一个点，都有唯一的实数与之对应，所以这个对应关系$f: A\to B$是从集合A到集合B的一个映射.

（2）按照建立平面直角坐标系的方法可知，平面直角坐标系中的任意一个点，都有唯一的一个实数与之对应，所以这个对应关系$f: A\to B$是从集合A到集合B的一个映射.

（3）新华中学的每一个班级里的学生都不止一个，即与一个班级对应的学生不止一个，所以这个对应关系$f: A\to B$不是从集合A到集合B的一个映射.

例2 设$A=\{1, 2, 3, \cdots\}$，$B=\left\{\frac{1}{3}, \frac{3}{5}, \frac{5}{7}, \cdots\right\}$，$f$是从集合$A$到集合$B$的映射，对应法则$f: x\to y=\frac{2x-1}{2x+1}$. 求：（1）$A$的元素3的象；（2）$B$的元素$\frac{15}{17}$的原象.

解：（1）$\because$ A中的元素$x=3$，

$\therefore y=\frac{2x-1}{2x+1}=\frac{2\times 3-1}{2\times 3+1}=\frac{5}{7}$，

即A的元素3的象是$\frac{5}{7}$.

（2）$\because y=\frac{15}{17}$，即$\frac{2x-1}{2x+1}=\frac{15}{17}$，

解得$x=8$，

即B的元素$\frac{15}{17}$的原象是8.

2. 函数

函数是一种特殊的映射，映射是函数的推广. 科学家曾引入函数思想来描述变量之间的依赖关系. 例如，自由落体运动是用关系式

$$s=\frac{1}{2}gt^2$$

来描述的. 这里时间t为**自变量**（independent variable），距离s为**因变量**（dependent variable），时间t在某个范围内变化，距离s也相应地在某个范围内变化称距离s是时间t的函数.

又如，一枚炮弹发射后，经过26s落到地面击中目标.炮弹的射高为845m，且炮弹距地面的高度 h（单位：m）随时间 t（单位：s）变化的规律是

$$h=130t-5t^2. \qquad (*)$$

这里，炮弹飞行时间 t 的变化范围是数集 $A=\{t\mid 0\leqslant t\leqslant 26\}$，炮弹距地面的高度 h 的变化范围是数集 $B=\{h\mid 0\leqslant h\leqslant 845\}$. 从问题的实际意义可知，对于数集 A 中的任意一个时间 t，按照对应关系（*），在数集 B 中都有唯一确定的高度 h 和它对应，称高度 h 是时间 t 的函数.

上述两个例子指出了自变量的变化范围、由自变量确定因变量的法则，以及由此确定的因变量的取值范围. 这就是说，一个函数必须涉及两个数集（自变量和函数的取值集合）和一个对应法则. 由此可见，函数实质上是数集上的映射，表达两个数集的元素之间按照某种法则确定的一种对应关系，这种“对应关系”反映了函数的本质.

设集合 A 是一个非空的实数集，对 A 内任意实数 x，按照确定的法则 f，都有唯一确定的实数值 y 与它对应，则这种对应关系叫做集合 A 上的一个**函数**（function），记作

$$y=f(x),x\in A.$$

其中 x 叫做自变量，自变量 x 取值的范围（数集 A）叫做这个函数的**定义域**（domain）.

如果自变量取值 a，则由法则 f 确定的值 y 称为函数在 a 处的**函数值**（value of function），记作

$$y=f(a)\ 或\ y\big|_{x=a}.$$

所有函数值构成的集合

$$\{y\mid y=f(x),x\in A\}$$

叫做这个函数的**值域**（range）.

注：（1）“function”一词最初由德国数学家莱布尼茨（Leibniz，1646—1716）在1692年使用，我国清朝数学家李善兰（1811—1882）在1859年和英国传教士伟烈亚力（Alexander Wylie，1815—1887）合译《代微积拾级》时首次将“function”译作“函数”.

（2）由函数定义可知，一个函数的构成要素为定义域、对应法则和值域. 由于函数的值域是由定义域和对应法则确定的，所以确定一个函数就只需要两个要素：定义域和对应法则. 因此，如果两个函数的定义域和对应法则完全一致，我们就称这两个函数相等.

例3 求下列函数的定义域：

（1）$f(x)=\dfrac{1}{\sqrt{x+1}}$；

（2）$f(x)=(1+x)^0-\dfrac{\sqrt{1+x}}{x}$；

（3）$y=\dfrac{\sqrt{x^2-3x-4}}{|x+1|-2}$；

（4）$y=\dfrac{\sqrt{4-x^2}}{x-1}$.

解：（1）要使函数有意义，必须 $x+1>0$，

解得 $x>-1$，

$\therefore$ 定义域是 $(-1,\ +\infty)$.

（2）要使函数有意义，必须

$$\begin{cases}1+x\neq 0,\\1+x\geqslant 0,\\x\neq 0.\end{cases}$$

解得 $x>-1$ 且 $x\neq 0$.

∴ 定义域是 $(-1,0)\cup(0,+\infty)$.

（3）要使函数有意义，必须

$$\begin{cases}x^2-3x-4\geqslant 0,\\|x+1|-2\neq 0.\end{cases}$$

解得 $\begin{cases}x\leqslant -1\text{或}x\geqslant 4,\\x\neq -3,1.\end{cases}$

∴ 定义域是 $(-\infty,-3)\cup(-3,-1]\cup[4,+\infty)$.

（4）要使函数有意义，必须

$$\begin{cases}4-x^2\geqslant 0,\\x-1\neq 0.\end{cases}$$

解得 $\begin{cases}-2\leqslant x\leqslant 2,\\x\neq 1.\end{cases}$

∴ 定义域是 $[-2,1)\cup(1,2]$.

例 4　已知函数 $f(x)=\sqrt{x+3}+\dfrac{1}{x+2}$,

（1）求 $f(-3)$, $f\left(\dfrac{2}{3}\right)$ 的值；

（2）当 $a>0$ 时，求 $f(a)$, $f(a-1)$ 的值.

解：（1）$f(-3)=\sqrt{-3+3}+\dfrac{1}{-3+2}=-1$;

$$f\left(\frac{2}{3}\right)=\sqrt{\frac{2}{3}+3}+\frac{1}{\frac{2}{3}+2}=\sqrt{\frac{11}{3}}+\frac{3}{8}=\frac{3}{8}+\frac{\sqrt{33}}{3}.$$

（2）∵ $a>0$,

∴ $f(a)$, $f(a-1)$ 有意义，

∴ $f(a)=\sqrt{a+3}+\dfrac{1}{a+2}$;

$$f(a-1)=\sqrt{(a-1)+3}+\frac{1}{(a-1)+2}=\sqrt{a+2}+\frac{1}{a+1}.$$

例 5　下列函数中哪个与函数 $y=x$ 相等？

（1）$y=(\sqrt{x})^2$;

（2）$y=\sqrt[3]{x^3}$;

（3）$y=\sqrt{x^2}$;

（4）$y=\dfrac{x^2}{x}$.

解：（1）$y=(\sqrt{x})^2=x$（$x\geqslant 0$），这个函数与函数 $y=x(x\in\mathbf{R})$ 虽然对应关系相同，但是定义域不相同. 所以，这个函数与函数 $y=x(x\in\mathbf{R})$ 不相等.

（2）$y=\sqrt[3]{x^3}=x(x\in\mathbf{R})$，这个函数与函数 $y=x(x\in\mathbf{R})$ 不仅对应关系相同，而且定义域也相同. 所以，这个函数与函数 $y=x(x\in\mathbf{R})$ 相等.

（3）$y=\sqrt{x^2}=|x|=\begin{cases}x, & x\geqslant 0,\\ -x, & x<0.\end{cases}$ 这个函数与函数 $y=x(x\in\mathbf{R})$ 的定义域都是实数集 $\mathbf{R}$，但是当 $x<0$ 时，它的对应关系与函数 $y=x(x\in\mathbf{R})$ 不相同. 所以，这个函数与函数 $y=x(x\in\mathbf{R})$ 不相等.

（4）$y=\dfrac{x^2}{x}$ 的定义域是 $\{x\mid x\neq 0\}$，与函数 $y=x(x\in\mathbf{R})$ 对应关系相同，但是定义域不相同. 所以，这个函数与函数 $y=x(x\in\mathbf{R})$ 不相等.

例 6 （1）已知函数 $f(x)=x^2$，求 $f(x-1)$；

（2）已知函数 $f(x-1)=x^2$，求 $f(x)$；

（3）已知函数 $f\left(\dfrac{1}{x}\right)=x+\sqrt{1+x^2}$（$x>0$），求 $f(x)$.

解：（1）$f(x-1)=(x-1)^2=x^2-2x+1$；

（2）$\because f(x-1)=x^2=(x-1)^2+2(x-1)+1$，

$\therefore f(t)=t^2+2t+1$，

即 $f(x)=x^2+2x+1$.

（3）（解法一）$\because f\left(\dfrac{1}{x}\right)=x+\sqrt{1+x^2}=\dfrac{1}{\frac{1}{x}}+\sqrt{1+\left(\dfrac{1}{\frac{1}{x}}\right)^2}=\dfrac{1}{\frac{1}{x}}+\sqrt{1+\dfrac{1}{\left(\frac{1}{x}\right)^2}}$，

$\therefore f(x)=\dfrac{1}{x}+\sqrt{1+\dfrac{1}{x^2}}=\dfrac{1+\sqrt{x^2+1}}{x}$.

（解法二）令 $t=\dfrac{1}{x}$（$x>0$ 时，$t>0$），

$\therefore x=\dfrac{1}{t}$.

则 $f\left(\dfrac{1}{x}\right)=f(t)=\dfrac{1}{t}+\sqrt{1+\left(\dfrac{1}{t}\right)^2}=\dfrac{1}{t}+\dfrac{\sqrt{t^2+1}}{t}=\dfrac{1+\sqrt{t^2+1}}{t}$.

$\therefore f(x)=\dfrac{1+\sqrt{x^2+1}}{x}$.

3. 函数的表示方法

函数的概念由三个要素组成：对应法则、定义域与值域. 其中，关键是对应法则. 根据对应法则，可确定其自然定义域，值域也就随之确定. 因此，函数关系的表示，归根结底是对应法则的确定. 确定对应法则的方式并不唯一，而可根据需要适当选择，我们除直接用自然语言来表述外，常用的方法还有列表法、图象法和解析法三种.

通过列出自变量与对应函数值的表来表达函数关系的方法叫做**列表法**（tabulation method），如数的平方表、三角函数表等；用图象表示两个变量之间的对应关系的方法叫做**图象法**（graph method），如温度曲线等；用数学表达式表示两个变量之间的对应关系的方法叫做**解析法**（analytic method），如 $y=3x+2$，$y=x^2$，$y=\dfrac{x-1}{x+1}$等.

例 7 某种笔记本的单价是 5 元，买 $x(x\in\{1, 2, 3, 4, 5\})$ 本笔记本需要 y 元. 试用函数的三种表示法表示函数 $y=f(x)$.

解： 这个函数的定义域是数集$\{1, 2, 3, 4, 5\}$.

用解析式可将函数 $y=f(x)$ 表示为 $y=5x(x\in\{1, 2, 3, 4, 5\})$.

用列表法可将函数 $y=f(x)$ 表示为表 1-1.

表 1-1

笔记本数量 x	1	2	3	4	5
价钱 y	5	10	15	20	25

用图象法可将函数 $y=f(x)$ 表示为图 1-7.

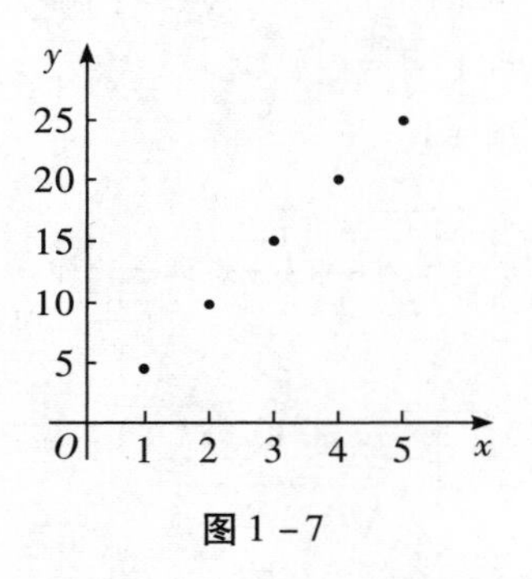

图 1-7

例 8 在国内投寄外埠平信，每封信不超过 20 克付邮资 80 分，超过 20 克不超过 40 克付邮资 160 分，超过 40 克不超过 60 克付邮资 240 分，依此类推，每封 x 克（$0<x\leqslant 100$）的信应付多少分邮资？写出函数的表达式，作出函数的图象，并求函数的值域.

解： 设每封信的邮资为 y 分，则 y 是信封重量 x 克的函数. 这个函数的表达式为

$$f(x)=\begin{cases}80, & x\in(0, 20],\\ 160, & x\in(20, 40],\\ 240, & x\in(40, 60],\\ 320, & x\in(60, 80],\\ 400, & x\in(80, 100],\end{cases}$$

y/分
400
320
240
160
80
O
20 40 60 80 100 x/克

图 1-8

函数的值域为$\{80, 160, 240, 320, 400\}$.

根据上述函数的表达式，在平面直角坐标系中描点作图，这个函数的图象如图1－8所示.

像例8这样的函数，在函数的定义域内，对于自变量 x 的不同取值区间，有着不同的对应法则，这样的函数通常叫做**分段函数**（piecewise function）.

又如

$$y=|x|=\begin{cases}x, & x\geq 0,\\ -x, & x<0,\end{cases}\qquad y=\begin{cases}x+1, & x<0,\\ 0, & x=0,\\ x-1, & x>0\end{cases}$$

都是定义在（$-\infty$，$+\infty$）的分段函数，其图象分别如图1－9和图1－10所示.

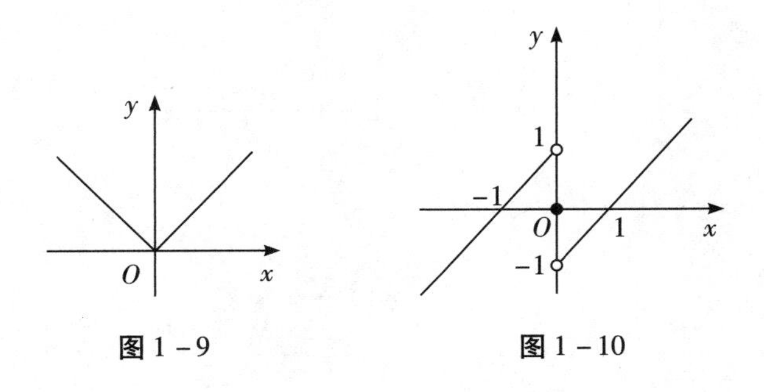

图1－9　　　　图1－10

4. 反函数

设函数 $y=f(x)(x\in A)$ 的值域为 C，根据函数 $y=f(x)$ 中 x，y 的关系，用 y 表示 x，得到 $x=\varphi(y)$. 如果对于在 C 中的任何一个值 y，通过 $x=\varphi(y)$，在 A 中都有唯一确定的值 x 和它对应，那么 $x=\varphi(y)$ 表示 y 是自变量，x 是自变量 y 的函数，称它为函数 $y=f(x)$ 的**反函数**（inverse function），记作 $x=f^{-1}(y)$，习惯上仍用 x 表示自变量，y 表示函数，把函数 $y=f(x)$ 的反函数记作 $y=f^{-1}(x)$.

注：（1）若 $y=f(x)$ 有反函数 $y=f^{-1}(x)$，则 $y=f(x)$ 也是 $y=f^{-1}(x)$ 的反函数.
（2）函数 $y=f(x)$ 的定义域、值域分别是它的反函数 $y=f^{-1}(x)$ 的值域、定义域.
（3）函数 $y=f(x)$ 和它的反函数 $y=f^{-1}(x)$ 的图象关于直线 $y=x$ 对称.

例9　求下列函数的反函数：

（1）$y=3x-1$（$x\in\mathbf{R}$）；　　（2）$y=x^3+1$（$x\in\mathbf{R}$）；

（3）$y=\sqrt{x}+1$（$x\geqslant 0$）；　　（4）$y=\dfrac{x}{3x+5}\left(x\in\mathbf{R}\text{ 且 }x\neq-\dfrac{3}{5}\right)$.

解：（1）由 $y=3x-1$ 可得 $x=\dfrac{y+1}{3}$，

$\therefore$ 反函数是 $y=\dfrac{x+1}{3}$（$x\in\mathbf{R}$）.

（2）由 $y=x^3+1$ 可得 $x=\sqrt[3]{y-1}$，

$\therefore$ 反函数是 $y=\sqrt[3]{x-1}$（$x\in\mathbf{R}$）.

(3) 由 $y=\sqrt{x}+1$ 可得 $x=(y-1)^2$,

∴ 反函数是 $y=(x-1)^2\ (x\geqslant 1)$.

(4) 由 $y=\dfrac{x}{3x+5}$ 可得 $x=\dfrac{5y}{1-3y}$,

∴ 反函数是 $y=\dfrac{5x}{1-3x}\left(x\in\mathbf{R} \text{ 且 } x\neq\dfrac{1}{3}\right)$.

注:并非任何函数都存在反函数,例如,$y=x^2$ 就不存在反函数.

练习2.1

1. 求下列函数的定义域.

(1) $y=\dfrac{6}{1-|x|}$;　　(2) $y=\dfrac{\sqrt{x+4}}{x+2}$;

(3) $y=\sqrt{(x-3)^2}$;　　(4) $y=\dfrac{1}{\sqrt{3x-1}}$;

(5) $y=\dfrac{x+1}{\sqrt{x^2-9}}$;　　(6) $y=\dfrac{(x-2)^0}{(x-1)(x+1)(x+4)}$.

2. 在 $(-\infty,+\infty)$ 内,下列函数 $f(x)$ 与 $g(x)$ 是否表示同一函数?

(1) $f(x)=x-1$, $g(x)=\dfrac{x^2}{x}-1$;

(2) $f(x)=x^2$, $g(x)=(\sqrt{x})^4$;

(3) $f(x)=x^2$, $g(x)=\sqrt[3]{x^6}$;

(4) $f(x)=|x|$, $g(x)=\begin{cases} x, & x\in[0,+\infty), \\ -x, & x\in(-\infty,0). \end{cases}$

3. 判断下列对应是否从集合 A 到集合 B 的映射.

（1）$A=\mathbf{R}$，$B=(-\infty, 0)\cup(0, +\infty)$，$f$：$x\to\frac{1}{x}$；

（2）$A=\{$平面 M 内的三角形$\}$，$B=\{$平面 M 内的圆$\}$，f：作三角形的外接圆；

（3）$A=[0°, 180°]$，$B=[0, 1]$，$x\in A$，$y\in B$，f：$x\to y=\sin x$.

4. 设 $A=\{30°, 60°, 90°, 120°, 150°\}$，$B=\left\{\frac{\sqrt{3}}{2}, \frac{1}{2}, 0, -\frac{1}{2}, -\frac{\sqrt{3}}{2}\right\}$，$f$ 是从 A 到 B 的映射，对应法则 f：$x\to y=\cos x$. 求：

（1）A 的元素120°的象；

（2）B 的元素 0 的原象.

5. 已知函数 $y=\begin{cases}f(0)=1,\\ f(n)=nf(n-1), n\in\mathbf{N}_+,\end{cases}$ 求 $f(0)$，$f(1)$，$f(2)$，$f(3)$，$f(4)$，$f(5)$.

6. 求下列函数的反函数.

（1）$y=\frac{1}{x-1}$ $(x\neq1)$；

（2）$f(x)=e^x-1$ $(x\in\mathbf{R})$；

（3）$y=\sqrt{x+5}$ $(x\geqslant-5)$；

（4）$f(x)=\frac{2}{x+1}+1$ $(x>-1)$；

（5）$y=x^{\frac{3}{5}}-2$ $(x\in\mathbf{R})$；

（6）$f(x)=x^2-2x$ $(x\leqslant0)$.

二、函数的基本性质

1. 函数的有界性

设函数 $y=f(x)$ 的定义域为 D，数集 $X\subseteq D$. 如果存在正数 M，使得 $|f(x)|\leqslant M$ 对任一 $x\in X$ 都成立，则称函数 $y=f(x)$ 在 X 上是有界的，也称函数 $f(x)$ 具有**有界性**（boundedness）. 如果这样的 M 不存在，就称函数 $y=f(x)$ 在 X 上是无界的. 这就是说，如果对于任何正数 M，总存在 $x_1\in X$，使 $|f(x_1)|>M$，那么 $y=f(x)$ 在 X 上是无界的.

例如，$y=x^2$ 在任一有限区间都是有界的，但是在整个数轴上不是有界的，或称是无界的. 函数 $y=\sin x$ 在 $(-\infty,+\infty)$ 上是有界的，因为对任何实数 x，恒有 $|\sin x|\leqslant 1$.

2. 函数的单调性

如果对于属于函数 $y=f(x)$ 的定义域 D 内某个区间 I 上的任意两个自变量的值 x_1 和 x_2，当 $x_1<x_2$ 时，都有 $f(x_1)<f(x_2)$，那么就说 $y=f(x)$ 在区间 I 上是**增函数**（increasing function），如图 1－11（1）所示；当 $x_1<x_2$ 时，都有 $f(x_1)>f(x_2)$，那么就说 $y=f(x)$ 在区间 I 上是**减函数**（decreasing function），如图 1－11（2）所示.

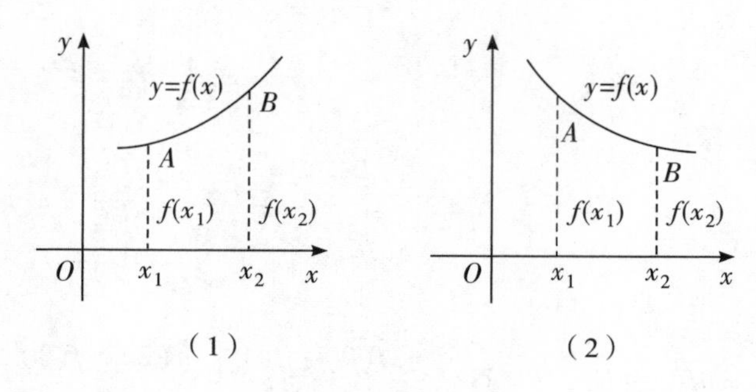

图 1－11

如果函数 $y=f(x)$ 在某个区间是增函数或减函数，那么就说函数 $y=f(x)$ 在这一区间具有**单调性**（monotonicity），这一区间叫做 $y=f(x)$ 的**单调区间**（monotonic interval）.

例 1 求证：函数 $f(x)=3x+2$ 在 $(-\infty,+\infty)$ 上是增函数.

证明： 设 x_1，x_2 是 $(-\infty,+\infty)$ 内任意两个不相等的实数，且 $x_1<x_2$，则

$f(x_1)=3x_1+2$，$f(x_2)=3x_2+2$，

$f(x_2)-f(x_1)=(3x_2+2)-(3x_1+2)=3(x_2-x_1)$，

$\because x_2>x_1$，$\therefore x_2-x_1>0$，

$f(x_2)-f(x_1)>0$，

即 $f(x_2)>f(x_1)$.

$\therefore$ 函数 $f(x)=3x+2$ 在 $(-\infty,+\infty)$ 上是增函数.

例 2 求证：函数 $f(x)=\dfrac{1}{x}$ 在 $(0,+\infty)$ 上是减函数.

证明： 设 x_1，x_2 是 $(0,+\infty)$ 内任意两个不相等的正实数，且 $x_1<x_2$，则

$f(x_1)=\frac{1}{x_1}$，$f(x_2)=\frac{1}{x_2}$，

$f(x_2)-f(x_1)=\frac{1}{x_2}-\frac{1}{x_1}=\frac{x_1-x_2}{x_1x_2}$，

由 $x_1>0$，$x_2>0$，得 $x_1x_2>0$，

又由 $x_1<x_2$，得 $x_1-x_2<0$，

于是 $f(x_2)-f(x_1)<0$，$f(x_2)<f(x_1)$，

∴ 函数 $f(x)=\frac{1}{x}$ 在 $(0, +\infty)$ 上是减函数.

3. 函数的奇偶性

如果对于函数 $y=f(x)$ 的定义域 D 内的任意一个 x，都有 $-x\in D$，且 $f(-x)=-f(x)$，那么就说 $y=f(x)$ 是**奇函数**（odd function）；如果对于函数 $y=f(x)$ 的定义域 D 内的任意一个 x，都有 $-x\in D$，且 $f(-x)=f(x)$，那么就说 $y=f(x)$ 是**偶函数**（even function）. 如果函数 $y=f(x)$ 是奇函数或偶函数，那么就说函数 $y=f(x)$ 具有**奇偶性**（odevity）.

奇函数的图象是关于原点对称的. 因为若 $y=f(x)$ 是奇函数，则 $f(-x)=-f(x)$，所以如果 $A(x, f(x))$ 是图象上的点，则与它关于原点对称的点 $A'(-x, -f(x))$ 也在图象上[图 1－12（1）]. 反过来，如果一个函数的图象关于原点对称，那么这个函数是奇函数.

偶函数的图象是关于 y 轴对称的. 因为若 $y=f(x)$ 是偶函数，则 $f(-x)=f(x)$，所以如果 $A(x, f(x))$ 是图象上的点，则与它关于 y 轴对称的点 $A''(-x, f(x))$ 也在图象上[图 1－12（2）]. 反过来，如果一个函数的图象关于 y 轴对称，那么这个函数是偶函数.

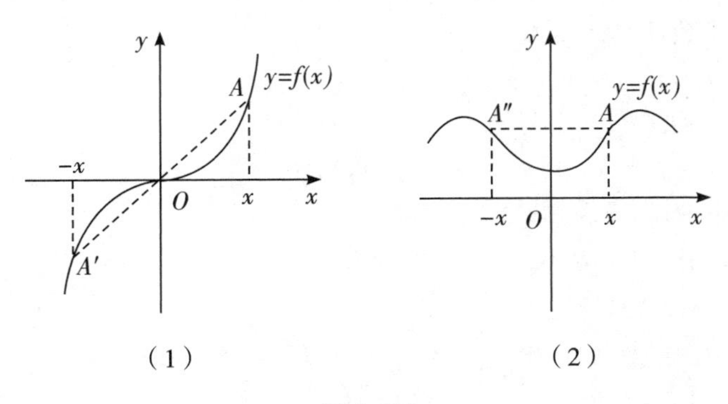

图 1－12

例 3 判断下列函数的奇偶性：

（1）$f(x)=x^{\frac{2}{3}}+x^4$；（2）$f(x)=2x+\sqrt[3]{x}$；

（3）$f(x)=x+\frac{1}{x}$；（4）$f(x)=x+1$；

（5）$f(x)=x^2(x\in[-1, 3])$.

解：（1）定义域为 **R**.

$\because f(-x)=(-x)^{\frac{2}{3}}+(-x)^4=x^{\frac{2}{3}}+x^4=f(x)$，

∴ 函数 $f(x)=x^{\frac{2}{3}}+x^4$ 是偶函数.

（2）定义域为 $\mathbf{R}$.

$\because f(-x)=2(-x)+\sqrt[3]{-x}=-(2x+\sqrt[3]{x})=-f(x)$,

$\therefore$ 函数 $f(x)=2x+\sqrt[3]{x}$ 是奇函数.

（3）定义域为 $D=\{x \mid x\neq 0\}$.

$\because f(-x)=-x+\dfrac{1}{-x}=-\left(x+\dfrac{1}{x}\right)=-f(x)$,

$\therefore f(x)=x+\dfrac{1}{x}$ 是奇函数.

（4）定义域为 $\mathbf{R}$.

$\because f(-x)=-x+1=-(x-1)$，$-f(x)=-(x+1)$,

$\therefore f(-x)\neq -f(x)$，$f(-x)\neq f(x)$.

$\therefore$ 函数 $f(x)=x+1$ 既不是奇函数也不是偶函数.

（5）$\because$ 定义域关于原点不对称，存在 $3\in[-1,3]$，而 $-3\notin[-1,3]$.

$\therefore$ 函数 $f(x)=x^2$（$x\in[-1,3]$）既不是奇函数也不是偶函数.

注：在奇函数与偶函数的定义中，都要求 $x\in D$，$-x\in D$. 这就是说，一个函数不论是奇函数还是偶函数，它的定义域都一定关于坐标原点对称. 如果一个函数的定义域关于坐标原点不对称，那么这个函数就失去了是奇函数或是偶函数的前提条件，即这个函数既不是奇函数也不是偶函数.

例 4 已知函数 $f(x)$ 是奇函数，而且在（0，$+\infty$）上是增函数，$f(x)$ 在（$-\infty$，0）上是增函数还是减函数?

解：设 $x_1<0$，$x_2<0$，且 $x_1<x_2$,

$\because f(x)$ 是奇函数,

$\therefore f(-x_1)=-f(x_1)$，$f(-x_2)=-f(x_2)$, ①

由假设可知 $-x_1>0$，$-x_2>0$，而且 $-x_1>-x_2$,

又已知 $f(x)$ 在（0，$+\infty$）上是增函数,

于是有 $f(-x_1)>f(-x_2)$. ②

把①代入②，得 $-f(x_1)>f(-x_2)$，从而 $f(x_1)<f(x_2)$.

$\therefore$ 函数 $f(x)$ 在（$-\infty$，0）上是增函数.

例 5 求证：在公共的定义域内，奇函数与奇函数的积是偶函数.

证明：设 $f_1(x)$，$f_2(x)$ 是奇函数，D 是它们的公共定义域，令 $P(x)=f_1(x)f_2(x)$，对于任意的 $x\in D$,

$\because f_1(-x)=-f_1(x)$，$f_2(-x)=-f_2(x)$,

$$\therefore P(-x)=f_1(-x)f_2(-x)=(-f_1(x))(-f_2(x))=f_1(x)f_2(x)=P(x).$$

从而 $P(x)=f_1(x)f_2(x)$ 是偶函数，即命题获证.

4. 函数的周期性

设函数$f(x)$的定义域为D，如果存在一个非零常数T，使得对任一$x \in D$总有$f(x+T)=f(x)$，则称$f(x)$为**周期函数**（periodic function），T称为$f(x)$的**周期**（period），也称函数$f(x)$具有**周期性**（periodicity）. 通常我们说周期函数的周期是指**最小正周期**（mininal postive period）.

例如，函数$y=\sin x$，$y=\cos x$都是以2π为周期的周期函数；函数$y=\tan x$是以π为周期的周期函数.

练习2.2

1. $x \in \mathbf{R}$时，一次函数$y=mx+b$在$m<0$和$m>0$时的单调性是怎样的？利用函数单调性的定义证明你的结论.

2. 求证：函数$f(x)=-x^2$在$(-\infty, 0)$上是增函数，在$(0, +\infty)$上是减函数.

3. 如果函数$y=f(x)$是$\mathbf{R}$上的增函数，求证：当$k>0$时，$y=kf(x)$在$\mathbf{R}$上也是增函数.

4. 求证：

（1）函数$f(x)=\dfrac{3}{x}$在$(-\infty, 0)$上是减函数；

（2）函数$f(x)=x^2+1$在$(0, +\infty)$上是增函数；

（3）函数$f(x)=\dfrac{2}{x-1}$在区间$[2, 6]$上是减函数.

5. 下列函数哪些是奇函数？哪些是偶函数？哪些既不是奇函数也不是偶函数？

（1）$f(x)=5x$；　　（2）$f(x)=5x+3$；

（3）$f(x)=x^{2}+1$；　　（4）$f(x)=x^{-3}+x$；

（5）$f(x)=x^{-2}+x^{-4}$；　　（6）$f(x)=x^{2}+2x+1$.

6. 已知函数$f(x)$是奇函数，当$x>0$时，$f(x)=x(1+x)$，求：当$x<0$时，$f(x)$的表达式.

7. 已知函数$f(x)$在$\mathbf{R}$上是偶函数，而且在（$-\infty$，0）上是增函数，试证明函数$f(x)$在（0，$+\infty$）上是增函数还是减函数.

8. 求证：在公共的定义域内，

（1）奇函数与偶函数的积是奇函数；

（2）偶函数与偶函数的积是偶函数.

9. 如图1－13所示是一个由集合A到集合B的映射，这个映射表示的是奇函数还是偶函数？为什么？

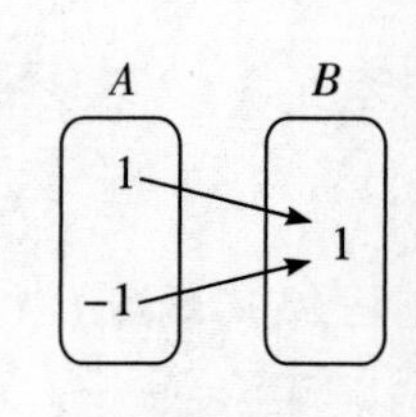

图1－13

10. 已知函数$f(x)=\dfrac{1-x}{1+x}$，判断函数$g(x)=f(x-1)+1$的奇偶性.

习题 1-2

1. 若 $f(x+1)=\log_2\sqrt{x}$，则 $f(3)$ 的值为(　　)

A. -1　　B. $-\frac{1}{2}$　　C. $\frac{1}{2}$　　D. 1

2. 下列函数的定义域为实数集 **R** 的是(　　)

A. $y=\sqrt{x-1}$　　B. $y=\frac{1}{x}$　　C. $y=2^x$　　D. $y=\lg x$

3. 设函数 $f(x)=\frac{a+6^x}{2^x+3^x}$ 为奇函数，则 $a=$(　　)

A. -1　　B. 1　　C. 2　　D. 3

4. 已知函数 $f(x)=3^x-\left(\frac{1}{3}\right)^x$，则 $f(x)$ 的奇偶性及其在 **R** 上的单调性是(　　)

A. 奇函数，单调递增　　B. 偶函数，单调递增

C. 奇函数，单调递减　　D. 偶函数，单调递减

5. 已知函数 $f(x)$ 的定义域为 **R**. 当 $x<0$ 时，$f(x)=x^3-1$；当 $-1\leqslant x\leqslant 1$ 时，$f(-x)=-f(x)$；当 $x>\frac{1}{2}$ 时，$f\left(x+\frac{1}{2}\right)=f\left(x-\frac{1}{2}\right)$. 则 $f(6)=$(　　)

A. -1　　B. -2　　C. 0　　D. 2

6. 已知奇函数 $y=f(x)$，当 $x\geqslant 0$ 时，$f(x)=2^x-1$. 设 $f(x)$ 的反函数是 $y=g(x)$，则 $g(-7)=$(　　).

A. 3　　B. -3　　C. 2　　D. -2

7. 设函数 $f(x)=\frac{1}{2}f(x+2)$，$f(2)=1$，则 $f(20)=$________.

8. 已知函数 $f(x)=3x^2-5x+2$，求 $f(-\sqrt{2})$，$f(-a)$，$f(a+3)$，$f(a)+f(3)$ 的值.

9. (1) 已知 $f\left(x-\frac{1}{x}\right)=x^2+\frac{1}{x^2}$，求 $f\left(x+\frac{1}{x}\right)$；

(2) 已知 $f(3x+1)=4x+3$，求 $f(x)$.

10. 已知函数 f：$\mathbf{R}\to\mathbf{R}$，$x\to 3x-5$.

（1）求 $x=2$，5，8 时的象 $f(2)$，$f(5)$，$f(8)$；

（2）求 $f(x)=35$，47 时的原象.

11. 求下列函数的定义域.

（1）$y=2^{x+1}$；

（2）$y=2^{x^2}$；

（3）$y=\sqrt{3^x-3}$；

（4）$y=\dfrac{1}{\sqrt{1-5^x}}$.

12. 求下列函数的反函数.

（1）$y=\dfrac{3}{x+2}$（$x\neq -2$）；

（2）$y=x^5+1$（$x\in\mathbf{R}$）；

（3）$f(x)=\log_2\dfrac{1}{x-1}$（$x\in(1,\ +\infty)$）；

（4）$y=\dfrac{2x}{5x+1}\left(x\neq -\dfrac{1}{5}\right)$；

（5）$f(x)=(x-1)^2+1$（$x\geqslant 1$）；

（6）$y=\sqrt{2x-4}$（$x\geqslant 2$）.

第三节 初等函数

一、基本初等函数

基本初等函数（basic elementary function）有以下类型：

常量函数（constant function）：$y=C$（C 为任意常数），如 $y=0$，$y=\sqrt{2}$，$y=\frac{\pi}{2}$等.

幂函数（power function）：$y=x^{\alpha}$（$\alpha\in\mathbf{R}$ 是常数），如 $y=x^3$，$y=\frac{1}{x}$，$y=x^{\frac{1}{4}}$.

指数函数（exponential function）：$y=a^x(a>0$ 且 $a\neq1)$. 如 $y=2^x$，$y=0.1^x$，$y=\mathrm{e}^x$（e 表示自然对数底，$\mathrm{e}\approx2.718\ 28\cdots$）.

对数函数（logarithmic function）：$y=\log_a x(a>0$ 且 $a\neq1)$，特别地，当 $a=\mathrm{e}$ 时，记为 $y=\ln x$，称为自然对数函数；当 $a=10$ 时，记为 $y=\lg x$，称为常用对数函数.

三角函数（trigonometric function）：$y=\sin x$，$y=\cos x$，$y=\tan x$，$y=\cot x$，$y=\sec x$，$y=\csc x$.

反三角函数（inverse trigonometric function）：$y=\arcsin x$，$y=\arccos x$，$y=\arctan x$，$y=\mathrm{arccot}\, x$，$y=\mathrm{arcsec}\, x$，$y=\mathrm{arccsc}\, x$.

基本初等函数在初等数学都已学过，现仅扼要地复习一下.

（1）常量函数：$y=C$（C 为任意常数）.

定义域是 $(-\infty,\ +\infty)$，图象是平行于 x 轴、截距为 C 的直线，如图 1－14 所示.

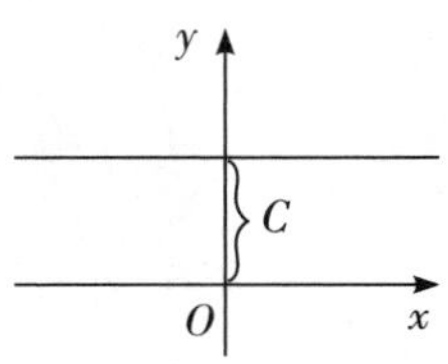

图 1－14

（2）幂函数：$y=x^{\alpha}$（$\alpha\in\mathbf{R}$ 是常数）.

定义域随 α 而异，但是不论 α 为何值，所有的幂函数在 $(0,\ +\infty)$ 都有定义，并且图象都通过点 $(1,\ 1)$.

如果 $\alpha>0$，则幂函数的图象通过原点，并且在区间 $[0,\ +\infty)$ 上是增函数；如果 $\alpha<0$，则幂函数在区间 $(0,\ +\infty)$ 上是减函数. 在第一象限内，当 x 从右边趋向于原点，图象在 y 轴右方无限地逼近 y 轴；当 x 趋于 $+\infty$，图象在 x 轴上方无限地逼近 x 轴.

如 $y=x^2$，$y=x^{\frac{2}{3}}$等，定义域为 $(-\infty,\ +\infty)$，图象关于 y 轴对称，如图 1－15 所示.

如 $y=x^3$，$y=x^{\frac{1}{3}}$等，定义域为 $(-\infty,\ +\infty)$，图象关于原点对称，如图 1－16 所示.

如 $y=x^{-1}$，定义域为 $(-\infty,\ 0)\cup(0,\ +\infty)$，图象关于原点对称，如图 1－17 所示.

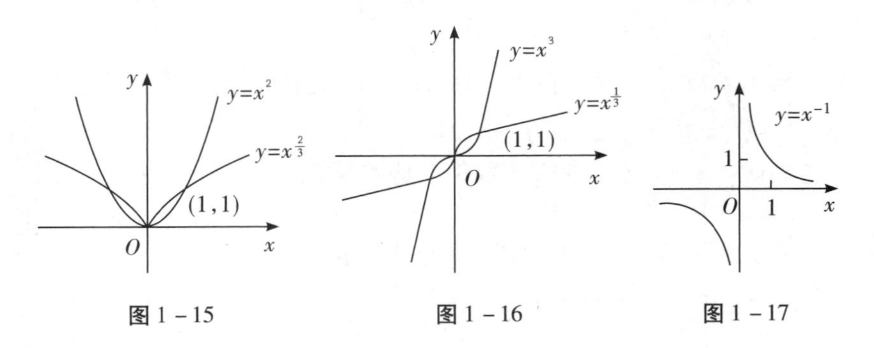

图 1－15　　图 1－16　　图 1－17

例 1　求下列幂函数的定义域：

（1）$y=x^5$；（2）$y=x^{\frac{1}{5}}$；（3）$y=x^{\frac{1}{4}}$；（4）$y=x^{-\frac{2}{5}}$；（5）$y=x^{-\frac{1}{4}}$.

解：（1）$y=x^5$ 的定义域是 $\mathbf{R}$；

（2）$y=x^{\frac{1}{5}}=\sqrt[5]{x}$的定义域是 $\mathbf{R}$；

（3）$y=x^{\frac{1}{4}}=\sqrt[4]{x}$的定义域是 $[0, +\infty)$；

（4）$y=x^{-\frac{2}{5}}=\dfrac{1}{\sqrt[5]{x^2}}$的定义域是$\{x \mid x\in\mathbf{R}$ 且 $x\neq 0\}$；

（5）$y=x^{-\frac{1}{4}}=\dfrac{1}{\sqrt[4]{x}}$的定义域是 $(0, +\infty)$.

（3）指数函数：$y=a^x(a>0$ 且 $a\neq 1)$.

定义域是实数集 $\mathbf{R}$，值域为 $(0, +\infty)$，函数图象在 x 轴的上方，且都通过点 $(0, 1)$，

当 $a>1$ 时，这个函数是增函数；当$0<a<1$时，这个函数是减函数，如图 1－18 所示.

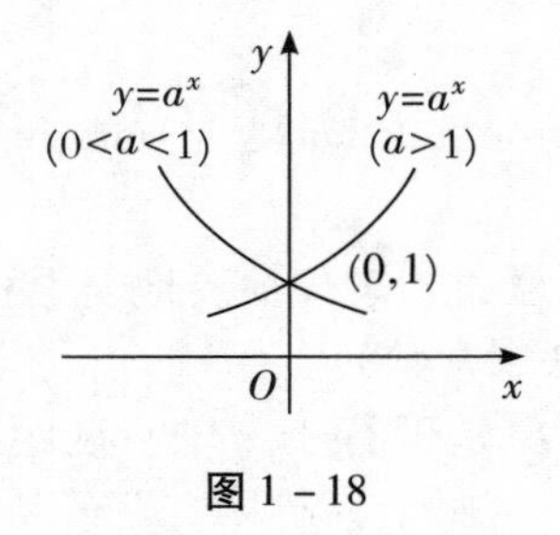

图 1－18

例 2　比较下列各题中两个值的大小：

（1）$(a+1)^{1.5}$，$a^{1.5}$；

（2）$(2+a^2)^{-\frac{2}{3}}$，$2^{-\frac{2}{3}}$；

（3）1.7^a，1.7^{a+1}；

（4）$0.8^{-0.1}$，$0.8^{-0.2}$；

（5）$3^{0.2}$，$2^{0.3}$；

（6）$9^{-\frac{7}{8}}$，$\left(\dfrac{8}{9}\right)^{\frac{6}{7}}$.

解：（1）考察幂函数 $y=x^{1.5}$，在第一象限内，y 的值随 x 的增大而增大.

$\because a+1>a$，$\therefore (a+1)^{1.5}>a^{1.5}$.

（2）考察幂函数 $y=x^{-\frac{2}{3}}$，在第一象限内，y 的值随 x 的增大而减小.

$\because 2+a^2\geqslant 2$，$\therefore (2+a^2)^{-\frac{2}{3}}\leqslant 2^{-\frac{2}{3}}$.

（3）考察函数 $y=1.7^x$，它在实数集上是增函数.

$\because a<a+1$，$\therefore 1.7^a<1.7^{a+1}$.

（4）考察函数 $y=0.8^x$，它在实数集上是减函数.

$\because -0.1>-0.2$，$\therefore 0.8^{-0.1}<0.8^{-0.2}$.

（5）根据指数函数的性质及 $0<0.2<1$，$3>1$，得

$3^{0.2}>3^0=1, 0.2^3<0.2^0=1$.

故 $3^{0.2}>0.2^3$.

（6）幂函数 $y=x^{\frac{7}{8}}$ 在区间 $[0, +\infty)$ 上是增函数，

又 $9^{-\frac{7}{8}}=\left(\frac{1}{9}\right)^{\frac{7}{8}}$，$\frac{1}{9}<\frac{8}{9}$，则 $9^{-\frac{7}{8}}=\left(\frac{1}{9}\right)^{\frac{7}{8}}<\left(\frac{8}{9}\right)^{\frac{7}{8}}$.

指数函数 $y=\left(\frac{8}{9}\right)^x$ 是减函数，而 $\frac{7}{8}>\frac{6}{7}$，

则 $\left(\frac{8}{9}\right)^{\frac{7}{8}}<\left(\frac{8}{9}\right)^{\frac{6}{7}}$.

故 $9^{-\frac{7}{8}}<\left(\frac{8}{9}\right)^{\frac{6}{7}}$.

（4）对数函数：$y=\log_a x(a>0$ 且 $a\neq 1)$.

定义域是 $(0, +\infty)$，值域是实数集 **R**，函数图象都通过点 $(1, 0)$，在定义域内，当 $a>1$ 时，这个函数是增函数；当 $0<a<1$ 时，这个函数是减函数，如图 1－19 所示.

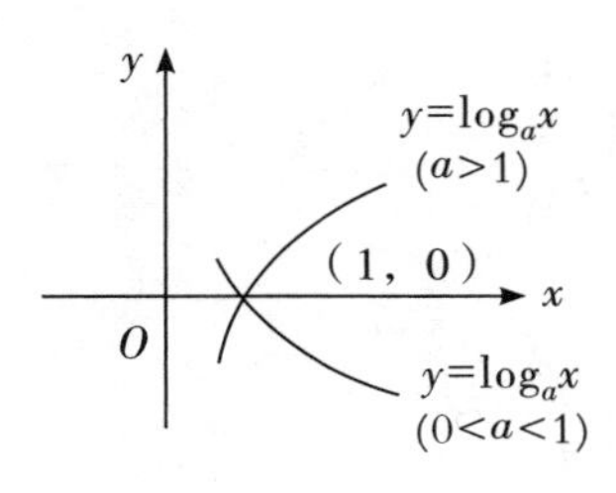

图 1－19

例 3　求下列函数的定义域：

（1）$y=\log_a x^2$；　　（2）$y=\log_a(4-x)$.

解：（1）要使函数有意义，必须 $x^2>0$，即 $x\neq 0$，

$\therefore$ 定义域是 $(-\infty, 0)\cup(0, +\infty)$.

（2）要使函数有意义，必须 $4-x>0$，即 $x<4$，

$\therefore$ 定义域是 $(-\infty, 4)$.

例 4　比较下列各组数中两个值的大小：

（1）$\log_2 3.4$，$\log_2 8.5$；

（2）$\log_{0.3}1.8$，$\log_{0.3}2.7$；

（3）$\log_a 5.1$，$\log_a 5.9$（$a>0$ 且 $a\neq 1$）；

（4）$\log_{\frac{1}{5}}\frac{1}{4}$，$\log_{\frac{1}{4}}\frac{1}{5}$.

解：（1）$\because$ 函数 $y=\log_2 x$ 在 $(0, +\infty)$ 上是增函数，且 $3.4<8.5$，

$\therefore \log_2 3.4<\log_2 8.5$.

（2）$\because$ 函数 $y=\log_{0.3}x$ 在 $(0,+\infty)$ 上是减函数，且 $1.8<2.7$，

$\therefore \log_{0.3}1.8>\log_{0.3}2.7$.

（3）当 $a>1$ 时，因为函数 $y=\log_a x$ 在 $(0,+\infty)$ 上是增函数，且 $5.1<5.9$，

$\therefore \log_a 5.1<\log_a 5.9$；

当 $0<a<1$ 时，因为函数 $y=\log_a x$ 在 $(0,+\infty)$ 上是减函数，且 $5.1<5.9$，

$\therefore \log_a 5.1>\log_a 5.9$.

（4）根据对数函数的性质及 $0<\frac{1}{5}<1, 0<\frac{1}{4}<1, \frac{1}{4}>\frac{1}{5}$，得

$$\log_{\frac{1}{5}}\frac{1}{4}<\log_{\frac{1}{5}}\frac{1}{5}=1, \log_{\frac{1}{4}}\frac{1}{5}>\log_{\frac{1}{4}}\frac{1}{4}=1.$$

故 $\log_{\frac{1}{5}}\frac{1}{4}<\log_{\frac{1}{4}}\frac{1}{5}$.

例 5 已知 $\log_{0.7}2m<\log_{0.7}(m-1)$，求 m 的取值范围.

解： 考察函数 $y=\log_{0.7}x$，它在 $(0,+\infty)$ 上是减函数.

$\because \log_{0.7}2m<\log_{0.7}(m-1)$，$\therefore 2m>m-1>0$.

由 $\begin{cases}2m>m-1,\\ m-1>0,\end{cases}$ 得 $m>1$.

例 6 判断下列函数的奇偶性：

（1）$f(x)=\dfrac{e^x+e^{-x}}{2}$；

（2）$f(x)=\dfrac{a^x-a^{-x}}{x^2+4}$；

（3）$f(x)=\lg(x+\sqrt{1+x^2})$.

解：（1）定义域为 $\mathbf{R}$.

$$\because f(-x)=\frac{e^{-x}+e^{-(-x)}}{2}=\frac{e^x+e^{-x}}{2}=f(x),$$

$\therefore f(x)=\dfrac{e^x+e^{-x}}{2}$ 是偶函数.

（2）定义域为 $\mathbf{R}$.

$$\because f(-x)=\frac{a^{-x}-a^{-(-x)}}{(-x)^2+4}=-\frac{a^x-a^{-x}}{x^2+4}=-f(x),$$

$\therefore f(x)=\dfrac{a^x-a^{-x}}{x^2+4}$ 是奇函数.

（3）定义域为 $\mathbf{R}$.

$$\begin{aligned}\because f(-x)&=\lg(-x+\sqrt{1+(-x)^2})=\lg\frac{1}{x+\sqrt{1+x^2}}\\&=-\lg(x+\sqrt{1+x^2})\\&=-f(x),\end{aligned}$$

$\therefore f(x)=\lg(x+\sqrt{1+x^2})$ 是奇函数.

例 7　求下列函数的定义域：

（1）$y=0.7^{\frac{2-x}{x}}$；

（2）$y=\dfrac{\sqrt{2^x-4}}{x-5}$；

（3）$y=\sqrt{\log_{\frac{1}{2}}(2+x)}$.

解：（1）要使函数有意义，必须 $x\neq0$，

$\therefore$ 定义域是 $\{x\mid x\in\mathbf{R}$ 且 $x\neq0\}$.

（2）要使函数有意义，必须

$\begin{cases}2^x-4\geqslant0,\\x-5\neq0,\end{cases}$解得$\begin{cases}x\geqslant2,\\x\neq5.\end{cases}$

$\therefore$ 定义域是 $\{x\mid x\geqslant2$ 且 $x\neq5\}$.

（3）要使函数有意义，必须

$\begin{cases}\log_{\frac{1}{2}}(2+x)\geqslant0,\\2+x>0,\end{cases}$　$\begin{cases}0<2+x\leqslant1,\\2+x>0,\end{cases}$

即$\begin{cases}-2<x\leqslant-1,\\x>-2,\end{cases}$　解得 $-2<x\leqslant-1$.

$\therefore$ 定义域是 $(-2,\ -1]$.

例 8　已知偶函数 $f(x)$ 在 $[2,\ 4]$ 上单调递减，试比较 $f(\log_{\frac{1}{2}}8)$ 与 $f(5^{\log_5\pi})$ 的大小.

解：$\because f(\log_{\frac{1}{2}}8)=f(-3)=f(3)$，

$f(5^{\log_5\pi})=f(\pi)$，

$3\in[2,\ 4]$，$\pi\in[2,\ 4]$，$f(x)$ 在 $[2,\ 4]$ 上单调递减，且 $3<\pi$，

$\therefore f(3)>f(\pi)$，

即 $f(\log_{\frac{1}{2}}8)>f(5^{\log_5\pi})$.

例 9　求满足下列条件的 x 的取值范围：

（1）$(0.2)^{x^2-1}>1$；

（2）$\log_{(x-1)}(2x+3)>1$.

解：（1）将原不等式变形为 $(0.2)^{x^2-1}>(0.2)^0$，

$\because y=(0.2)^x$ 是减函数，

$\therefore x^2-1<0$，解得 $-1<x<1$，

$\therefore x$ 的取值范围是 $\{x\mid -1<x<1\}$.

（2）将原不等式变形为 $\log_{(x-1)}(2x+3)>\log_{(x-1)}(x-1)$，

得（i）$\begin{cases}x-1>1,\\2x+3>x-1,\end{cases}$　即 $x>2$；

(ii) $\begin{cases}0<x-1<1,\\0<2x+3<x-1,\end{cases}$ 即 $\begin{cases}1<x<2,\\x<-4,\\x>-\dfrac{3}{2},\end{cases}$ 解集为$\varnothing$.

$\therefore x$ 的取值范围是$\{x\mid x>2\}$.

例 10 求下列函数的反函数:

(1) $y=4^x(x\in\mathbf{R})$;

(2) $y=\left(\dfrac{1}{3}\right)^x(x\in\mathbf{R})$;

(3) $y=\lg x(x\in(0,\ +\infty))$;

(4) $y=\log_a 2x(a>0$ 且 $a\neq1,\ x\in(0,\ +\infty))$.

解: (1) 由 $y=4^x$,解得 $x=\log_4 y$,

$\therefore$ 反函数是 $y=\log_4 x(x\in(0,\ +\infty))$;

(2) 由 $y=\left(\dfrac{1}{3}\right)^x$,解得 $x=\log_{\frac{1}{3}}y$,

$\therefore$ 反函数是 $y=\log_{\frac{1}{3}}x(x\in(0,\ +\infty))$;

(3) 由 $y=\lg x$,解得 $x=10^y$,

$\therefore$ 反函数是 $y=10^x(x\in\mathbf{R})$;

(4) 由 $y=\log_a 2x$,解得 $x=\dfrac{1}{2}a^y$,

$\therefore$ 反函数是 $y=\dfrac{1}{2}a^x(a>0$ 且 $a\neq1,\ x\in\mathbf{R})$.

例 11 求函数 $y=\dfrac{e^x-1}{e^x+1}$的反函数及其反函数的定义域.

解: 由 $y=\dfrac{e^x-1}{e^x+1}$ 可得 $e^x=\dfrac{1+y}{1-y}$,

$\therefore x=\ln\dfrac{1+y}{1-y}$,

$\therefore$ 反函数是 $y=\ln\dfrac{1+x}{1-x}$,

要使函数 $y=\ln\dfrac{1+x}{1-x}$有意义,必须

$\dfrac{1+x}{1-x}>0$,解得 $-1<x<1$.

$\therefore$ 反函数的定义域是$\{x\mid -1<x<1\}$.

(5) 三角函数.

三角函数有正弦函数 $y=\sin x$,余弦函数 $y=\cos x$,正切函数 $y=\tan x$,余切函数

$y=\cot\ x$，正割函数 $y=\sec x$，余割函数 $y=\csc x$.

$y=\sin x$ 与 $y=\cos x$ 定义域都为实数集 $\mathbf{R}$，值域都是 $[-1, 1]$，均以 2π 为周期.

因为 $\sin(-x)=-\sin x$，所以 $y=\sin x$ 为奇函数，它的图象关于原点对称.

因为 $\cos(-x)=\cos x$，所以 $y=\cos x$ 为偶函数，它的图象关于 y 轴对称.

又因为 $|\sin x|\leqslant 1$，$|\cos x|\leqslant 1$，所以它们都是有界函数，如图 1－20 所示.

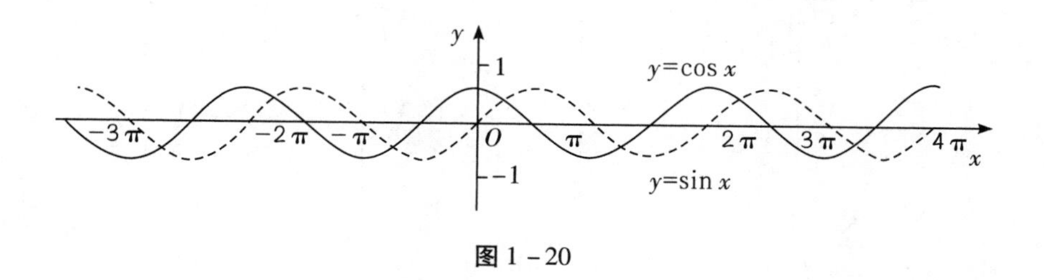

图 1－20

$y=\tan x$ 定义域为 $\left\{x \mid x\neq\frac{\pi}{2}+k\pi,\ k\in\mathbf{Z}\right\}$，值域为实数集 $\mathbf{R}$，周期为 π. 因为 $\tan(-x)=-\tan x$，所以 $y=\tan x$ 为奇函数，它的图象关于原点对称，如图 1－21 所示.

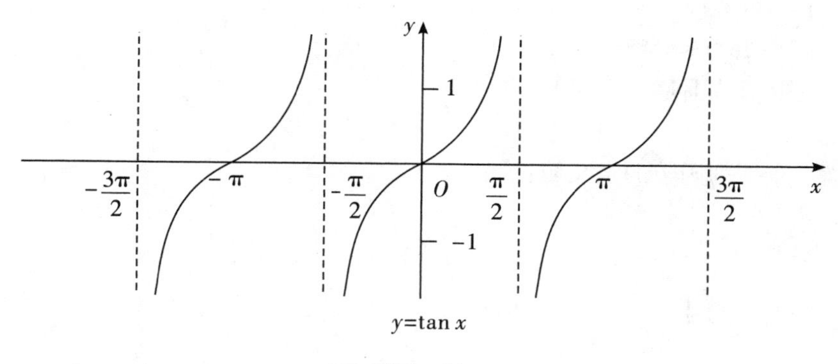

图 1－21

$y=\cot x$ 定义域为 $\{x \mid x\neq k\pi,\ k\in\mathbf{Z}\}$，值域为实数集 $\mathbf{R}$，周期为 π. 因为 $\cot(-x)=-\cot x$，所以 $y=\cot x$ 为奇函数，它的图象关于原点对称，如图 1－22 所示.

正割函数与余弦函数互为倒数，即 $y=\sec x=\frac{1}{\cos\ x}$，其定义域为 $\left\{x \mid x\neq k\pi+\frac{\pi}{2},\ k\in\mathbf{Z}\right\}$，值域为 $(-\infty, -1]\cup[1, +\infty)$，周期为 2π. 因为 $\sec(-x)=\sec x$，所以 $y=\sec x$ 为偶函数，它的图象关于 y 轴对称.

余割函数与正弦函数互为倒数，即 $y=\csc x=\frac{1}{\sin\ x}$，其定义域为 $\{x \mid x\neq k\pi,\ k\in\mathbf{Z}\}$，值域为 $(-\infty, -1]\cup[1, +\infty)$，周期为 2π. 因为 $\csc(-x)=-\csc x$，所以 $y=\csc x$ 为奇函数，它的图象关于原点对称.

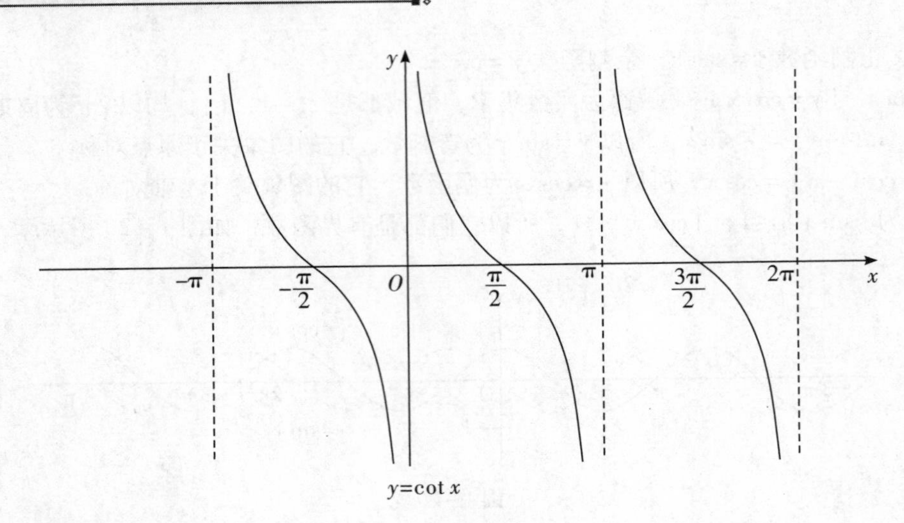

图 1－22

例 12 设 $\sin x = t-3$ $(x\in\mathbf{R})$，求 t 的取值范围.

解： $\because -1\leqslant\sin x\leqslant 1$，$\therefore -1\leqslant t-3\leqslant 1$，

由此解得 $2\leqslant t\leqslant 4$.

故 t 的取值范围是 $[2,\ 4]$.

例 13 求下列函数的定义域：

(1) $y=\dfrac{1}{1+\sin x}$；

(2) $y=\tan\left(x-\dfrac{\pi}{3}\right)$.

解： (1) 要使函数有意义，必须 $1+\sin x\neq 0$，即 $\sin x\neq -1$，$x\neq 2k\pi-\dfrac{\pi}{2}$ $(k\in\mathbf{Z})$，所以函数 $y=\dfrac{1}{1+\sin x}$ 的定义域是 $\left\{x\mid x\in\mathbf{R}\text{ 且 }x\neq 2k\pi-\dfrac{\pi}{2},\ k\in\mathbf{Z}\right\}$.

(2) 设 $t=x-\dfrac{\pi}{3}$，则函数 $y=\tan t$ 的定义域是

$$\left\{t\mid t\in\mathbf{R}\text{ 且 }t\neq k\pi+\frac{\pi}{2},\ k\in\mathbf{Z}\right\},$$

由 $x-\dfrac{\pi}{3}\neq k\pi+\dfrac{\pi}{2}$ $(k\in\mathbf{Z})$，

得 $x\neq k\pi+\dfrac{5\pi}{6}$ $(k\in\mathbf{Z})$.

因此，函数 $y=\tan\left(x-\dfrac{\pi}{3}\right)$ 的定义域是 $\left\{x\mid x\in\mathbf{R}\text{ 且 }x\neq k\pi+\dfrac{5\pi}{6},\ k\in\mathbf{Z}\right\}$.

例 14 判断下列函数的奇偶性：

（1）$y=\cos x+2$；

（2）$y=\sin x\cos x$.

解：（1）把函数 $y=\cos x+2$ 记为

$$f(x)=\cos x+2,$$

$\because f(-x)=\cos(-x)+2=\cos x+2=f(x)$，对于 $x\in\mathbf{R}$，该等式都成立，

$\therefore$ 函数 $y=\cos x+2$ 是偶函数.

（2）把函数 $y=\sin x\cos x$ 记为

$$f(x)=\sin x\cos x,$$

$\because f(-x)=\sin(-x)\cos(-x)=-\sin x\cos x=-f(x)$，对于 $x\in\mathbf{R}$，该等式都成立，

$\therefore$ 函数 $y=\sin x\cos x$ 是奇函数.

例 15 求下列函数的周期：

（1）$y=\sin 2x$；

（2）$y=2\cos\left(\dfrac{1}{3}x-\dfrac{\pi}{4}\right)$；

（3）$y=\tan 3x$.

解：（1）设 $u=2x$. 函数 $y=\sin u$ 的周期为 2π，这就是说，当 u 增加到且至少要增加到 $u+2\pi$ 时，函数 $y=\sin u$ 的值才重复取得，而

$$u+2\pi=2x+2\pi=2(x+\pi),$$

因此，当自变量 x 增加到且必须增加到 $x+\pi$ 时，函数 $y=\sin u$ 的值才重复取得.

因此，函数 $y=\sin 2x$ 的周期为 π.

（2）设 $u=\dfrac{1}{3}x-\dfrac{\pi}{4}$. 函数 $y=\cos u$ 的周期为 2π，这就是说，当 u 增加到且至少要增加到 $u+2\pi$ 时，函数 $y=\cos u$ 的值才重复取得，而

$$u+2\pi=\frac{1}{3}x-\frac{\pi}{4}+2\pi=\frac{1}{3}(x+6\pi)-\frac{\pi}{4}.$$

因此，当自变量 x 增加到且必须增加到 $x+6\pi$ 时，函数 $y=\cos u$ 的值才重复取得.

因此，函数 $y=2\cos\left(\dfrac{1}{3}x-\dfrac{\pi}{4}\right)$ 的周期为 6π.

（3）$\because \tan(3x+\pi)=\tan 3x$，即

$$\tan 3\left(x+\frac{\pi}{3}\right)=\tan 3x,$$

这说明自变量 x 至少要增加 $\dfrac{\pi}{3}$，函数的值才重复取得.

因此，函数 $y=\tan 3x$ 的周期为 $\dfrac{\pi}{3}$.

注：一般地，函数 $y=A\sin(\omega x+\varphi)$ 或 $y=A\cos x(\omega x+\varphi)$（其中，$A$，$\omega$，$\varphi$ 为常数，且$A\neq0$，$\omega\neq0$）的周期为 $T=\dfrac{2\pi}{|\omega|}$；函数 $y=A\tan(\omega x+\varphi)$ 或 $y=\cot(\omega x+\varphi)$（其中，A，ω，φ 为常数，且 $A\neq0$，$\omega\neq0$）的周期为 $T=\dfrac{\pi}{|\omega|}$.

（6）反三角函数.

正弦函数 $y=\sin x$ 在区间$\left[-\dfrac{\pi}{2},\dfrac{\pi}{2}\right]$上的反函数叫做反正弦函数，记作 $y=\arcsin x$，它的定义域是 $[-1,1]$，值域是$\left[-\dfrac{\pi}{2},\dfrac{\pi}{2}\right]$，如图 1-23（1）所示.

余弦函数 $y=\cos x$ 在区间 $[0,\pi]$ 上的反函数叫做反余弦函数，记作 $y=\arccos x$，它的定义域是 $[-1,1]$，值域是 $[0,\pi]$，如图 1-23（2）所示.

正切函数 $y=\tan x$ 在区间$\left(-\dfrac{\pi}{2},\dfrac{\pi}{2}\right)$上的反函数叫做反正切函数，记作 $y=\arctan x$，它的定义域是 $(-\infty,+\infty)$，值域是$\left(-\dfrac{\pi}{2},\dfrac{\pi}{2}\right)$，如图 1-23（3）所示.

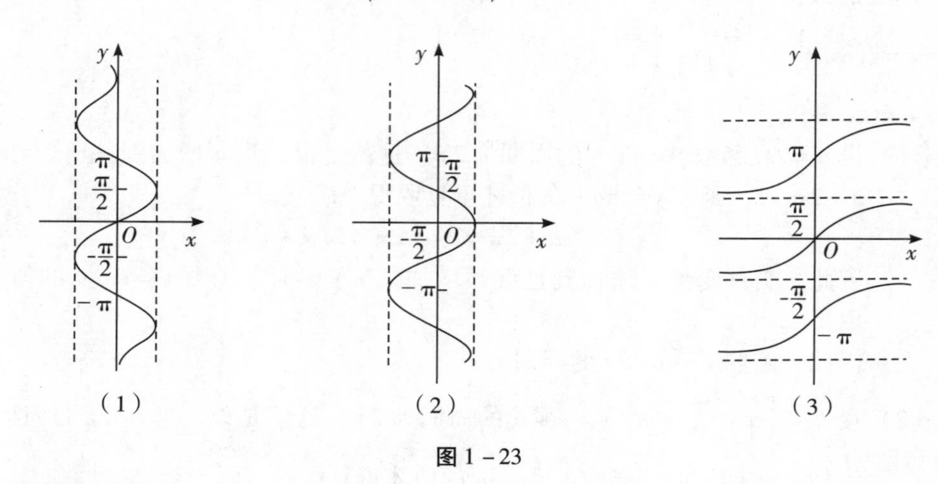

图 1-23

例 16　计算：

（1）已知 $\sin x=\dfrac{\sqrt{2}}{2}$，且 $x\in\left[-\dfrac{\pi}{2},\dfrac{\pi}{2}\right]$，求 x 的值；

（2）已知 $\sin x=\dfrac{\sqrt{2}}{2}$，且 $x\in[0,2\pi]$，求 x 的值；

（3）已知 $\cos x=-\dfrac{\sqrt{2}}{2}$，且 $x\in[0,2\pi]$，求 x 的取值集合；

（4）已知 $\tan x=-\dfrac{\sqrt{3}}{3}$，且 $x\in\left(-\dfrac{\pi}{2},\dfrac{\pi}{2}\right)$，求 x 的值.

解：（1）因为 $\sin x=\dfrac{\sqrt{2}}{2}$，所以 x 是第一象限或第二象限的角，由

$$\sin\frac{\pi}{4}=\frac{\sqrt{2}}{2},\ \sin\frac{3\pi}{4}=\frac{\sqrt{2}}{2},$$

可知在$\left[-\frac{\pi}{2},\ \frac{\pi}{2}\right]$上，$x=\frac{\pi}{4}$.

（2）因为 $\sin x=\frac{\sqrt{2}}{2}$，所以 x 是第一象限或第二象限的角，由

$$\sin\frac{\pi}{4}=\frac{\sqrt{2}}{2},\ \sin\frac{3\pi}{4}=\frac{\sqrt{2}}{2},$$

可知在［0，2π］上，$x=\frac{\pi}{4}$或 $x=\frac{3\pi}{4}$.

（3）因为 $\cos x=-\frac{\sqrt{2}}{2}$，所以 x 是第二象限或第三象限的角，由

$$\cos\frac{3\pi}{4}=-\cos\frac{\pi}{4}=-\frac{\sqrt{2}}{2},$$

可知所求符合条件的第二象限的角 $x=\frac{3\pi}{4}$. 又由

$$\cos\left(\frac{\pi}{4}+\pi\right)=-\cos\frac{\pi}{4}=-\frac{\sqrt{2}}{2},$$

可知在闭区间［0，2π］内符合条件的第三象限的角 $x=\frac{\pi}{4}+\pi=\frac{5\pi}{4}$.

因此，所求角 x 的取值集合为$\left\{\frac{3\pi}{4},\ \frac{5\pi}{4}\right\}$.

（4）因为正切函数在区间$\left(-\frac{\pi}{2},\ \frac{\pi}{2}\right)$上是增函数，所以正切值等于 $-\frac{\sqrt{3}}{3}$的角 x 有且只有一个，由

$$\tan\left(-\frac{\pi}{6}\right)=-\tan\frac{\pi}{6}=-\frac{\sqrt{3}}{3},$$

可知所求的角 $x=-\frac{\pi}{6}$.

例 17　求下列各式的值：

（1）$\arcsin\frac{\sqrt{2}}{2}$；　　（2）$\arccos\left(-\frac{\sqrt{2}}{2}\right)$；

（3）$\arctan\left(-\frac{\sqrt{3}}{3}\right)$；　　（4）$\text{arccot}\left(-\frac{\sqrt{3}}{3}\right)$；

（5）$\text{arcsec}\ 2$；　　（6）$\text{arccsc}(-2)$.

解：（1）$\because$ 在$\left[-\frac{\pi}{2},\ \frac{\pi}{2}\right]$上，$\sin\frac{\pi}{4}=\frac{\sqrt{2}}{2}$，

$\therefore \arcsin\frac{\sqrt{2}}{2}=\frac{\pi}{4}$.

（2）$\because$ 在$[0,\ \pi]$上，$\cos\frac{3\pi}{4}=-\frac{\sqrt{2}}{2}$，

$\therefore \arccos\left(-\frac{\sqrt{2}}{2}\right)=\frac{3\pi}{4}$.

（3）$\because$ 在$\left(-\frac{\pi}{2}, \frac{\pi}{2}\right)$上，$\tan\left(-\frac{\pi}{6}\right) = -\frac{\sqrt{3}}{3}$，

$\therefore \arctan\left(-\frac{\sqrt{3}}{3}\right) = -\frac{\pi}{6}$.

（4）$\because$ 在$(0, \pi)$上，$\cot \frac{2\pi}{3} = -\frac{\sqrt{3}}{3}$，

$\therefore \operatorname{arccot}\left(-\frac{\sqrt{3}}{3}\right) = \frac{2\pi}{3}$.

（5）$\because$ 在$[0, \pi]$上，$\cos \frac{\pi}{3} = \frac{1}{2}$，$\sec \frac{\pi}{3} = 2$，

$\therefore \operatorname{arcsec} 2 = \frac{\pi}{3}$.

（6）$\because$ 在$\left[-\frac{\pi}{2}, \frac{\pi}{2}\right]$上，$\sin\left(-\frac{\pi}{6}\right) = -\frac{1}{2}$，$\csc\left(-\frac{\pi}{6}\right) = -2$，

$\therefore \operatorname{arccsc}(-2) = -\frac{\pi}{6}$.

练习 3.1

1. 分别把下列各题中的三个数按从小到大的顺序用不等号连接起来.

（1）$2^{2.5}$，$(2.5)^0$，$\left(\frac{1}{2}\right)^{2.5}$；（2）$\left(\frac{2}{3}\right)^{-\frac{1}{3}}$，$\left(\frac{5}{3}\right)^{\frac{2}{3}}$，$3^{\frac{2}{3}}$.

2. 求下列函数的定义域.

（1）$y = \sqrt{\lg x}$；（2）$y = \log_2(x-1)^2$；

（3）$y = \sqrt{\log_{0.5}(4x-3)}$；（4）$y = \sqrt{x^2 - x - 2} + \log_2 3x$.

3. 求下列函数的定义域.

（1）$y = x^{-2} + x^{\frac{1}{2}}$；（2）$y = 0.8^{\frac{1}{x-2}}$；

（3）$y=\frac{\sqrt{2^x-8}}{x-6}$；

（4）$y=\frac{\lg(32-4^x)}{\sqrt{x^2-3x-4}}$.

4. 判断下列函数的奇偶性.

（1）$f(x)=x^2-x^{-2}$；

（2）$f(x)=\sqrt{1-x}+\sqrt{x-1}$；

（3）$f(x)=x\frac{a^x-1}{a^x+1}$（$a>0$ 且 $a\neq1$）；

（4）$f(x)=\frac{1}{a^x-1}+\frac{1}{2}$（$a>0$ 且 $a\neq1$）.

5. 求下列函数的周期.

（1）$y=\sin\frac{3}{4}x$；

（2）$y=\tan\frac{2x}{3}$；

（3）$y=\frac{1}{2}\sin\left(\frac{\pi}{3}-2x\right)$；

（4）$y=3\cos\left(\frac{1}{2}x+\frac{1}{3}\pi\right)$.

6. 求下列各式的 x.

（1）$\sin x=-\frac{\sqrt{3}}{2}\left(\frac{\pi}{2}\leqslant x\leqslant\frac{3\pi}{2}\right)$；

（2）$\cos x=-\frac{1}{2}\left(\frac{\pi}{2}<x<\pi\right)$；

（3）$\tan x=-1(-\pi\leqslant x\leqslant\pi)$；

（4） $\sin x=-\frac{\sqrt{2}}{2}$ $(0\leqslant x<2\pi)$.

7. 求下列各式的值.

（1） $\arcsin(-1)$；

（2） $\arccos(-1)$；

（3） $\arctan\sqrt{3}$；

（4） $\operatorname{arccot}(-\sqrt{3})$；

（5） $\operatorname{arcsec}\left(-\frac{2\sqrt{3}}{3}\right)$；

（6） $\operatorname{arccsc}\left(-\frac{2\sqrt{3}}{3}\right)$.

8. $a=0.5^2$，$b=\log_2 0.5$，$c=2^{0.5}$三个数的大小关系是(　　)

A. $a<c<b$　　B. $a<b<c$　　C. $b<a<c$　　D. $c<b<a$

9. 若函数$f(x)=\begin{cases}2^{1-x}, & x\leqslant 1,\\ 1-\log_2 x, & x>1,\end{cases}$则满足$f(x)\leqslant 2$ 的 x 的取值范围是(　　)

A. $[0,+\infty)$　　B. $[0,2]$　　C. $[1,+\infty)$　　D. $[-1,2]$

10. 已知幂函数 $y=(m^2-5m+5)x^{2-m^2}$，当 $x\in(0,+\infty)$ 时为增函数，则 $m=$______.

二、复合函数

设函数 $y=f(u)$的定义域为 D_f，函数 $u=\varphi(x)$的定义域为 D_φ，且其值域 $R_\varphi\subseteq D_f$，则由下式确定的函数

$$y=f[\varphi(x)]\ (x\in D_\varphi)$$

称为由函数 $u=\varphi(x)$与函数 $y=f(u)$ 构成的**复合函数**（composite function），它的定义域为 D_φ，变量 u 称为**中间变量**（intermediate variable）. 这种复合是有条件的，即函数 $\varphi(x)$的值域 R_φ 必须含在函数$f(x)$的定义域 $D_f(R_\varphi\subseteq D_f)$ 内，否则，不能构成复合函数. 如 $y=\sqrt{1-x^2}$可看成由 $y=\sqrt{u}$，$u=1-x^2$两个函数复合而成. 然而，只有当 $1-x^2\geqslant 0$，即 $|x|\leqslant 1$ 时才满足复合的条件.

复合的概念可以推广到三个或多个函数的情况，即若 $y=f(u)$，$u=\varphi(v)$，$v=\psi(x)$，则 $y=f(u)=f[\varphi(v)]=f\{\varphi[\psi(x)]\}$是通过两个中间变量 u，v 复合成的复合函数.

例 1　(1) 函数 $y=f(u)=\lg u$ 与 $u=g(x)=\sin x$ 经过复合后得到什么函数？
(2) 函数 $y=f(u)=\sin u$ 与 $u=g(x)=\lg x$ 经过复合后得到什么函数？

解：(1) $y=\lg(\sin x)$；

(2) $y=\sin(\lg x)$.

例 2　下列函数是由哪几个简单函数复合而成的？

(1) $y=a\sin(bx+c)$；

(2) $y=\log_a(1+x)^2$；

(3) $y=\mathrm{e}^{\sqrt{x^2+1}}$.

解：(1) $y=a\sin(bx+c)$ 由 $y=a\sin u$ 和 $u=bx+c$ 两个函数复合而成的；

(2) $y=\log_a(1+x)^2$ 由 $y=\log_a u$，$u=v^2$，$v=1+x$ 三个函数复合而成的；

(3) $y=\mathrm{e}^{\sqrt{x^2+1}}$由 $y=\mathrm{e}^u$，$u=\sqrt{v}$，$v=x^2+1$ 三个函数复合而成的.

例 3　已知$f(x)=\dfrac{1}{x^2-1}$，$g(x)=x+1$，求$f[g(x)]$的定义域.

解：$\because$ $f(x)=\dfrac{1}{x^2-1}$，$g(x)=x+1$，

$\therefore f[g(x)]=f(x+1)=\dfrac{1}{(x+1)^2-1}=\dfrac{1}{x^2+2x}$.

要使函数$f[g(x)]$有意义，必须 $x^2+2x\neq 0$，即 $x\neq 0$ 且 $x\neq -2$，

$\therefore$ 函数$f[g(x)]$的定义域是$\{x\mid x\in\mathbf{R}$，且 $x\neq 0,\ -2\}$.

练习 3.2

1. 写出由下列各组函数复合而成的复合函数.

(1) $y=u^2$，$u=\sin x$；

(2) $y=u^2$，$u=x^2+1$；

(3) $y=\mathrm{e}^u$，$u=v^2$，$v=\cot x$；

(4) $y=\ln u$，$u=\cos v$，$v=\mathrm{e}^x$.

2. 下列函数是由哪几个简单函数复合而成的？

(1) $y=\dfrac{1}{\cos(1+x^2)}$；

(2) $y=(1+x)^5$；

（3）$y=\ln\sin^3 3x$；　　（4）$y=\arctan\dfrac{1}{x+1}$.

三、初等函数

由基本初等函数经过有限次的四则运算和有限次的函数复合步骤所构成并可用一个式子表示的函数，称为**初等函数**（elementary function）.

在所有初等函数中，除基本初等函数外，比较常用的还有**正比例函数**（direct proportion function）、**反比例函数**（inverse proportion function）、**一次函数**（linear function）、**二次函数**（quadratic function）等.

（1）正比例函数：$y=kx$（k 是常数，$k\neq0$）.

函数 $y=kx$（k 是常数，$k\neq0$）的图象是经过点（0，0）和点（1，k）的直线（如图 1-24 所示），函数的定义域与值域都是 **R**. 当 $k>0$ 时，在定义域 **R** 上，函数 $y=kx$ 是增函数；当 $k<0$ 时，在定义域 **R** 上，函数 $y=kx$ 是减函数.

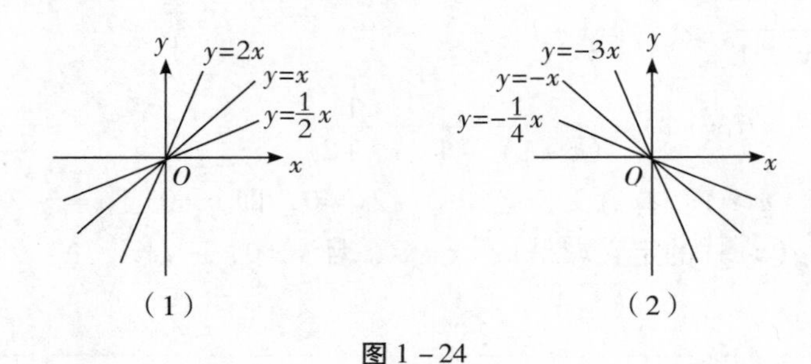

图 1-24

（2）反比例函数：$y=\dfrac{k}{x}$（k 是常数，$k\neq0$）.

函数 $y=\dfrac{k}{x}$（k 是常数，$k\neq0$）的图象是以坐标轴为渐近线的双曲线（如图 1-25 所示）.

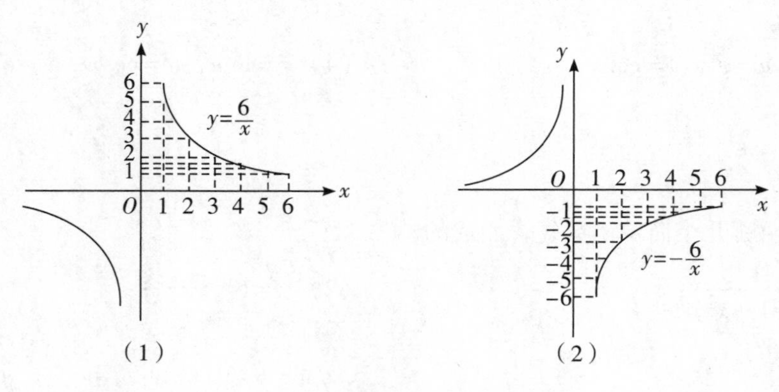

图 1-25

反比例函数的定义域与值域都是所有非零实数组成的集合，且当 $k>0$ 时，在 $(-\infty, 0)$ 及 $(0, +\infty)$ 上，函数 $y=\frac{k}{x}$ 是减函数；当 $k<0$ 时，在 $(-\infty, 0)$ 及 $(0, +\infty)$ 上，函数 $y=\frac{k}{x}$ 是增函数.

（3）一次函数：$y=kx+b$（k，b 是常数，$k\neq0$）.

所有一次函数的图象都是一条直线，因为两点确定一条直线，所以画一次函数的图象时，只要先描出两点，再连成直线就可以了（如图 1－26 所示）. 通常把一次函数 $y=kx+b$ 的图象叫做直线 $y=kx+b$. 一次函数的定义域与值域都是实数，且当 $k>0$ 时，在定义域 $\mathbf{R}$ 上，函数 $y=kx+b$ 是增函数；当 $k<0$ 时，在定义域 $\mathbf{R}$ 上，函数 $y=kx+b$ 是减函数.

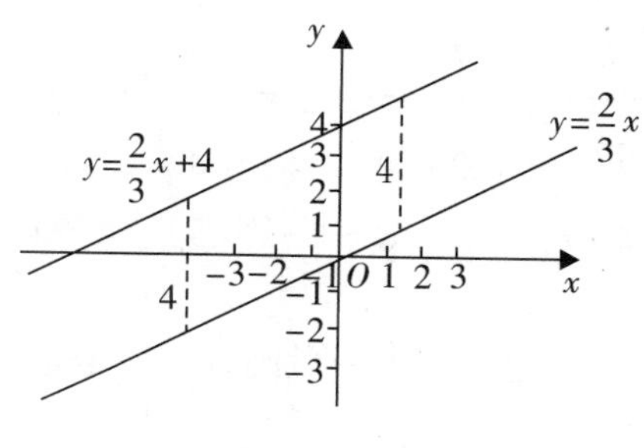

图 1－26

（4）二次函数：$y=ax^2+bx+c$（其中 a，b，c 是常数且 $a\neq0$）.

二次函数 $y=ax^2+bx+c$（其中 a，b，c 是常数且 $a\neq0$）的图象是一条抛物线，其性质如表 1－2 所列.

表 1－2

	$a>0$	$a<0$
图象		
开口方向	向上	向下
顶点坐标	$\left(-\frac{b}{2a}, \frac{4ac-b^2}{4a}\right)$	
对称性	关于直线 $x=-\frac{b}{2a}$ 对称	
定义域	实数集 $\mathbf{R}$	

（续上表）

	$a>0$	$a<0$
值域	$\left[\frac{4ac-b^2}{4a},\ +\infty\right)$	$\left(-\infty,\ \frac{4ac-b^2}{4a}\right]$
单调性	在$\left(-\infty,-\frac{b}{2a}\right)$内是减函数； 在$\left(-\frac{b}{2a},+\infty\right)$内是增函数	在$\left(-\infty,-\frac{b}{2a}\right)$内是增函数； 在$\left(-\frac{b}{2a},+\infty\right)$内是减函数
最大值与最小值	当$x=-\frac{b}{2a}$时， $y_{最小值}=\frac{4ac-b^2}{4a}$	当$x=-\frac{b}{2a}$时， $y_{最大值}=\frac{4ac-b^2}{4a}$

又如，$y=\sqrt{1-x^2}$，$y=\sin^2 x$，$y=\sqrt{\cot\frac{x}{2}}$等都是初等函数. 但是，函数 $y=f(x)=\begin{cases}2\sqrt{x}, & 0\leqslant x\leqslant 1,\\ 1+x, & x>1\end{cases}$ 不是初等函数，也就是说分段函数不一定是初等函数.

例 1 一次函数 $y=kx+b$，当 $x=-2$ 时，$y=0$；当 $x=1$ 时，$y=3$，则这个一次函数为（　　）

A. $y=-x+2$　　B. $y=x+2$　　C. $y=2x+1$　　D. $y=x-2$

解： 依题意得$\begin{cases}-2k+b=0,\\ k+b=3,\end{cases}$ 解得$\begin{cases}k=1,\\ b=2.\end{cases}$

所以这个一次函数为 $y=x+2$.

故应选 B.

例 2 已知函数$f(x)=x^2+2ax+3$，$x\in[-4,\ 6]$，

（1）求实数 a 的取值范围，使方程 $f(x)=0$ 在 $\mathbf{R}$ 上有两个不相等的负实根；

（2）当 $a=-2$ 时，求函数$f(x)$的最大值与最小值.

解：（1）由 $\Delta=(2a)^2-4\times1\times3>0$，得 $a>\sqrt{3}$或 $a<-\sqrt{3}$，

故 a 的取值范围是$(-\infty,\ -\sqrt{3})\cup(\sqrt{3},\ +\infty)$.

（2）当 $a=-2$ 时，$f(x)=x^2-4x+3=(x-2)^2-1$，

$2\in[-4,\ 6]$，故当 $x=2$时，$f(x)_{最小值}=-1$.

又$f(-4)=16+16+3=35$，$f(6)=36-24+3=15$；

故当 $x=-4$ 时，$f(x)_{最大值}=35$.

例 3 已知函数 $y=ax^2+bx+c$（$a\neq0$）的图象是以点$(-1,\ 2)$为顶点的抛物线，并且这个图象经过点（0，3），求该函数的解析式.

解：（解法一）依题意，可得

$$\begin{cases} -\dfrac{b}{2a}=-1, & ① \\ \dfrac{4ac-b^2}{4a}=2, & ② \\ c=3. & ③ \end{cases}$$

由 ①，得 $b=2a$. ④

将③④代入 ②，得 $\dfrac{12a-4a^2}{4a}=2$，即 $a=1$，

代入①得 $b=2$.

故所求的二次函数为 $y=x^2+2x+3$.

（解法二）依题意，可设函数的解析式为 $y=a(x+1)^2+2$.

把 $x=0$，$y=3$ 代入上式，得 $a(0+1)^2+2=3$.

解得 $a=1$.

故所求的二次函数为 $y=(x+1)^2+2=x^2+2x+3$.

练习 3.3

1. 若点（3，4）是反比例函数 $y=\dfrac{m^2+2m-1}{x}$ 图象上的一点，则此函数图象必经过点(　　)

A.（2，6）　　B.（2，−6）　　C.（4，−3）　　D.（3，−4）

2. 一个一次函数 $y=kx+b$，当 $x=-2$ 时，$y=0$ 时，并且当 $x=1$ 时，$y=3$ 时，则这个一次函数为(　　)

A. $y=-x+2$　　B. $y=x+2$　　C. $y=2x+1$　　D. $y=x-2$

3. 已知某二次函数的曲线经过 $(-1,-1)$，$(0,2)$，$(1,9)$ 三点，则该二次函数为 $f(x)=$ ________.

4. 已知二次函数 $f(x)=ax^2+bx+c$，若 $f(0)=f(6)<f(7)$，则 $f(x)$ 在(　　)

A. $(-\infty,0)$ 上是增函数　　B. $(0,+\infty)$ 上是增函数

C. $(-\infty,3)$ 上是增函数　　D. $(3,+\infty)$ 上是增函数

5. 已知函数 $f(x)$ 满足 $f(-x)+2f(x)=x+3$，则函数的解析式 $f(x)=$ ________.

6. 已知 $f(x)=x^2-2x+3$ 在闭区间 $[0,m]$ 上有最大值 3，最小值 2，则 m 的取值范围是________.

四、初等函数的应用

初等函数常常用来解决一些实际问题，特别是有关经济类问题的应用题，常用的函数模型有以下几类：

（1）正比例函数模型：$y=kx$；

（2）反比例函数模型：$y=\dfrac{k}{x}$；

（3）一次函数模型：$y=kx+b$；

（4）二次函数模型：$y=ax^2+bx+c$；

（5）幂函数模型：$y=x^{a}$；

（6）指数函数模型：$y=a^{x}$；

（7）对数函数模型：$y=\log_{a}x$；

（8）对勾函数模型：$y=ax+\dfrac{b}{x}$；

（9）分段函数模型.

解函数应用题可分为以下几个步骤：

（1）审题：理解题意，分清条件与结论，理清数量关系；

（2）建模：根据题设的数量关系，建立相应的数学模型，将实际问题转化为数学问题；

（3）解模：利用数学知识与方法解决转化出的数学问题；

（4）还原：检验结果的实际意义，给出结论.

例 1 某校一个课外学习小组为研究某作物种子的发芽率 y 和温度 x(单位:℃）的关系，在 20 个不同的温度条件下进行种子发芽实验，由实验数据（x_i，y_i）($i=1$，2，…，20）得到下面的散点图：

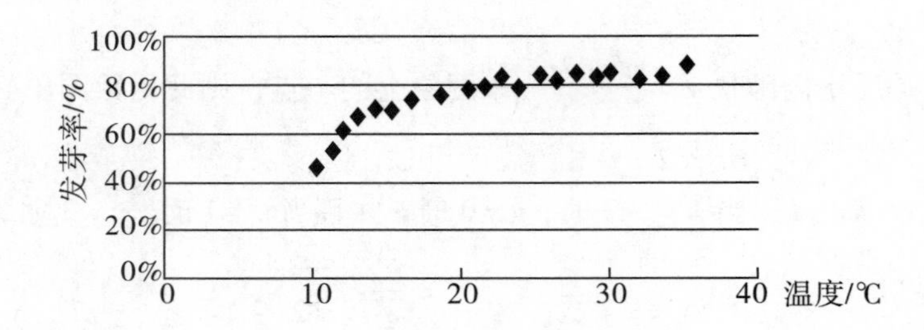

由此散点图，在10℃～40℃，下面四个回归方程类型中最适宜作为发芽率 y 和温度 x 的回归方程类型的是（　　）

A. $y=a+bx$　　B. $y=a+bx^{2}$　　C. $y=a+be^{x}$　　D. $y=a+b\ln x$

解：由散点图可知，在10℃～40℃，发芽率 y 和温度 x 所对应的点（x，y）在一段对数函数的曲线附近，结合选项可知，$y=a+b\ln x$ 可作为发芽率 y 和温度 x 的回归方程类型.

故选 D.

例 2 某个商店购进一批雨具，进货价为 12 元，若以 x 元价格卖出，其销售量 y 与价格 x 之间满足关系式 $y=-5(x-10)+100$. 问将每件价格定为多少元时，每天获得的利润最多?

解：设利润为 P，则

$$\begin{aligned}P&=(x-12)y\\&=(x-12)(-5x+150)\\&=-5x^{2}+210x-1\,800\ (12\leqslant x\leqslant 30)\end{aligned}$$

答：当 $x=21$，即定价为 21 元时，每天获得的利润最多，为 405 元.

例 3　某租赁公司拥有汽车 100 辆，当每辆车的月租金定为 3 000 元时，可全部租出；每辆车月租金每提高 50 元时，未租出的车会增加 1 辆；租出的车每辆每月需要维护费 150 元，未租出的车每辆每月需要维护费 50 元.

（1）当每辆车月租金定为 3 600 元时，能租出多少辆车？

（2）当每辆车月租金定为多少元时，租赁公司的月收益最大？最大月收益是多少？

解：（1）因为租金额提高了 $3\,600-3\,000=600$ 元，所以未出租车辆数为 $600\div50=12$ 辆，故实际租出车辆数为 $100-12=88$ 辆.

（2）设价格上升 $50x$ 元，则出租车辆减少 x 辆，利润为 y 元，

$$y=(100-x)(3\,000+50x)-150(100-x)-50x$$
$$=-50x^2+2\,100x+28\,500\ (x\in\mathbf{N},\ x\leqslant100)$$

答：当 $x=21$，即定价为 4 050 元时，租赁公司月收益最大，最大收益为 307 050 元.

例 4　某电动摩托车企业计划在 2023 年投资生产一款高端电动摩托车，经市场调研测算，生产该款电动摩托车需投入设备改造费 1 000 万元，生产该款电动摩托车 x 万台需投入资金 $P(x)$ 万元，且 $P(x)=\begin{cases}mx^2+2\,600x, & 0<x<4,\\ \dfrac{5\,001x^2-5\,010x+25}{x}, & x\geqslant4,\end{cases}$ 生产 1 万台该款电动摩托车需投入资金 3 000 万元. 当该款电动摩托车售价为 5 000 元（单位：元/台）时，当年内生产的摩托车能全部销售完.

（1）求 2023 年该款摩托车的年利润 $F(x)$（单位：万元）关于年产量 x（单位：万台）的函数解析式；

（2）当 2023 年该款摩托车的年产量 x 为多少时，年利润 $F(x)$ 最大？最大年利润是多少？（年利润 = 销售所得 − 投入资金 − 设备改造费）

解：（1）由 $P(1)=m+2\,600=3\,000$，得 $m=400$，

则当 $0<x<4$ 时，

$$F(x)=5\,000x-P(x)-1\,000$$
$$=5\,000x-400x^2-2\,600x-1\,000$$
$$=-400x^2+2\,400x-1\,000;$$

当 $x\geqslant4$ 时，

$$F(x)=5\,000x-P(x)-1000$$
$$=5\,000x-5\,001x-5\,010+\frac{25}{x}-1\,000$$
$$=-x-\frac{25}{x}+4\,010.$$

$$故\ F(x)=\begin{cases}-400x^2+2\,400x-1\,000, & 0<x<4,\\ -x-\dfrac{25}{x}+4\,010, & x\geqslant4.\end{cases}$$

（2）当 $0<x<4$ 时，

$$F(x)=-400x^2+2\,400x-1\,000=-400\,(x-3)^2+2\,600;$$

当 $x\geqslant4$ 时，

$$F(x) = -x - \frac{25}{x} + 4\ 010 = -\left(x + \frac{25}{x}\right) + 4\ 010 \leqslant 4\ 010 - 10 = 4\ 000.$$

答：当 $x = \frac{25}{x}$，即 $x = 5$ 时，年利润 $F(x)$ 最大，最大利润为 4 000 万元.

练习 3.4

1. 某公司在运营初期利润增长迅速，后来增长越来越慢. 基于这一特点，在以下函数模型中哪种能最合理地反映该公司的利润 y 与时间 x 的关系（　　）

   A. $y = ax$（a 为常数且 $a > 0$）　　B. $y = ax^2$（a 为常数且 $a > 0$）

   C. $y = a^x$（a 为常数且 $a > 1$）　　D. $y = \log_a(x+1)$（a 为常数且 $a > 1$）

2. 某农户有稻谷 10 吨要出售. 当购买量在 4 吨以内时，定价为 500 元/吨；当购买量在 4 吨至 8 吨时，超出 4 吨部分定价为 450 元/吨；当购买量大于 8 吨时，超出 8 吨部分定价为 400 元/吨. 销售总收入 y 与销量 x 的函数关系式是（　　）

   A. $y = \begin{cases} 500x, & 0 \leqslant x \leqslant 4, \\ 450x, & 4 < x \leqslant 8, \\ 400x, & 8 < x \leqslant 10 \end{cases}$

   B. $y = \begin{cases} 500x, & 0 \leqslant x < 4, \\ 2\ 000 + 450(x-4), & 4 \leqslant x < 8, \\ 2\ 900 + 400(x-8), & 8 \leqslant x \leqslant 10 \end{cases}$

   C. $y = \begin{cases} 500x, & 0 \leqslant x \leqslant 4, \\ 2\ 000 + 450(x-4), & 4 < x \leqslant 8, \\ 2\ 900 + 400(x-8), & 8 < x \leqslant 10 \end{cases}$

   D. $y = 450x$（$0 \leqslant x \leqslant 10$）

3. 某推销员的工资包括底薪和奖金两部分，奖金与员工的营业额成正比. 已知当营业额是 300 000 元时，推销员收入是 8 000 元. 当营业额是 400 000 元时，推销员收入是 10 000 元. 若推销员在某月的营业额是 250 000 元，则他在此月的收入是________元.

4. 某商店将进价为 40 元一件的商品按 50 元一件销售，一个月恰好卖 500 件. 若价格每提高 1 元，就会少卖 10 件；每降低 1 元，就会多卖 10 件，商店为使该商品利润最大化，应将每件商品定价为多少？此时利润为多少？

5. 某电子厂商投产一种新型电子产品，每件制造成本为 18 元，试销过程中发现，每月销售量 y 万件与销售价格 x 元/件之间的关系满足 $y = -2x + 100$. 已知：利润 = 销售总金额 − 总制造成本，则厂商每月获得的最大利润是多少万元？

习题1－3

1. 根据下列各式，确定 a 的取值范围.

（1）$\log_a 0.8 > \log_a 1.2$；

（2）$\log_a \sqrt{10} > \log_a \pi$；

（3）$\log_{0.2} a > \log_{0.2} 3$；

（4）$\log_2 a > 0$.

2. 已知$\log_2[\log_3(\log_4 x)] = \log_3[\log_4(\log_2 y)] = 0$，求 $x+y$ 的值.

3. 求下列函数的定义域.

（1）$y = \dfrac{(x+2)^{\frac{1}{2}}}{3-x}$；

（2）$y = \sqrt{\lg x^2}$；

（3）$y = \dfrac{\lg(2-x)}{\sqrt{x-1}}$；

（4）$y = \lg \dfrac{1}{1-\sqrt{1-x}}$.

4. 函数$f(x) = \dfrac{x}{x^2+1}$的最大值为（　　）

A. $\dfrac{\sqrt{2}}{2}$　　B. $\dfrac{\sqrt{2}}{4}$　　C. $\dfrac{1}{4}$　　D. $\dfrac{1}{2}$

5. 函数 $y = \log_{\frac{1}{2}}(x^2+2x-3)$ 的单调递增区间是（　　）

A. $(-\infty, -3)$　　B. $(1, +\infty)$　　C. $(-\infty, -1)$　　D. $(-1, +\infty)$

6. 设函数$f(x) = 2^x - \dfrac{a}{2^x}$是偶函数，则常数 $a =$ ________ .

A. 2　　B. －2　　C. 1　　D. －1

7. 已知函数$f(x)=\begin{cases}2x, & x<0,\\ x^2, & x\geqslant 0.\end{cases}$ 若$f(a)+f(-2)=0$，则$a=$ ________.

8. 生产一定数量的商品的全部费用称为生产成本. 某企业一个月生产某种商品x万件时的生产成本为$C(x)=\frac{1}{2}x^2+2x+20$（万元），一万件售价为20万元. 为获取更大利润，该企业一个月应生产该商品数量为________万件.

9. 判断下列函数的奇偶性.

（1）$f(x)=x+x^{\frac{1}{3}}$；

（2）$f(x)=a^x-a^{-x}(a>0且a\neq 1)$；

（3）$f(x)=\lg(1+x)+\lg(1-x)$.

10. 某工厂生产某种零件，已知平均日销售量x件与货价P元/件之间的函数关系式为$P=180-2x$，生产x件的成本的函数关系式为$P=-30x+500$，试讨论：

（1）平均日销售量x为多少时，所得利润不少于1 300元；

（2）当x为何值时，能获得最大利润，并求出最大利润值.

复习题一

1. 设 $a=0.3^{\sqrt{2}}$，$b=(\sqrt{2})^{0.3}$，$c=\log_{0.3}\sqrt{2}$，则下列正确的是(　　)

A. $a>b>c$　　B. $a>c>b$　　C. $c>a>b$　　D. $b>a>c$

2. 已知 $a+b>0$，则(　　)

A. $2^a<\left(\frac{1}{2}\right)^b$　　B. $2^a>\left(\frac{1}{2}\right)^b$　　C. $2^a<2^b$　　D. $2^a>2^b$

3. 已知 $a>b>1$，则以下四个数中最小的是(　　)

A. $\log_b a$　　B. $\log_{2b}2a$　　C. $\log_{3b}3a$　　D. $\log_{4b}4a$

4. 已知定义域在 **R** 上的函数 $f(x)$ 满足 $f(x)=-f(x+1)$，且 $f(1)=3$，则有 $f(2\,021)=$______.

5. 函数 $y=\sqrt{6+x-x^2}$ 的单调递增区间是______.

6. 已知二次函数在 $x=1$ 处有最大值5，且抛物线通过点（2，4），则 $f(x)=$______.

7. 如果函数 $y=f(x)$ 的定义域是［1，3］，求函数 $y=f(\lg x)$ 的定义域.

8. 求满足下列条件的 x 的取值范围.

（1）$2^{x^2-2x-3}<\left(\frac{1}{2}\right)^{3(x-1)}$；

（2）$\log_{\frac{1}{3}}(x^2-3x-4)>\log_{\frac{1}{3}}(2x+10)$；

（3）$5^x+5^{x-1}<750$.

9. 求下列函数的反函数.

（1）$y=0.25^x$（$x\in\mathbf{R}$）；

（2）$y=(\sqrt{2})^x$（$x\in\mathbf{R}$）；

（3）$y=2\log_4 x$（$x\in(0,+\infty)$）；

（4）$y=\log_a\dfrac{x}{2}$（$a>0$ 且 $a\neq1$，$x\in(0,+\infty)$）.

10. 设 $2\sin x=4-m$（$x\in\mathbf{R}$），求 m 的取值范围.

11. 求下列函数的定义域.

（1）$y=\dfrac{1}{1-\sin x}$；

（2）$y=\dfrac{1}{1+\cos x}$；

（3）$y=\sqrt{\tan x}$.

12. 判断下列函数的奇偶性.

（1）$y=-\sin 2x$；

（2）$y=|\sin x|$；

（3）$y=3\cos x+1$；

（4）$y=\tan x-1$；

（5） $y=\cos\left(x+\frac{\pi}{3}\right)$.

13. 写出由下列各组函数复合而成的复合函数.

（1） $y=\sin u$， $u=x^2$；

（2） $y=\ln u$， $u=v^2+1$， $v=\sin x$；

（3） $y=au^2$， $u=\sin v$， $v=bx+c$.

14. 求下列函数的周期.

（1） $y=\sin\frac{3}{4}x$；

（2） $y=\tan\frac{2x}{3}$；

（3） $y=\frac{1}{2}\sin\left(\frac{\pi}{3}-2x\right)$；

（4） $y=3\cos\left(\frac{1}{2}x+\frac{1}{3}\pi\right)$.

15. 求下列函数的定义域.

（1）$f(x)=\sqrt{4-x}-\log_a x+\dfrac{1}{x-1}$（$a>0$ 且 $a\neq 1$）；

（2）$f(x)=\sqrt{\log_{\frac{1}{2}}(1-3x)}$；

（3）$y=\sqrt{1-x}-\lg(x+1)$；

（4）$y=\dfrac{\sqrt{-x^2-3x+4}}{\lg(x^2+1)-1}$.

文化广角

函数简史

函数是分析学的基本概念，和其他许多重要的数学概念一样，函数概念的产生与发展也是和人类的生产、生活实践和科学研究密不可分的.

文艺复兴时期，欧洲的生产力得到了解放，科学技术有了较快发展，机械广泛使用，航海业迅速发展.这就要求科学家们解决由此带来的许多涉及运动和变化的问题，这样，运动就成为力学、天文学等自然科学研究的主题，科学家们要对各种变化过程中的量与量之间的依赖关系进行研究，这正是函数概念产生的背景.实际上，函数就是刻画运动变化中变量间相依关系的抽象数学模型.

函数概念的建立不是一蹴而就的，而是经过了许多科学家和数学家的探索和提炼，当然，这也使得函数的概念越来越严谨，越来越精确.

最早（1692 年）把“function”（函数）一词用作数学术语的是德国数学家莱布尼茨(Leibniz，1646—1716)，他只是用它来表示随曲线的变化而变化的几何量.1718 年，他的学生、瑞士数学家约翰·伯努利（Bernoulli，1667—1748）强调函数要用公式表示，但许多数学家不认同这个判断函数的标准.1748 年，欧拉（Euler，1707—1783）将函数定义为由一个变量与一些常量通过任何方式形成的解析式.1775 年，他又将函数定义为“如果某些变量，以一种方式依赖于另一些变量，我们将前面的变量称为后面变量的函数”.欧拉还把函数用一个解析式表示的观念拓展到可用几个解析式表示.

18 世纪末至 19 世纪初，随着对分析学研究的深入，人们对函数的认识也进一步深化了.傅里叶（Fourier，1768—1830）认为函数不必局限于解析式.1821 年，柯西(Cauchy，1789—1857）把函数定义为对应关系，即对于 x 的每一个值，如果 y 有完全确定的值与之对应，则 y 叫做 x 的函数.柯西的这一定义对于函数概念的发展产生了深远的影响.函数更确切的定义是 1837 年由狄利克雷(Dirichlet，1805—1859）给出的：“如果对于 x 的每一个值，y 总有一个完全确定的值与之对应，那么 y 是 x 的函数.”这个定义刻画了函数的本质特征.现在我们仍在沿用这个传统定义.

德国数学家康托尔(Cantor，1845—1918）创立集合论后，集合论的思想方法很快渗透到数学的各个领域，函数概念也有了更加严谨的“集合和对应”语言的表述.

变量和函数概念的出现标志着数学进入了一个崭新的时期——变量数学时期.

第二章　极限与连续

微积分研究的主要对象是函数，函数变量的变化总是与极限概念相关联. 极限是微积分中的基本概念，后续将要介绍的函数的连续性、导数、积分等重要概念，都以极限为基础. 本章将介绍数列及数列极限、函数极限以及连续函数等.

第一节　数列极限

数列是初等数学中的一类特殊的函数，是刻画实际问题的重要模型. 数列极限作为初等数学向高等数学过渡的重要内容，是高等数学最重要的基础之一，它不仅与函数极限密切相关，而且为今后学习级数理论提供了极为丰富的准备知识.

一、数列与数列的极限

1. 数列

定义 1　若按照某一个对应法则 f，存在正整数集 $\mathbf{N}_+$ 或其子集上的函数 $a_n=f(n)$，当自变量 n 依次取 1，2，3，…一切正整数时，对应的函数值 a_n 按照下标 n 从小到大排列，得到一个序列

$$a_1=f(1),a_2=f(2),a_3=f(3),\cdots,a_n=f(n),\cdots$$

称为**数列**(sequence of numbers)，简记为数列 $\{a_n\}$.

数列 $\{a_n\}$ 中的每一个数称为数列的**项**（term），第 1 项 a_1 称为数列的**首项**（first term），第 n 项 a_n 称为数列的**通项**（general term），函数解析式 $a_n=f(n)$ 称为数列 $\{a_n\}$ 的**通项公式**(the formula of general term).

例 1　写出下列数列 $\{a_n\}$ 的一个通项公式.

(1) $\frac{1}{2}$，$\frac{1}{4}$，$\frac{1}{8}$，$\frac{1}{16}$，$\frac{1}{32}$，…；　　(2) 1，$\frac{1}{2}$，$\frac{1}{3}$，$\frac{1}{4}$，$\frac{1}{5}$，…；

(3) $\frac{2}{1}$，$\frac{3}{2}$，$\frac{4}{3}$，$\frac{5}{4}$，$\frac{6}{5}$，…；　　(4) 2，2，2，2，2，…；

(5) 2，4，6，8，10，…；　　(6) 1，−1，1，−1，1，….

解：（1）$a_n=\frac{1}{2^n}$；（2）$a_n=\frac{1}{n}$；（3）$a_n=\frac{n+1}{n}$；

（4）$a_n=2$；（5）$a_n=2n$；（6）$a_n=(-1)^{n+1}$.

2. 数列的极限

在理论研究或实践探索中，我们常常需要判断：当 n 无限增大时（即 $n\to\infty$ 时，由 $n\in\mathbf{N}_+$ 可知，这里 ∞ 只表示 $+\infty$），根据数列 $\{a_n\}$ 通项 a_n 的变化趋势，对应的 $a_n=f(n)$ 是否能无限趋近于某个确定的数值？如果存在，能否求出这个数值？这便涉及数列的极限问题.

战国时期的哲学家庄子在《庄子·杂篇·天下》中留下了富有哲理的名句"一尺之棰，日取其半，万世不竭"，意思是：一尺长的木棍，每天截掉一半，永远也截不完. 从数学上来说，一个物体不断地对半分割，可以无穷尽地分下去，其分割后的长度越来越趋近零，但永远不可能等于零，这就蕴含了数列极限的思想. 若把逐日取下的棰的长度顺次列出来，便得到例 1（1）中所示的数列 $\left\{\frac{1}{2^n}\right\}$，当 n 越来越大时，通项 $a_n=\frac{1}{2^n}$ 越来越趋近常数 0，并且想让它有多接近它就会有多接近，则称该数列以 0 为极限.

同样地，例 1（2）中的数列 $\left\{\frac{1}{n}\right\}$，当 n 无限增大时，通项 $a_n=\frac{1}{n}$ 无限趋近于常数 0，则称该数列以 0 为极限；例 1（3）中的数列 $\left\{\frac{n+1}{n}\right\}$，当 n 无限增大时，通项 $a_n=\frac{n+1}{n}=1+\frac{1}{n}$ 无限趋近于常数 1，则称该数列以 1 为极限.

由以上分析，可得到**数列极限**（limit of sequence of numbers）的概念.

定义 2 设数列 $\{a_n\}$，若当 n 无限增大时，a_n 无限趋近某个唯一确定的常数 A（常数 A 不一定是 $\{a_n\}$ 中的项），则称常数 A 为数列 $\{a_n\}$；当 n 趋于无穷大时的**极限**（limit），记作

$$\lim_{n\to\infty}a_n=A \text{ 或 } a_n\to A\ (n\to\infty).$$

注：需要指出的是，这并不是严格的数列极限定义，而仅是一种"描述性"说法. 若要从定量的角度精确定义数列极限，则需要运用数学中的"$\varepsilon-N$"语言，此不赘述.

依数列极限的定义，例 1（1）、（2）、（3）可分别记作

$$\lim_{n\to\infty}\frac{1}{2^n}=0,\ \lim_{n\to\infty}\frac{1}{n}=0,\ \lim_{n\to\infty}\frac{n+1}{n}=1.$$

例 1（4）中的数列各项均为相同的数，这样的数列称为**常数数列**（constant sequence）. 显然通项 $a_n=2$ 的数列以 2 为极限，记作

$$\lim_{n\to\infty}a_n=\lim_{n\to\infty}2=2.$$

可见，常数数列的极限仍是该常数.

例 1（5）中的数列 $\{2n\}$，当 n 无限增大时，通项 $a_n=2n$ 也无限增大，不以任何固定的常数为极限，因而极限不存在. 不过为了叙述方便，对于这种特殊情形，依通项的变化趋势，可记作

$$\lim_{n\to\infty}a_n=\lim_{n\to\infty}(2n)=\infty\text{（即极限不存在）}.$$

例 1（6）中的数列 $\{(-1)^{n+1}\}$，当 n 无限增大时，通项 $a_n=(-1)^{n+1}$ 反复取 1 和 -1

两个数值，不能无限地趋近某个固定的常数，因而极限也不存在.

因此，我们可以从例 1 中得到几个重要的数列极限.

3. 几个重要的极限

（1）$\lim\limits_{n\to\infty} C = C$（$C$ 是常数）；

（2）$\lim\limits_{n\to\infty} \dfrac{k}{n^{\alpha}} = 0$（$\alpha > 0$，$k \in \mathbf{R}$）；

（3）$\lim\limits_{n\to\infty} q^{n} = 0$（$|q| < 1$）.

例 2　判断下列数列$\{a_n\}$极限是否存在？如果存在，请将极限表示出来.

（1）$1, \dfrac{1}{4}, \dfrac{1}{9}, \dfrac{1}{16}, \dfrac{1}{25}, \cdots$；

（2）$-1, \dfrac{1}{2}, -\dfrac{1}{3}, \dfrac{1}{4}, -\dfrac{1}{5}, \cdots$；

（3）$1, \dfrac{3}{2}, \dfrac{5}{3}, \dfrac{7}{4}, \dfrac{9}{5}, \cdots$；

（4）$\dfrac{1}{3}, \dfrac{1}{9}, \dfrac{1}{27}, \dfrac{1}{81}, \dfrac{1}{243}, \cdots$；

（5）$-\dfrac{1}{2}, \dfrac{1}{4}, -\dfrac{1}{8}, \dfrac{1}{16}, -\dfrac{1}{32}, \cdots$；

（6）$1, -2, 3, -4, 5, \cdots$.

解：（1）存在极限. $a_n = \dfrac{1}{n^2}$，极限为 0，即 $\lim\limits_{n\to\infty} \dfrac{1}{n^2} = 0$.

（2）存在极限. $a_n = \dfrac{(-1)^n}{n}$，极限为 0，即 $\lim\limits_{n\to\infty} \dfrac{(-1)^n}{n} = 0$.

（3）存在极限. $a_n = \dfrac{2n-1}{n} = 2 - \dfrac{1}{n}$，极限为 2，即 $\lim\limits_{n\to\infty} \dfrac{2n-1}{n} = 2$.

（4）存在极限. $a_n = \dfrac{1}{3^n}$，极限为 0，即 $\lim\limits_{n\to\infty} \dfrac{1}{3^n} = 0$.

（5）存在极限. $a_n = \left(-\dfrac{1}{2}\right)^n$，极限为 0，即 $\lim\limits_{n\to\infty} \left(-\dfrac{1}{2}\right)^n = 0$.

（6）不存在极限. $a_n = (-1)^{n+1} n$，不能无限地趋近某个固定的常数，因而极限不存在.

练习 1.1

写出下列数列$\{a_n\}$的一个通项公式，并判断该数列极限是否存在？如果存在，请将极限表示出来.

（1）$-1, \dfrac{1}{3}, -\dfrac{1}{5}, \dfrac{1}{7}, -\dfrac{1}{9}, \cdots$；　　（2）$\dfrac{1}{2}, \dfrac{1}{6}, \dfrac{1}{12}, \dfrac{1}{20}, \dfrac{1}{30}, \cdots$；

(3) $3, \frac{4}{2}, \frac{5}{3}, \frac{6}{4}, \frac{7}{5}, \cdots$; (4) $2, \frac{5}{2}, \frac{13}{4}, \frac{33}{8}, \frac{81}{16}, \cdots$;

(5) $1-\frac{1}{1^2}, 1+\frac{3}{2^2}, 1-\frac{5}{3^2}, 1+\frac{7}{4^2}, 1-\frac{9}{5^2}, \cdots$; (6) $\frac{1^2}{2}, -\frac{3^2}{4}, \frac{5^2}{6}, -\frac{7^2}{8}, \frac{9^2}{10}, \cdots$.

二、数列极限的运算

1. 数列极限的四则运算法则（rule of operation）

若$\lim\limits_{n\to\infty} a_n = A$，$\lim\limits_{n\to\infty} b_n = B$，则

（1）数列$\{a_n \pm b_n\}$有极限，即

$$\lim_{n\to\infty}(a_n \pm b_n) = \lim_{n\to\infty} a_n \pm \lim_{n\to\infty} b_n = A \pm B.$$

（2）数列$\{a_n \cdot b_n\}$有极限，即

$$\lim_{n\to\infty}(a_n \cdot b_n) = \lim_{n\to\infty} a_n \cdot \lim_{n\to\infty} b_n = A \cdot B,$$

特别地，$\lim\limits_{n\to\infty} ka_n = k\lim\limits_{n\to\infty} a_n = kA$（$k$ 为常数）；

$$\lim_{n\to\infty} a_n^k = (\lim_{n\to\infty} a_n)^k = A^k (k\text{ 为正整数}).$$

（3）数列$\left\{\frac{a_n}{b_n}\right\}$有极限，即

$$\lim_{n\to\infty}\frac{a_n}{b_n} = \frac{\lim\limits_{n\to\infty} a_n}{\lim\limits_{n\to\infty} b_n} = \frac{A}{B}(b_n \neq 0\text{ 且 }B \neq 0).$$

注：以上四则运算法则可以推广到有限个具有极限的数列.

例 1 求下列极限：

（1）$\lim\limits_{n\to\infty}\left(1+\frac{2}{\sqrt{n}}-\frac{1}{2^n}\right)$； （2）$\lim\limits_{n\to\infty}\left(2-\frac{1}{n^2}\right)\frac{n+2}{n}$.

解：（1）原式$=\lim\limits_{n\to\infty} 1+\lim\limits_{n\to\infty}\frac{2}{\sqrt{n}}-\lim\limits_{n\to\infty}\frac{1}{2^n}=1+0-0=1$；

（2）原式$=\lim\limits_{n\to\infty}\left(2-\frac{1}{n^2}\right)\cdot\lim\limits_{n\to\infty}\frac{n+2}{n}=\lim\limits_{n\to\infty}\left(2-\frac{1}{n^2}\right)\cdot\lim\limits_{n\to\infty}\left(1+\frac{2}{n}\right)=2\times 1=2$.

定义 3 若$n\to\infty$时，数列a_n与b_n都趋近于∞，则$\lim\limits_{n\to\infty}\frac{a_n}{b_n}$，$\lim\limits_{n\to\infty}(a_n-b_n)$可能存在也可能不存在，我们把这样的极限叫做**不定式**（indeterminate form），并分别简记为"$\frac{\infty}{\infty}$""$\infty-\infty$"型不定式.

注：(1) 例如$\lim\limits_{n\to\infty}\dfrac{4n^3+n-7}{2n^3-n+4}$是$\dfrac{\infty}{\infty}$型不定式；$\lim\limits_{n\to\infty}(\sqrt{n^2+n-7}-\sqrt{n^2-n+4})$ 是"$\infty-\infty$"型不定式. 在本章第二节的函数极限中，除了"$\dfrac{\infty}{\infty}$""$\infty-\infty$"型不定式之外，还会涉及"$\dfrac{0}{0}$""$0\cdot\infty$""1^∞"等类型的不定式，这些类型一般可以通过适当变形，转化为"$\dfrac{0}{0}$"或"$\dfrac{\infty}{\infty}$"型不定式.

(2) **无穷小量**（infinitesimal）是以0为极限的变量，形如"$\dfrac{1}{\infty}$"的结构就是数列极限中常见的无穷小量，即$\dfrac{1}{\infty}\to 0$ ($n\to\infty$). 一般地，可将"$\dfrac{\infty}{\infty}$""$\infty-\infty$"型不定式转化为无穷小量的运算，这种求解极限的方法称为"**无穷小量分离法**（infinitesimal separation method)".

例2 求下列极限：

(1) $\lim\limits_{n\to\infty}\dfrac{3n^2+2n+1}{n^2+1}$；　　(2) $\lim\limits_{n\to\infty}\dfrac{2n+1}{n^2+1}$.

解：(1) 原式$=\lim\limits_{n\to\infty}\dfrac{3+\dfrac{2}{n}+\dfrac{1}{n^2}}{1+\dfrac{1}{n^2}}=\dfrac{3+0+0}{1+0}=3$；

(2) 原式$=\lim\limits_{n\to\infty}\dfrac{\dfrac{2}{n}+\dfrac{1}{n^2}}{1+\dfrac{1}{n^2}}=\dfrac{0+0}{1+0}=0$.

注：此类"$\dfrac{\infty}{\infty}$"型不定式，将分子、分母同时除以最高次项n^2后，分离出无穷小量，从而求出极限. 更一般地，我们能得到如下结论：

若$a_0\neq 0$，$b_0\neq 0$，k，l是正整数，

$$\text{则}\lim_{n\to\infty}\frac{a_0n^k+a_1n^{k-1}+\cdots+a_k}{b_0n^l+b_1n^{l-1}+\cdots+b_l}=\lim_{n\to\infty}n^{k-l}\frac{a_0+\dfrac{a_1}{n}+\cdots+\dfrac{a_k}{n^k}}{b_0+\dfrac{b_1}{n}+\cdots+\dfrac{b_l}{n^l}}=\begin{cases}0\text{，当 }k<l\text{ 时，}\\ \dfrac{a_0}{b_0}\text{，当 }k=l\text{ 时，}\\ \infty\text{，当 }k>l\text{ 时.}\end{cases}$$

例3 求下列极限：

(1) $\lim\limits_{n\to\infty}(\sqrt{n^2+n}-n)$；　　(2) $\lim\limits_{n\to\infty}\dfrac{4}{\sqrt{n^2+3n}-\sqrt{n^2+1}}$.

解：(1) 原式$=\lim\limits_{n\to\infty}\dfrac{(\sqrt{n^2+n}-n)(\sqrt{n^2+n}+n)}{\sqrt{n^2+n}+n}=\lim\limits_{n\to\infty}\dfrac{n}{\sqrt{n^2+n}+n}$

$$= \lim_{n\to\infty} \frac{1}{\sqrt{\frac{n^2+n}{n^2}}+1} = \lim_{n\to\infty} \frac{1}{\sqrt{\frac{n^2}{n^2}+\frac{n}{n^2}}+1} = \lim_{n\to\infty} \frac{1}{\sqrt{1+\frac{1}{n}}+1} = \frac{1}{2}.$$

（2）原式 $= \lim\limits_{n\to\infty} \dfrac{4(\sqrt{n^2+3n}+\sqrt{n^2+1})}{(\sqrt{n^2+3n}-\sqrt{n^2+1})(\sqrt{n^2+3n}+\sqrt{n^2+1})}$

$$= \lim_{n\to\infty} \frac{4(\sqrt{n^2+3n}+\sqrt{n^2+1})}{3n-1} = \lim_{n\to\infty} \frac{4\left(\sqrt{1+\frac{3}{n}}+\sqrt{1+\frac{1}{n^2}}\right)}{3-\frac{1}{n}} = \frac{8}{3}.$$

注： 此类"$\infty-\infty$"型不定式，可通过分子、分母有理化的方法转化为"$\frac{\infty}{\infty}$"型不定式，再将分子、分母同时除以最高次项 n，分离出无穷小量，便能求出极限.

例 4　求极限 $\lim\limits_{n\to\infty}\left(\dfrac{2}{n^2}+\dfrac{4}{n^2}+\cdots+\dfrac{2n}{n^2}\right)$.

解： 原式 $= \lim\limits_{n\to\infty}\dfrac{2+4+6+\cdots+2n}{n^2} = \lim\limits_{n\to\infty}\dfrac{n(n+1)}{n^2} = \lim\limits_{n\to\infty}\left(1+\dfrac{1}{n}\right) = 1$.

注： 数列极限的运算法则只适用于有限个数列，$n\to\infty$ 时，需先求和再求极限. 要避免出现"原式 $= \lim\limits_{n\to\infty}\dfrac{2}{n^2}+\lim\limits_{n\to\infty}\dfrac{4}{n^2}+\cdots+\lim\limits_{n\to\infty}\dfrac{2n}{n^2}=0+0+\cdots+0=0$"这样的错误.

例 5　已知 $\lim\limits_{n\to\infty}\left(\dfrac{n^2+1}{n+1}-an-b\right)=1$，求实数 a，b 的值.

解： 由 $\lim\limits_{n\to\infty}\left(\dfrac{n^2+1}{n+1}-an-b\right) = \lim\limits_{n\to\infty}\dfrac{n^2+1-(an+b)(n+1)}{n+1}$

$$= \lim_{n\to\infty}\frac{n^2+1-(an^2+an+bn+b)}{n+1}$$

$$= \lim_{n\to\infty}\frac{(1-a)n^2-(a+b)n-b+1}{n+1} = 1,$$

得 $\begin{cases}1-a=0,\\ \dfrac{-(a+b)}{1}=1,\end{cases}$ 解得 $a=1$，$b=-2$.

注： 由例 3 中的结论可知，分子与分母必须有相同次数，都为 1 次.

2. 数列极限存在的一个判断准则：**两边夹法则**（squeeze theorem）

若数列 $\{a_n\}$，$\{b_n\}$，$\{c_n\}$ 满足：

（1）存在正整数 $\mathbf{N}_0$，当 $n\geq\mathbf{N}_0$ 时，$b_n\leq a_n\leq c_n$；

（2）$\lim\limits_{n\to\infty} b_n = \lim\limits_{n\to\infty} c_n = A$（$A$ 为常数）.

则数列$\{a_n\}$有极限，且$\lim\limits_{n\to\infty} a_n = A$.

注：以上是数列形式的两边夹法则，可以推广到一般函数形式.

例 6 求下列极限：

（1）$\lim\limits_{n\to\infty}\dfrac{\sin n}{n}$；（2）$\lim\limits_{n\to\infty}\left(\dfrac{1}{\sqrt{n^2+1}}+\dfrac{1}{\sqrt{n^2+2}}+\cdots+\dfrac{1}{\sqrt{n^2+n}}\right)$.

解：（1）由$-1\leqslant\sin n\leqslant 1$得，$-\dfrac{1}{n}\leqslant\dfrac{\sin n}{n}\leqslant\dfrac{1}{n}$，

而$\lim\limits_{n\to\infty}\left(-\dfrac{1}{n}\right)=\lim\limits_{n\to\infty}\dfrac{1}{n}=0$，$\therefore\ \lim\limits_{n\to\infty}\dfrac{\sin n}{n}=0$.

（2）$\dfrac{1}{\sqrt{n^2+n}}+\cdots+\dfrac{1}{\sqrt{n^2+n}}\leqslant\dfrac{1}{\sqrt{n^2+1}}+\dfrac{1}{\sqrt{n^2+2}}+\cdots+\dfrac{1}{\sqrt{n^2+n}}\leqslant\dfrac{1}{\sqrt{n^2+1}}+\cdots+\dfrac{1}{\sqrt{n^2+1}}$，

即$\dfrac{n}{\sqrt{n^2+n}}\leqslant\dfrac{1}{\sqrt{n^2+1}}+\dfrac{1}{\sqrt{n^2+2}}+\cdots+\dfrac{1}{\sqrt{n^2+n}}\leqslant\dfrac{n}{\sqrt{n^2+1}}$.

而$\lim\limits_{n\to\infty}\dfrac{n}{\sqrt{n^2+n}}=\lim\limits_{n\to\infty}\dfrac{n}{\sqrt{n^2+1}}=1$，

$\therefore\ \lim\limits_{n\to\infty}\left(\dfrac{1}{\sqrt{n^2+1}}+\dfrac{1}{\sqrt{n^2+2}}+\cdots+\dfrac{1}{\sqrt{n^2+n}}\right)=1$.

练习 1.2

1. 求下列极限.

（1）$\lim\limits_{n\to\infty}\dfrac{(-1)^n}{\sqrt{n}}$；（2）$\lim\limits_{n\to\infty}\dfrac{4}{\sqrt{n^2+1}+n}$；

（3）$\lim\limits_{n\to\infty}\dfrac{3n^2-2n+5}{4n^2+n-3}$；（4）$\lim\limits_{n\to\infty}\left(\dfrac{n^3}{2n^2-1}-\dfrac{n^2}{2n-1}\right)$.

2. 求下列极限.

（1）$\lim\limits_{n\to\infty}(\sqrt{n^2+1}-n)$；

（2）$\lim\limits_{n\to\infty}\dfrac{2}{3\left(\sqrt{n+\sqrt{n}}-\sqrt{n}\right)}$.

3. 求下列极限.

（1）$\lim\limits_{n\to\infty}\left(\dfrac{3}{n^2}+\dfrac{7}{n^2}+\dfrac{11}{n^2}+\cdots+\dfrac{4n-1}{n^2}\right)$；

（2）$\lim\limits_{n\to\infty}\left[\dfrac{1}{1\times2}+\dfrac{1}{2\times3}+\cdots+\dfrac{1}{n(n+1)}\right]$.

4. 已知$\lim\limits_{n\to\infty}\left(\dfrac{n^2+1}{n+1}-an-b\right)=0$，求实数 a，b 的值.

5. 求极限$\lim\limits_{n\to\infty}n\left(\dfrac{1}{n^2+\pi}+\dfrac{1}{n^2+2\pi}+\cdots+\dfrac{1}{n^2+n\pi}\right)$.

三、数列极限的一个应用

定义 4 公比 q 的绝对值小于 1（即 $0<|q|<1$）的无穷等比数列叫做**无穷递缩等比数列**（infinite shrink geometric progression）. 当 n 无限增大时，无穷递缩等比数列 $\{a_n\}$ 的前 n 项和 S_n 的极限，叫做这个无穷递缩等比数列各项的和 S，即 $S=\lim\limits_{n\to\infty}S_n$.

据定义 4，应用数列极限，可得到无穷递缩等比数列各项的和：

$$S=\lim_{n\to\infty}S_n=\lim_{n\to\infty}\frac{a_1(1-q^n)}{1-q}=\frac{a_1}{1-q}(0<|q|<1),\text{即}\ S=\frac{a_1}{1-q}.$$

例如，哲学家庄子的哲理名句“一尺之棰，日取其半，万世不竭”蕴含了各小段木棍构成一个无穷递缩等比数列 $\left\{\frac{1}{2^n}\right\}$，其各项的和 $S=\dfrac{a_1}{1-q}=\dfrac{\frac{1}{2}}{1-\frac{1}{2}}=1$，即各小段木棍又复原成“一尺之棰”.

例 1 求极限 $\lim\limits_{n\to\infty}\dfrac{1+\frac{1}{3}+\frac{1}{9}+\cdots+\frac{1}{3^{n-1}}}{1+\frac{1}{9}+\frac{1}{81}+\cdots+\frac{1}{9^{n-1}}}$.

解：（解法一）原式 $=\lim\limits_{n\to\infty}\dfrac{\dfrac{1-\left(\frac{1}{3}\right)^n}{1-\frac{1}{3}}}{\dfrac{1-\left(\frac{1}{9}\right)^n}{1-\frac{1}{9}}}=\lim\limits_{n\to\infty}\dfrac{4}{3}\cdot\dfrac{1-\left(\frac{1}{3}\right)^n}{1-\left(\frac{1}{9}\right)^n}=\dfrac{4}{3}$.

（解法二）原式 $=\dfrac{\lim\limits_{n\to\infty}\left(1+\frac{1}{3}+\frac{1}{9}+\cdots+\frac{1}{3^{n-1}}\right)}{\lim\limits_{n\to\infty}\left(1+\frac{1}{9}+\frac{1}{81}+\cdots+\frac{1}{9^{n-1}}\right)}=\dfrac{\dfrac{1}{1-\frac{1}{3}}}{\dfrac{1}{1-\frac{1}{9}}}=\dfrac{4}{3}$.

例 2 已知无穷等比数列 $\{a_n\}$，它的各项和 $S=\dfrac{1}{2}$，求首项 a_1 的取值范围.

解：由题意知，设 $\{a_n\}$ 的公比为 q，且 $0<|q|<1$，

由 $S=\dfrac{a_1}{1-q}=\dfrac{1}{2}$，得 $q=1-2a_1$，且 $0<|1-2a_1|<1$，

解得 $0<a_1<1$ 且 $a_1\neq\dfrac{1}{2}$.

例 3　已知$\{a_n\}$为无穷递缩等比数列，其各项和为 1，各项的平方和为$\frac{1}{3}$. 求公比 q 的值.

解：设该数列的首项为 a_1，公比为 q $(0<|q|<1)$，

由已知$\begin{cases}\dfrac{a_1}{1-q}=1,\\ \dfrac{a_1^2}{1-q^2}=\dfrac{1}{3},\end{cases}$ 即$\begin{cases}a_1=1-q,\\ 3a_1^2=1-q^2,\end{cases}$ 解得 $q=\frac{1}{2}$.

练习 1.3

1. 求极限$\lim\limits_{n\to\infty}\dfrac{1+\frac{1}{2}+\frac{1}{4}+\cdots+\frac{1}{2^{n-1}}}{1+\frac{1}{3}+\frac{1}{9}+\cdots+\frac{1}{3^{n-1}}}$.

2. 若$\lim\limits_{n\to\infty}\left[1+\left(\dfrac{a}{a-2}\right)^n\right]=1$，求 a 的取值范围.

3. 等比数列$\{a_n\}$的前 n 项和为 S_n，$a_1=1$，公比为 q 且 $|q|<1$，若$\lim\limits_{n\to\infty}\dfrac{S_n+1}{S_n-3}=-3$，求公比 q 的值.

习题 2－1

1. 写出下列数列$\{a_n\}$的一个通项公式，并判断该数列极限是否存在？如果有极限，请将极限表示出来.

（1）$-\frac{1}{2}$，$\frac{1}{4}$，$-\frac{1}{6}$，$\frac{1}{8}$，$-\frac{1}{10}$，…；

（2） $-\frac{1}{2}, \frac{1}{6}, -\frac{1}{12}, \frac{1}{20}, -\frac{1}{30}, \cdots;$

（3） $\frac{1}{3}, \frac{1}{15}, \frac{1}{35}, \frac{1}{63}, \frac{1}{99}, \cdots;$

（4） $\frac{1}{2}, \frac{4}{5}, \frac{9}{10}, \frac{16}{17}, \frac{25}{26}, \cdots;$

（5） $\frac{3}{5}, \frac{4}{8}, \frac{5}{11}, \frac{6}{14}, \frac{7}{17}, \cdots;$

（6） $1+\frac{1}{2^2}, 1-\frac{3}{4^2}, 1+\frac{5}{6^2}, 1-\frac{7}{8^2}, 1+\frac{9}{10^2}, \cdots.$

2. 求下列极限.

（1） $\lim\limits_{n\to\infty}\frac{3n^2}{n^2+1};$

（2） $\lim\limits_{n\to\infty}\frac{4n}{\sqrt{n^2+3n+1}};$

（3） $\lim\limits_{n\to\infty}\frac{(-3)^n+5^n}{3^{n+1}+5^{n+1}};$

（4） $\lim\limits_{n\to\infty}\frac{3^{2n}+5^n}{9^n+1};$

（5）$\lim\limits_{n\to\infty}\dfrac{1}{(\sqrt{n+1}-\sqrt{n})\sqrt{n}}$；　　（6）$\lim\limits_{n\to\infty}(\sqrt{n+3\sqrt{n}}-\sqrt{n-\sqrt{n}})$.

3. 求下列极限.

（1）$\lim\limits_{n\to\infty}\left(\dfrac{5}{n^2}+\dfrac{8}{n^2}+\dfrac{11}{n^2}+\cdots+\dfrac{3n+2}{n^2}\right)$；　　（2）$\lim\limits_{n\to\infty}\left(\dfrac{1}{n+1}-\dfrac{2}{n+1}+\cdots+\dfrac{2n-1}{n+1}-\dfrac{2n}{n+1}\right)$.

4.（1）已知$\lim\limits_{n\to\infty}\dfrac{(n+1)^7(an+1)^3}{(n^2+1)^5}=8$，求 a 的值.

（2）已知 $\lim\limits_{n\to\infty}\left(\dfrac{an^2+1}{n+1}-bn-1\right)=1$，求 a，b 的值.

5. 求下列极限.

（1）$\lim\limits_{n\to\infty}\dfrac{\sqrt{n}\sin n}{n+1}$；　　（2）$\lim\limits_{n\to\infty}\left(\dfrac{n}{n^2+1}+\dfrac{n}{n^2+2}+\cdots+\dfrac{n}{n^2+n}\right)$.

6. 设正项无穷等比数列$\{a_n\}$的各项和为 S，$a_1+a_2=18$，$a_3+a_4=2$，求 S.

7. 设无穷等比数列$\{a_n\}$的前 n 项和为 S_n，$a_1=2$，$a_2=\dfrac{2}{3}$，若 $T_n=\dfrac{3+S_n}{S_{n+1}}$，求$\lim\limits_{n\to\infty}T_n$.

第二节　函数极限

前面我们讨论了数列的极限，数列$\{a_n\}$的通项公式$a_n=f(n)$是自变量$n\in\mathbf{N}_+$的特殊函数关系式，因此数列的极限也就是函数$y=f(x)$当自变量x取正整数且无限增大时函数的极限. 而对于**函数极限**（the limit of function），我们研究以下两种情形：当自变量x的绝对值无限增大时的函数极限以及当自变量趋于有限值x_0时的函数极限.

一、当$x\to\infty$时，函数$f(x)$的极限

1. 当$x\to\infty$时函数极限的概念

考察函数$y=\frac{1}{x}$当x的绝对值无限增大时函数值的变化趋势，为此，画出函数$y=\frac{1}{x}$（$x\in\mathbf{R}$且$x\neq0$）的图象（图2－1）.

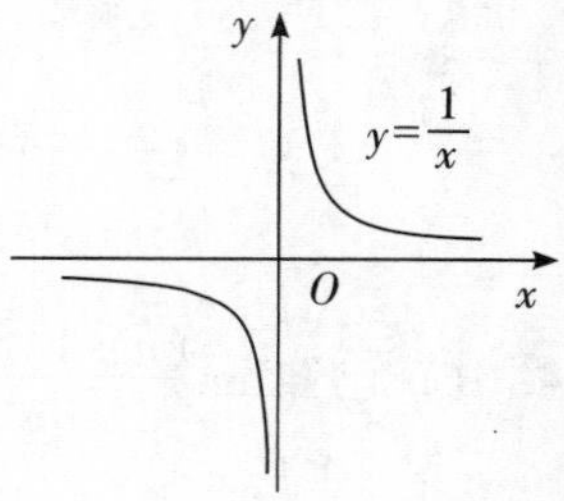

图2－1

当自变量x取正值并且绝对值无限增大，即$x\to+\infty$时，可列出表2－1.

表2－1

x	1	10	100	1 000	10 000	100 000	…
y	1	0.1	0.01	0.001	0.000 1	0.000 01	…

从表2－1和图2－1的第一象限可以看出，函数$y=\frac{1}{x}$当自变量x取正值并无限增大时（即x趋向于正无穷大时，即$x\to+\infty$），函数值y无限趋近于0，则称该函数在这一变化过程中以0为极限，记作

$$\lim_{x\to+\infty}\frac{1}{x}=0.$$

因此，类似数列极限的概念，我们可得到：

定义1　若当x仅取正值并且无限增大，即$x\to+\infty$时，函数$f(x)$无限趋近于一个唯一确定的常数A，则称常数A为函数$f(x)$当$x\to+\infty$时的极限，记作

$$\lim_{x\to+\infty}f(x)=A\text{ 或 }f(x)\to A(x\to+\infty).$$

同样地，当自变量x取负值并且绝对值无限增大，即$x\to-\infty$时，可列出表2－2.

表2－2

x	…	－100 000	－10 000	－1 000	－100	－10	－1
y	…	－0.000 01	－0.000 1	－0.001	－0.01	－0.1	－1

从表2－2和图2－1的第三象限可以看出，函数$y=\frac{1}{x}$当自变量x取负值并且绝对值无限增大时（即x趋向于负无穷大时，记作$x\to-\infty$），函数值y无限趋近于0，则称该函数在这一变化过程中以0为极限，记作

$$\lim_{x\to-\infty}\frac{1}{x}=0.$$

因此，类似定义1，我们可得到：

定义2　若当x取负值并且绝对值无限增大，即$x\to-\infty$，函数$f(x)$无限趋近于一个唯一确定的常数A，则称常数A为函数$f(x)$当$x\to-\infty$时的极限，记作

$$\lim_{x\to-\infty}f(x)=A\text{ 或 }f(x)\to A(x\to-\infty).$$

定义3　若$\lim\limits_{x\to+\infty}f(x)=A$且$\lim\limits_{x\to-\infty}f(x)=A$，则称常数$A$为函数$f(x)$当$x\to\infty$时的极限，记作

$$\lim_{x\to\infty}f(x)=A\text{ 或 }f(x)\to A(x\to\infty).$$

根据定义3，由$\lim\limits_{x\to+\infty}\frac{1}{x}=0$且$\lim\limits_{x\to-\infty}\frac{1}{x}=0$，可得$\lim\limits_{x\to\infty}\frac{1}{x}=0$.

特别地，$\lim\limits_{x\to\infty}C=C$（$C$为常数）.

注：定义1、定义2和定义3并不是严格的函数极限定义，而仅是一种“描述性”说法．若要从定量的角度精确定义$x\to+\infty$、$x\to-\infty$和$x\to\infty$时的函数极限，则需要运用数学中的“$\varepsilon-X$”语言，此不赘述.

根据定义3可知，$\lim\limits_{x\to\infty}f(x)=A$包含$\lim\limits_{x\to+\infty}f(x)=A$和$\lim\limits_{x\to-\infty}f(x)=A$两种情形，只有当$\lim\limits_{x\to+\infty}f(x)=\lim\limits_{x\to-\infty}f(x)=A$，才有$\lim\limits_{x\to\infty}f(x)=A$. 由此可得：

定理1　$\lim\limits_{x\to\infty}f(x)=A$的充分必要条件是$\lim\limits_{x\to+\infty}f(x)=\lim\limits_{x\to-\infty}f(x)=A$.

即$\lim\limits_{x\to\infty}f(x)=A\Leftrightarrow\lim\limits_{x\to+\infty}f(x)=\lim\limits_{x\to-\infty}f(x)=A$.

注：若$\lim\limits_{x\to+\infty}f(x)$与$\lim\limits_{x\to-\infty}f(x)$中至少有一个不存在或两个极限存在但不相等，则$\lim\limits_{x\to\infty}f(x)$不存在.

例1　求下列函数当$x\to+\infty$、$x\to-\infty$时的极限，并判断当$x\to\infty$时的极限是否存在？如果存在，请将极限表示出来.

（1）$y=\left(\frac{1}{2}\right)^x$；　　（2）$y=2^x$；

（3）$f(x)=\frac{\sqrt{x^2}}{x}$；　　（4）$f(x)=\frac{1}{\sqrt{x^2}}$.

解：（1）当$x\to+\infty$时，$y=\left(\frac{1}{2}\right)^x$无限趋近于0，即$\lim\limits_{x\to+\infty}\left(\frac{1}{2}\right)^x=0$，

当 $x \to -\infty$ 时，$y = \left(\frac{1}{2}\right)^x$ 趋近于 $+\infty$，极限不存在，可记作 $\lim\limits_{x \to -\infty}\left(\frac{1}{2}\right)^x = +\infty$，

$\therefore$ 当 $x \to \infty$ 时，$y = \left(\frac{1}{2}\right)^x$ 的极限 $\lim\limits_{x \to \infty}\left(\frac{1}{2}\right)^x$ 不存在.

（2）当 $x \to +\infty$ 时，$y = 2^x$ 趋近于 $+\infty$，极限不存在，可记作 $\lim\limits_{x \to +\infty} 2^x = +\infty$，

当 $x \to -\infty$ 时，$y = 2^x$ 无限趋近于 0，即 $\lim\limits_{x \to -\infty} 2^x = 0$，

$\therefore$ 当 $x \to \infty$ 时，$y = 2^x$ 的极限 $\lim\limits_{x \to \infty} 2^x$ 不存在.

（3）$f(x) = \frac{\sqrt{x^2}}{x} = \frac{|x|}{x} = \begin{cases} 1, & x > 0, \\ -1, & x < 0, \end{cases}$

当 $x \to +\infty$ 时，$f(x)$ 的值保持为 1，即 $\lim\limits_{x \to +\infty} f(x) = 1$，

当 $x \to -\infty$ 时，$f(x)$ 的值保持为 -1，即 $\lim\limits_{x \to -\infty} f(x) = -1$，

$\therefore$ 当 $x \to \infty$ 时，$f(x) = \frac{\sqrt{x^2}}{x}$ 的极限 $\lim\limits_{x \to \infty} \frac{\sqrt{x^2}}{x}$ 不存在.

（4）$f(x) = \frac{1}{\sqrt{x^2}} = \frac{1}{|x|} = \begin{cases} \frac{1}{x}, & x > 0, \\ -\frac{1}{x}, & x < 0, \end{cases}$

当 $x \to +\infty$ 时，$f(x)$ 趋近于 0，即 $\lim\limits_{x \to +\infty} f(x) = \lim\limits_{x \to +\infty} \frac{1}{x} = 0$，

当 $x \to -\infty$ 时，$f(x)$ 趋近于 0，即 $\lim\limits_{x \to -\infty} f(x) = \lim\limits_{x \to -\infty}\left(-\frac{1}{x}\right) = 0$，

$\therefore$ 当 $x \to \infty$ 时，$f(x) = \frac{1}{\sqrt{x^2}}$ 的极限 $\lim\limits_{x \to \infty} \frac{1}{\sqrt{x^2}}$ 存在，且 $\lim\limits_{x \to \infty} \frac{1}{\sqrt{x^2}} = 0$.

2. 当 $x \to \infty$ 时函数极限的四则运算法则

类似数列极限，当 $x \to \infty$ 时的函数极限也有四则运算法则.

若 $\lim\limits_{x \to \infty} f(x) = A$，$\lim\limits_{x \to \infty} g(x) = B$，则

（1）函数 $f(x) \pm g(x)$ 存在极限，即

$$\lim_{x \to \infty}[f(x) \pm g(x)] = \lim_{x \to \infty} f(x) \pm \lim_{x \to \infty} g(x) = A \pm B.$$

（2）函数 $f(x) \pm g(x)$ 存在极限，即

$$\lim_{x \to \infty}[f(x) \cdot g(x)] = \lim_{x \to \infty} f(x) \cdot \lim_{x \to \infty} g(x) = A \cdot B,$$

特别地，$\lim\limits_{x \to \infty} kf(x) = k \lim\limits_{x \to \infty} f(x) = kA$（$k$ 为常数）；

$$\lim_{x \to \infty}[f(x)]^k = [\lim_{x \to \infty} f(x)]^k = A^k (k \text{ 为正整数}).$$

（3）函数 $\frac{f(x)}{g(x)}$ 有极限，即

$$\lim_{x \to \infty} \frac{f(x)}{g(x)} = \frac{\lim\limits_{x \to \infty} f(x)}{\lim\limits_{x \to \infty} g(x)} = \frac{A}{B} (g(x) \neq 0, \text{且 } B \neq 0).$$

注： 以上四则运算法则可以推广到有限个具有极限的函数.

例 2　求下列极限.

(1) $\lim\limits_{x\to\infty}\dfrac{4x^3+x-7}{2x^3-x+4}$;　　　(2) $\lim\limits_{x\to\infty}\dfrac{2x^2+x-4}{3x^3-x^2+1}$.

解: (1) 原式 $=\lim\limits_{x\to\infty}\dfrac{4+\dfrac{1}{x^2}-\dfrac{7}{x^3}}{2-\dfrac{1}{x^2}+\dfrac{4}{x^3}}=\dfrac{4+0-0}{2-0+0}=2$;

(2) 原式 $=\lim\limits_{x\to\infty}\dfrac{\dfrac{2}{x}+\dfrac{1}{x^2}-\dfrac{4}{x^3}}{3-\dfrac{1}{x}+\dfrac{1}{x^3}}=\dfrac{0+0-0}{3-0+0}=0$.

注: (1)、(2) 是"$\dfrac{\infty}{\infty}$"型不定式，将分子、分母同时除以最高次项 x^3 后，分离出无穷小量，再求解极限. 类似本章第一节数列极限的结论，当 $x\to\infty$ 时函数极限也有如下结论:

一般地，若 $a_0\neq0$，$b_0\neq0$，k，l 是非负整数，

则 $\lim\limits_{x\to\infty}\dfrac{a_0x^k+a_1x^{k-1}+\cdots+a_k}{b_0x^l+b_1x^{l-1}+\cdots+b_l}=\lim\limits_{x\to\infty}x^{k-l}\dfrac{a_0+\dfrac{a_1}{x}+\cdots+\dfrac{a_k}{x^k}}{b_0+\dfrac{b_1}{x}+\cdots+\dfrac{b_l}{x^l}}=\begin{cases}0, & \text{当 } k<l \text{ 时},\\ \dfrac{a_0}{b_0}, & \text{当 } k=l \text{ 时},\\ \infty, & \text{当 } k>l \text{ 时}.\end{cases}$

例 3　求下列极限.

(1) $\lim\limits_{x\to+\infty}\dfrac{1}{\sqrt{x^2+x}-x}$;　　　(2) $\lim\limits_{x\to\infty}(\sqrt{x^2+1}-\sqrt{x^2-1})$.

分析: (1)、(2) 是"$\infty-\infty$"型不定式，先进行分母或分子有理化，再求解极限.

解: (1) 原式 $=\lim\limits_{x\to+\infty}\dfrac{\sqrt{x^2+x}+x}{(\sqrt{x^2+x}-x)(\sqrt{x^2+x}+x)}=\lim\limits_{x\to+\infty}\dfrac{\sqrt{x^2+x}+x}{x}$

$=\lim\limits_{x\to+\infty}\dfrac{\dfrac{\sqrt{x^2+x}}{\sqrt{x^2}}+1}{1}=\lim\limits_{x\to+\infty}\left(\sqrt{\dfrac{x^2+x}{x^2}}+1\right)=\lim\limits_{x\to+\infty}\left(\sqrt{1+\dfrac{1}{x}}+1\right)=2$;

(2) 原式 $=\lim\limits_{x\to\infty}\dfrac{(\sqrt{x^2+1}-\sqrt{x^2-1})(\sqrt{x^2+1}+\sqrt{x^2-1})}{\sqrt{x^2+1}+\sqrt{x^2-1}}$

$=\lim\limits_{x\to\infty}\dfrac{2}{\sqrt{x^2+1}+\sqrt{x^2-1}}=0$.

例 4　已知 $\lim\limits_{x\to\infty}\left(\dfrac{2-x^2}{x+1}-ax-b\right)=0$，求 a，b 的值.

解: (解法一) $\because\ \lim\limits_{x\to\infty}\left(\dfrac{2-x^2}{x+1}-ax-b\right)=\lim\limits_{x\to\infty}\dfrac{2-x^2-(ax+b)(x+1)}{x+1}$

$=\lim\limits_{x\to\infty}\dfrac{-(a+1)x^2-(a+b)x+2-b}{x+1}=0$,

$\therefore a+1=0$ 且 $a+b=0$，解得 $a=-1$，$b=1$.

（解法二）由题意，$\lim\limits_{x\to\infty}\left(\dfrac{2-x^2}{x+1}-ax\right)=\lim\limits_{x\to\infty}\dfrac{2-x^2-ax(x+1)}{x+1}$

$$=\lim_{x\to\infty}\frac{-(a+1)x^2-ax+2}{x+1}=b,$$

显然 $b\neq 0$，$\therefore a+1=0$ 且 $-a=b$，解得 $a=-1$，$b=1$.

例 5 已知 $\lim\limits_{x\to+\infty}(\sqrt{x^2-x+1}-ax-b)=0$，求 a，b 的值.

解： 由题意，可知 $a>0$，

（解法一）$\lim\limits_{x\to+\infty}(\sqrt{x^2-x+1}-ax-b)=\lim\limits_{x\to+\infty}\dfrac{[\sqrt{x^2-x+1}-(ax+b)](\sqrt{x^2-x+1}+ax+b)}{\sqrt{x^2-x+1}+ax+b}$

$$=\lim_{x\to+\infty}\frac{(1-a^2)x^2-(1+2ab)x+(1-b^2)}{\sqrt{x^2-x+1}+ax+b}$$

$$=0,$$

$\therefore 1-a^2=0$ 且 $-(1+2ab)=0$，得 $a=1$，$b=-\dfrac{1}{2}$.

（解法二）由题意，$\lim\limits_{x\to+\infty}(\sqrt{x^2-x+1}-ax)=\lim\limits_{x\to+\infty}\dfrac{(\sqrt{x^2-x+1}-ax)(\sqrt{x^2-x+1}+ax)}{\sqrt{x^2-x+1}+ax}$

$$=\lim_{x\to+\infty}\frac{(1-a^2)x^2-x+1}{\sqrt{x^2-x+1}+ax}=b,$$

显然 $b\neq 0$，且 $1-a^2=0$，解得 $a=1$，

$$\therefore b=\lim_{x\to+\infty}\frac{-x+1}{\sqrt{x^2-x+1}+x}=\lim_{x\to+\infty}\frac{-1+\frac{1}{x}}{\sqrt{1-\frac{1}{x}+\frac{1}{x^2}}+1}=-\frac{1}{2}.$$

练习 2.1

1. 求下列极限.

（1）$\lim\limits_{x\to\infty}\left(2-\dfrac{1}{x}+\dfrac{1}{x^2}\right)$；　　（2）$\lim\limits_{x\to\infty}\dfrac{x^3+x}{x^4+3x^2+1}$；

（3）$\lim\limits_{x\to\infty}\dfrac{x^2+3x+2}{x^2-1}$；　　（4）$\lim\limits_{x\to\infty}\left(\dfrac{2x^3+1}{3x^3-2}\right)^2$；

（5）$\lim\limits_{x\to\infty}\left(\sqrt{2x^2+2}-\sqrt{2x^2-1}\right)$；　　（6）$\lim\limits_{x\to+\infty}\dfrac{4}{\sqrt{x^2+2x}-\sqrt{x^2+1}}$.

2. 设$\lim\limits_{x\to\infty}\dfrac{(x-1)(x-2)(x-3)(x-4)(x-5)}{(3x-2)^{\alpha}}=\beta$（$\alpha>0$，$\beta\neq0$），求$\alpha$，$\beta$的值.

3. $\lim\limits_{x\to-\infty}\left(\sqrt{x^2+2x+3}+x-a\right)=-1$，求$a$的值.

二、当 $x\to x_0$ 时，函数 $f(x)$ 的极限

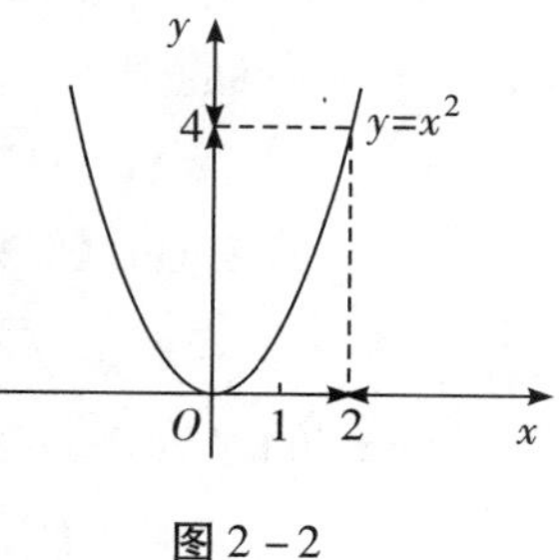

图 2－2

1. 当 $x\to x_0$ 时函数极限的概念

（1）考察函数 $y=x^2$，当 x 无限趋近于2，即 $x\to2$ 时，函数值的变化趋势. 为此，画出函数 $y=x^2$ 的图象（图 2－2），并列出表 2－3（1）和表 2－3(2).

表 2－3（1）

x	1.5	1.9	1.99	1.999	1.999 9	1.999 99	…
$y=x^2$	2.25	3.61	3.96	3.996	3.999 6	3.999 96	…
$\|y-4\|$	1.75	0.39	0.04	0.004	0.000 4	0.000 04	…

表 2－3（2）

x	2.5	2.1	2.01	2.001	2.000 1	2.000 01	…
$y=x^2$	6.25	4.41	4.04	4.004	4.000 4	4.000 04	…
$\|y-4\|$	2.25	0.41	0.04	0.004	0.000 4	0.000 04	…

从表 2－3（1）和表 2－3(2) 及图 2－2，我们发现：

① 从表格上看，表 2－3(1)说明自变量 $x<2$ 趋近于 2 时，$y\to4$；表 2－3(2)说明自变量 $x>2$ 趋近于 2 时，$y\to4$.

② 从差式 $|y-4|$ 来看，其值变得任意小（无限趋近于 0).

③ 从图象上看，自变量 x 从左侧趋近于 2 和从右侧趋近于 2 时，y 都趋近于 4.

总之，当自变量 x 无限趋近于2，即 $x\to2$ 时，函数 $y=x^2$ 的函数值无限趋近于4，即 $y\to4$，则称该函数在这一变化过程中以4为极限，记作

$$\lim_{x\to2}x^2=4.$$

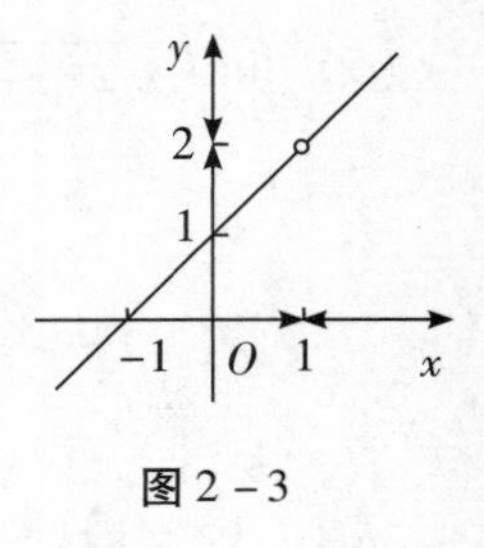

图 2－3

（2）考察函数 $y=\dfrac{x^2-1}{x-1}$，当 x 无限趋近于1，即 $x\to1$ 时，函数值的变化趋势.

显然，$y=\dfrac{x^2-1}{x-1}=\dfrac{(x+1)(x-1)}{x-1}=x+1(x\neq1)$，我们画出其图象（图2－3）. 从图象上可看出，自变量 x 从 $x=1$ 的左右两边无限趋近于1时，函数 $y=\dfrac{x^2-1}{x-1}$ 的函数值无限趋近于2，即 $y\to2$，则称该函数在这一变化过程中以2为极限，记作

$$\lim_{x\to1}\frac{x^2-1}{x-1}=2.$$

描述函数在某一点 x_0 的极限时，常会提到自变量 x 在 x_0 附近有定义，这就涉及“邻域”“去心邻域”“左半邻域”“右半邻域”等概念.

定义4 设 x_0 是一个实数，δ 是任一正数（通常是指很小的正数），数轴上到点 x_0 的距离小于 δ 的点的全体，称为点 x_0 的 **δ 邻域**（neighborhood），记作 $U(x_0,\delta)$，即

$$U(x_0,\delta)=\{x\,|\,|x-x_0|<\delta\}=(x_0-\delta,x_0+\delta).$$

点 x_0 的**去心 δ 邻域**（noncentral neighborhood），记作 $\mathring{U}(x_0,\delta)$，即

$$\mathring{U}(x_0,\delta)=\{x\,|\,0<|x-x_0|<\delta\}=(x_0-\delta,x_0)\cup(x_0,x_0+\delta).$$

点 x_0 的**左半 δ 邻域**(left half neighborhood)，记作 $\mathring{U}_-(x_0,\delta)$，即

$$\mathring{U}_-(x_0,\delta)=\{x\,|\,x_0-\delta<x<x_0\}=(x_0-\delta,x_0).$$

点 x_0 的**右半 δ 邻域**(right half neighborhood)，记作 $\mathring{U}_+(x_0,\delta)$，即

$$\mathring{U}_+(x_0,\delta)=\{x\,|\,x_0<x<x_0+\delta\}=(x_0,x_0+\delta).$$

定义5 设函数 $f(x)$ 在 x_0 的某一去心邻域内有定义，当 x 在这个去心邻域内无限趋近于 x_0 时，相应的函数值 $f(x)$ 无限趋近于唯一确定的常数 A，那么 A 就叫做函数 $f(x)$ 当 $x\to x_0$ 时的极限. 记作

$$\lim_{x\to x_0}f(x)=A\text{ 或 }f(x)\to A(x\to x_0).$$

特别地，$\lim\limits_{x\to x_0}C=C$（$C$ 为常数）.

注：$\lim\limits_{x\to x_0}f(x)=A$ 描述的是当自变量 x 从左、右两侧无限趋近于 x_0 时，相应的函数值 $f(x)$ 都会无限趋近于唯一确定的常数 A 的一种变化趋势，与函数 $f(x)$ 在 x_0 点是否有定义无关，即 $\lim\limits_{x\to x_0}f(x)$ 的存在与 $f(x_0)$ 是否存在无关.

这并不是严格的当 $x\to x_0$ 时函数极限定义，仅是一种“描述性”说法. 从定量的角度来

看，即当 x 进入 x_0 的充分小的去心邻域内，$|f(x)-A|$ 可以小于任意给定的正数. 若要精确定义 $x\to x_0$ 时的函数极限，则需要运用数学中的"$\varepsilon-\delta$"语言，此不赘述.

2. 当 $x\to x_0$ 时函数极限的运算

从前面考察的两个函数中，我们可以发现：

（1）$f(x)=x^2$ 在 $x=2$ 处有定义，x 无限趋近于 2 时，相应的函数值 $f(x)$ 无限趋近于 4，即 $\lim\limits_{x\to 2}x^2=4$，该极限值即为函数值 $f(2)=4$.

（2）$f(x)=\dfrac{x^2-1}{x-1}$ 在 $x=1$ 处没有定义，当 x 不等于 1 而无限趋近于 1 时，相应的函数值 $f(x)$ 无限趋近于 $g(x)=x+1$ 的函数值 $g(1)=2$，即 $\lim\limits_{x\to 1}\dfrac{x^2-1}{x-1}=\lim\limits_{x\to 1}\dfrac{(x+1)(x-1)}{x-1}=\lim\limits_{x\to 1}(x+1)=2$. 而恰好在图象上，$f(x)$ 比 $g(x)$ 仅少一个点（1，2），这归因于 $x\to 1$ 时，$f(x)$ 为"$\dfrac{0}{0}$"型不定式，分子、分母公因式 $x-1$ 称为**零因子**（null divisor），约去 $x-1$，转化为 $g(x)$，从而求得极限. 这也是"$\dfrac{0}{0}$"型不定式求解极限的一种方法.

对于极限的四则运算法则，当 $x\to\infty$ 时函数极限的四则运算法对于 $x\to x_0$ 的情况仍然成立，此不赘述.

例 1　求下列极限.

（1）$\lim\limits_{x\to 2}(3x-1)$；　　（2）$\lim\limits_{x\to 1}\dfrac{2x^2+x+1}{x^3+2x^2-1}$.

分析：x_0 对函数 $f(x)$ 有定义，函数值 $f(x_0)$ 即为极限值.

解：（1）原式 $=3\times 2-1=5$；

（2）原式 $=\dfrac{2\times 1^2+1+1}{1^3+2\times 1^2-1}=2$.

例 2　求下列极限.

（1）$\lim\limits_{x\to 2}\dfrac{x^2-4}{x-2}$；　　（2）$\lim\limits_{x\to 1}\dfrac{x^2-1}{2x^2-x-1}$.

分析：此类"$\dfrac{0}{0}$"型不定式，可通过因式分解变形，将零因子约去.

解：（1）原式 $=\lim\limits_{x\to 2}\dfrac{(x+2)(x-2)}{x-2}=\lim\limits_{x\to 2}(x+2)=4$；

（2）原式 $=\lim\limits_{x\to 1}\dfrac{(x+1)(x-1)}{(2x+1)(x-1)}=\lim\limits_{x\to 1}\dfrac{x+1}{2x+1}=\dfrac{2}{3}$.

注：更一般地，若 $a_0\neq 0$，$b_0\neq 0$，k，l 是非负整数，则：

$$\lim_{x\to x_0}\frac{a_0x^k+a_1x^{k-1}+\cdots+a_{k-1}x+a_k}{b_0x^l+b_1x^{l-1}+\cdots+b_{l-1}x+b_k}=\lim_{x\to x_0}\frac{P(x)}{Q(x)}$$

$$=\begin{cases}\dfrac{P(x_0)}{Q(x_0)}, & \text{当 } Q(x_0)\neq 0 \text{ 时},\\ \infty\ (\text{极限不存在}), & \text{当 } Q(x_0)=0,\ P(x_0)\neq 0 \text{ 时},\\ \text{化简（去掉零因子）后再计算}, & \text{当 } P(x_0)=Q(x_0)=0 \text{ 时}.\end{cases}$$

例 3　求下列极限.

（1）$\lim\limits_{x\to 4}\dfrac{x-4}{\sqrt{x}-2}$；　　（2）$\lim\limits_{x\to 0}\dfrac{\sqrt{1+x}-1}{x}$.

分析：此类“$\dfrac{0}{0}$”型不定式，可通过分子或分母有理化变形，将零因子约去.

解：（1）原式 $=\lim\limits_{x\to 4}\dfrac{(x-4)(\sqrt{x}+2)}{(\sqrt{x}-2)(\sqrt{x}+2)}=\lim\limits_{x\to 4}\dfrac{(x-4)(\sqrt{x}+2)}{x-4}=\lim\limits_{x\to 4}(\sqrt{x}+2)=4$；

（2）原式 $=\lim\limits_{x\to 0}\dfrac{(\sqrt{1+x}-1)(\sqrt{1+x}+1)}{x(\sqrt{1+x}+1)}=\lim\limits_{x\to 0}\dfrac{x}{x(\sqrt{1+x}+1)}=\lim\limits_{x\to 0}\dfrac{1}{\sqrt{1+x}+1}=\dfrac{1}{2}$.

例 4　已知 $\lim\limits_{x\to 1}\dfrac{ax^2+x-1}{x^2+2}=2$，求 a 的值.

解：由题意得 $\dfrac{a\cdot 1^2+1-1}{1^2+2}=2$，解得 $a=6$.

例 5　已知 $\lim\limits_{x\to -2}\dfrac{x^2+mx+2}{x+2}=n$，求 m，n 的值.

解：（解法一）由题意，$x+2$ 是 x^2+mx+2 的一个因式，

$\therefore x^2+mx+2=(x+2)(x+1)$，得 $m=3$，且

$n=\lim\limits_{x\to -2}\dfrac{x^2+mx+2}{x+2}=\lim\limits_{x\to -2}\dfrac{(x+2)(x+1)}{x+2}=\lim\limits_{x\to -2}(x+1)=-1$.

（解法二）由题意，$x+2$ 是 x^2+mx+2 的一个因式，

$\therefore x=-2$ 是方程 $x^2+mx+2=0$ 的一个根，解得 $m=3$.

$\therefore n=\lim\limits_{x\to -2}\dfrac{x^2+3x+2}{x+2}=\lim\limits_{x\to -2}\dfrac{(x+1)(x+2)}{x+2}=\lim\limits_{x\to -2}(x+1)=-1$.

3. 当 $x\to x_0$ 时函数的左极限与右极限

我们前面讨论当 $x\to x_0$ 时的函数 $f(x)$ 的极限时，自变量 x 既可从 x_0 的左侧趋近于 x_0（记为 $x\to x_0^-$），也可从 x_0 的右侧趋近于 x_0（记为 $x\to x_0^+$）. 有些函数，比如分段函数常需考虑某一侧的极限情况，这就涉及函数的左极限和右极限，也称为**单侧极限**（one-sided limit）.

定义 6　设函数 $f(x)$ 在 x_0 的某个左半邻域内有定义，当 x 从 x_0 的左侧趋近于 x_0，即 $x\to x_0^-$ 时，相应的函数值 $f(x)$ 无限趋近于唯一确定的常数 A，那么 A 就叫做函数 $f(x)$ 当 $x\to x_0$

时的**左极限**（left-hand limit），记作

$$\lim_{x \to x_0^-} f(x) = A$$

设函数$f(x)$在x_0的某个右半邻域内有定义，当x从x_0的右侧趋近于x_0，即当$x \to x_0^+$时，相应的函数值$f(x)$无限趋近于唯一确定的常数A，那么A就叫做函数$f(x)$当$x \to x_0$时的**右极限**（right-hand limit），记作

$$\lim_{x \to x_0^+} f(x) = A$$

注：定义6并不是严格的函数极限定义，而仅是一种“描述性”说法.若要从定量的角度精确定义函数的左、右极限，则需要运用数学中的“$\varepsilon-\delta$”语言，此不赘述.

根据定义6可知，$\lim\limits_{x \to x_0} f(x) = A$包含$\lim\limits_{x \to x_0^-} f(x) = A$和$\lim\limits_{x \to x_0^+} f(x) = A$两种情形，只有当$\lim\limits_{x \to x_0^-} f(x) = \lim\limits_{x \to x_0^+} f(x) = A$，才有$\lim\limits_{x \to x_0} f(x) = A$.由此可得：

定理2　$\lim\limits_{x \to x_0} f(x) = A$的充分必要条件是$\lim\limits_{x \to x_0^-} f(x) = \lim\limits_{x \to x_0^+} f(x) = A$，

即$\lim\limits_{x \to x_0} f(x) = A \Leftrightarrow \lim\limits_{x \to x_0^-} f(x) = \lim\limits_{x \to x_0^+} f(x) = A$.

注：若$\lim\limits_{x \to x_0^-} f(x) = A$与$\lim\limits_{x \to x_0^+} f(x) = A$中至少有一个不存在或两个极限存在但不相等，则$\lim\limits_{x \to x_0} f(x) = A$不存在.

例6　设函数$f(x) = \begin{cases} x^2 + x + 1, & x < 0, \\ 2x + 1, & x \geq 0, \end{cases}$求$\lim\limits_{x \to 0} f(x)$.

解：$\lim\limits_{x \to 0^-} f(x) = \lim\limits_{x \to 0^-} (x^2 + x + 1) = 1$，$\lim\limits_{x \to 0^+} f(x) = \lim\limits_{x \to 0^+} (2x + 1) = 1$，

$\because \lim\limits_{x \to 0^-} f(x) = \lim\limits_{x \to 0^+} f(x) = 1$，

$\therefore \lim\limits_{x \to 0} f(x) = 1$.

例7　设函数$f(x) = \begin{cases} x - 1, & x < 1, \\ 1, & x = 1, \\ x + 1, & x > 1, \end{cases}$判断$\lim\limits_{x \to 1} f(x)$是否存在，为什么？

解：不存在，理由如下：

$\lim\limits_{x \to 1^-} f(x) = \lim\limits_{x \to 1^-} (x - 1) = 0$，$\lim\limits_{x \to 1^+} f(x) = \lim\limits_{x \to 1^+} (x + 1) = 2$.

$\because \lim\limits_{x \to 1^-} f(x) \neq \lim\limits_{x \to 1^+} f(x)$，

$\therefore \lim\limits_{x \to 1} f(x)$不存在.

例8　设函数$f(x) = \begin{cases} 2^x, & x \leq 2, \\ x^2 + a, & x > 2, \end{cases}$若$\lim\limits_{x \to 2} f(x)$存在，求$a$的值.

解：$\because \lim\limits_{x \to 2^-} f(x) = \lim\limits_{x \to 2^-} 2^x = 4$，$\lim\limits_{x \to 2^+} f(x) = \lim\limits_{x \to 2^+} (x^2 + a) = 4 + a$，

要使 $\lim\limits_{x\to 2}f(x)$ 存在，只需 $\lim\limits_{x\to 2^-}f(x)=\lim\limits_{x\to 2^+}f(x)$，

$\therefore 4+a=4$，解得 $a=0$.

练习2.2

1. 求下列极限.

(1) $\lim\limits_{x\to 1}(2x^2-x+1)$；

(2) $\lim\limits_{x\to 1}\dfrac{x^2-3x-1}{x^3+2}$；

(3) $\lim\limits_{x\to 1}\dfrac{x^2-2x+1}{x^2-1}$；

(4) $\lim\limits_{x\to -2}\left(\dfrac{4}{4-x^2}-\dfrac{1}{2+x}\right)$；

(5) $\lim\limits_{x\to 4}\dfrac{x-4}{\sqrt{x}-2}$；

(6) $\lim\limits_{x\to 0}\dfrac{\sqrt{1+x}-\sqrt{1-x}}{x}$.

2. 已知 $\lim\limits_{x\to 1}\dfrac{ax^2+(a+b)x-2a-b}{x-1}=2$，$2a+b=0$，求 a，b 的值.

3. 已知 $\lim\limits_{x\to 2}\dfrac{x^2+ax+b}{x^2-x-2}=2$，求 a，b 的值.

4. 设函数 $f(x)=\begin{cases}3x-1, & x<1,\\ x^2+1, & x\geqslant 1,\end{cases}$ 求 $\lim\limits_{x\to 1}f(x)$.

5. 设函数$f(x)=\begin{cases}2x+1, & x\leqslant 0,\\ x^2, & x>0,\end{cases}$ 判断$\lim\limits_{x\to 0}f(x)$是否存在，为什么？

6. 设函数$f(x)=\begin{cases}5x+2k, & x\leqslant 0,\\ e^x+1, & x>0,\end{cases}$ 若$\lim\limits_{x\to 0}f(x)$存在，求k的值.

三、两个重要极限

下面我们讨论在微积分中常常用到的两个重要极限.

1. $\lim\limits_{x\to 0}\dfrac{\sin x}{x}=1$

考察函数$y=\dfrac{\sin x}{x}$. 当$x\to 0$时，$\dfrac{\sin x}{x}$的分子、分母都趋近于0，x取一系列较小的数值时，我们来观察函数值的变化趋势，如表2－4所示.

表2－4

x（弧度）	0.50	0.10	0.05	0.04	0.03	0.02	…
$\dfrac{\sin x}{x}$	0.958 5	0.998 3	0.999 6	0.999 7	0.999 8	0.999 9	…

从表2－4可看出，当$x\to 0^+$时，$\dfrac{\sin x}{x}\to 1$，即$\lim\limits_{x\to 0^+}\dfrac{\sin x}{x}=1$；

但是当$x\to 0^-$，即$x<0$并趋近于0时，$-x>0$且$-x\to 0$，$\sin(-x)>0$. 于是

$$\lim_{x\to 0^-}\frac{\sin x}{x}=\lim_{-x\to 0^+}\frac{\sin(-x)}{-x}=1.$$

可见，当x无论从0的右侧还是左侧接近0时，$\dfrac{\sin x}{x}$都趋近于1，即

$$\lim_{x\to 0}\frac{\sin x}{x}=1.$$

注：（1）$\lim\limits_{x\to 0}\dfrac{\sin x}{x}=1$是“$\dfrac{0}{0}$”型不定式，分式中同时出现三角函数和$x$的幂.

（2）$\lim\limits_{x\to\infty}x\sin\dfrac{1}{x}=\lim\limits_{x\to 0}\dfrac{\sin x}{x}=1$，不妨设$\dfrac{1}{x}=t$，则$x=\dfrac{1}{t}$，由$x\to\infty$，得$t\to 0$，于是

$\lim\limits_{x\to\infty} x\sin\dfrac{1}{x}=\lim\limits_{t\to 0}\dfrac{1}{t}\sin t=\lim\limits_{t\to 0}\dfrac{\sin t}{t}=1$. 这表明"$0\cdot\infty$"型与"$\dfrac{0}{0}$"型不定式之间可以互化.

(3) $\lim\limits_{x\to 0}\dfrac{\sin x}{x}=1$ 的推广形式：若 $\lim\limits_{x\to\Delta}\varphi(x)=0$，则 $\lim\limits_{x\to\Delta}\dfrac{\sin[\varphi(x)]}{\varphi(x)}=\lim\limits_{\varphi(x)\to 0}\dfrac{\sin[\varphi(x)]}{\varphi(x)}=1$（$\Delta$ 是有限数 x_0，$\pm\infty$ 或 ∞）.

例 1 求下列极限.

(1) $\lim\limits_{x\to 0}\dfrac{\sin 3x}{x}$；

(2) $\lim\limits_{x\to 0}\dfrac{\sin 2x}{\sin 3x}$；

(3) $\lim\limits_{x\to 0}\dfrac{\tan x}{x}$；

(4) $\lim\limits_{x\to 0}\dfrac{1-\cos x}{x^2}$；

(5) $\lim\limits_{x\to 0}\dfrac{\tan x-\sin x}{x^3}$；

(6) $\lim\limits_{x\to 1}\dfrac{\cos\dfrac{\pi x}{2}}{1-x}$.

解：(1) 原式 $=\lim\limits_{x\to 0}\dfrac{3\sin 3x}{3x}=3\lim\limits_{x\to 0}\dfrac{\sin 3x}{3x}=3\times 1=3$；

(2) 原式 $=\lim\limits_{x\to 0}\dfrac{2x\cdot\dfrac{\sin 2x}{2x}}{3x\cdot\dfrac{\sin 3x}{3x}}=\dfrac{2}{3}\lim\limits_{x\to 0}\dfrac{\dfrac{\sin 2x}{2x}}{\dfrac{\sin 3x}{3x}}=\dfrac{2}{3}\times\dfrac{1}{1}=\dfrac{2}{3}$；

(3) 原式 $=\lim\limits_{x\to 0}\dfrac{\dfrac{\sin x}{\cos x}}{x}=\lim\limits_{x\to 0}\left(\dfrac{\sin x}{x}\cdot\dfrac{1}{\cos x}\right)=\lim\limits_{x\to 0}\dfrac{\sin x}{x}\cdot\lim\limits_{x\to 0}\dfrac{1}{\cos x}=1\times 1=1$；

(4) 原式 $=\lim\limits_{x\to 0}\dfrac{2\sin^2\dfrac{x}{2}}{x^2}=\lim\limits_{x\to 0}\dfrac{\sin^2\dfrac{x}{2}}{2\left(\dfrac{x}{2}\right)^2}=\dfrac{1}{2}\lim\limits_{x\to 0}\left(\dfrac{\sin\dfrac{x}{2}}{\dfrac{x}{2}}\right)^2=\dfrac{1}{2}\times 1^2=\dfrac{1}{2}$；

(5) 原式 $=\lim\limits_{x\to 0}\dfrac{\dfrac{\sin x}{\cos x}-\sin x}{x^3}=\lim\limits_{x\to 0}\dfrac{\sin x\left(\dfrac{1}{\cos x}-1\right)}{x^3}=\lim\limits_{x\to 0}\dfrac{\sin x\cdot\dfrac{1-\cos x}{\cos x}}{x^3}$

$=\lim\limits_{x\to 0}\dfrac{\sin x}{x}\cdot\lim\limits_{x\to 0}\dfrac{1}{\cos x}\cdot\lim\limits_{x\to 0}\dfrac{1-\cos x}{x^2}=1\times 1\times\dfrac{1}{2}=\dfrac{1}{2}$；

(6) 设 $1-x=t$，则 $x=1-t$，由 $x\to 1$，得 $t\to 0$.

$\therefore$ 原式 $=\lim\limits_{t\to 0}\dfrac{\cos\left(\dfrac{\pi}{2}-\dfrac{\pi}{2}t\right)}{t}=\lim\limits_{t\to 0}\dfrac{\sin\dfrac{\pi}{2}t}{t}=\dfrac{\pi}{2}\lim\limits_{t\to 0}\dfrac{\sin\dfrac{\pi}{2}t}{\dfrac{\pi}{2}t}=\dfrac{\pi}{2}\times 1=\dfrac{\pi}{2}$.

2. $\lim\limits_{x\to\infty}\left(1+\dfrac{1}{x}\right)^x=\mathrm{e}$

考察函数 $y=\left(1+\dfrac{1}{x}\right)^x$，当 $x\to\infty$（包括 $x\to+\infty$ 和 $x\to-\infty$）时，我们来观察函数值的变化趋势，如表 2-5 (1) 和表 2-5 (2) 所示.

表 2-5 (1)

x	2	10	100	1 000	10 000	100 000	1 000 000	…
$\left(1+\frac{1}{x}\right)^x$	2.25	2.593 74	2.704 81	2.716 92	2.718 14	2.718 27	2.718 28	…

表 2-5 (2)

x	-2	-10	-100	-1 000	-10 000	-100 000	-1 000 000	…
$\left(1+\frac{1}{x}\right)^x$	4	2.867 92	2.732 00	2.719 64	2.718 42	2.718 30	2.718 28	…

从表 2-5 (1)和表 2-5(2) 中，我们发现无论 $x\to+\infty$ 还是 $x\to-\infty$，$\left(1+\frac{1}{x}\right)^x$ 的值都不会超过 3. 当 $x\to+\infty$ 时，$\left(1+\frac{1}{x}\right)^x$ 的值逐渐增大，并且越来越接近 2.718 28…；当 $x\to-\infty$ 时，$\left(1+\frac{1}{x}\right)^x$ 的值逐渐减小，也越来越接近 2.718 28…. 所以当 $x\to\infty$ 时，$\left(1+\frac{1}{x}\right)^x\to$ 2.718 28…，即趋向于无理数 e=2.718 28…，从而可得

$$\lim_{x\to\infty}\left(1+\frac{1}{x}\right)^x=\mathrm{e}.$$

其中 e 是自然对数函数的底数，有时还以瑞士数学家莱昂哈德 · 欧拉(Leonhard Euler)的名字命名，称 e 为**欧拉数** (Euler number)，是数学中最重要的常数之一，在数学、物理学和经济学等学科中有广泛的应用.

注：(1) $\lim\limits_{x\to\infty}\left(1+\frac{1}{x}\right)^x=\mathrm{e}$ 的特点：当 $x\to\infty$ 时，$\left(1+\frac{1}{x}\right)^x$ 形如“$(1+0)^\infty$”，因此 $\lim\limits_{x\to\infty}\left(1+\frac{1}{x}\right)^x$ 是“1^∞”型不定式. “$(1+0)^\infty$”即“$(1+\text{无穷小})^{\text{无穷大}}$”，而且“无穷小”与“无穷大”两部分互为倒数.

(2) $\lim\limits_{x\to\infty}\left(1+\frac{1}{x}\right)^x=\mathrm{e}$ 的等价形式：$\lim\limits_{x\to\infty}\left(1+\frac{1}{x}\right)^x=\lim\limits_{x\to0}(1+x)^{\frac{1}{x}}=\mathrm{e}$，不妨设 $\frac{1}{x}=t$，则 $x=\frac{1}{t}$，由 $x\to\infty$，得 $t\to0$，于是 $\lim\limits_{x\to\infty}\left(1+\frac{1}{x}\right)^x=\lim\limits_{t\to0}(1+t)^{\frac{1}{t}}=\mathrm{e}$.

(3) $\lim\limits_{x\to\infty}\left(1+\frac{1}{x}\right)^x=\mathrm{e}$ 的推广形式：若 $\lim\limits_{x\to\Delta}\varphi(x)=\infty$，则 $\lim\limits_{x\to\Delta}\left[1+\frac{1}{\varphi(x)}\right]^{\varphi(x)}=\lim\limits_{\varphi(x)\to\infty}\left[1+\frac{1}{\varphi(x)}\right]^{\varphi(x)}=\mathrm{e}$；若 $\lim\limits_{x\to\Delta}\varphi(x)=0$，则 $\lim\limits_{x\to\Delta}[1+\varphi(x)]^{\frac{1}{\varphi(x)}}=\lim\limits_{\varphi(x)\to0}[1+\varphi(x)]^{\frac{1}{\varphi(x)}}=\mathrm{e}$，其中 Δ 是有限数 x_0，$\pm\infty$ 或 ∞.

(4) 利用 $\lim\limits_{x\to\infty}\left(1+\frac{1}{x}\right)^x=\mathrm{e}$ 来计算函数极限时，常遇到形如“$[f(x)]^{g(x)}$”结构的**幂指函数** (power-exponential function)，求这类函数的极限时，有结论：若 $\lim\limits_{x\to\Delta}f(x)=A$，$\lim\limits_{x\to\Delta}g(x)=B$，则 $\lim\limits_{x\to\Delta}[f(x)]^{g(x)}=A^B$，其中 Δ 是有限数 x_0，$\pm\infty$ 或 ∞.

例 2 求下列极限.

(1) $\lim\limits_{x\to\infty}\left(1+\dfrac{1}{x}\right)^{-x}$; (2) $\lim\limits_{x\to\infty}\left(\dfrac{x-1}{x}\right)^{x}$;

(3) $\lim\limits_{x\to\infty}\left(\dfrac{x+3}{x+2}\right)^{x}$; (4) $\lim\limits_{x\to0}\left(\dfrac{1+x}{1-x}\right)^{\frac{1}{x}}$;

(5) $\lim\limits_{x\to0}\dfrac{\ln(x+1)}{x}$; (6) $\lim\limits_{x\to0}\dfrac{e^x-1}{x}$.

解：(1) 原式 $=\lim\limits_{x\to\infty}\left[\left(1+\dfrac{1}{x}\right)^{x}\right]^{-1}=e^{-1}=\dfrac{1}{e}$.

(2) 原式 $=\lim\limits_{x\to\infty}\left(1-\dfrac{1}{x}\right)^{x}=\lim\limits_{x\to\infty}\left[\left(1+\dfrac{1}{-x}\right)^{-x}\right]^{-1}=e^{-1}=\dfrac{1}{e}$.

(3)（解法一）原式 $=\lim\limits_{x\to\infty}\left(1+\dfrac{1}{x+2}\right)^{x}=\lim\limits_{x\to\infty}\left[\left(1+\dfrac{1}{x+2}\right)^{x+2}\right]^{\frac{x}{x+2}}=e^{\lim\limits_{x\to\infty}\frac{x}{x+2}}=e^1=e$;

（解法二）原式 $=\lim\limits_{x\to\infty}\left(1+\dfrac{1}{x+2}\right)^{x}=\lim\limits_{x\to\infty}\left[\left(1+\dfrac{1}{x+2}\right)^{x+2}\cdot\left(1+\dfrac{1}{x+2}\right)^{-2}\right]=e\times1=e$.

(4) 原式 $=\lim\limits_{x\to0}\left(1+\dfrac{2x}{1-x}\right)^{\frac{1}{x}}=\lim\limits_{x\to0}\left[\left(1+\dfrac{2x}{1-x}\right)^{\frac{1-x}{2x}}\right]^{\frac{2x}{1-x}\cdot\frac{1}{x}}=e^{\lim\limits_{x\to0}\frac{2}{1-x}}=e^2$.

(5) 原式 $=\lim\limits_{x\to0}\dfrac{1}{x}\ln(x+1)=\lim\limits_{x\to0}\ln(x+1)^{\frac{1}{x}}=\ln e=1$.

(6) 设 $e^x-1=t$，则 $e^x=t+1$，$x=\ln(t+1)$，由 $x\to0$，得 $t\to0$.

$\therefore$ 原式 $=\lim\limits_{t\to0}\dfrac{t}{\ln(t+1)}=\lim\limits_{t\to0}\dfrac{1}{\dfrac{\ln(t+1)}{t}}=\dfrac{1}{\lim\limits_{t\to0}\dfrac{\ln(t+1)}{t}}=\dfrac{1}{1}=1$.

练习 2.3

1. 求下列极限.

(1) $\lim\limits_{x\to0}\dfrac{\sin 3x}{5x}$; (2) $\lim\limits_{x\to0}\dfrac{\sin 3x}{\sin 5x}$;

(3) $\lim\limits_{x\to1}\dfrac{\sin(1-x)}{1-x^2}$; (4) $\lim\limits_{x\to0}\dfrac{\sin x\tan x}{x^2}$;

(5) $\lim\limits_{x\to0}\dfrac{1-\cos 2x}{x\sin x}$; (6) $\lim\limits_{x\to1}\dfrac{1-x^2}{\sin \pi x}$.

2. 求下列极限.

(1) $\lim\limits_{x\to\infty}\left(1+\dfrac{2}{x}\right)^{x}$;

(2) $\lim\limits_{x\to\infty}\left(1+\dfrac{1}{x}\right)^{x+2}$;

(3) $\lim\limits_{x\to\infty}\left(1-\dfrac{1}{x}\right)^{2x}$;

(4) $\lim\limits_{x\to\infty}\left(\dfrac{2x+2}{2x+1}\right)^{2x}$;

(5) $\lim\limits_{x\to 0}\left(\dfrac{1+2x}{1-2x}\right)^{\frac{1}{x}}$;

(6) $\lim\limits_{x\to 1}x^{\frac{4}{x-1}}$.

四、等价无穷小

1. 无穷小

定义 7 若函数 $f(x)$ 当 $x\to\Delta$（Δ 可以是有限数 x_0，$\pm\infty$ 或 ∞）时的极限为零，即 $\lim\limits_{x\to\Delta}f(x)=0$，则称函数 $f(x)$ 是当 $x\to\Delta$ 时的无穷小量，简称**无穷小**（infinitesimal）.

例如：

(1) $\because \lim\limits_{x\to 1}(\sqrt{x}-1)=0$，$\therefore$ 函数 $f(x)=\sqrt{x}-1$ 是当 $x\to 1$ 时的无穷小；

(2) $\because \lim\limits_{x\to\infty}\dfrac{1}{x^2}=0$，$\therefore$ 函数 $f(x)=\dfrac{1}{x^2}$ 是当 $x\to\infty$ 时的无穷小.

注：(1) 在本章第一节中，提到"以零为极限的数列 $\{a_n\}$ 称为 $n\to\infty$ 时的无穷小量"，这正是定义 7 的特殊情况. 例如 $\lim\limits_{n\to\infty}\dfrac{1}{n+1}=0$，即数列 $a_n=\dfrac{1}{n+1}$ 是当 $n\to\infty$ 时的无穷小.

(2) 无穷小的一些性质：常数与无穷小的积为无穷小；无穷小与有界变量的积为无穷小；有限个无穷小的和（积）仍为无穷小.

2. 等价无穷小

定义 8 若 α，β 是自变量 $x\to\Delta$（Δ 是有限数 x_0，$\pm\infty$ 或 ∞）时的无穷小，即 $\alpha\to 0$，$\beta\to 0$，如果 $\lim\limits_{x\to\Delta}\dfrac{\beta}{\alpha}=1$，则称 β 是 α 的**等价无穷小**（equivalent infinitesimal），记作 $\alpha\sim\beta$ 或 $\beta\sim\alpha$.

例如，$\lim\limits_{x\to 0}\frac{\sin x}{x}=1$，则称 $x\to 0$ 时，$\sin x\sim x$ 或 $x\sim\sin x$.

当 $x\to 0$ 时，我们对常用等价无穷小进行总结：

(1) $\sin x\sim x$，$\tan x\sim x$，$\sin x\sim\tan x$；

(2) $\ln(x+1)\sim x$，$e^x-1\sim x$；

(3) $1-\cos x\sim\frac{1}{2}x^2$，$\tan x-\sin x\sim\frac{1}{2}x^3$；

(4) $(1+x)^{\frac{1}{2}}-1\sim\frac{1}{2}x$，$(1+x)^{\frac{1}{3}}-1\sim\frac{1}{3}x$，$(1+x)^{\alpha}-1\sim\alpha x$ $(\alpha\neq 0)$.

注：结合前面所学内容，我们不难推导出以上等价无穷小，还可以得出其推广形式，此不赘述.

3. 等价无穷小替换原理 (substitution theorem with equivalent infinitesimal)

定理 3 设 $x\to\Delta$（Δ 是有限数 x_0，$\pm\infty$ 或 ∞）时，$\alpha\sim\alpha'$，$\beta\sim\beta'$，

(1) 若 $\lim\limits_{x\to\Delta}(\alpha'\beta)$，$\lim\limits_{x\to\Delta}(\alpha\beta')$ 或 $\lim\limits_{x\to\Delta}(\alpha'\beta')$ 存在，则 $\lim\limits_{x\to\Delta}(\alpha\beta)$ 存在，

且 $\lim\limits_{x\to\Delta}(\alpha\beta)=\lim\limits_{x\to\Delta}(\alpha'\beta)$，$\lim\limits_{x\to\Delta}(\alpha\beta)=\lim\limits_{x\to\Delta}(\alpha\beta')$ 或 $\lim\limits_{x\to\Delta}(\alpha\beta)=\lim\limits_{x\to\Delta}(\alpha'\beta')$.

(2) 若 $\lim\limits_{x\to\Delta}\frac{\beta'}{\alpha}$，$\lim\limits_{x\to\Delta}\frac{\beta}{\alpha'}$ 或 $\lim\limits_{x\to\Delta}\frac{\beta'}{\alpha'}$ 存在，则 $\lim\limits_{x\to\Delta}\frac{\beta}{\alpha}$ 也存在，

且 $\lim\limits_{x\to\Delta}\frac{\beta}{\alpha}=\lim\limits_{x\to\Delta}\frac{\beta'}{\alpha}$，$\lim\limits_{x\to\Delta}\frac{\beta}{\alpha}=\lim\limits_{x\to\Delta}\frac{\beta}{\alpha'}$ 或 $\lim\limits_{x\to\Delta}\frac{\beta}{\alpha}=\lim\limits_{x\to\Delta}\frac{\beta'}{\alpha'}$.

证明：$x\to\Delta$ 时，$\alpha\sim\alpha'$，$\beta\sim\beta'$，得 $\lim\limits_{x\to\Delta}\frac{\alpha}{\alpha'}=1$，$\lim\limits_{x\to\Delta}\frac{\beta}{\beta'}=1$.

(1) $\lim\limits_{x\to\Delta}(\alpha\beta)=\lim\limits_{x\to\Delta}\left(\frac{\alpha}{\alpha'}\cdot\alpha'\beta\right)=\lim\limits_{x\to\Delta}\frac{\alpha}{\alpha'}\cdot\lim\limits_{x\to\Delta}(\alpha'\beta)=1\times\lim\limits_{x\to\Delta}(\alpha'\beta)=\lim\limits_{x\to\Delta}(\alpha'\beta)$；

$\lim\limits_{x\to\Delta}(\alpha\beta)=\lim\limits_{x\to\Delta}\left(\alpha\beta'\cdot\frac{\beta}{\beta'}\right)=\lim\limits_{x\to\Delta}(\alpha\beta')\cdot\lim\limits_{x\to\Delta}\frac{\beta}{\beta'}=\lim\limits_{x\to\Delta}(\alpha\beta')\times 1=\lim\limits_{x\to\Delta}(\alpha\beta')$；

$$\begin{aligned}\lim_{x\to\Delta}(\alpha\beta)&=\lim_{x\to\Delta}\left(\frac{\alpha}{\alpha'}\cdot\alpha'\beta'\cdot\frac{\beta}{\beta'}\right)=\lim_{x\to\Delta}\frac{\alpha}{\alpha'}\cdot\lim_{x\to\Delta}(\alpha'\beta')\cdot\lim_{x\to\Delta}\frac{\beta}{\beta'}\\&=1\times\lim_{x\to\Delta}(\alpha'\beta')\times 1=\lim_{x\to\Delta}(\alpha'\beta').\end{aligned}$$

(2) $\lim\limits_{x\to\Delta}\frac{\beta}{\alpha}=\lim\limits_{x\to\Delta}\left(\frac{\beta'}{\alpha}\cdot\frac{\beta}{\beta'}\right)=\lim\limits_{x\to\Delta}\frac{\beta'}{\alpha}\cdot\lim\limits_{x\to\Delta}\frac{\beta}{\beta'}=\lim\limits_{x\to\Delta}\frac{\beta'}{\alpha}\times 1=\lim\limits_{x\to\Delta}\frac{\beta'}{\alpha}$；

$\lim\limits_{x\to\Delta}\frac{\beta}{\alpha}=\lim\limits_{x\to\Delta}\left(\frac{\alpha'}{\alpha}\cdot\frac{\beta}{\alpha'}\right)=\lim\limits_{x\to\Delta}\frac{\alpha'}{\alpha}\cdot\lim\limits_{x\to\Delta}\frac{\beta}{\alpha'}=1\times\lim\limits_{x\to\Delta}\frac{\beta}{\alpha'}=\lim\limits_{x\to\Delta}\frac{\beta}{\alpha'}$；

$\lim\limits_{x\to\Delta}\frac{\beta}{\alpha}=\lim\limits_{x\to\Delta}\left(\frac{\beta}{\beta'}\cdot\frac{\beta'}{\alpha'}\cdot\frac{\alpha'}{\alpha}\right)=\lim\limits_{x\to\Delta}\frac{\beta}{\beta'}\cdot\lim\limits_{x\to\Delta}\frac{\beta'}{\alpha'}\cdot\lim\limits_{x\to\Delta}\frac{\alpha'}{\alpha}=1\times\lim\limits_{x\to\Delta}\frac{\beta'}{\alpha'}\times 1=\lim\limits_{x\to\Delta}\frac{\beta'}{\alpha'}$.

注：一般来说，在求乘积或商式的极限时，若采用等价无穷小替换，可使极限的计算更简单化. 在求减法或加法运算的极限时则须慎用，但在一定条件下也可以运用替换原理，具体是：设 $\alpha\sim\alpha'$，$\beta\sim\beta'$，且 $\lim\limits_{x\to\Delta}\frac{\alpha}{\beta}$ 存在. 当 $\lim\limits_{x\to\Delta}\frac{\alpha}{\beta}\neq 1$ 时，$(\alpha-\beta)\sim(\alpha'-\beta')$；当 $\lim\limits_{x\to\Delta}\frac{\alpha}{\beta}\neq -1$ 时，$(\alpha+\beta)\sim(\alpha'+\beta')$. 推导过程从略.

例 1　求下列极限.

(1) $\lim\limits_{x\to0}\dfrac{\sin 3x}{4x}$;　　(2) $\lim\limits_{x\to0}\dfrac{\tan 2x}{\sin 3x}$;

(3) $\lim\limits_{x\to0}\dfrac{1-\cos x}{\sin^2 x}$;　　(4) $\lim\limits_{x\to0}\dfrac{e^{2x}-1}{x\cos x}$;

(5) $\lim\limits_{x\to0}\dfrac{\ln^2(1+\sqrt{2}x)}{x\sin x}$;　　(6) $\lim\limits_{x\to0}\dfrac{\sqrt{1+x}-1}{\sin 2x}$.

解：(1) 原式 $=\lim\limits_{x\to0}\dfrac{3x}{4x}=\dfrac{3}{4}$;　　(2) 原式 $=\lim\limits_{x\to0}\dfrac{2x}{3x}=\dfrac{2}{3}$;

(3) 原式 $=\lim\limits_{x\to0}\dfrac{\frac{1}{2}x^2}{x^2}=\dfrac{1}{2}$;　　(4) 原式 $=\lim\limits_{x\to0}\dfrac{2x}{x\cos x}=\lim\limits_{x\to0}\dfrac{2}{\cos x}=2$;

(5) 原式 $=\lim\limits_{x\to0}\dfrac{(\sqrt{2}x)^2}{x\cdot x}=2$;　　(6) 原式 $=\lim\limits_{x\to0}\dfrac{\frac{1}{2}x}{2x}=\dfrac{1}{4}$.

例 2　求下列极限.

(1) $\lim\limits_{x\to0}\dfrac{\tan x-\sin x}{\sin^3 x}$;　　(2) $\lim\limits_{x\to0}\dfrac{e^x-\cos x}{x}$.

解：(1)(解法一) 原式 $=\lim\limits_{x\to0}\dfrac{\tan x-\tan x\cos x}{\sin^3 x}=\lim\limits_{x\to0}\dfrac{\tan x(1-\cos x)}{\sin^3 x}$

$$=\lim_{x\to0}\frac{x\cdot\frac{1}{2}x^2}{x^3}=\frac{1}{2};$$

(解法二) 原式 $=\lim\limits_{x\to0}\dfrac{\frac{1}{2}x^3}{x^3}=\dfrac{1}{2}$.

(2) 原式 $=\lim\limits_{x\to0}\dfrac{e^x-1+1-\cos x}{x}=\lim\limits_{x\to0}\dfrac{e^x-1}{x}+\lim\limits_{x\to0}\dfrac{1-\cos x}{x}=\lim\limits_{x\to0}\dfrac{x}{x}+\lim\limits_{x\to0}\dfrac{\frac{1}{2}x^2}{x}=1+0=1.$

例 3　已知函数 $f(x)=\begin{cases}\dfrac{\sin ax}{x}, & x<0,\\[2mm] \dfrac{x^2}{1-\cos x}, & x>0,\end{cases}$ 若 $\lim\limits_{x\to0}f(x)$ 存在，求 a 的值.

解：$\lim\limits_{x\to0^-}f(x)=\lim\limits_{x\to0^-}\dfrac{\sin ax}{x}=\lim\limits_{x\to0^-}\dfrac{ax}{x}=a$，$\lim\limits_{x\to0^+}f(x)=\lim\limits_{x\to0^+}\dfrac{x^2}{1-\cos x}=\lim\limits_{x\to0^+}\dfrac{x^2}{\frac{1}{2}x^2}=2$，

$\because \lim\limits_{x\to0}f(x)$ 存在，$\therefore \lim\limits_{x\to0^-}f(x)=\lim\limits_{x\to0^+}f(x)$，得 $a=2$.

练习 2.4

1. 求下列极限.

(1) $\lim\limits_{x\to 0}\dfrac{\sin x}{x^2+2x}$;

(2) $\lim\limits_{x\to 0}\dfrac{\sin 2x}{x\cos 3x}$;

(3) $\lim\limits_{x\to 0}\dfrac{\sin^2 2x}{x\tan x}$;

(4) $\lim\limits_{x\to 0}\dfrac{e^{x^2}-1}{\cos 2x-1}$;

(5) $\lim\limits_{x\to 0}\dfrac{(1+x^2)^{\frac{1}{3}}-1}{x\sin 2x}$;

(6) $\lim\limits_{x\to 1}\dfrac{\sqrt{2x-1}-1}{x^2-1}$.

2. 求下列极限.

(1) $\lim\limits_{x\to 0}\dfrac{e^{\tan x}-e^{\sin x}}{x^3}$;

(2) $\lim\limits_{x\to 0}\dfrac{\tan 4x-\cos\sqrt{2}x+1}{\sin 2x}$.

3. 已知函数 $f(x)=\begin{cases}\dfrac{e^{ax}-1}{x}, & x<0,\\ \dfrac{\sqrt{1+2x+4x^2}-1}{\sin x}, & x>0,\end{cases}$ 若 $\lim\limits_{x\to 0}f(x)$ 存在，求 a 的值.

习题 2-2

1. 求下列极限.

(1) $\lim\limits_{x\to\infty}\dfrac{2x^3+5x+1}{x^3+4x-3}$;

(2) $\lim\limits_{x\to\infty}\dfrac{2x^2-x+1}{x^3+4x^2-3}$;

(3) $\lim\limits_{x\to\infty}\dfrac{x-x^2-6x^3}{2x-5x^2-3x^3}$;

(4) $\lim\limits_{x\to+\infty}\dfrac{2x}{\sqrt{x^2+x}+\sqrt{x^2-x}}$;

(5) $\lim\limits_{x\to\infty}\dfrac{\sqrt{x^2+1}-1}{x^2}$;

(6) $\lim\limits_{x\to+\infty}\dfrac{1}{\sqrt{x^2+x}-x}$.

2. 求下列极限.

(1) $\lim\limits_{x\to-1}(2x^3+3x+4)$;

(2) $\lim\limits_{x\to1}\dfrac{2x}{1+x+x^2}$;

(3) $\lim\limits_{x\to-1}\dfrac{x^2+3x+2}{x^2-1}$;

(4) $\lim\limits_{x\to-2}\left(\dfrac{4}{4-x^2}-\dfrac{1}{2+x}\right)$;

(5) $\lim\limits_{x\to\frac{1}{3}}\dfrac{x-x^2-6x^3}{2x-5x^2-3x^3}$;

(6) $\lim\limits_{x\to1}\dfrac{x^2-2x+1}{x^3-1}$;

（7）$\lim\limits_{x\to4}\frac{\sqrt{x}-2}{x-4}$；

（8）$\lim\limits_{x\to0}\frac{2x}{\sqrt{x+1}-1}$.

3. 求下列极限.

（1）$\lim\limits_{x\to0}\frac{\sin\ 2x}{\tan\ 3x}$；

（2）$\lim\limits_{x\to0}\frac{\sqrt{1-x}-1}{\sin\ 4x}$；

（3）$\lim\limits_{x\to\infty}\left(1-\frac{1}{x^2}\right)^x$；

（4）$\lim\limits_{x\to\infty}\left(\frac{3-x}{2-x}\right)^x$；

（5）$\lim\limits_{x\to0}\frac{1-(1+x^2)^{\frac{1}{3}}}{\cos\ 2x-1}$；

（6）$\lim\limits_{x\to1}\frac{\sqrt{3x-2}-1}{x^3-1}$；

（7）$\lim\limits_{x\to0}\frac{e^{3x}-e^{2x}}{\sin\ x}$；

（8）$\lim\limits_{x\to0}\frac{\ln(\cos\ x)}{x^2}$.

4. 已知 $\lim\limits_{x\to-\infty}(\sqrt{x^2-x+1}-ax-b)=0$，求 a，b 的值.

5. 已知$\lim\limits_{x\to2}\dfrac{x^2+ax+b}{\sin(x-2)}=1$，求 a，b 的值.

6. 设函数$f(x)=\begin{cases}\dfrac{1}{x-1}, & x\leqslant0,\\ \dfrac{2x^2-1}{x^2+1}, & x>0,\end{cases}$判断$\lim\limits_{x\to\infty}f(x)$，$\lim\limits_{x\to0}f(x)$是否存在，为什么？

7. 已知函数$f(x)=\begin{cases}\dfrac{\ln(1+x)}{\sin ax}, & x<0,\\ \dfrac{e^{x^2}-1}{1-\cos 2x}, & x>0,\end{cases}$若$\lim\limits_{x\to0}f(x)$存在，求 a 的值.

第三节　连续函数

连续函数（continuous function）是在几何直观上即能一笔画成的曲线对应的函数，刻画变量连续变化的**数学模型**（mathematical model）. 连续函数不仅是微积分的研究对象，而且是微积分中的主要概念、定理、公式、法则等，往往要求函数具有连续性. 本节以极限为基础，介绍函数的连续性、函数的间断点类型以及闭区间上连续函数的一些性质.

一、函数的连续性

1. 函数在点 x_0 处的连续性

在日常生活中，我们往往会遇到连续变化着的情况，如水银柱高度随温度的改变而连续变化，这种现象在函数性质的反映上，就是函数的连续性. 先考察以下四个函数（1）~（4），分别作出图象，并观察各函数在 $x=1$ 处的特点：

（1）$f(x)=\dfrac{x^2-1}{x-1}$.

如图 2-4，函数$f(x)=\dfrac{x^2-1}{x-1}=x+1$（$x\neq1$）在 $x=1$ 处没有定义，图象在点 $x=1$ 处是

不连续（间断）的. 从数量上，$\lim\limits_{x\to1}f(x)=2$ 存在，但由于在 $x=1$ 处无定义，显然 $f(1)$ 无意义，所以$\lim\limits_{x\to1}f(x)$与$f(1)$两者不存在相等关系.

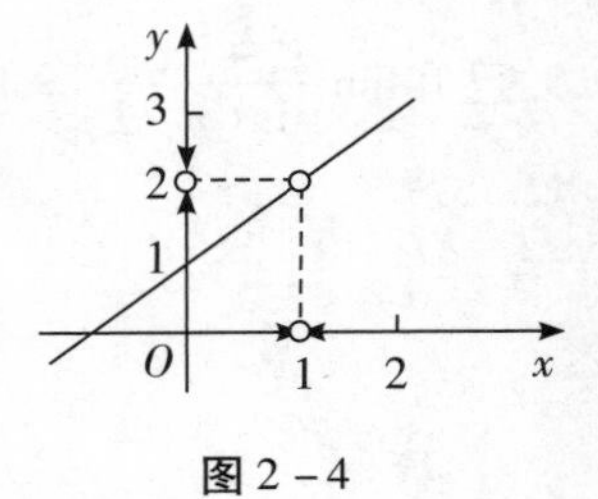

图 2－4

（2）$f(x)=\begin{cases}x+1, & x>1,\\ x-1, & x\leqslant1.\end{cases}$

如图2－5，函数$f(x)=\begin{cases}x+1, & x>1,\\ x-1, & x\leqslant1\end{cases}$在 $x=1$ 处虽有定义，且 $f(1)=0$，但图象在点 $x=1$ 处也是不连续（间断）的. 在数量上，$\lim\limits_{x\to1^-}f(x)=0$，$\lim\limits_{x\to1^+}f(x)=2$，左右极限存在却不相等，因此$\lim\limits_{x\to1}f(x)$不存在，所以$\lim\limits_{x\to1}f(x)$与 $f(1)$ 两者不存在相等关系.

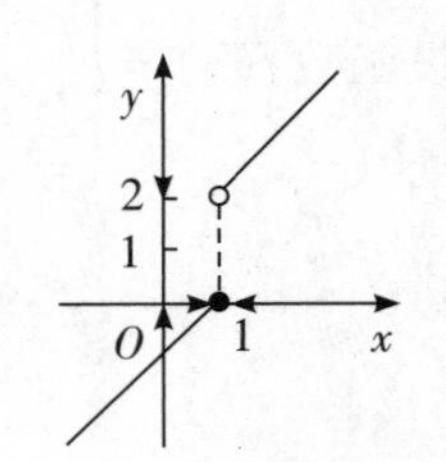

图 2－5

（3）$f(x)=\begin{cases}x+1, & x\neq1,\\ 1, & x=1.\end{cases}$

如图 2－6，函数 $f(x)=\begin{cases}x+1, & x\neq1,\\ 1, & x=1\end{cases}$ 在 $x=1$ 处也有定义，且 $f(1)=1$，但图象在点 $x=1$ 处仍然是不连续（间断）的. 在数量上，$\lim\limits_{x\to1}f(x)=2$ 虽存在，但 $f(1)=1$，所以$\lim\limits_{x\to1}f(x)$与 $f(1)$ 两者不存在相等关系.

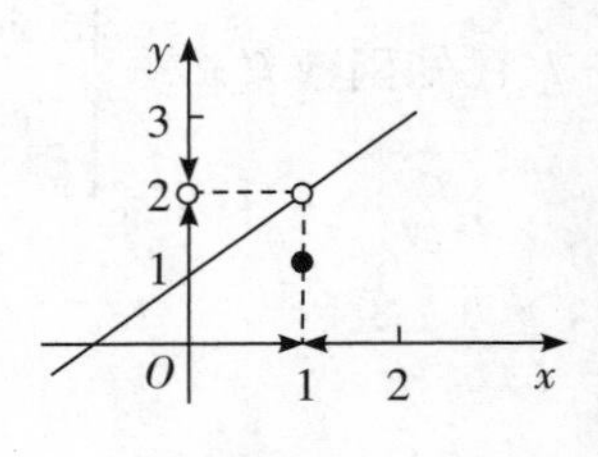

图 2－6

（4）$f(x)=x+1$.

如图 2－7，函数 $f(x)=x+1$ 在 $x=1$ 处有定义，且 $f(1)=2$，图象在点 $x=1$ 处是连续的. 在数量上，$\lim\limits_{x\to1}f(x)=2$ 存在，显然 $f(x)$ 在 $x=1$ 处的极限值与函数值相等，即$\lim\limits_{x\to1}f(x)=f(1)$成立.

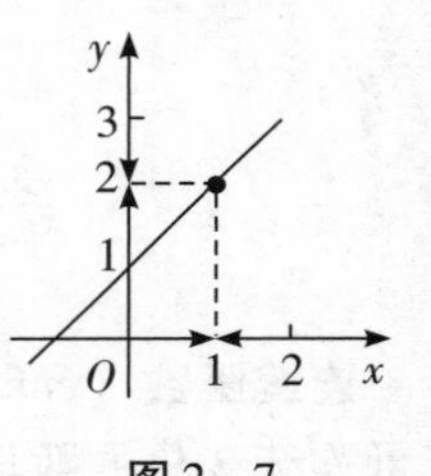

图 2－7

从上可知，由于函数（1）在 $x=1$ 处没有定义，函数（1）在 $x=1$处没有极限，函数（3）在 $x=1$ 处的极限值等于函数值，导致函数（1）～（3）在点 $x=1$ 处都是不连续（间断）的. 而函数（4）在 $x=1$处既有定义，又有极限，而且极限值等于函数值，即$\lim\limits_{x\to1}f(x)=f(1)$，所以在 $x=1$ 处是连续的.

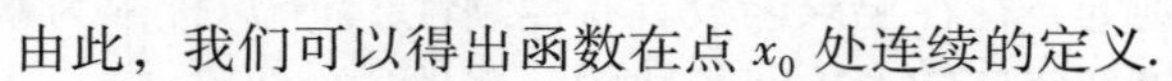
由此，我们可以得出函数在点 x_0 处连续的定义.

定义 1 设函数 $y=f(x)$ 在 x_0 的某一个邻域内有定义，若$\lim\limits_{x\to x_0}f(x)=f(x_0)$，则称函数 $f(x)$在 x_0 处**连续**（continuity），称 x_0 为函数$f(x)$的**连续点**（continuity point）.

从定义 1 可以看出，函数$f(x)$在 x_0 处连续必须同时满足以下三个条件：

①函数 $y=f(x)$在 x_0 及其附近有定义，即有确定的函数值$f(x_0)$；

②极限$\lim\limits_{x\to x_0}f(x)$存在，即 $\lim\limits_{x\to x_0^-}f(x)=\lim\limits_{x\to x_0^+}f(x)$；

③极限值等于函数值，即$\lim\limits_{x\to x_0}f(x)=f(x_0)$.

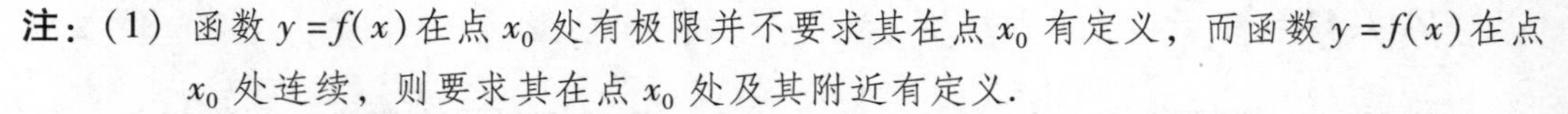
注：（1）函数 $y=f(x)$在点 x_0 处有极限并不要求其在点 x_0 有定义，而函数 $y=f(x)$在点 x_0 处连续，则要求其在点 x_0 处及其附近有定义.

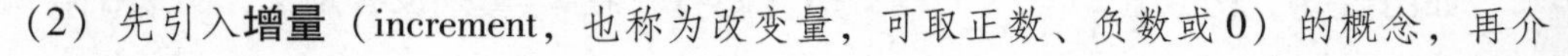
（2）先引入**增量**（increment，也称为改变量，可取正数、负数或0）的概念，再介

绍函数 $y=f(x)$ 在点 x_0 处连续的增量式表述. 自变量 x（在点 x_0 处）的增量记为 $\Delta x=x-x_0$；相应的函数值 y（在点 x_0 处）的增量记为 $\Delta y=y-y_0$. 结合图 2-8，不难得出：若函数 $y=f(x)$ 在点 x_0 处连续，则 $\lim\limits_{\Delta x\to 0}\Delta y=0$，即 $\lim\limits_{x\to x_0}f(x)=f(x_0)\Leftrightarrow\lim\limits_{\Delta x\to 0}\Delta y=0$.

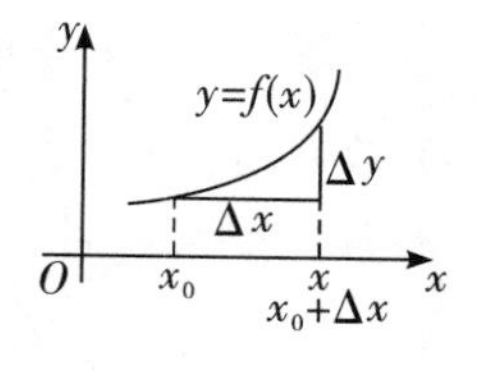

图 2-8

（3）函数在点 x_0 处连续的定义是用极限表述的，因此这一定义还可以用“$\varepsilon-\delta$”语言来刻画，此不赘述.

总之，所谓“函数连续变化”，在直观上来看，它的图象是连续不断的，或者说“可以笔尖不离纸面地一笔画成”；从数量上分析，当自变量的变化微小时，函数值的变化也是很微小的，即函数在某点处的极限值等于这点处的函数值.

例 1 讨论函数 $f(x)=x^2+1$ 在 $x=2$ 处的连续性.

解：（1）函数 $f(x)=x^2+1$ 在 $x=2$ 处及其附近有定义，$f(2)=5$；

（2）$\lim\limits_{x\to 2}f(x)=\lim\limits_{x\to 2}(x^2+1)=5$；

（3）$\lim\limits_{x\to 2}f(x)=f(2)$.

$\therefore$ 函数 $f(x)=x^2+1$ 在 $x=2$ 处连续.

例 2 函数 $f(x)=\begin{cases}x^2+2x-3, & x\leqslant 1,\\ x-1, & x>1\end{cases}$ 在 $x=1$ 处连续吗？为什么？

解：连续，理由如下：

$\because f(x)$ 在点 $x=1$ 处有定义，且 $f(1)=0$，

且 $\lim\limits_{x\to 1^-}f(x)=\lim\limits_{x\to 1^-}(x^2+2x-3)=0$，$\lim\limits_{x\to 1^+}f(x)=\lim\limits_{x\to 1^+}(x-1)=0$，

$\therefore \lim\limits_{x\to 1}f(x)=0=f(1)$，

$\therefore$ 函数 $f(x)$ 在 $x=1$ 处连续.

例 3 若函数 $f(x)=\begin{cases}x, & 0\leqslant x<1,\\ a, & x=1,\\ 2-x, & 1<x\leqslant 2\end{cases}$ 在 $x=1$ 处连续，求 a 的值.

解：$f(x)$ 在点 $x=1$ 处有定义，且 $f(1)=a$，

由 $\lim\limits_{x\to 1^-}f(x)=\lim\limits_{x\to 1^-}x=1$，$\lim\limits_{x\to 1^+}f(x)=\lim\limits_{x\to 1^+}(2-x)=1$，

得 $\lim\limits_{x\to 1^-}f(x)=\lim\limits_{x\to 1^+}f(x)=1$，$\therefore \lim\limits_{x\to 1}f(x)=1$，

又 $\because$ 函数 $f(x)$ 在 $x=1$ 处连续，

$\therefore \lim\limits_{x\to 1}f(x)=1=f(1)=a$，得 $a=1$.

函数在点 x_0 处的连续性描述，是函数趋近于点 x_0 时的极限应用，相应于函数在点 x_0 处的左、右极限的概念，我们可以给出函数在点 x_0 处的左（右）连续定义. 分段函数常需考虑某一侧的连续情况，这就涉及函数的左连续和右连续，有时称为**单侧连续**（one-sided continuity）.

定义 2 如果函数 $y=f(x)$ 在 x_0 及其某个左半邻域内有定义，且 $\lim\limits_{x\to x_0^-}f(x)=f(x_0)$，则称函数 $y=f(x)$ 在 x_0 处**左连续**（continuity from the left）. 如果函数 $y=f(x)$ 在 x_0 及其某个右半邻域内有定义，且 $\lim\limits_{x\to x_0^+}f(x)=f(x_0)$，则称函数 $y=f(x)$ 在 x_0 处**右连续**（continuity from the right）.

注：定义 2 还可以用"$\varepsilon-\delta$"语言来刻画，此不赘述.

根据定义 2 可知，函数 $y=f(x)$ 在 x_0 处连续，即 $\lim\limits_{x\to x_0}f(x)=f(x_0)$，它包含 $\lim\limits_{x\to x_0^-}f(x)=f(x_0)$ 和 $\lim\limits_{x\to x_0^+}f(x)=f(x_0)$ 两种情形，只有当 $\lim\limits_{x\to x_0^-}f(x)=\lim\limits_{x\to x_0^+}f(x)=f(x_0)$，才有 $\lim\limits_{x\to x_0}f(x)=f(x_0)$. 由此可得：

定理 1 函数 $y=f(x)$ 在 x_0 处连续，即 $\lim\limits_{x\to x_0}f(x)=f(x_0)$ 的充分必要条件是 $\lim\limits_{x\to x_0^-}f(x)=\lim\limits_{x\to x_0^+}f(x)=f(x_0)$.

即 $y=f(x)$ 在 x_0 处连续 $\Leftrightarrow y=f(x)$ 在 x_0 处既左连续又右连续.

注：若 $\lim\limits_{x\to x_0^-}f(x)=f(x_0)$ 与 $\lim\limits_{x\to x_0^+}f(x)=f(x_0)$ 中至少有一个不存在，则 $\lim\limits_{x\to x_0}f(x)=f(x_0)$ 不存在，即 $y=f(x)$ 在 x_0 处不连续（间断）.

例 4 讨论函数 $f(x)=\begin{cases}1+\cos x, & x<\dfrac{\pi}{2},\\ \sin x, & x\geqslant\dfrac{\pi}{2}\end{cases}$ 在 $x=\dfrac{\pi}{2}$ 处的连续性.

解：$\because \lim\limits_{x\to\frac{\pi}{2}^-}f(x)=\lim\limits_{x\to\frac{\pi}{2}^-}(1+\cos x)=1=f\left(\dfrac{\pi}{2}\right)$，$\lim\limits_{x\to\frac{\pi}{2}^+}f(x)=\lim\limits_{x\to\frac{\pi}{2}^+}\sin x=1=f\left(\dfrac{\pi}{2}\right)$，

$\therefore$ 函数 $f(x)$ 在 $x=\dfrac{\pi}{2}$ 处既左连续又右连续.

$\therefore$ 函数 $f(x)$ 在 $x=\dfrac{\pi}{2}$ 处连续.

例 5 已知函数 $f(x)=\begin{cases}e^{ax}+b, & x<0,\\ 1, & x=0,\\ \dfrac{a\sin x}{x}-b, & x>0\end{cases}$ 在 $x=0$ 处连续，求 a，b 的值.

解：$\because$ 函数 $f(x)$ 在 $x=0$ 处连续，

$\therefore$ 函数 $f(x)$ 在 $x=0$ 处既左连续又右连续.

$\therefore \lim\limits_{x\to 0^-}f(x)=\lim\limits_{x\to 0^-}(e^{ax}+b)=1+b=f(0)=1$，

$\lim\limits_{x\to 0^+}f(x)=\lim\limits_{x\to 0^+}\left(\dfrac{a\sin x}{x}-b\right)=a-b=f(0)=1$，

即 $1+b=1$ 且 $a-b=1$，解得 $a=1$，$b=0$.

2. 连续函数的概念及性质

定义 3　如果函数 $y=f(x)$ 在开区间 $(a,\ b)$ 内每一点都是连续的，则称函数 $y=f(x)$ 在开区间 $(a,\ b)$ 内连续，或者说 $y=f(x)$ 是 $(a,\ b)$ 内的**连续函数**（continuous function），称开区间 $(a,\ b)$ 为函数 $y=f(x)$ 的**连续区间**（continuous interval）.

如果函数 $y=f(x)$ 在闭区间 $[a,\ b]$ 上有定义，在开区间 $(a,\ b)$ 内连续，且在区间的两个端点 $x=a$ 与 $x=b$ 处分别是右连续和左连续，即 $\lim\limits_{x\to a^+}f(x)=f(a)$，$\lim\limits_{x\to b^-}f(x)=f(b)$，则称函数 $y=f(x)$ 在闭区间 $[a,\ b]$ 上连续，或者说 $f(x)$ 是闭区间 $[a,\ b]$ 上的连续函数，称闭区间 $[a,\ b]$ 为函数 $y=f(x)$ 的连续区间.

由此，我们可以得到连续函数的几个性质：

（1）连续函数的和、差、积、商的连续性.

如果函数 $f(x)$，$g(x)$ 在 $x=x_0$ 处连续，则 $f(x)\pm g(x)$，$f(x)\cdot g(x)$，$\dfrac{f(x)}{g(x)}(g(x_0)\neq 0)$ 在 $x=x_0$ 处都连续，其中和、差、积的情况还可以推广到有限个函数.

（2）复合函数的连续性.

若函数 $u=\varphi(x)$ 在 $x=x_0$ 处连续，$u_0=\varphi(x_0)$，函数 $y=f(u)$ 在 u_0 处连续，则复合函数 $y=f(\varphi(x))$ 在 $x=x_0$ 处连续.

注： 在运用此性质求极限时，极限符号“$\lim\limits_{x\to x_0}$”与函数符号“f”可交换次序.

（3）初等函数的连续性.

初等函数在其定义区间内是连续函数，定义区间就是包含在定义域内的区间.

例 6　设 $f(x)=\begin{cases}ax+1, & x\leqslant 1,\\ 3x^2, & x>1\end{cases}$ 是 $\mathbf{R}$ 上的连续函数，求 a 的值.

解： $\because$ 函数 $f(x)$ 是 $\mathbf{R}$ 上的连续函数，

$\therefore$ 函数 $f(x)$ 在 $x=1$ 处右连续，

即 $\lim\limits_{x\to 1^+}f(x)=\lim\limits_{x\to 1^+}(3x^2)=3=f(1)=a+1$，$a+1=3$，得 $a=2$.

例 7　若函数 $f(x)=\begin{cases}\dfrac{4x^2-1}{2x-1}, & x\neq\dfrac{1}{2},\\ a, & x=\dfrac{1}{2}\end{cases}$ 是 $\mathbf{R}$ 上的连续函数，求 a 的值.

解： $\because$ 函数 $f(x)$ 是 $\mathbf{R}$ 上的连续函数，

$\therefore$ 函数 $f(x)$ 在 $x=\dfrac{1}{2}$ 处连续，即 $\lim\limits_{x\to\frac{1}{2}}f(x)=f\left(\dfrac{1}{2}\right)=a$.

$\therefore \lim\limits_{x\to\frac{1}{2}}f(x)=\lim\limits_{x\to\frac{1}{2}}\dfrac{4x^2-1}{2x-1}=\lim\limits_{x\to\frac{1}{2}}\dfrac{(2x-1)(2x+1)}{2x-1}=\lim\limits_{x\to\frac{1}{2}}(2x+1)=2=f\left(\dfrac{1}{2}\right)=a$，

得 $a=2$.

例8 求下列极限.

(1) $\lim\limits_{x\to 1}\sqrt{x^2+x-1}$；

(2) $\lim\limits_{x\to\frac{\pi}{2}}\ln\sin x$；

(3) $\lim\limits_{x\to 1}\sin\left(\pi x-\frac{\pi}{2}\right)$；

(4) $\lim\limits_{x\to\infty}\ln\frac{2x^2-x}{x^2+1}$.

解：(1) 原式 $=\sqrt{\lim\limits_{x\to 1}(x^2+x-1)}=\sqrt{1^2+1-1}=1$；

(2) 原式 $=\ln\left(\lim\limits_{x\to\frac{\pi}{2}}\sin x\right)=\ln\sin\frac{\pi}{2}=\ln 1=0$；

(3) 原式 $=\sin\left[\lim\limits_{x\to 1}\left(\pi x-\frac{\pi}{2}\right)\right]=\sin\left(\pi-\frac{\pi}{2}\right)=\sin\frac{\pi}{2}=1$；

(4) 原式 $=\ln\left(\lim\limits_{x\to\infty}\frac{2x^2-x}{x^2+1}\right)=\ln\left(\lim\limits_{x\to\infty}\frac{2-\frac{1}{x}}{1+\frac{1}{x^2}}\right)=\ln 2$.

例9 试讨论 $f(x)=\frac{x\sin x}{\sqrt{x^2+1}}$ 在其定义域上的连续性.

解：函数 $f(x)$ 的定义域为 $\mathbf{R}$.

$\because g(x)=x$，$h(x)=\sin x$ 与 $k(x)=\sqrt{x^2+1}$ 在 $\mathbf{R}$ 中均连续，且 $\sqrt{x^2+1}\neq 0$，

$\therefore f(x)=\frac{x\sin x}{\sqrt{x^2+1}}$ 在 $\mathbf{R}$ 中连续.

练习 3.1

1. 函数 $f(x)=\begin{cases}\frac{x^2-4}{x-2}, & x\neq 2,\\ 4, & x=2\end{cases}$ 在 $x=2$ 处连续吗？为什么？

2. 设函数 $f(x)=\begin{cases}a+x, & x\geqslant 1,\\ e^{x-1}, & x<1\end{cases}$ 在 $x=1$ 处连续，求 a 的值.

3. 设函数 $f(x)=\begin{cases}\frac{\sqrt{1+x}-1}{x}, & x\neq 0,\\ a, & x=0\end{cases}$ 在 $x=0$ 处连续，求 a 的值.

4. 已知函数$f(x)=\begin{cases}x+b, & x<0,\\ 2, & 0\leqslant x\leqslant 1,\\ x^2-2x+a, & x>1\end{cases}$在$(-\infty, +\infty)$上连续，求$a$，$b$的值.

5. 已知函数$f(x)=\begin{cases}\dfrac{1}{x-1}, & x<1,\\ \sqrt{x}, & x\geqslant 1,\end{cases}$判断该函数在$x=1$处的连续性并求$\lim\limits_{x\to 0}f(x)$.

二、函数的间断点及类型

在日常生活中，我们也会遇到变化情况是间断的或跳跃的，如邮费随邮件重量的增加而作阶梯式的增加，这就启发我们去研究函数不连续（间断）的问题.

由定义1可知，函数$f(x)$在点x_0处连续必须同时满足三个条件. 函数$f(x)$在点x_0处只要有一个条件不满足，则函数$f(x)$在点x_0处就会**不连续**或**间断**（discontinuity），此时x_0就是函数$f(x)$的**不连续点**或**间断点**（discontinuity point）.

函数在某一点处不连续（间断）现象多种多样，就有必要对函数的间断点进行分类.

定义4　一般情况下，函数$f(x)$的间断点x_0分为两类：

设x_0是$f(x)$的间断点，若$f(x)$在x_0点的左、右极限都存在，即$\lim\limits_{x\to x_0^-}f(x)$，$\lim\limits_{x\to x_0^+}f(x)$都存在，则称$x_0$为$f(x)$的**第一类间断点**（discontinuity point of the first kind）.

（1）在第一类间断点中，如果左、右极限存在但不相等，即$\lim\limits_{x\to x_0^-}f(x)$，$\lim\limits_{x\to x_0^+}f(x)$都存在，但$\lim\limits_{x\to x_0^-}f(x)\neq\lim\limits_{x\to x_0^+}f(x)$，这种间断点又称为**跳跃间断点**（jump discontinuity）；

（2）在第一类间断点中，如果左、右极限存在且相等，即$\lim\limits_{x\to x_0^-}f(x)=\lim\limits_{x\to x_0^+}f(x)$，极限$\lim\limits_{x\to x_0}f(x)$存在，但函数在该点没有定义，即$f(x_0)$不存在，或者虽然函数在该点有定义，即$f(x_0)$存在，但函数值不等于极限值，即$\lim\limits_{x\to x_0}f(x)\neq f(x_0)$，这种间断点又称为**可去间断点**(removable discontinuity).

凡不是第一类的间断点都称为**第二类间断点**（discontinuity point of the second kind）.

注：一般地，若x_0是函数$f(x)$一个可去间断点，可通过重新定义在间断点的函数值(若函数在这间断点没有定义，可补充定义这点的函数值)，生成$f(x)$的**连续延拓函数**(continuous extension function)$g(x)$，即

$$g(x)=\begin{cases}f(x), & x\neq x_0,\\ \lim\limits_{x\to x_0}f(x), & x=x_0.\end{cases}$$

例 1 讨论函数$f(x)=\begin{cases}x+1, & x<0,\\ \sin x, & x\geqslant 0\end{cases}$在 $x=0$ 处的连续性，若是间断点，指出其类型.

解：函数$f(x)$在 $x=0$ 处有定义，$f(0)=0$，

由$\lim\limits_{x\to 0^-}f(x)=\lim\limits_{x\to 0^-}(x+1)=1$，$\lim\limits_{x\to 0^+}f(x)=\lim\limits_{x\to 0^+}\sin x=0$，

可知$\lim\limits_{x\to 0^-}f(x)\neq\lim\limits_{x\to 0^+}f(x)$，即$\lim\limits_{x\to 0}f(x)$不存在，

∴ 函数$f(x)$在 $x=0$ 处是间断的，而且 $x=0$ 是第一类间断点中的跳跃间断点.

例 2 讨论函数$f(x)=\begin{cases}x, & x>1,\\ 0, & x=1,\\ x^2, & x<1\end{cases}$在 $x=1$ 处的连续性，若是间断点，指出其类型.

解：函数$f(x)$在 $x=1$ 有定义，$f(1)=0$，

由$\lim\limits_{x\to 1^-}f(x)=\lim\limits_{x\to 1^-}x^2=1$，$\lim\limits_{x\to 1^+}f(x)=\lim\limits_{x\to 1^+}x=1$，

可得$\lim\limits_{x\to 1}f(x)=1$，但$\lim\limits_{x\to 1}f(x)\neq f(1)$，

∴ 函数$f(x)$在 $x=1$ 是间断的，而且 $x=1$ 是第一类间断点中的可去间断点.

注：若重新定义函数$f(x)$在 $x=1$ 处的函数值$f(1)$，使$f(1)=1$，则可得到函数$f(x)$的连续延拓函数：$g(x)=\begin{cases}x, & x>1,\\ 1, & x=1,\\ x^2, & x<1,\end{cases}$显然$g(x)$在点 $x=1$ 处是连续的.

例 3 求函数$f(x)=\dfrac{x^2-1}{x^2-x}$的间断点，并指出其类型. 若是可去间断点，写出该函数的连续延拓函数.

解：$f(x)=\dfrac{x^2-1}{x(x-1)}$在 $x=0$ 与 $x=1$ 处无定义，故 $x=0$ 与 $x=1$ 是$f(x)$的间断点.

在 $x=0$ 处，

由$\lim\limits_{x\to 0^-}f(x)=\lim\limits_{x\to 0^-}\dfrac{x^2-1}{x(x-1)}=\lim\limits_{x\to 0^-}\dfrac{x+1}{x}=-\infty$，

$\lim\limits_{x\to 0^+}f(x)=\lim\limits_{x\to 0^+}\dfrac{x^2-1}{x(x-1)}=\lim\limits_{x\to 0^+}\dfrac{x+1}{x}=+\infty$，

可得函数$f(x)$在 $x=0$ 处的左、右极限都不存在，

∴ $x=0$ 是函数$f(x)$的第二类间断点.

在 $x=1$ 处，

$\lim\limits_{x\to 1}f(x)=\lim\limits_{x\to 1}\dfrac{x^2-1}{x(x-1)}=\lim\limits_{x\to 1}\dfrac{x+1}{x}=2$，但函数在 $x=1$ 处没有定义，即$f(1)$不存在，

$\lim\limits_{x\to 1}f(x)\neq f(1)$，

∴ $x=1$ 是函数$f(x)$第一类间断点中的可去间断点. 补充函数$f(x)$在 $x=1$ 处的定义，

使函数值$f(1)=2$，则函数$f(x)$的连续延拓函数为：$g(x)=\begin{cases}\dfrac{x^2-1}{x^2-x}, & x\neq 1,\\ 2, & x=1.\end{cases}$

练习3.2

1. 讨论函数$f(x)=\begin{cases}x-4, & -2\leqslant x<0,\\ -x+1, & 0\leqslant x\leqslant 2\end{cases}$在$x=0$，$x=1$处的连续性.

2. 下列函数给定的点是否为间断点，为何种间断点？说明理由.

（1）$f(x)=\begin{cases}x+1, & x<2,\\ 3x-2, & x\geqslant 2\end{cases}$在$x=2$处；

（2）$f(x)=\begin{cases}x^2, & x\leqslant 0,\\ \ln x, & x>0\end{cases}$在$x=0$处.

3. 求函数$f(x)=\dfrac{x^2-4}{x^2-3x+2}$的间断点，并指出其类型. 若是可去间断点，写出该函数的连续延拓函数.

三、闭区间上连续函数的性质

定义3中已介绍了函数在开区间和闭区间上连续的概念. 在闭区间上连续的函数有几个重要的基本性质，以下以定理的形式来叙述，但这些定理的证明涉及其他更严密的理论，在此证明过程从略，我们借助几何直观来理解.

1. **最大值最小值定理**（maximum and minimum theorem）

定义5 设函数$f(x)$在集合I上有定义，如果有$x_0\in I$，且对于任意$x\in I$，若$f(x)\leqslant f(x_0)$，则称$f(x_0)$是函数$f(x)$在I上的**最大值**（maximum）；若$f(x)\geqslant f(x_0)$，则称$f(x_0)$是函数$f(x)$在I上的**最小值**（minimum）.

定理 2 闭区间上的连续函数一定能取得它的最大值和最小值.

最大值最小值定理的几何意义 如图 2－9 所示，因为闭区间上的连续函数的图象是包括两端点的一条不间断的曲线，所以它必定有最高点 P 和最低点 Q，P 与 Q 的纵坐标正是函数的最大值和最小值.

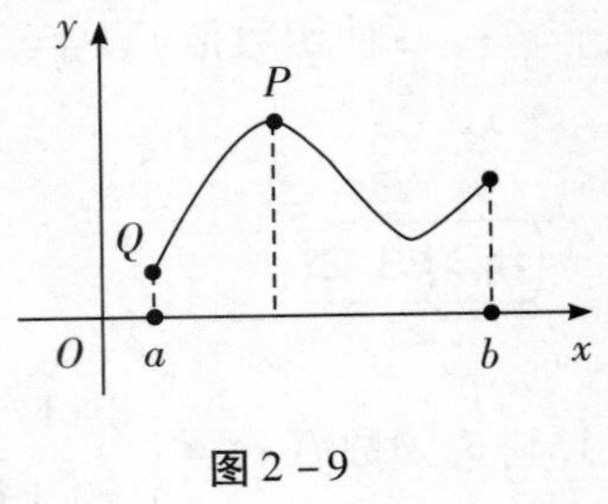

图 2－9

注：如果函数仅在开区间 (a, b) 或半开半闭的区间 $[a, b)$，$(a, b]$ 内连续，或函数在闭区间上有间断点，那么函数在该区间就不一定有最大值或最小值.

例如：

(1) 如图 2－10，函数 $f(x)=x$ 在开区间 (a, b) 内是连续的，即函数在开区间 (a, b) 内既无最大值，又无最小值.

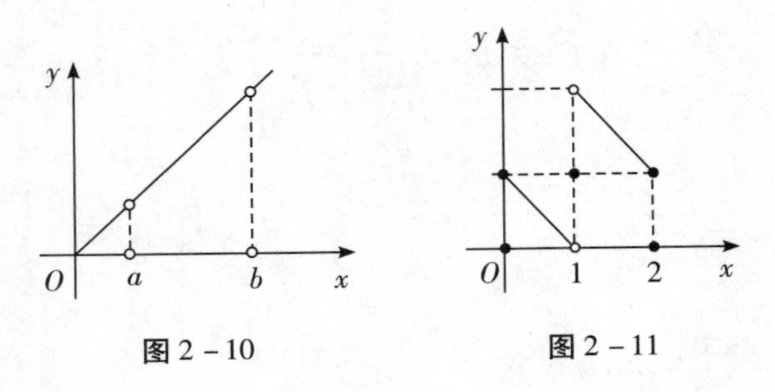

图 2－10　　图 2－11

(2) 如图 2－11，函数 $f(x)=\begin{cases}-x+1, & 0\leqslant x<1,\\ 1, & x=1,\\ -x+3, & 1<x\leqslant 2\end{cases}$ 在闭区间 $[0, 2]$ 上有间断点 $x=1$，即在闭区间 $[0, 2]$ 上也是既无最大值，又无最小值.

2. **介值定理**（intermediate value theorem）

定理 3 若 $f(x)$ 在闭区间 $[a, b]$ 上连续，m 与 M 分别是 $f(x)$ 在闭区间 $[a, b]$ 上的最小值和最大值，μ 是介于 m 与 M 的任一实数，即 $m\leqslant\mu\leqslant M$，则在 $[a, b]$ 上至少存在一点 ξ，使得 $f(\xi)=\mu$.

介值定理的几何意义 如图 2－12，介于两条水平直线 $y=m$ 与 $y=M$ 之间的任一条直线 $y=\mu$，与 $y=f(x)$ 的图象曲线至少有一个交点.

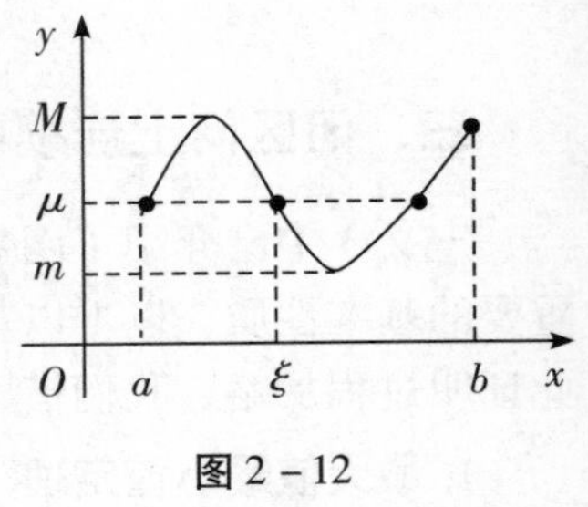

图 2－12

例 1 若函数 $f(x)$ 在 $[1, 2]$ 上连续，a，$b>0$，证明：存在 $\xi\in[1, 2]$，使得 $f(\xi)=\dfrac{af(1)+bf(2)}{a+b}$.

证明：$\because$ 函数 $f(x)$ 在 $[1, 2]$ 上连续，

$\therefore$ 由最大值最小值定理，可知函数 $f(x)$ 一定有最小值 m 和最大值 M，

并使得 $m \leqslant f(1) \leqslant M$，$m \leqslant f(2) \leqslant M$.

又由 a，$b>0$，得 $am \leqslant af(1) \leqslant aM$，$bm \leqslant bf(2) \leqslant bM$，

于是 $am+bm \leqslant af(1)+bf(2) \leqslant aM+bM$，即 $m \leqslant \dfrac{af(1)+bf(2)}{a+b} \leqslant M$，

$\therefore$ 由介值定理可知，存在 $\xi \in [1,\ 2]$，使得 $f(\xi)=\dfrac{af(1)+bf(2)}{a+b}$.

3. 零点定理（zero theorem）

定理 4　若 $f(x)$ 在闭区间 $[a,\ b]$ 上连续，且 $f(a)$ 与 $f(b)$ 异号，则在 $(a,\ b)$ 内至少有一个根，即至少存在一点 ξ，使 $f(\xi)=0$.

零点定理的几何意义　如图 2－13 所示的一条连续曲线，若其上的点的纵坐标由负值变到正值或由正值变到负值时，则曲线至少要穿过 x 轴一次.

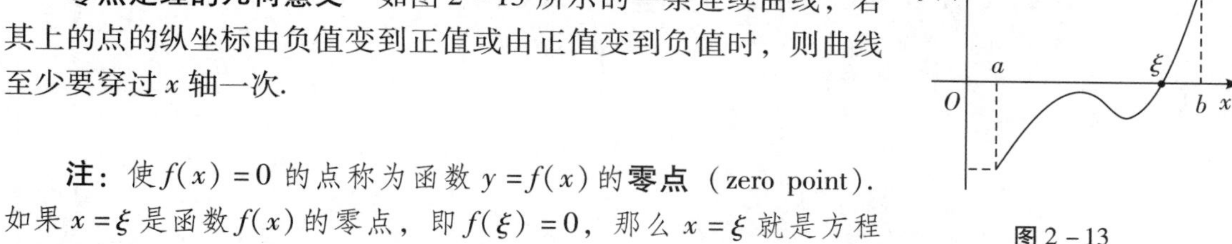

图 2－13

注：使 $f(x)=0$ 的点称为函数 $y=f(x)$ 的**零点**（zero point）. 如果 $x=\xi$ 是函数 $f(x)$ 的零点，即 $f(\xi)=0$，那么 $x=\xi$ 就是方程 $f(x)=0$ 的一个实根；反之方程 $f(x)=0$ 的一个实根 $x=\xi$ 就是函数 $f(x)$ 的一个零点. 因此，求方程 $f(x)=0$ 的实根与求函数 $f(x)$ 的零点是一回事，据此，也常称定理 4 为**方程根的存在定理**（existence of root theorem）.

例 2　证明方程 $x^3-3x=1$ 在区间（1，2）内至少有一个根.

证明：设 $f(x)=x^3-3x-1$，

函数 $f(x)$ 在闭区间 $[1,\ 2]$ 上连续，又 $f(1)=-3<0$，$f(2)=1>0$，异号.

由零点定理可知，至少存在一点 $\xi \in (1,\ 2)$，使得 $f(\xi)=0$.

即方程 $x^3-3x=1$ 在区间（1,2）内至少有一个根 ξ.

例 3　证明方程 $xe^{2x}=1$ 至少有一个小于 1 的正根.

证明：设 $f(x)=xe^{2x}-1$ 在 $[0,\ 1]$ 上连续，$f(0)=-1<0$，$f(1)=e^2-1>0$，异号.

由零点定理可知，至少存在一点 $\xi \in (0,\ 1)$，使得 $f(\xi)=0$.

即方程 $xe^{2x}=1$ 至少有一个小于 1 的正根.

练习 3.3

1. 若函数 $f(x)$ 在 $[1,\ 2]$ 上连续，且 $f(1)+2f(2)=0$，证明：至少存在一点 $\xi \in [1,\ 2]$，使得 $f(\xi)=0$.

2. 证明方程 $x^3-4x^2+1=0$ 在区间（0，1）内至少有一个根.

3. 证明方程 $\sin x+x+1=0$ 在开区间$\left(-\frac{\pi}{2},\ \frac{\pi}{2}\right)$内至少有一个实根.

习题2-3

1. 若函数$f(x)=\begin{cases}\dfrac{x^2-1}{x-1}, & x\neq 1,\\ a, & x=1\end{cases}$ 在 $x=1$ 处连续，求 a 的值.

2. 若函数$f(x)=\begin{cases}\dfrac{1-\cos 2x}{ax^2}, & x>0,\\ 2, & x\leqslant 0\end{cases}$ 在 $x=0$ 处连续，求 a 的值.

3. 已知函数$f(x)=\begin{cases}\dfrac{\sin ax}{\ln(1+x)}, & x<0,\\ 2, & x=0,\\ \dfrac{x^2}{1-\cos(\sqrt{b}x)}, & x>0\end{cases}$ 在 $\mathbf{R}$ 上连续，求 a，b 的值.

4. 讨论下列函数在给定的点处的连续性，若是间断点，指出其类型.

（1）$f(x)=\begin{cases}x, & |x|\leqslant 1,\\ x^2, & |x|>1\end{cases}$ 在 $x=\pm 1$ 处；

（2）$f(x)=1+\dfrac{|x+1|}{x+1}$ 在 $x=-1$ 处；

（3）$f(x)=\dfrac{2^{\frac{1}{x}}-1}{2^{\frac{1}{x}}+1}$在 $x=0$ 处；

（4）$f(x)=\dfrac{\sqrt{1+x}-1}{\sqrt{1+2x}-1}$在 $x=0$ 处.

5. 求函数$f(x)=\dfrac{x^2-9}{x^2-5x+6}$的间断点，并指出其类型. 若是可去间断点，写出该函数的连续延拓函数.

6. 若函数$f(x)$在$[a, b]$上连续，且 $a<x_1<x_2<x_3<b$，证明：至少存在一点 $\xi\in[a, b]$，使得$f(\xi)=\dfrac{f(x_1)+2f(x_2)+3f(x_3)}{6}$.

7. 证明方程 $x-2\sin x=1$ 至少有一个正根小于3.

复习题二

1. 求下列极限.

（1）$\lim\limits_{n\to\infty}\dfrac{3n^2-11n+6}{2n^2-5n-3}$；

（2）$\lim\limits_{n\to\infty}\dfrac{2}{\sqrt{n^2+3n}+\sqrt{n^2+1}}$；

（3）$\lim\limits_{n\to\infty}(\sqrt{3}\cdot\sqrt[4]{3}\cdot\sqrt[8]{3}\cdot\cdots\cdot\sqrt[2^n]{3})$；

（4）$\lim\limits_{n\to\infty}[\sqrt{1+2+\cdots+n}-\sqrt{1+2+\cdots+(n-1)}]$；

（5）$\lim\limits_{n\to\infty}\left[n\left(1-\dfrac{1}{3}\right)\left(1-\dfrac{1}{4}\right)\cdots\left(1-\dfrac{1}{n+2}\right)\right]$；

（6）$\lim\limits_{n\to\infty}\sin^2[\pi(\sqrt{n^2+n}-n)]$；

（7）$\lim\limits_{n\to\infty}(\lg\sqrt{n}-\lg\sqrt{10n+2})$；

（8）$\lim\limits_{n\to\infty}\tan\dfrac{\pi}{8(\sqrt{n^2+n}-n)}$；

(9) $\lim\limits_{n\to\infty}\dfrac{\sqrt[3]{n}\sin n}{n^3+1}$;

(10) $\lim\limits_{n\to\infty}\left(\dfrac{1}{n^2+n+1}+\dfrac{2}{n^2+n+2}+\cdots+\dfrac{n}{n^2+n+n}\right)$;

(11) $\lim\limits_{n\to\infty}\left(\dfrac{\sqrt{n^2+2}}{\sqrt{n^4+3}}+\dfrac{\sqrt{n^2+4}}{\sqrt{n^4+6}}+\cdots+\dfrac{\sqrt{n^2+2n}}{\sqrt{n^4+3n}}\right)$;

(12) $\lim\limits_{n\to\infty}\dfrac{a^n-a^{-n}}{a^n+a^{-n}}$ $(a>0)$.

2. 求下列极限.

(1) $\lim\limits_{x\to+\infty}\dfrac{\sqrt{x}-2}{x-4}$;

(2) $\lim\limits_{x\to+\infty}\dfrac{\sqrt{x+1}-1}{x}$;

(3) $\lim\limits_{x\to+\infty}(\sqrt{x^2+x}-x)$;

(4) $\lim\limits_{x\to\infty}\dfrac{\sqrt{x^2+x}-\sqrt{x^2-x}}{2x}$;

(5) $\lim\limits_{x\to+\infty}\dfrac{1}{\sqrt{x^2+x}-\sqrt{x^2-x}}$;

(6) $\lim\limits_{x\to+\infty}\dfrac{1}{\sqrt{x+2\sqrt{x}}-\sqrt{x}}$;

(7) $\lim\limits_{x\to+\infty}\dfrac{\sqrt{4x^2+x-1}+x+1}{\sqrt{x^2+\sin x}}$;

(8) $\lim\limits_{x\to3}\dfrac{3x^2-11x+6}{2x^2-5x-3}$;

(9) $\lim\limits_{x\to0}\dfrac{6x^3+x^2-x}{3x^3+5x^2-2x}$;

(10) $\lim\limits_{x\to1}\left(\dfrac{3}{x^3-1}-\dfrac{1}{x-1}\right)$;

(11) $\lim\limits_{x\to4}\dfrac{2-\sqrt{x}}{3-\sqrt{2x+1}}$;

(12) $\lim\limits_{x\to0}\dfrac{\sqrt{x^2+4}-2}{\sqrt{x^2+9}-3}$.

3. 求下列极限.

(1) $\lim\limits_{x\to0}\dfrac{\sin^2 2x}{\ln(1+2x^2)}$;

(2) $\lim\limits_{x\to0}\dfrac{\tan^2 2x}{1-\cos x}$;

(3) $\lim\limits_{x\to0}\dfrac{x\sin x}{1-\cos 2x}$;

(4) $\lim\limits_{x\to\infty}\left(1-\dfrac{2}{x^2}\right)^x$;

(5) $\lim\limits_{x\to0}\left(\dfrac{1+x}{1-x}\right)^{\frac{1}{\sin x}}$;

(6) $\lim\limits_{n\to\infty}\left[\dfrac{1}{1\times2}+\dfrac{1}{2\times3}+\cdots+\dfrac{1}{n(n+1)}\right]^n$;

(7) $\lim\limits_{x\to\infty}\left(\sin\dfrac{1}{x}+\cos\dfrac{1}{x}\right)^x$;

(8) $\lim\limits_{x\to0}\dfrac{\sqrt[3]{1+x}-1}{\sqrt{1+x}-1}$;

(9) $\lim\limits_{x\to 0}\dfrac{\ln\cos x}{\ln\cos 2x}$;

(10) $\lim\limits_{x\to 0}\dfrac{3\sin x+x^2\cos\dfrac{1}{x}}{\ln(1+x)}$;

(11) $\lim\limits_{x\to 0}\left(\dfrac{1+\tan x}{1+\sin x}\right)^{\frac{1}{x^3}}$;

(12) $\lim\limits_{x\to 0}\dfrac{(1+2x)^x-1}{x\sin x}$.

4. 设$\lim\limits_{n\to\infty}(3n-\sqrt{an^2+bn+1})=2$，求 a，b 的值.

5. 已知$\lim\limits_{x\to 1}\dfrac{x^2+ax+b}{\sin(x^2-1)}=3$，求 a，b 的值.

6. 若$f(x)$是三次多项式，且有$\lim\limits_{x\to 2a}\dfrac{f(x)}{x-2a}=\lim\limits_{x\to 4a}\dfrac{f(x)}{x-4a}=1$ ($a\neq 0$)，求极限：$\lim\limits_{x\to 3a}\dfrac{f(x)}{x-3a}$.

7. 已知函数$f(x)=\begin{cases}\dfrac{2+e^{\frac{1}{x}}}{1+e^{\frac{4}{x}}}+\dfrac{\sin x}{|x|}, & x\neq 0,\\ 1, & x=0,\end{cases}$判断$f(x)$在 $x=0$ 处是否连续，为什么？

8. 已知函数$f(x)=\begin{cases}\dfrac{e^{ax}-1}{x}, & x<0,\\ 2, & x=0,\\ \dfrac{\sqrt[3]{1-bx+x^2}-1}{x}, & x>0\end{cases}$在 $x=0$ 处连续，求 a，b 的值.

9. 当$f(x)=\begin{cases}x^a\sin\dfrac{1}{x}, & x>0,\\ 0, & x=0\end{cases}$连续时，求参数 a 的取值范围.

10. 讨论下列函数在给定的点处的连续性，若是间断点，指出其类型；若是可去间断点，写出该函数的连续延拓函数.

(1) $f(x)=\dfrac{1-\sqrt{x}}{1-\sqrt[3]{x}}$在 $x=1$ 处；

(2) $f(x)=\begin{cases}x^\alpha\sin\dfrac{1}{x}, & x>0,\\ e^x+\beta, & x\leqslant 0\end{cases}$在 $x=0$ 处.

11. 已知$f(x)=\lim\limits_{n\to\infty}\dfrac{x^{2n+1}+ax^2+bx}{x^{2n}+1}$是连续函数，求 a，b 的值.

12. 设 $f(x)$ 在 $[0, 1]$ 上连续，且 $0\leqslant f(x)\leqslant 1$，$x\in[0, 1]$，证明：至少存在一点 $\xi\in[0, 1]$，使得 $f(\xi)=\xi$.

文化广角

极限思想的发展简史

"极""限"二字古已有之，早在1859年，我国清朝数学家李善兰（1811—1882）和英国传教士伟烈亚力（Alexander Wylie，1815—1887）合译《代微积拾级》，将"limit"译为连起来的"极限"，用以描述函数变量在一定变化过程中的变化趋势（终极状态），从此"极限"成为数学术语，是微积分的重要基础概念，与现今日常生活中取"不可逾越的数值"之意的"极限"，二者意境相通. 极限思想是数学思想的典型种类，它的产生、发展到完善经历了2 000多年，极限思想的演变是渐进的、相互推动的.

一、萌芽时期

古希腊的安蒂丰（Antiphon，约前480—约前411）为讨论化圆为方问题，提出了"穷竭法"，经欧多克索斯（Eudoxus，约前400—约前347）进一步完善. 在亚历山大时期，阿基米德（Archimedes，前287—前212）将"穷竭法"推到一个高峰，运用了"归谬法"，甚至出现了近代积分学中"微元法"的思想，这是近代极限概念的雏形.

战国时期，庄子（前369—前286）在《庄子·杂篇·天下》中引述的"截杖问题"，就是一个无限变小的过程，蕴含了极限思想. 魏晋时期数学家刘徽（约225—295）为解决圆周率而提出"割圆术"，该方法在"直曲转化"中直观地展现了朴素的极限思想，比阿基米德方法的程序更简便. 南北朝数学家祖冲之（429—500）运用"割圆术"将圆周率精确到小数点后七位，该纪录在约1 000年之后才被阿拉伯数学家阿尔·卡西（al-Kāshī，约1380—1429）打破，这一成就充分反映了我国古代数学发展的水平.

二、发展时期

16世纪前后，欧洲资本主义的进一步发展和文艺复兴推动了自然科学的发展. 在17世纪，法国数学家笛卡尔（Descartes，1596—1650）创立的解析几何是数学发展的转折点，数学研究的中心开始转向运动和变化，自然而然地引入了变量和函数的概念. 17世纪下半叶，英国的数学家牛顿（Newton，1643—1727）和德国数学家莱布尼茨（Leibniz，1646—1716）在前人大量工作的基础上，以直观的"无穷小量"为出发点，分别从物理（运动学）和数学（几何学）独立地创立了微积分，早期的微积分也称为无穷小分析.

牛顿和莱布尼茨尽管对"无穷小量"的理解不一致，但在计算过程都一致采取直接略去"无穷小量"的手法，这导致了逻辑混乱. 但是，在证明定理和推导公式时，逻辑上明显自我矛盾，得出的结论却准确无误，微积分也被蒙上了神秘的色彩. 其实，问题核心是极限尚没有确切的定义，没法正确认识"无穷小量"，这让极限思想也具有了一种神秘性. 随着学科的发展，这种神秘性必须得到澄清，因此极限思想的进一步发展与微积分的建立密不可分.

三、完善时期

法国数学家达朗贝尔（D'Alembert，1717—1783）是严格极限理论的先导，可惜未能把极限定义公式化. 捷克数学家波尔查诺（Bolzano，1781—1848）将严格的论证引入分析学，是极限定义严密化的先驱. 法国数学家柯西（Cauchy，1789—1857）基于前人的研究，将微积分建立在极限论的基础上，把极限概念进一步定义严密化，对极限给出比较精确的定义，并定义了连续、导数、微分、定积分和无穷级数的收敛性. 由于实数理论尚未建立，所以柯西的极限理论还不完善.

德国数学家魏尔斯特拉斯（Weierstrass，1815—1897）在分析严密化方面改进了波尔查诺、柯西等人的工作，逻辑地构造了实数系，并建立了严格的实数理论作为极限理论的基础. 把柯西关于极限的定性描述改成定量描述，提出了关于极限的纯量化定义，即“$\varepsilon-\delta$”语言.

纵观整个极限理论的发展历程，研究微积分基础的“历史顺序”是微积分—极限理论—实数理论，而微积分基础的“逻辑顺序”则正好相反. 严密的极限理论及实数理论建立后，完成了微积分学的逻辑奠基工作，这极大地推动了20世纪以来的数学发展.

第三章　导数与微分

微分学是微积分的重要组成部分，它的基本概念是导数与微分，其中用导数来描述变化率，即反映出函数相对于自变量的变化快慢的程度，而微分则指当自变量有微小变化时，函数大体上变化多少，这有助于解决自然科学和工程技术中诸多非均匀变化的问题. 在这一章中，我们主要讨论导数和微分的概念以及计算方法.

第一节　导数的概念

一、导数的定义

导数的概念是由牛顿（Newton）和莱布尼茨（Leibniz）在 17 世纪分别以物理学（运动学）和数学（几何学）为背景先后独立发现并创立的. 为了深入了解微分学中“导数”这一基本概念，我们先探讨物理学中瞬时速度问题和数学中的切线问题.

1. 瞬时速度问题

在物理学中，已知物体做**匀速直线运动**（uniform rectilinear motion）时，物体的位移 s 与所经过的时间 t 的比，就是物体运动的速度 v，即

$$v = \frac{s}{t},$$

这个速度在匀速直线运动过程中的任何时刻都是一样的.

如果物体做**非匀速直线运动**（non-uniform rectilinear motion），也就是说，在运动过程的各个时刻，物体运动的快慢不一样，这时，设已知物体的运动规律为 $s=s(t)$. 从 t_0 到 $t_0+\Delta t$（Δt 称为时间改变量）这段时间内，物体的位移（即位置改变量）是

$$\Delta s = s(t_0+\Delta t) - s(t_0),$$

那么，位置改变量 Δs 与时间改变量 Δt 的比，就是这段时间内物体的**平均速度**（average velocity）$\bar{v}$，即

$$\bar{v} = \frac{\Delta s}{\Delta t} = \frac{s(t_0+\Delta t) - s(t_0)}{\Delta t},$$

平均速度的大小反映了这段时间内物体运动快慢的平均程度.

为了更精确地刻画非匀速运动，还需知道物体在某一时刻的“速度”，即所谓**瞬时速度**

(instantaneous velocity)，这个瞬时速度怎样求呢?

下面以**自由落体运动**（free-fall）为例，来说明做非匀速直线运动的物体在某一时刻的瞬时速度的求法.

自由落体的运动规律是

$$s = s(t) = \frac{1}{2}gt^2,$$

其中，g 是**重力加速度**（gravitational acceleration），通常取 $g=9.8\text{m/s}^2$. 现在来求 $t=3\text{s}$ 这一时刻落体的“速度”.

先考察从 $t=3$ 到 $t=3+\Delta t$ 这段时间内的运动情况.

从 $t=3$ 到 $t=3+\Delta t$ 所经历的时间为

$$(3+\Delta t)-3=\Delta t,$$

这时在这段时间内落体所走的路程记为 Δs，则

$$\begin{aligned}\Delta s &= \frac{1}{2}g(3+\Delta t)^2-\frac{1}{2}g\cdot 3^2\\ &= 3g\Delta t+\frac{1}{2}g(\Delta t)^2,\end{aligned}$$

因此在这段时间内落体运动的平均速度是

$$\bar{v}=\frac{\Delta s}{\Delta t}=\frac{3g\Delta t+\frac{1}{2}g(\Delta t)^2}{\Delta t}=3g+\frac{1}{2}g\Delta t.$$

当 Δt 很小时，从 3s 到 $3+\Delta t\text{s}$ 这段时间内落体运动的快慢变化也不大，因此，可以用这段时间内的平均速度近似地反映落体在 3s 时的“速度”. 当 Δt 越小时，一般来讲，这种近似就越精确. 现在我们计算一下 t 从 3s 分别到 3.1s、3.01s、3.001s、3.000 1s……各段时间内的平均速度，把所得数据列表如下：

表 3－1

t/s	s/m	Δt/s	Δs/m	$\bar{v}=\frac{\Delta s}{\Delta t}$/（m·s^{-1}）
3	4.5g			
3.1	4.805g	0.1	0.305g	3.05g
3.01	4.530 05g	0.01	0.030 05g	3.005g
3.001	4.503 000 5g	0.001	0.003 000 5g	3.000 5g
3.000 1	4.500 300 005g	0.000 1	0.000 300 005g	3.000 05g
⋮	⋮	⋮	⋮	⋮

从表 3－1 可以看出，平均速度$\frac{\Delta s}{\Delta t}$随着 Δt 变化而变化，当 Δt 越小时，$\frac{\Delta s}{\Delta t}$越接近一个定值 $3g$. 这个值就是 $\Delta t\to 0$ 时$\frac{\Delta s}{\Delta t}$的极限. 我们规定这个极限为落体在 $t=3$ 时的速度，也叫瞬时速度，用 v 表示，根据求极限的法则，得

$$v=\lim_{\Delta t\to 0}\frac{\Delta s}{\Delta t}=\lim_{\Delta t\to 0}\left(3g+\frac{1}{2}g\Delta t\right)=3g=29.4\text{m/s}.$$

一般地，我们规定，非匀速直线运动在某一时刻 t_0 的瞬时速度 v，就是运动物体在 t_0 到 $t_0+\Delta t$ 一段时间内的平均速度当 $\Delta t\to 0$ 时的极限，即

$$v=\lim_{\Delta t\to 0}\frac{\Delta s}{\Delta t}=\lim_{\Delta t\to 0}\frac{s(t_0+\Delta t)-s(t_0)}{\Delta t}.$$

平均速度$\frac{\Delta s}{\Delta t}$在 $\Delta t\to 0$ 时转化为瞬时速度，瞬时速度的大小刻画了物体在某一时刻运动的快慢，在这个过程中，我们一方面建立了瞬时速度的概念，另一方面也提供了实际计算它的程序.

2. 切线问题

圆的切线可定义为“与曲线只有一个交点的直线”. 但是对于其他**曲线**（curve），用“与曲线只有一个交点的直线”作为切线的定义就不一定合适. 例如，对于**抛物线**（parabola）$y=x^2$，在原点 O 处两个坐标轴都符合上述定义，但实际上只有 x 轴是该抛物线在点 O 处的切线. 下面给出切线的定义.

设有曲线 C 及 C 上的一点 M（图 3－1），在点 M 外另取 C 上一点 N，作**割线**（secant）MN. 当点 N 沿曲线 C 趋于点 M 时，如果割线 MN 绕点 M 旋转而趋于极限位置 MT，直线 MT 就称为曲线 C 在点 M 处的**切线**（tangent line）. 这里极限位置的含义是：只要**弦长**（chord length）$|MN|$ 趋于零，$\angle NMT$ 也趋于零.

现在就曲线 C 为函数 $y=f(x)$ 的图形的情形来讨论切线问题. 设 M（x_0，y_0）是曲线 C 上的一个点（图 3－2），则 $y_0=f(x_0)$. 根据上述定义要定出曲线 C 在点 M 处的切线，只要定出切线的斜率就行了. 为此，在点 M 外另取 C 上的一点 N（$x_0+\Delta x$，$f(x_0+\Delta x)$），于是割线 MN 的斜率为

$$\tan\varphi=\frac{f(x_0+\Delta x)-f(x_0)}{\Delta x},$$

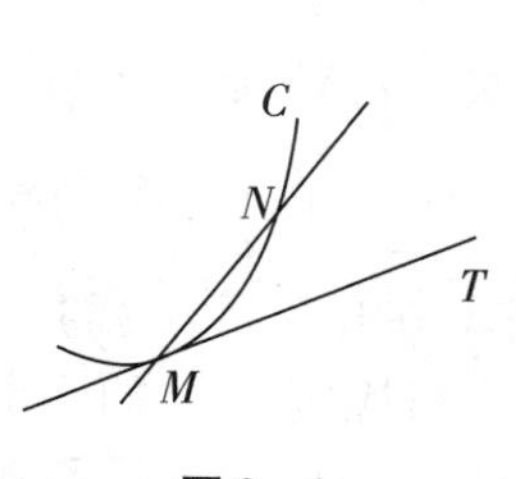

图 3－1

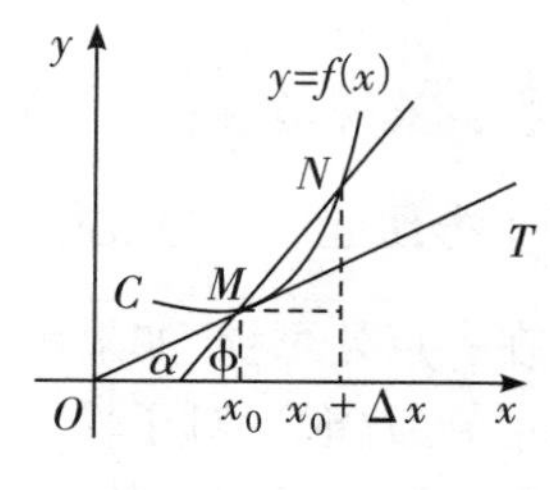

图 3－2

其中，φ 为割线 MN 的倾斜角.

当点 N 沿曲线 C 趋于点 M 时，$\Delta x\to 0$. 如果当 $\Delta x\to 0$ 时，上式的极限存在，设为 k，即

$$k=\lim_{\Delta x\to 0}\frac{f(x_0+\Delta x)-f(x_0)}{\Delta x}$$

存在，则此极限 k 是割线斜率的极限，也就是**切线的斜率**（slope of the tangent line）. 这里 $k=\tan\alpha$，其中 α 是切线 MT 的**倾斜角**（angle of inclination）. 于是，通过点 M（x_0，$f(x_0)$）且以 k 为斜率的直线 MT 便是曲线 C 在点 M 处的切线. 事实上，由 $\angle NMT=\varphi-\alpha$ 以及 $\Delta x\to 0$

时，$\varphi\to\alpha$，可见 $\Delta x\to 0$ 时（这时 $|MN|\to 0$），$\angle NMT\to 0$. 因此直线 MT 确为曲线 C 在点 M 处的切线.

撇开具体实际意义，一般从数量关系来研究函数的变化率，将对很多实际问题的解决具有普遍意义. 为此，我们给出导数的定义.

定义 1 设函数 $y=f(x)$ 在点 x_0 的某个邻域内有定义，当自变量 x 在 x_0 处取得增量 Δx（点 $x_0+\Delta x$ 仍在该邻域内）时，相应的函数 y 取得增量 $\Delta y=f(x_0+\Delta x)-f(x_0)$；如果 Δy 与 Δx 之比，当 $\Delta x\to 0$ 时的极限存在，则称函数 $y=f(x)$ 在点 x_0 处**可导**（derivable），并称这个极限为函数 $y=f(x)$ 在点 x_0 处的**导数**（derivative），记为 $y'|_{x=x_0}$，即

$$y'|_{x=x_0}=\lim_{\Delta x\to 0}\frac{\Delta y}{\Delta x}=\lim_{\Delta x\to 0}\frac{f(x_0+\Delta x)-f(x_0)}{\Delta x}, \quad ①$$

也可记作 $f'(x_0)$，$\left.\frac{\mathrm{d}y}{\mathrm{d}x}\right|_{x=x_0}$ 或 $\left.\frac{\mathrm{d}f(x)}{\mathrm{d}x}\right|_{x=x_0}$.

函数 $f(x)$ 在点 x_0 处可导有时也说成 $f(x)$ 在点 x_0 具有导数或导数存在.

导数的定义式①也可取不同的形式，常见的有

$$f'(x_0)=\lim_{h\to 0}\frac{f(x_0+h)-f(x_0)}{h} \quad ②$$

和

$$f'(x_0)=\lim_{x\to x_0}\frac{f(x)-f(x_0)}{x-x_0} \quad ③$$

②式中的 h 即自变量的增量 Δx.

在实际中，需要讨论各种具有不同意义的变量的变化"快慢"问题，在数学上就是所谓函数的变化率问题. 导数概念就是函数变化率这一概念的精确描述. 它撇开了自变量和因变量所代表的物理或几何等方面的特殊意义，纯粹从数量方面来刻画变化率的本质：因变量增量与自变量增量之比 $\frac{\Delta y}{\Delta x}$，是因变量 y 在以 x_0 和 $x_0+\Delta x$ 为端点的区间上的平均变化率，而导数 $y'|_{x=x_0}$ 则是因变量在点 x_0 处的变化率，它反映了因变量随自变量的变化而变化的快慢程度.

如果极限①不存在，就说函数 $y=f(x)$ 在点 x_0 处不可导. 如果不可导的原因是由于 $\Delta x\to 0$ 时，比式 $\frac{\Delta y}{\Delta x}\to\infty$，为了方便起见，也往往说函数 $y=f(x)$ 在点 x_0 处的导数为无穷大.

上面讲的是函数在一点处可导. 如果函数 $y=f(x)$ 在开区间 I 内的每点处都可导，就称函数 $f(x)$ 在开区间 I 内可导. 这时，对于任一 $x\in I$，都对应着 $f(x)$ 的一个确定的导数值. 这样就构成了一个新的函数，这个新的函数叫做原来函数 $y=f(x)$ 的**导函数**（derived function），记作 y'，$f'(x)$，$\frac{\mathrm{d}y}{\mathrm{d}x}$ 或 $\frac{\mathrm{d}f(x)}{\mathrm{d}x}$.

在①式或②式中把 x_0 换成 x，即得导函数的定义式

$$y'=\lim_{\Delta x\to 0}\frac{f(x+\Delta x)-f(x)}{\Delta x}$$

或

$$f'(x)=\lim_{h\to 0}\frac{f(x+h)-f(x)}{h}.$$

注：(1) 在以上两式中，虽然 x 可以取区间 I 内的任何数值，但在极限过程中，x 是常量，Δx 或 h 是变量. 显然，函数 $f(x)$ 在点 x_0 处的导数 $f'(x_0)$ 就是导函数 $f'(x)$ 在点 $x=x_0$ 处的函数值，即 $f'(x_0)=f'(x)\big|_{x=x_0}$. 导函数 $f'(x)$ 简称导数，而 $f'(x_0)$ 是 $f(x)$ 在 x_0 处的导数或导数 $f'(x)$ 在 x_0 处的值.

(2) 根据导数的定义，求导数的步骤如下：

①求改变量 $\Delta y=f(x+\Delta x)-f(x)$；

②求比 $\dfrac{\Delta y}{\Delta x}=\dfrac{f(x+\Delta x)-f(x)}{\Delta x}$；

③求极限 $\lim\limits_{\Delta x\to 0}\dfrac{\Delta y}{\Delta x}=f'(x)$.

例 1　求 $y=x^2$ 在点 $x=1$ 处的导数.

解：$\Delta y=(1+\Delta x)^2-1^2=1+2\Delta x+(\Delta x)^2-1=2\Delta x+(\Delta x)^2$，

$$\frac{\Delta y}{\Delta x}=\frac{2\Delta x+(\Delta x)^2}{\Delta x}=2+\Delta x,$$

$$\lim_{\Delta x\to 0}\frac{\Delta y}{\Delta x}=\lim_{\Delta x\to 0}(2+\Delta x)=2.$$

即 $y'\big|_{x=1}=2$.

例 2　已知 $y=x^3-2x+1$，求 y'，并求在点 $x=2$ 处的导数.

解：$\Delta y=(x+\Delta x)^3-2(x+\Delta x)+1-(x^3-2x+1)$

$=(3x^2-2)\Delta x+3x(\Delta x)^2+(\Delta x)^3$，

$$\frac{\Delta y}{\Delta x}=3x^2-2+3x\Delta x+(\Delta x)^2,$$

$$y'=\lim_{\Delta x\to 0}\frac{\Delta y}{\Delta x}=3x^2-2.$$

即　$y'\big|_{x=2}=3\cdot 2^2-2=10$.

在熟悉求导步骤之后，运算的过程可以缩短. 可以采用例 3 的方式来计算.

例 3　已知 $y=\sqrt{x}$，求 y'.

解：$y'=\lim\limits_{\Delta x\to 0}\dfrac{\Delta y}{\Delta x}=\lim\limits_{\Delta x\to 0}\dfrac{\sqrt{x+\Delta x}-\sqrt{x}}{\Delta x}=\lim\limits_{\Delta x\to 0}\dfrac{1}{\sqrt{x+\Delta x}+\sqrt{x}}=\dfrac{1}{2\sqrt{x}}$.

练习 1.1

1. 已知质点按规律 $s=t^2+t$（s 表示距离，单位是 m；t 表示时间，单位是 s）做直线运动，则质点在 $t=2$ 时的瞬时速度是__________ m/s.
2. 已知质点按规律 $s=2t^2+5t+1$（s 表示距离，单位是 m；t 表示时间，单位是 s）做直线运动，则质点在 $t=3$ 时的瞬时速度为 ________ .

3. 已知函数 $y=5x-2$，当自变量的值由 3 变为 2 时，相应的函数增量 $\Delta y=$ ________ .

4. 已知 $\lim\limits_{h\to 0}\dfrac{f(1+h)-f(1)}{2h}=1$，则 $f'(1)=$ ________.

5. 已知 $f(x)=ax^3+3x^2+2$，若 $f'(-1)=4$，则 $a=$ ________.

6. 已知物体的运动规律为 $s=t^3\text{m}$，求：

（1）物体在运动开始后前 3s 内的平均速度；

（2）物体在 2 ~ 3s 的平均速度；

（3）物体在 3s 时的瞬时速度.

二、导数的几何意义

从前面的讨论可知：函数 $y=f(x)$ 在点 x_0 处的导数 $f'(x_0)$ 在几何上表示曲线 $y=f(x)$ 在点 $M\ (x_0,f(x_0))$ 处的切线的斜率，即

$$f'(x_0)=\tan\alpha,$$

其中，α 是切线的倾斜角（图 3 - 3）.

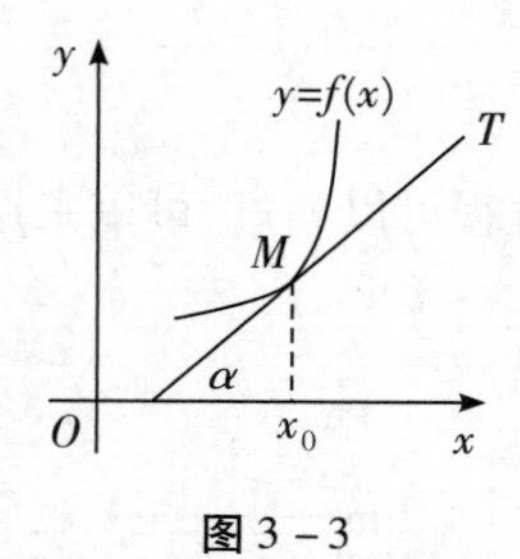

图 3 - 3

根据导数的几何意义并应用直线的点斜式方程，可知曲线 $y=f(x)$ 在点 $M\ (x_0, y_0)$ 处的**切线方程**（tangent equation）为

$$y-y_0=f'(x_0)(x-x_0).$$

注： 当 $\alpha=\dfrac{\pi}{2}$ 时，导数不存在，这时切线 MT 平行于 y 轴，切线方程为

$$x = x_0.$$

过切点 M (x_0, y_0) 且与切线垂直的直线叫做曲线 $y=f(x)$ 在点 M 处的**法线**（normal line）. 如果 $f'(x_0) \neq 0$，法线的斜率为 $-\frac{1}{f'(x_0)}$，从而**法线方程**（normal equation）为

$$y - y_0 = -\frac{1}{f'(x_0)}(x - x_0).$$

当 $f'(x_0)=0$ 时，法线平行于 y 轴，法线的方程为

$$x = x_0.$$

当切线 MT 平行于 y 轴时，法线平行于 x 轴，这时法线的方程为

$$y = y_0.$$

例 1 已知 $y=\frac{1}{3}x^3$ 上一点 $P\left(2, \frac{8}{3}\right)$，求：

（1）在 P 点的切线的斜率；

（2）在 P 点的切线方程；

（3）在 P 点的法线方程.

解：（1）根据导数的几何意义知，所求切线的斜率为 $k=y'|_{x=2}$.

由于
$$\begin{aligned}\Delta y &= \frac{1}{3}(2+\Delta x)^3 - \frac{1}{3}\times 2^3 \\ &= \frac{1}{3}[8+12\Delta x+6(\Delta x)^2+(\Delta x)^3-8] \\ &= \frac{1}{3}[12\Delta x+6(\Delta x)^2+(\Delta x)^3],\end{aligned}$$

$$\frac{\Delta y}{\Delta x} = \frac{\frac{1}{3}[12\Delta x+6(\Delta x)^2+(\Delta x)^3]}{\Delta x} = \frac{1}{3}[12+6\Delta x+(\Delta x)^2],$$

$$\lim_{\Delta x\to 0}\frac{\Delta y}{\Delta x} = \lim_{\Delta x\to 0}\frac{1}{3}[12+6\Delta x+(\Delta x)^2]=4.$$

即 $y'|_{x=2}=4$，故在点 P 处的切线的斜率等于 4.

（2）在点 P 处的切线方程为 $y-\frac{8}{3}=4(x-2)$，即 $12x-3y-16=0$.

（3）在点 P 处的法线方程为 $y-\frac{8}{3}=-\frac{1}{4}(x-2)$，即 $3x+12y-38=0$.

练习 1.2

1. 若函数 $f(x)=ax^2+1$ 图象上点 $(1, f(1))$ 处的切线平行于直线 $y=2x+1$，则 $a=$（　　）

A. -1　　B. 0　　C. $\frac{1}{4}$　　D. 1

2. 若直线 l 与曲线 $xy=6$ 相切于点 P $(2, 3)$，则直线 l 的斜率为（　　）

A. $\frac{3}{2}$　　B. $\frac{3}{4}$　　C. $-\frac{3}{4}$　　D. $-\frac{3}{2}$

3. 已知 $y=x^2$ 上一点 P（2，4），求：

（1）在 P 点的切线的斜率；

（2）在 P 点的切线方程；

（3）在 P 点的法线方程.

4. 已知 $y=x^4$ 上一点 P（1，1），求在 P 点的切线方程和法线方程.

三、单侧导数及函数可导性的判定

函数在点 x_0 处的可导性描述，相应于函数在点 x_0 处的左、右极限的概念，我们可以给出函数在点 x_0 处的左、右导数定义．分段函数常需考虑某一侧的可导情况，这就涉及函数的左导数和右导数.

定义 2 设函数 $y=f(x)$，$\Delta y=f(x_0+\Delta x)-f(x_0)$，如果 $\frac{\Delta y}{\Delta x}$ 的左极限存在，就把左极限 $\lim\limits_{\Delta x\to 0^-}\frac{\Delta y}{\Delta x}$ 叫做 $f(x)$ 在点 x_0 处的**左导数**（left-hand derivative），记作

$$f'_-(x_0)=\lim_{\Delta x\to 0^-}\frac{f(x_0+\Delta x)-f(x_0)}{\Delta x};$$

如果 $\frac{\Delta y}{\Delta x}$ 的右极限存在，就把右极限 $\lim\limits_{\Delta x\to 0^+}\frac{\Delta y}{\Delta x}$ 叫做 $f(x)$ 在点 x_0 处的**右导数**（right-hand derivative），记作

$$f'_+(x_0)=\lim_{\Delta x\to 0^+}\frac{f(x_0+\Delta x)-f(x_0)}{\Delta x}.$$

左导数和右导数统称为单侧导数.

定理 1 函数 $y=f(x)$ 在 x_0 处可导，即 $f'(x_0)=\lim\limits_{\Delta x\to 0}\frac{f(x_0+\Delta x)-f(x_0)}{\Delta x}$ 的充分必要条件是 $f'_-(x_0)=f'_+(x_0)$.

即函数 $y=f(x)$ 在 x_0 处可导 $\Leftrightarrow$ 函数 $y=f(x)$ 在 x_0 处左、右导数存在且相等.

注：若 $f'_-(x_0)$ 与 $f'_+(x_0)$ 中至少有一个不存在或两个存在但不相等，则 $f'(x_0)$ 不存在，即函数 $y=f(x)$ 在 x_0 处不可导.

如果函数 $y=f(x)$ 在开区间 (a,b) 内可导，在左端点 $x=a$ 处存在右导数，在右端点 $x=b$ 处存在左导数，我们就说函数 $y=f(x)$ 在闭区间 $[a,b]$ 上可导.

例 1　已知函数 $f(x)=\begin{cases}\sin x, & x<0,\\ x, & x\geqslant 0,\end{cases}$ 试判断函数 $f(x)$ 在 $x=0$ 处是否可导.

解：$f'_-(0)=\lim\limits_{\Delta x\to 0^-}\dfrac{f(0+\Delta x)-f(0)}{\Delta x}=\lim\limits_{\Delta x\to 0^-}\dfrac{\sin\Delta x}{\Delta x}=1$，

$f'_+(0)=\lim\limits_{\Delta x\to 0^+}\dfrac{f(0+\Delta x)-f(0)}{\Delta x}=\lim\limits_{\Delta x\to 0^+}\dfrac{\Delta x}{\Delta x}=1.$

$\because f'_-(0)=f'_+(0)=1$，

$\therefore$ 函数 $f(x)$ 在 $x=0$ 处可导.

练习 1.3

1. 设函数 $f(x)=\begin{cases}\dfrac{2}{3}x^3, & x\leqslant 1,\\ x^2, & x>1,\end{cases}$ 则函数 $f(x)$ 在 $x=1$ 处的（　　）

A. 左、右导数都存在　　B. 左导数存在，右导数不存在

C. 左导数不存在，右导数存在　　D. 左、右导数都不存在

2. 设函数 $f(x)=\begin{cases}x^2, & x\geqslant 0,\\ -x^2, & x<0,\end{cases}$ 求 $f'_-(0)$，$f'_+(0)$，以及判断 $f'(0)$ 是否存在.

四、函数的可导性与连续性的关系

函数在一点处可导与它在该点处连续的关系：

如果函数 $y=f(x)$ 在点 x_0 处可导，那么 $y=f(x)$ 在点 x_0 处连续.

证明：$\because$ 函数 $y=f(x)$ 在点 x_0 处可导，

$\therefore$ 所以 $\lim\limits_{\Delta x\to 0}\dfrac{f(x_0+\Delta x)-f(x_0)}{\Delta x}=f'(x_0)$.

令 $x=x_0+\Delta x$，$x\to x_0$，相当于 $\Delta x\to 0$，于是

$$\lim_{\Delta x\to 0}f(x)=\lim_{\Delta x\to 0}[f(x_0+\Delta x)-f(x_0)+f(x_0)]$$

$$=\lim_{\Delta x\to 0}\frac{f(x_0+\Delta x)-f(x_0)}{\Delta x}\cdot\Delta x+\lim_{\Delta x\to 0}f(x_0)$$

$$=\lim_{\Delta x\to 0}\frac{f(x_0+\Delta x)-f(x_0)}{\Delta x}\cdot\lim_{\Delta x\to 0}\Delta x+f(x_0)$$

$$=f'(x_0)\cdot 0+f(x_0)$$

$$=f(x_0).$$

因此，函数 $y=f(x)$ 在点 x_0 处连续.

但是，函数 $y=f(x)$ 在点 x_0 处连续不一定在该点处可导.

例如函数 $f(x)=|x|$ 在点 $x=0$ 处连续如图 3－4 所示，考察函数 $f(x)=|x|$ 在点 $x=0$ 处是否可导.

$$\because \Delta y=|0+\Delta x|-|0|=|\Delta x|$$

$$=\begin{cases}\Delta x, & \Delta x>0,\\ -\Delta x, & \Delta x<0.\end{cases}$$

$$\therefore \lim_{\Delta x\to 0^+}\frac{\Delta y}{\Delta x}=\lim_{\Delta x\to 0^+}\frac{\Delta x}{\Delta x}=1,$$

$$\lim_{\Delta x\to 0^-}\frac{\Delta y}{\Delta x}=\lim_{\Delta x\to 0^-}\frac{-\Delta x}{\Delta x}=-1.$$

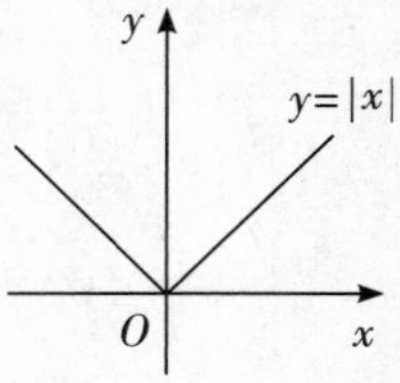

y
y=|x|
O
x

图 3－4

由此可见，函数 $f(x)=|x|$ 在 $x=0$ 处的左导数 $f'_-(0)=-1$ 及右导数 $f'_+(0)=1$ 虽然都存在，但不相等，因此，函数 $y=|x|$ 在点 $x=0$ 处不可导. 从图形上看，曲线 $y=|x|$ 在点 O（0，0）处没有切线.

所以函数在某点连续是函数在该点可导的必要条件，但不是充分条件.

例 1 证明函数 $f(x)=\begin{cases}\dfrac{\sqrt{1+x}-1}{\sqrt{x}}, & x>0,\\ 0, & x\leqslant 0\end{cases}$ 在 $x=0$ 处连续但不可导.

解： $\lim\limits_{x\to 0^+}f(x)=\lim\limits_{x\to 0^+}\dfrac{\sqrt{1+x}-1}{\sqrt{x}}=\lim\limits_{x\to 0^+}\dfrac{x}{\sqrt{x}\,(\sqrt{1+x}+1)}$

$$=\lim_{x\to 0^+}\frac{\sqrt{x}}{\sqrt{1+x}+1}=0=f(0),$$

$\lim\limits_{x\to 0^-}f(x)=0=f(0)$,

即 $\lim\limits_{x\to 0}f(x)=0=f(0)$.

因此，函数 $f(x)$ 在 $x=0$ 处连续.

由导数定义，得

$$\lim_{\Delta x\to 0^+}\frac{\Delta f(x)}{\Delta x}=\lim_{\Delta x\to 0^+}\frac{\dfrac{\sqrt{1+\Delta x}-1}{\sqrt{\Delta x}}-0}{\Delta x}$$

$$=\lim_{\Delta x\to 0^+}\frac{1}{\sqrt{\Delta x}\,(\sqrt{1+\Delta x}+1)}=\infty.$$

即 $f(x)$ 在 $x=0$ 处的右导数不存在，所以函数 $y=f(x)$ 在 $x=0$ 处不可导.

练习1.4

1. 若函数 $f(x)$ 在 $x=x_0$ 处的左导数和右导数都是1，则 $f(x)$ 在 $x=x_0$ 处（　　）

A. 一定可导　　B. 连续但不可导　　C. 不一定可导　　D. 可导但不连续

2. 若函数 $y=f(x)$ 在 $x=x_0$ 处连续，则下列说法错误的是（　　）

A. $y=f(x)$ 在 $x=x_0$ 处一定可导　　B. $y=f(x)$ 在 $x=x_0$ 处一定有定义

C. $y=f(x)$ 在 $x\to x_0$ 时一定有极限　　D. $y=f(x)$ 在 $x=x_0$ 处一定左连续

3. 下列函数中，在 $x=0$ 处可导的是（　　）

A. $y=\cos x$　　B. $y=\frac{2}{x}$　　C. $y=\frac{1}{\sin x}$　　D. $y=\lg x$

4. 说明函数 $y=f(x)=\sqrt[3]{x}$ 在点 $x=0$ 处连续，但在点 $x=0$ 处不可导.

习题3-1

1. 已知物体的运动规律为 $s=2t^2+4t$（m），求：

（1）物体在运动开始后前3s内的平均速度；

（2）物体在2s到3s内的平均速度；

（3）物体在3s时的瞬时速度.

2. 设 $f(x)=10x^2$，试按导数的定义求 $f'(-1)$.

3. 求下列函数在指定点处的导数.

（1） $y=(x-2)^2$，点 $x=2$；

（2） $y=\frac{1}{x-1}$，点 $x=0$；

（3） $y=\cos x$，点 $x=\frac{\pi}{3}$.

4. 设 $f'(3)=2$，求 $\lim\limits_{h\to 0}\frac{f(3-h)-f(3)}{2h}$.

5. 求下列函数的导数.

（1） $y=ax+b$；

（2） $y=\frac{1}{x}$；

（3） $y=\frac{1}{x^2}$.

6. 已知$f(x)=\frac{1}{1-x}$，求$f'(x)$，$f'(0)$，$f'(2)$.

7. 已知物体的运动规律为$s=t^3$(m)，求这物体在$t=2$时的瞬时速度.

8. 求曲线$y=\frac{1}{x}$在点$\left(\frac{1}{2},2\right)$处的切线的斜率，并写出在该点处的切线方程和法线方程.

9. 求抛物线$y=\frac{1}{4}x^2$在点（2，1）处的切线方程和法线方程.

10. 求曲线$y=x^3$在点（1，1）处的切线方程及法线方程.

11. 函数$f(x)=\begin{cases}x^2+1, & 0\leqslant x<1,\\ 3x-1, & x\geqslant 1\end{cases}$在点$x=1$处是否可导？为什么？

12. 若函数$f(x)=\begin{cases}x^2, & x\leqslant 1,\\ ax+b, & x>1\end{cases}$在$x=1$处连续且可导，求$a$，$b$的值.

13. 已知$f(x)=\begin{cases}x^2, & x\geqslant 0,\\ -x, & x<0,\end{cases}$ 求$f'_+(0)$，$f'_-(0)$，并判断$f'(0)$是否存在.

第二节　求导法则

前面我们根据导数的定义，求出了一些简单函数的导数. 但是，对于比较复杂的函数，直接根据定义来求它们的导数往往很困难. 在本节和下节中，将介绍几个基本初等函数的导数公式和求导数的几个基本法则. 借助这些公式和法则，就能比较方便地求出常见的函数的导数.

一、几种常见函数的导数

1. 设函数$f(x)=C$（C为常数），则$(C)'=0$

证明： $y=f(x)=C$,

$$\Delta y=f(x+\Delta x)-f(x)=C-C=0,$$

$$\frac{\Delta y}{\Delta x}=\frac{0}{\Delta x}=0,$$

$$f'(x)=\lim_{\Delta x\to 0}\frac{\Delta y}{\Delta x}=0.$$

即$(C)'=0$.

这就是说，常数的导数等于零.

2. 设函数$f(x)=x^n$（n为正整数），则$(x^n)'=nx^{n-1}$

证明： $y=f(x)=x^n$,

$$\begin{aligned}\Delta y&=(x+\Delta x)^n-x^n\\&=[x^n+C_n^1x^{n-1}\Delta x+C_n^2x^{n-2}(\Delta x)^2+\cdots+C_n^n(\Delta x)^n]-x^n\\&=C_n^1x^{n-1}\Delta x+C_n^2x^{n-2}(\Delta x)^2+\cdots+C_n^n(\Delta x)^n,\end{aligned}$$

$$\frac{\Delta y}{\Delta x}=C_n^1x^{n-1}+C_n^2x^{n-2}\Delta x+\cdots+C_n^n(\Delta x)^{n-1},$$

$$\begin{aligned}f'(x)&=\lim_{\Delta x\to 0}\frac{\Delta y}{\Delta x}=\lim_{\Delta x\to 0}[C_n^1x^{n-1}+C_n^2x^{n-2}\Delta x+\cdots+C_n^n(\Delta x)^{n-1}]\\&=C_n^1x^{n-1}=nx^{n-1}.\end{aligned}$$

即$(x^n)'=nx^{n-1}$.

3. 设函数$f(x)=\sin x$，则$(\sin x)'=\cos x$

证明： $y=f(x)=\sin x$

$$\frac{\Delta y}{\Delta x}=\frac{\sin(x+\Delta x)-\sin x}{\Delta x}=\frac{2\cos\left(x+\frac{\Delta x}{2}\right)\sin\frac{\Delta x}{2}}{\Delta x}=\frac{\cos\left(x+\frac{\Delta x}{2}\right)\sin\frac{\Delta x}{2}}{\frac{\Delta x}{2}}.$$

$$f'(x)=\lim_{\Delta x\to 0}\frac{\Delta y}{\Delta x}=\lim_{\Delta x\to 0}\cos\left(x+\frac{\Delta x}{2}\right)\frac{\sin\frac{\Delta x}{2}}{\frac{\Delta x}{2}}$$

$$=\lim_{\Delta x\to 0}\cos\left(x+\frac{\Delta x}{2}\right)\cdot\lim_{\Delta x\to 0}\frac{\sin\frac{\Delta x}{2}}{\frac{\Delta x}{2}}$$

$$=\cos x\cdot 1=\cos x.$$

即 $(\sin x)'=\cos x.$

这就是说，正弦函数的导数是余弦函数.

用类似的方法，可得

$$(\cos x)'=-\sin x.$$

就是说，余弦函数的导数是负的正弦函数.

4. 设函数 $f(x)=\cos x$，则 $(\cos x)'=-\sin x$

二、函数的和、差、积、商的求导法则

为简化求导数的计算，下面利用导数的定义来导出求导数的四则运算法则. 为此，设函数 $u=u(x)$ 及 $v=v(x)$ 在点 x 处具有导数 $u'=u'(x)$ 及 $v'=v'(x)$.

法则 1　两个函数的和（或差）的导数，等于这两个函数的导数的和（或差），即

$$(u\pm v)'=u'\pm v'.$$

证明： 设 $y=f(x)=u(x)\pm v(x)$，

$$\Delta y=[u(x+\Delta x)\pm v(x+\Delta x)]-[u(x)\pm v(x)]$$
$$=[u(x+\Delta x)-u(x)]\pm[v(x+\Delta x)-v(x)]$$
$$=\Delta u\pm\Delta v,$$

$$\frac{\Delta y}{\Delta x}=\frac{\Delta u}{\Delta x}\pm\frac{\Delta v}{\Delta x},$$

$$\lim_{\Delta x\to 0}\frac{\Delta y}{\Delta x}=\lim_{\Delta x\to 0}\left[\frac{\Delta u}{\Delta x}\pm\frac{\Delta v}{\Delta x}\right]=\lim_{\Delta x\to 0}\frac{\Delta u}{\Delta x}\pm\lim_{\Delta x\to 0}\frac{\Delta v}{\Delta x},$$

即　　$y'=(u\pm v)'=u'\pm v'.$

这个法则可推广到任意有限个函数，即

$$(u_1\pm u_2\pm\cdots\pm u_n)'=u_1'\pm u_2'\pm\cdots\pm u_n'.$$

例 1　求 $y=x^4-x^2-x$ 的导数.

解： $y'=4x^3-2x-1.$

例 2　求 $y=x^3+\sin x-2$ 的导数.

解： $y'=3x^2+\cos x.$

法则 2 两个函数的积的导数，等于第一个函数的导数乘以第二个函数，加上第一个函数乘以第二个函数的导数，即

$$(uv)' = u'v + uv'.$$

证明： 设 $y=f(x)=u(x)v(x)$，

$$\begin{aligned}\Delta y &= u(x+\Delta x)v(x+\Delta x)-u(x)v(x)\\ &= u(x+\Delta x)v(x+\Delta x)-u(x)v(x+\Delta x)+u(x)v(x+\Delta x)-u(x)v(x)\\ &= v(x+\Delta x)[u(x+\Delta x)-u(x)]+u(x)[v(x+\Delta x)-v(x)]\\ &= \Delta u\cdot v(x+\Delta x)+u(x)\Delta v,\end{aligned}$$

$$\frac{\Delta y}{\Delta x}=\frac{\Delta u}{\Delta x}v(x+\Delta x)+u(x)\frac{\Delta v}{\Delta x},$$

$\because$ $v(x)$在点 x 处可导，

$\therefore$ 它在点 x 处连续，于是当 $\Delta x\to 0$ 时，$v(x+\Delta x)\to v(x)$，从而

$$\lim_{\Delta x\to 0}\frac{\Delta y}{\Delta x}=\lim_{\Delta x\to 0}\left[\frac{\Delta u}{\Delta x}v(x+\Delta x)\right]+\lim_{\Delta x\to 0}\left[u(x)\frac{\Delta v}{\Delta x}\right]=u'v+uv',$$

即
$$y'=(uv)'=u'v+uv'.$$

由这法则，可得 $(Cu)'=C'u+Cu'=0\cdot u+Cu'=Cu'$.

也就是说，常数与函数的积的导数，等于常数乘以函数的导数，即

$$(Cu)'=Cu'.$$

积的求导法则也可推广到任意有限个函数之积的情形，例如

$$\begin{aligned}(uvw)' &= [(uv)w]'=(uv)'w+(uv)w'\\ &= (u'v+uv')w+uvw'\\ &= u'vw+uv'w+uvw',\end{aligned}$$

即 $(uvw)'=u'vw+uv'w+uvw'$.

例 3 求 $y=2x^3-3x^2+5x-4$ 的导数.

解： $y'=6x^2-6x+5$.

例 4 求下列函数的导数：

(1) $y=(2x^2+3)(3x-2)$； (2) $y=5\sin x\cos x$；

(3) $y=ax^2\sin x+bx^3\cos x$； (4) $y=(x-1)(x-2)(x-3)$.

解： (1) (解法一)

$$\begin{aligned}y' &= (2x^2+3)'(3x-2)+(2x^2+3)(3x-2)'\\ &= 4x\cdot(3x-2)+(2x^2+3)\cdot 3\\ &= 18x^2-8x+9.\end{aligned}$$

(解法二) 先展开，后求导.

$$\begin{aligned}y &= (2x^2+3)(3x-2)\\ &= 6x^3-4x^2+9x-6,\end{aligned}$$

$$y'=18x^2-8x+9.$$

(2)
$$\begin{aligned}y' &= 5(\sin x\cos x)'=5[(\sin x)'\cos x+\sin x(\cos x)']\\ &= 5(\cos^2 x-\sin^2 x)=5\cos 2x.\end{aligned}$$

(3) $y' = (ax^2\sin x)' + (bx^3\cos x)'$
$= a[(x^2)'\sin x + x^2(\sin x)'] + b[(x^3)'\cos x + x^3(\cos x)']$
$= 2ax\sin x + ax^2\cos x + 3bx^2\cos x - bx^3\sin x$
$= (2a - bx^2)x\sin x + (a + 3b)x^2\cos x.$

(4) $y' = (x-1)'(x-2)(x-3) + (x-1)(x-2)'(x-3) + (x-1)(x-2)(x-3)'$
$= (x-2)(x-3) + (x-1)(x-3) + (x-1)(x-2)$
$= 3x^2 - 12x + 11.$

例 5　$f(x) = x^3 + 4\cos x - \sin\dfrac{\pi}{2}$，求 $f'(x)$ 及 $f'\left(\dfrac{\pi}{2}\right)$.

解： $f'(x) = 3x^2 - 4\sin x$;

$f'\left(\dfrac{\pi}{2}\right) = \dfrac{3}{4}\pi^2 - 4.$

法则 3　两个函数的商的导数，等于分子的导数与分母的积，减去分母的导数与分子的积，再除以分母的平方，即

$$\left(\frac{u}{v}\right)' = \frac{u'v - uv'}{v^2}(v \neq 0).$$

证明： $y = f(x) = \dfrac{u(x)}{v(x)}$

$$\Delta y = \frac{u(x+\Delta x)}{v(x+\Delta x)} - \frac{u(x)}{v(x)}$$
$$= \frac{u(x+\Delta x)v(x) - u(x)v(x+\Delta x)}{v(x+\Delta x)v(x)}$$
$$= \frac{[u(x+\Delta x)v(x) - u(x)v(x)] - [u(x)v(x+\Delta x) - u(x)v(x)]}{v(x+\Delta x)v(x)}$$
$$= \frac{[u(x+\Delta x) - u(x)]v(x) - u(x)[v(x+\Delta x) - v(x)]}{v(x+\Delta x)v(x)}$$
$$= \frac{\Delta u \cdot v(x) - u(x) \cdot \Delta v}{v(x+\Delta x)v(x)},$$

$$\frac{\Delta y}{\Delta x} = \frac{\dfrac{\Delta u}{\Delta x} \cdot v(x) - u(x) \cdot \dfrac{\Delta v}{\Delta x}}{v(x+\Delta x)v(x)}.$$

$\because v(x)$ 在点 x 处可导，

$\therefore v(x)$ 在点 x 处连续，于是当 $\Delta x \to 0$ 时，

$v(x+\Delta x) \to v(x)$，从而

$$\lim_{\Delta x \to 0}\frac{\Delta y}{\Delta x} = \frac{u'(x)v(x) - u(x)v'(x)}{[v(x)]^2},$$

即

$$y' = \left(\frac{u}{v}\right)' = \frac{u'v - uv'}{v^2}.$$

例 6　求 $y=\frac{x^2}{\sin x}$的导数.

解：$y'=\frac{(x^2)'\sin x-x^2(\sin x)'}{\sin^2 x}=\frac{2x\sin x-x^2\cos x}{\sin^2 x}$.

例 7　已知$f(x)=\frac{x+3}{x^2+3}$，求：

（1）在点 $x=3$ 处的导数；

（2）x 为何值时，$f'(x)=0$.

解：（1）$f'(x)=\frac{1\cdot(x^2+3)-(x+3)\cdot 2x}{(x^2+3)^2}=\frac{-x^2-6x+3}{(x^2+3)^2}$，

$$f'(x)\big|_{x=3}=\frac{-9-18+3}{(9+3)^2}=\frac{-24}{144}=-\frac{1}{6}.$$

（2）令$f'(x)=0$，有$-x^2-6x+3=0$，解此方程，得

$x=-3\pm 2\sqrt{3}$，

故$f'(-3+2\sqrt{3})=0$，$f'(-3-2\sqrt{3})=0$.

例 8　求证：当 n 是负整数时，公式$(x^n)'=nx^{n-1}$仍然成立.

证明：令 $n=-m$，则 m 为正整数.

$$(x^n)'=(x^{-m})'=\left(\frac{1}{x^m}\right)'$$
$$=\frac{0\cdot x^m-mx^{m-1}}{x^{2m}}$$
$$=-mx^{-m-1}=nx^{n-1}.$$

例 9　求 $y=2x^2-3x+4-\frac{3}{x}+\frac{2}{x^2}$的导数.

解：$y=2x^2-3x+4-3x^{-1}+2x^{-2}$，

$$y'=4x-3+3x^{-2}-4x^{-3}$$
$$=4x-3+\frac{3}{x^2}-\frac{4}{x^3}.$$

例 10　$y=\tan x$，求 y'.

解：$y'=(\tan x)'=\left(\frac{\sin x}{\cos x}\right)'$

$$=\frac{(\sin x)'\cos x-\sin x(\cos x)'}{\cos^2 x}$$
$$=\frac{\cos^2 x+\sin^2 x}{\cos^2 x}=\frac{1}{\cos^2 x}=\sec^2 x.$$

即　　$(\tan x)'=\sec^2 x$.

这就是正切函数的导数公式.

例 11　$y=\sec x$，求 y'.

解：$y'=(\sec x)'=\left(\dfrac{1}{\cos x}\right)'=\dfrac{(1)'\cos x-1\cdot(\cos x)'}{\cos^2 x}$

$=\dfrac{\sin x}{\cos^2 x}=\sec x\cdot\tan x.$

即　　$(\sec x)'=\sec x\cdot\tan x.$

这就是正割函数的导数公式.

用类似方法，还可求得余切函数及余割函数的导数公式：

$$(\cot x)'=-\csc^2 x,\qquad (\csc x)'=-\csc x\cdot\cot x.$$

练习 2.1

1. 若函数 $f(x)=3xf'(1)+x^2+2$，则 $f'(1)=($　　$)$

A. -1　　B. 2　　C. $-\dfrac{2}{3}$　　D. 1

2. 求 $y=x^3-x+7$ 的导数.

3. 求 $y=x^4+\cos x$ 的导数.

4. 求 $y=x^3-2x^2+3x-4$ 的导数.

5. 求 $y=(2x+5)(4-3x)$ 的导数.

6. 求 $y=x^4+5\sin x-\cos\dfrac{\pi}{6}$ 的导数.

7. 设函数 $f(x)=x^2-2x-1$，则 $f'(3)=($　　$)$

A. 1　　B. 2　　C. 3　　D. 4

8. 设 $f(x)=x^2-2x+5$，则 $f'(5)=($　　$)$

A. 5　　B. 8　　C. 20　　D. 不存在

9. 求函数 $y=\dfrac{x^3}{\cos x}$ 的导数.

10. 求函数 $f(x)=\dfrac{x^2+2}{2x+1}$ 在点 $x=1$ 处的导数.

11. 求函数 $y=x^3+\dfrac{5}{x^4}-\dfrac{2}{x}+6$ 的导数.

三、复合函数的求导法则

设 y 是 u 的函数：$y=f(u)$，而 u 又是 x 的函数：$u=\varphi(x)$，那么 y 是 x 的复合函数，即 $y=f[\varphi(x)]$. 关于这个复合函数的求导，有下面的法则：

复合函数求导法则　如果 $u=\varphi(x)$ 在点 x 处可导，而 $y=f(u)$ 在点 $u=\varphi(x)$ 处可导，则复合函数 $y=f[\varphi(x)]$ 在点 x 处可导，且其导数为

$$f'[\varphi(x)]=f'(u)\cdot\varphi'(x).$$

简写为 $y'_x=y'_u\cdot u'_x$.

证明：给 x 以改变量 Δx，则函数 $u=\varphi(x)$ 的对应改变量为 Δu，对于改变量 Δu，函数 $y=f(u)$ 的对应改变量为 Δy，设 $\Delta u\neq 0$（当 $\Delta u=0$ 时公式仍成立，证明从略）有

$$\frac{\Delta y}{\Delta x}=\frac{\Delta y}{\Delta u}\cdot\frac{\Delta u}{\Delta x},$$

$\because u=\varphi(x)$ 在点 x 处可导，

$\therefore u=\varphi(x)$ 在点 x 处连续，

因此，当 $\Delta x\to 0$ 时，$\Delta u\to 0$，

故 $\lim\limits_{\Delta x\to 0}\dfrac{\Delta y}{\Delta x}=\lim\limits_{\Delta x\to 0}\dfrac{\Delta y}{\Delta u}\cdot\lim\limits_{\Delta x\to 0}\dfrac{\Delta u}{\Delta x}=\lim\limits_{\Delta u\to 0}\dfrac{\Delta y}{\Delta u}\cdot\lim\limits_{\Delta x\to 0}\dfrac{\Delta u}{\Delta x}$，

即

$$y'_x=y'_u\cdot u'_x.$$

这个法则可以推广到两个以上的中间变量，例如，如果

$$y=y(u),u=u(v),v=v(x),$$

则

$$y'_x=y'_u\cdot u'_v\cdot v'_x.$$

例 1　求 $y=(2x+1)^5$ 的导数.

解： 设 $y=u^5$，$u=2x+1$，

根据复合函数求导法则，有

$y'_x=y'_u\cdot u'_x=(u^5)'_u\cdot(2x+1)'_x=5u^4\cdot 2=5(2x+1)^4\cdot 2=10(2x+1)^4$.

注： 利用复合函数的求导法则求导后，要把中间变量换成自变量的函数.

例 2　求 $y=\dfrac{1}{(1-3x)^4}$的导数.

解： $y=\dfrac{1}{(1-3x)^4}=(1-3x)^{-4}$，

设 $y=u^{-4}$，$u=1-3x$，则

$$y'_x=(u^{-4})'_u\cdot u'_x=(u^{-4})'_u\cdot(1-3x)'_x$$
$$=-4u^{-5}\cdot(-3)=12(1-3x)^{-5}=\frac{12}{(1-3x)^5}.$$

从以上例子可以看出，求复合函数的导数时，首先要分析所给的函数是由哪几个简单函数复合而成的，适当选定中间变量，明确每次是哪个变量对哪个变量求导数，然后利用简单函数的求导公式、导数的运算法则及复合函数的求导法则，就可以求出所给函数的导数.

对复合函数的分解比较熟练后，中间变量和中间步骤可省略不写. 有的经过多次复合及四则运算合成的复合函数，也可以利用复合函数的求导法则，由外向里，逐层求导.

例 3　求 $y=(ax-b\sin^2 wx)^3$ 的导数.

解：
$$y'=3(ax-b\sin^2 wx)^2(a-2b\sin wx\cdot\cos wx\cdot w)$$
$$=3(ax-b\sin^2 wx)^2(a-bw\sin 2wx).$$

例 4　求 $y=\sin nx\sin^n x$ 的导数.

解：
$$y'=n\cos nx\sin^n x+\sin nx\cdot n\sin^{n-1}x\cdot\cos x$$
$$=n\sin^{n-1}x(\sin x\cos nx+\cos x\sin nx)$$
$$=n\sin^{n-1}x\cdot\sin(n+1)x.$$

练习 2.2

1. 求函数 $y=(3x+2)^4$ 的导数.

2. 求函数 $y=\dfrac{1}{(2x-1)^5}$的导数.

3. 求函数 $y=(2x-3\sin\ 4x)^3$ 的导数.

4. 求函数 $y=\cos\ 2x\cdot\cos^3x$ 的导数.

5. 求函数 $y=\sin\ \dfrac{2x}{1+x^2}$的导数.

四、反函数的求导法则

反正弦函数与正弦函数互为反函数，已知正弦函数的导数，能否由此求出反正弦函数的导数呢?

下面，我们先研究互为反函数的两个函数的导数之间的关系.

反函数的求导法则 已知函数 $y=f(x)$是函数 $x=\varphi(y)$ 的反函数，$y=f(x)$在点 x 处连续，$x=\varphi(y)$在对应点 y 处的导数不等于零，那么，$y=f(x)$在点 x 处有导数，且

$$y'_x=\frac{1}{x'_y}.$$

或记作
$$f'(x)=\frac{1}{\varphi'(y)}.$$

证明: 给 x 以改变量 Δx，相应地，$y=f(x)$的改变量

$$\Delta y=f(x+\Delta x)-f(x).$$

当 $\Delta x\neq0$ 时，一定有 $\Delta y\neq0$，否则不相等的两个值 x 与 $x+\Delta x$ 将对应同一函数值 y，这和"$y=f(x)$与 $x=\varphi(y)$ 互为反函数"矛盾，因此

$$\frac{\Delta y}{\Delta x}=\frac{1}{\dfrac{\Delta x}{\Delta y}}.$$

$\because$ $y=f(x)$在点 x 处连续，

$\therefore$ 当 $\Delta x\to0$ 时，$\Delta y\to0$，又由于 $x=\varphi(y)$ 在对应点 y 处有不等于零的导数，因此

$$\lim_{\Delta x\to0}\frac{\Delta y}{\Delta x}=\lim_{\Delta y\to0}\frac{1}{\dfrac{\Delta x}{\Delta y}}=\frac{1}{\lim\limits_{\Delta y\to0}\dfrac{\Delta x}{\Delta y}}=\frac{1}{x'_y},$$

即有
$$y'_x=\frac{1}{x'_y}.$$

或记为
$$f'(x)=\frac{1}{\varphi'(y)}.$$
上述结论可简化为：反函数的导数等于直接函数导数的倒数.
下面用反函数的求导法则来导出反三角函数的导数公式.

1. $(\arcsin x)'=\frac{1}{\sqrt{1-x^2}}$

证明：设 $y=\arcsin x(-1\leqslant x\leqslant 1)$，则
$$x=\sin y\left(-\frac{\pi}{2}\leqslant y\leqslant\frac{\pi}{2}\right)$$
$y=\arcsin x$ 在（-1，1）上连续，且当 $-\frac{\pi}{2}<y<\frac{\pi}{2}$时，$x'=\cos y>0$，由反函数的求导法则，有
$$y'_x=\frac{1}{x'_y}=\frac{1}{(\sin y)'}=\frac{1}{\cos y}=\frac{1}{\sqrt{1-\sin^2 y}}=\frac{1}{\sqrt{1-x^2}}.$$
即
$$(\arcsin x)'=\frac{1}{\sqrt{1-x^2}}.$$

注：公式只在 $-1<x<1$ 时成立，当 $x=\pm1$ 时，对应的 y 值是 $\pm\frac{\pi}{2}$，这时 $x'_y=\cos y=0$，不满足反函数的求导法则要求的条件.

同理可得：

2. $(\arccos x)'=-\frac{1}{\sqrt{1-x^2}}$

3. $(\arctan x)'=\frac{1}{1+x^2}$

证明：设 $y=\arctan x$（$-\infty<x<+\infty$），

则
$$x=\tan y\left(-\frac{\pi}{2}<y<\frac{\pi}{2}\right).$$
容易验证它满足反函数求导法则要求的条件，于是有
$$y'_x=\frac{1}{x'_y}=\frac{1}{(\tan y)'}=\frac{1}{\sec^2 y}=\frac{1}{1+\tan^2 y}=\frac{1}{1+x^2},$$
即 $(\arctan x)'=\frac{1}{1+x^2}.$

同理可得：

4. $(\operatorname{arccot} x)'=-\frac{1}{1+x^2}$

例 1 求下列函数的导数.

(1) $y=\arcsin\frac{x}{3}$；　　(2) $y=\arcsin\frac{1-x^2}{1+x^2}$（$x>0$）；

（3）$y=\arctan 2x$；（4）$y=\arctan \dfrac{x}{1-x^2}$.

解:

（1）$y'=\dfrac{1}{\sqrt{1-\left(\dfrac{x}{3}\right)^2}}\cdot\left(\dfrac{x}{3}\right)'=\dfrac{1}{\sqrt{1-\dfrac{x^2}{9}}}\cdot\dfrac{1}{3}=\dfrac{1}{\sqrt{9-x^2}}$.

（2）$y'=\dfrac{1}{\sqrt{1-\left(\dfrac{1-x^2}{1+x^2}\right)^2}}\cdot\left(\dfrac{1-x^2}{1+x^2}\right)'=\dfrac{1+x^2}{2x}\cdot\dfrac{-4x}{(1+x^2)^2}=-\dfrac{2}{1+x^2}$ $(x>0)$.

（3）$y'=\dfrac{1}{1+(2x)^2}\cdot(2x)'=\dfrac{2}{1+4x^2}$.

（4）$y'=\dfrac{1}{1+\left(\dfrac{x}{1-x^2}\right)^2}\cdot\left(\dfrac{x}{1-x^2}\right)'=\dfrac{(1-x^2)^2}{(1-x^2)^2+x^2}\cdot\dfrac{1-x^2-x\cdot(-2x)}{(1-x^2)^2}=\dfrac{1+x^2}{1-x^2+x^4}$.

练习2.3

1. 求函数 $y=\arccos \dfrac{x}{2}$的导数.

2. 求函数 $y=\arcsin \dfrac{2x}{1+x^2}$ $(0<x<1)$ 的导数.

3. 求函数 $y=\arctan 5x$ 的导数.

4. 求函数 $y=\arctan \dfrac{x+1}{2-x}$的导数.

五、对数函数的导数

1. $(\ln x)'=\frac{1}{x}$

证明：（解法一）

设 $y=f(x)=\ln x$，

$\Delta y=\ln(x+\Delta x)-\ln x=\ln\frac{x+\Delta x}{x}=\ln\left(1+\frac{\Delta x}{x}\right)$，

$\frac{\Delta y}{\Delta x}=\frac{1}{\Delta x}\ln\left(1+\frac{\Delta x}{x}\right)=\frac{1}{x}\cdot\frac{x}{\Delta x}\ln\left(1+\frac{\Delta x}{x}\right)=\frac{1}{x}\ln\left(1+\frac{\Delta x}{x}\right)^{\frac{x}{\Delta x}}$，

$\lim\limits_{\Delta x\to 0}\frac{\Delta y}{\Delta x}=\frac{1}{x}\lim\limits_{\Delta x\to 0}\ln\left(1+\frac{\Delta x}{x}\right)^{\frac{x}{\Delta x}}$.

令 $a=\frac{\Delta x}{x}$，则当 $\Delta x\to 0$ 时，$a\to 0$，从而

$$\lim_{\Delta x\to 0}\left(1+\frac{\Delta x}{x}\right)^{\frac{x}{\Delta x}}=\lim_{a\to 0}(1+a)^{\frac{1}{a}}=\mathrm{e}.$$

令 $\left(1+\frac{\Delta x}{x}\right)^{\frac{x}{\Delta x}}=u$，根据上式，当 $\Delta x\to 0$ 时，$u\to\mathrm{e}$，由于对数函数是连续函数，$\ln u$ 在点 $u=\mathrm{e}$ 处连续，于是有

$$\lim_{\Delta x\to 0}\ln\left(1+\frac{\Delta x}{x}\right)^{\frac{x}{\Delta x}}=\lim_{u\to\mathrm{e}}\ln u=\ln\mathrm{e}=1.$$

故 $y'=\lim\limits_{\Delta x\to 0}\frac{\Delta y}{\Delta x}=\frac{1}{x}\cdot\lim\limits_{\Delta x\to 0}\ln\left(1+\frac{\Delta x}{x}\right)^{\frac{x}{\Delta x}}=\frac{1}{x}\cdot\ln\mathrm{e}=\frac{1}{x}$.

（解法二）

由方法一知，

$$\lim_{\Delta x\to 0}\frac{\Delta y}{\Delta x}=\lim_{\Delta x\to 0}\frac{\ln\left(1+\frac{\Delta x}{x}\right)}{\Delta x}$$

$$=\lim_{\Delta x\to 0}\frac{\frac{\Delta x}{x}}{\Delta x}=\frac{1}{x},$$

故 $y'=\lim\limits_{\Delta x\to 0}\frac{\Delta y}{\Delta x}=\frac{1}{x}$.

2. $(\log_a x)'=\frac{1}{x\ln a}=\frac{\log_a\mathrm{e}}{x}$

证明：$(\log_a x)'=\left(\frac{\ln x}{\ln a}\right)'=\frac{1}{\ln a}\cdot\frac{1}{x}=\frac{1}{x\ln a}$.

又 $\ln a=\frac{\log_a a}{\log_a\mathrm{e}}=\frac{1}{\log_a\mathrm{e}}$，

故 $(\log_a x)'=\frac{1}{x\ln a}=\frac{\log_a\mathrm{e}}{x}$.

例1 求证：$(\ln|x|)'=\frac{1}{x}$.

证明： 当 $x>0$ 时，$y=\ln x$，$y'=\frac{1}{x}$；

当 $x<0$ 时，$y=\ln(-x)$，$y'=\frac{1}{-x}\cdot(-x)'=\frac{1}{x}$.

故不论 $x>0$ 或 $x<0$，都有 $(\ln|x|)'=\frac{1}{x}$.

例2 求下列函数的导数.

（1）$y=\ln(2x^2+3x+1)$；　　（2）$y=\ln\tan\left(\frac{x}{2}+\frac{\pi}{4}\right)$.

解：

（1）$y'=\frac{1}{2x^2+3x+1}\cdot(2x^2+3x+1)'=\frac{4x+3}{2x^2+3x+1}$.

（2）
$$y'=\frac{1}{\tan\left(\frac{x}{2}+\frac{\pi}{4}\right)}\cdot\left[\tan\left(\frac{x}{2}+\frac{\pi}{4}\right)\right]'$$
$$=\frac{1}{\tan\left(\frac{x}{2}+\frac{\pi}{4}\right)}\cdot\frac{1}{\cos^2\left(\frac{x}{2}+\frac{\pi}{4}\right)}\cdot\left(\frac{x}{2}+\frac{\pi}{4}\right)'$$
$$=\frac{1}{\tan\left(\frac{x}{2}+\frac{\pi}{4}\right)}\cdot\frac{1}{\cos^2\left(\frac{x}{2}+\frac{\pi}{4}\right)}\cdot\frac{1}{2}$$
$$=\frac{1}{\sin\left(x+\frac{\pi}{2}\right)}=\frac{1}{\cos x}=\sec x.$$

练习2.4

1. 设函数 $f(x)=\ln(3x+a)$，若 $f'(0)=1$，则 $a=$(　　)

A. 3　　B. e　　C. ln 3　　D. 1

2. 已知函数 $f(x)$ 的导函数为 $f'(x)$，且满足关系式 $f(x)=x^2+3xf'(2)+\ln x$，则 $f'(2)$ 的值等于(　　)

A. $-\frac{9}{4}$　　B. -2　　C. $\frac{9}{4}$　　D. 2

3. 若函数 $f(x)=\ln x$ 在点 (x_0,y_0) 处切线斜率为1，则 $x_0=$ ______.

4. 曲线 $y=x\ln x$ 在点 $(1,0)$ 处的切线方程为 ______________.

5. 求函数 $y=\ln(x^2+2)$ 的导数.

6. 求函数 $y=\ln\sin 2x$ 的导数.

六、指数函数的导数

1. $(e^x)'=e^x$

证明： 指数函数 $y=e^x$ 与对数函数 $x=\ln y$ 互为反函数，根据反函数的求导法则和对数求导公式，有

$$(e^x)'=\frac{1}{(\ln y)'}=\frac{1}{\frac{1}{y}}=y=e^x,$$

即 $(e^x)'=e^x$.

2. $(a^x)'=a^x\ln a$

证明： $\because a^x=(e^{\ln a})^x=e^{x\ln a}$,

$\therefore (a^x)'=(e^{x\ln a})'=e^{x\ln a}\cdot(x\ln a)'=e^{x\ln a}\cdot\ln a=a^x\cdot\ln a$.

例 1 求下列函数的导数.

(1) $y=x^3e^x$;

(2) $y=e^{3x}$;

(3) $y=e^{ax}\cos bx$;

(4) $y=a^{5x}$.

解： (1) $y'=3x^2e^x+x^3e^x=(3+x)x^2e^x$;

(2) $y'=e^{3x}\cdot 3=3e^{3x}$;

(3) $y'=ae^{ax}\cos bx+e^{ax}\cdot(-\sin bx)\cdot b=e^{ax}(a\cos bx-b\sin bx)$;

(4) $y'=a^{5x}\ln a\cdot(5x)'=5a^{5x}\ln a$.

例 2 求证：当 a 为任意实数时，有公式 $(x^a)'=ax^{a-1}$.

证明： 当 a 为任意实数时，我们只考虑 $x>0$，这时

$$x^a=(e^{\ln x})^a=e^{a\ln x},$$

$$(x^a)'=(e^{a\ln x})'=e^{a\ln x}\cdot(a\ln x)'=\frac{a}{x}e^{a\ln x}=\frac{a}{x}\cdot x^a=ax^{a-1}.$$

这就是一般的幂函数的导数公式.

例 3 求下列函数的导数.

(1) $y=x^{-\frac{1}{3}}(1-x^{\frac{8}{3}})$;

(2) $y=\sqrt{(x^2-a^2)^3}$.

解： (1) $y=x^{-\frac{1}{3}}(1-x^{\frac{8}{3}})=x^{-\frac{1}{3}}-x^{\frac{7}{3}}$,

故 $y'=-\frac{1}{3}x^{-\frac{4}{3}}-\frac{7}{3}x^{\frac{4}{3}}$.

(2) $y=(x^2-a^2)^{\frac{3}{2}}$,

故 $y'=\frac{3}{2}(x^2-a^2)^{\frac{1}{2}}\cdot 2x=3x\sqrt{x^2-a^2}$.

练习2.5

1. 函数$f(x)=e^{x-1}$，则$f'(2)=($　　$)$

A. e^2　　B. e　　C. 1　　D. $\frac{1}{2}$

2. 曲线$y=e^{-5x}+2$在点（0，3）处的切线方程为________.

3. 曲线$y=xe^x$在点（0，0）处的切线方程为________.

4. 求函数$y=e^{x^2}$的导数.

5. 求函数$y=e^{\sin\frac{1}{x}}$的导数.

6. 求函数$y=a^{2x}$的导数.

7. 求函数$y=x^{\frac{1}{3}}(x-x^{\frac{1}{2}})$的导数.

8. 求函数$y=\sqrt{(x^2-2)^3}$的导数.

七、基本求导法则与导数公式

初等函数是由常数和基本初等函数经过有限次四则运算和有限次的函数复合步骤所构成并可用一个式子表示的函数. 为了解决初等函数的求导问题，前面已经求出了常数和全部基本初等函数的导数，还推出了函数的和、差、积、商的求导法则以及复合函数的求导法则. 利用这些导数公式以及求导法则，可以比较方便地求初等函数的导数. 由前面所举的例子可见，基本初等函数的求导公式和上述求导法则，在初等函数的求导运算中起着重要的作用，我们必须熟练地掌握它. 为了便于查阅，我们把这些导数公式和求导法则归纳如下：

1. 常数和基本初等函数的导数公式

(1) $(C)'=0$ （C 为常数）；

(2) $(x^n)'=nx^{n-1}$（n 为实数）；

(3) $(\sin x)'=\cos x$；

(4) $(\cos x)'=-\sin x$；

(5) $(\tan x)'=\sec^2 x$；

(6) $(\cot x)'=-\csc^2 x$；

(7) $(\sec x)'=\sec x\tan x$；

(8) $(\csc x)'=-\csc x\cot x$；

(9) $(e^x)'=e^x$；

(10) $(a^x)'=a^x\ln a$；

(11) $(\ln x)'=\frac{1}{x}$；

(12) $(\log_a x)'=\frac{1}{x\ln a}=\frac{\log_a e}{x}$；

(13) $(\arcsin x)'=\frac{1}{\sqrt{1-x^2}}$；

(14) $(\arccos x)'=-\frac{1}{\sqrt{1-x^2}}$；

(15) $(\arctan x)'=\frac{1}{1+x^2}$；

(16) $(\operatorname{arccot} x)'=-\frac{1}{1+x^2}$.

2. 函数的和、差、积、商的求导法则

设 $u=u(x)$，$v=v(x)$都可导，则

(1) $(u\pm v)'=u'\pm v'$；

(2) $(Cu)'=Cu'$ （C 是常数）；

(3) $(uv)'=u'v+uv'$；

(4) $\left(\frac{u}{v}\right)'=\frac{u'v-uv'}{v^2}$ （$v\neq 0$）.

3. 复合函数的求导法则

设 $y=f(u)$，而 $u=\varphi(x)$ 且 $f(u)$ 及 $\varphi(x)$ 都可导，则复合函数 $y=f[\varphi(x)]$ 的导数为

$$f'[\varphi(x)]=f'(u)\cdot\varphi'(x), \text{或 } y'_x=y'_u\cdot u'_x.$$

习题3－2

1. 求下列函数的导数.

(1) $y=3x^4-23x^3+40x-10$；

(2) $y=ax^3-bx+c$；

(3) $y=\sin x-x+1$；

(4) $y=x^2+\cos x$.

2. 求下列函数的导数.

(1) $y=(3x^2+1)(2-x)$；

(2) $y=(1-2x^3)(x-3x^2)$；

（3） $y=(1+x^2)\cos x$；（4） $y=(1+\sin x)(1-2x)$.

3. 求下列函数的导数.

（1） $y=\dfrac{x-1}{x+1}$；（2） $y=\dfrac{a-x}{a+x}$；

（3） $y=\dfrac{1+x}{3-x^2}$；（4） $y=\dfrac{\cos x}{1-x^2}$.

4. 求下列函数的导数.

（1） $y=1+\dfrac{2}{x}+\dfrac{3}{x^2}-\dfrac{4}{x^3}$；（2） $y=\dfrac{4}{x^5}+\dfrac{7}{x^4}-\dfrac{2}{x}+12$；

（3） $y=\dfrac{-3x^4+3x^2-5}{x^3}$.

5. 求下列函数的导数.

（1） $y=x^2\sin x+x^3$；（2） $y=\dfrac{a^2-x^2}{a^2+x^2}$；

（3） $y=(2+3x)(1-x+x^2)$；（4） $y=\dfrac{\cos x}{1-\sin x}$.

6. 求下列函数在指定点处的导数.

（1）$y=x\sin x$ 在点 $x=\frac{\pi}{4}$ 处；

（2）$y=\frac{2-3x^2}{1+2x}$ 在点 $x=1$ 处.

7. 求正弦函数 $y=\sin x$ 在点 $\left(\frac{\pi}{6},\ \frac{1}{2}\right)$ 处的切线方程和法线方程.

8. 求下列函数的导数.

（1）$y=(2x+5)^4$；

（2）$y=\cos(4-3x)$；

（3）$y=\sin^2 x$；

（4）$y=\tan(x^2)$.

9. 求下列函数的导数.

（1）$y=\arcsin(1-2x)$；

（2）$y=\arctan(x^2)$；

（3）$y=(\arcsin x)^2$；

（4）$y=\left(\arcsin\frac{x}{2}\right)^2$.

10. 求下列函数的导数.

（1）$y=\ln\frac{1+3x^2}{2-x^2}$；

（2）$y=\log_a(2x^3+3x^2)$；

（3） $y=\lg(1+\cos x)$；　　（4） $y=\ln(\ln x)$.

11. 求下列函数的导数.

（1） $y=\frac{a}{2}(e^{\frac{x}{a}}-e^{-\frac{x}{a}})$；　　（2） $y=x^{n}\cdot e^{-x}$；

（3） $y=e^{2x}\cdot\ln x$；　　（4） $y=e^{x^2+1}$.

12. 求下列函数的导数.

（1） $y=x^{\frac{2}{3}}-2x^{-\frac{1}{2}}+5x^{\frac{7}{6}}$；　　（2） $y=\sqrt{a^2-x^2}$.

13. 求下列函数的导数.

（1） $y=\sqrt{2-x^2}$；　　（2） $y=\frac{x}{\sqrt{1+x}}$；

（3） $y=\frac{\sin x}{1+\cos x}$；　　（4） $y=\frac{1}{3}\tan^3 x-\tan x+x$；

（5） $y=\tan x-\sec x$；　　（6） $y=\tan\left(\frac{\pi}{4}-\frac{x}{2}\right)$.

14. 求下列函数的导数.

（1） $y=\dfrac{\arcsin x}{\sqrt{1-x^2}}$；

（2） $y=\ln\sqrt{\dfrac{1+x}{1-x}}$；

（3） $y=x^a+a^x$；

（4） $y=x\cdot\arctan x-\dfrac{1}{2}\ln(1+x^2)$.

15. 求下列曲线在指定点 M 处的切线和法线的方程.

（1） $y=\dfrac{3}{5}\sqrt{25-x^2}$，点 $M\left(4,\ \dfrac{9}{5}\right)$；

（2） $y=x^2-4\sqrt{x}$，点 M （1， -3）.

第三节 隐函数的导数与二阶导数

一、隐函数的导数

函数 $y=f(x)$ 表示两个变量 y 与 x 之间的对应关系，这种对应关系可以用各种不同方式表达. 前面我们遇到的函数，例如 $y=\sin x$，$y=\ln x+\sqrt{1-x^2}$ 等，这种函数表达方式的特点是：等号左端是因变量的符号，而右端是含有自变量的式子，当自变量取定义域内任一值时，由这个式子能确定对应的函数值. 用这种方式表达的函数叫做**显函数**（explicit function）. 有些函数的表达方式却不是这样，例如，方程

$$x+y^3-1=0$$

表示一个函数，因为当变量 x 在（$-\infty$，$+\infty$）内取值时，变量 y 有确定的值与之对

应. 例如，当 $x=0$ 时，$y=1$；当 $x=-1$ 时，$y=\sqrt[3]{2}$，等等. 这样的函数称为**隐函数**（implicit function）.

一般地，如果在方程 $F(x, y)=0$ 中，当 x 取某区间内的任一值时，相应地总有满足该方程的唯一的 y 值存在，那么就说方程 $F(x, y)=0$ 在该区间内确定了一个隐函数.

把一个隐函数化成显函数，叫做隐函数的显化. 例如从方程 $x+y^3-1=0$ 解出 $y=\sqrt[3]{1-x}$，就把隐函数化成了显函数. 隐函数的显化有时是很困难的，甚至是不可能的. 但在实际问题中，有时需要计算隐函数的导数，因此，我们希望有一种方法，不管隐函数能否显化，都能直接由方程算出它所确定的隐函数的导数来.

对隐函数求导，只要把方程 $F(x, y)=0$ 的两边对 x 求导，再解出 y'_x 即可.

注： y 是 x 的函数，在对 y 或 y 的函数求导时，运用复合函数求导法则即可.

下面通过具体例子来说明这种方法.

例 1 求由方程 $e^y+xy-e=0$ 所确定的隐函数 y 的导数 y'_x.

解： 把方程两边分别对 x 求导数，得

$$(e^y+xy-e)'=0,$$

$$e^y \cdot y'_x+y+x \cdot y'_x=0,$$

整理得

$$y'_x=-\frac{y}{x+e^y} \quad (x+e^y \neq 0).$$

在这个结果中，分式中的 y 是由方程 $e^y+xy-e=0$ 所确定的隐函数.

例 2 求由方程 $y^5+2y-x-3x^7=0$ 所确定的隐函数 y 在 $x=0$ 处的导数 $y'|_{x=0}$.

解： 把方程两边分别对 x 求导数，得

$$(y^5+2y-x-3x^7)'=0.$$

$$5y^4 \cdot y'_x+2y'_x-1-21x^6=0.$$

整理得

$$y'_x=\frac{1+21x^6}{2+5y^4}.$$

$\because$ 当 $x=0$ 时，从原方程得 $y=0$，

$\therefore y'|_{x=0}=\frac{1}{2}$.

例 3 求椭圆 $\frac{x^2}{16}+\frac{y^2}{9}=1$ 在点 $\left(2, \frac{3}{2}\sqrt{3}\right)$ 处的切线方程.

解： 由导数的几何意义知道，所求切线的斜率为

$$k=y'|_{x=2}.$$

把椭圆方程的两边分别对 x 求导，有

$$\left(\frac{x^2}{16}+\frac{y^2}{9}\right)'=(1)',$$

$$\frac{x}{8}+\frac{2}{9}y \cdot y'_x=0,$$

整理得
$$y'_x = -\frac{9x}{16y}.$$
当 $x=2$，$y=\frac{3}{2}\sqrt{3}$ 时，代入上式，得
$$y'|_{x=2} = -\frac{\sqrt{3}}{4}.$$
于是所求的切线方程为
$$y-\frac{3}{2}\sqrt{3} = -\frac{\sqrt{3}}{4}(x-2),$$
即
$$\sqrt{3}x+4y-8\sqrt{3}=0.$$

练习 3.1

1. 求由方程 $e^x+\ln y+y=0$（$y>0$）所确定的隐函数 y 的导数 y'_x.

2. 求由方程 $y^3+3y-4x+x^5=0$ 所确定的隐函数 y 在 $x=0$ 处的导数 $y'|_{x=0}$.

3. 求椭圆 $\frac{x^2}{9}+\frac{y^2}{4}=1$ 在点 $\left(1,\ \frac{4\sqrt{2}}{3}\right)$ 处的切线方程.

二、二阶导数

我们知道，变速直线运动的速度 $v(t)$ 是位移函数 $s(t)$ 对时间 t 的导数，即
$$v = s'(t).$$
而加速度 a 又是速度 v 对时间 t 的变化率，即速度 v 对时间 t 的导数：
$$a = v'(t) = (s'(t))' = s''(t).$$
这种导数的导数 $(s')'$ 叫做 s 对 t 的二阶导数，记作 $s''(t)$.

所以，直线运动的加速度就是位移函数 s 对时间 t 的二阶导数. 这就是二阶导数的物理意义.

一般地，函数 $y=f(x)$ 的导数 $y'=f'(x)$ 仍然是 x 的函数. 我们把 $y'=f'(x)$ 的导数叫做函数 $y=f(x)$ 的**二阶导数**（second derivative），记作 y'' 或 $f''(x)$，即
$$y'' = (y')'.$$

相应地，把 $y=f(x)$ 的导数 $f'(x)$ 叫做函数 $y=f(x)$ 的一阶导数.

类似地，二阶导数的导数，叫做三阶导数，三阶导数的导数叫做四阶导数，…，一般地，$(n-1)$ 阶导数的导数叫做 n 阶导数，分别记作

$$y''',y^{(4)},\cdots,y^{(n)}.$$

函数 $y=f(x)$ 具有 n 阶导数，也常说函数 $f(x)$ 为 n 阶可导. 如果函数 $f(x)$ 在点 x 处具有 n 阶导数，那么 $f(x)$ 在点 x 的某一邻域内必定具有一切低于 n 阶的导数. 二阶及二阶以上的导数统称**高阶导数**（nth derivative）.

由此可见，求高阶导数就是多次接连地求导数. 所以，仍可应用前面学过的求导方法来计算高阶导数.

例 1 已知 $y=ax+b$，求 y''.

解： $y'=a$，$y''=0$.

例 2 已知 $s=\sin\omega t$，求 s''.

解： $s'=\omega\cos\omega t$，$s''=-\omega^2\sin\omega t$.

例 3 设 $y=2x^3-x^2+1$，求 y''.

解： $y'=6x^2-2x$，$y''=12x-2$.

例 4 设 $y=\mathrm{e}^x\cos x$，求 $y'|_{x=0}$，$y''|_{x=0}$.

解： $y'=\mathrm{e}^x\cos x-\mathrm{e}^x\sin x=\mathrm{e}^x(\cos x-\sin x)$；

$y''=\mathrm{e}^x(\cos x-\sin x)+\mathrm{e}^x(-\sin x-\cos x)=-2\mathrm{e}^x\sin x$.

故 $y'|_{x=0}=1$，$y''|_{x=0}=0$.

练习 3.2

1. 求函数 $y=2x^2+3$ 的二阶导数.

2. 求函数 $y=\cos 3x$ 的二阶导数.

3. 求函数 $y=3x^4+2x^3+2x+5$ 的二阶导数.

4. 已知函数 $y=\mathrm{e}^x\cdot\sin x$，求 $y'|_{x=0}$，$y''|_{x=0}$.

习题3－3

1. 求由下列方程所确定的隐函数 y 的导数 y'_x.

（1）$y^2-2xy+9=0$；　　（2）$x^3+y^3-3axy=0$；

（3）$xy=\mathrm{e}^{x+y}$；　　（4）$y=1-x\mathrm{e}^y$.

2. 求曲线 $x^2+2xy-y^2=2x$ 在点（2，4）处的切线的方程.

3. 写出椭圆 $4x^2+9y^2=36$ 在下列点处的切线方程.

（1）$M\left(1,\ \frac{4}{3}\sqrt{2}\right)$；　　（2）$N\left(\frac{3}{2},\ -\sqrt{3}\right)$.

4. 写出双曲线 $3x^2-y^2=1$ 在下列点处的切线方程.

（1）$M(1,\ -\sqrt{2})$；　　（2）$N(\sqrt{3},\ 2\sqrt{2})$.

5. 求圆 $(x-1)^2+(y-2)^2=25$ 在点 $P(5,\ 5)$ 处的切线和法线的方程.

6. 求下列函数的二阶导数.

(1) $y=x\ln x$;　　　　(2) $y=\tan x$;

(3) $y=2x^2+\ln x$;　　　　(4) $y=e^{2x-1}$.

7. 设函数 $f(x)=(x+10)^3$，求 $f''(2)$.

第四节　函数的微分与应用

一、微分的概念

1. 微分的定义

在实际问题中，有时需要考虑：当自变量有较小的改变时，函数改变多少. 如果函数很复杂，计算函数的改变量也就会很复杂. 能不能找到一个既简便而又具有较好精确度的计算函数改变量的近似值的方法呢？下面先来分析一个实例.

设有边长为 x 的正方形铁片，加热后边长增加了 Δx（图 3－5），求铁片的面积约增加多少？

加热前铁片的面积为 $y=f(x)=x^2$，当边长增加了 Δx，铁片面积的增加量就是函数 $f(x)$ 的改变量

$$\Delta y=(x+\Delta x)^2-x^2=x^2+2x\cdot\Delta x+(\Delta x)^2-x^2=2x\cdot\Delta x+(\Delta x)^2.$$

Δy 由两部分组成，一部分是 Δx 的线性函数 $2x\cdot\Delta x$（图 3－5 中单线阴影部分的面积），另一部分是 $(\Delta x)^2$（图 3－5 中双线阴影部分的面积）.

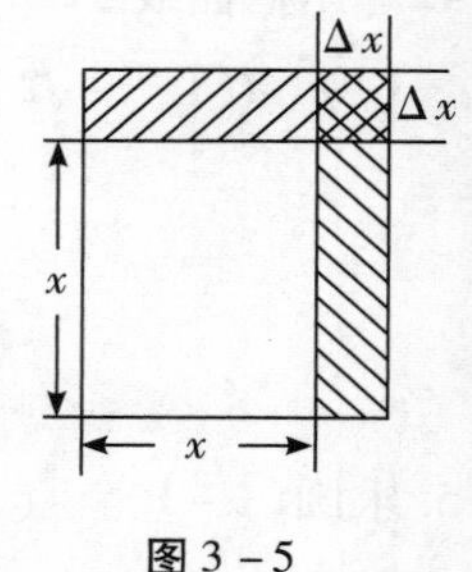

图 3－5

如果以 $2x\cdot\Delta x$ 作为 Δy 的近似值，其误差为

$$\Delta y-2x\cdot\Delta x=(\Delta x)^2.$$

这个误差 $(\Delta x)^2$ 显然随着 $|\Delta x|$（在这个实际问题中，$\Delta x>0$，可以去掉绝对值符号）的减小而减小，而且 $(\Delta x)^2$ 要比 $|\Delta x|$ 减小得更快些（例如，$|\Delta x|$ 从 0.1 减小到 0.01，$(\Delta x)^2$ 就相应地从 0.01 减小到 0.000 1），当 $|\Delta x|$ 很小时，$(\Delta x)^2$ 比 $|\Delta x|$ 要小得多（例如 $|\Delta x|=10^{-5}$，$(\Delta x)^2=10^{-10}$），因此式子 $\Delta y=2x\cdot\Delta x+(\Delta x)^2$ 右边的两项中，

第一项 $2x \cdot \Delta x$ 是主要部分. 当 $|\Delta x|$ 很小时，可认为铁片面积增加量为

$$\Delta y \approx 2x \cdot \Delta x.$$

这样我们可以用计算 $2x \cdot \Delta x$ 来代替计算 $y=x^2$ 的改变量 Δy，这比计算 Δy 来得简便，且有一定的精确度.

由 $2x=(x^2)'=f'(x)$，于是上例中有 $\Delta y \approx f'(x) \cdot \Delta x$.

由此实例引出微分的定义：

定义 1　设函数 $y=f(x)$ 在点 x 处可导，则 $y=f(x)$ 在点 x 处的导数 $f'(x)$ 与自变量的改变量 Δx 的积叫做函数 $y=f(x)$ 在点 x 处关于改变量 Δx 的**微分**（differential），简称函数 y 的微分，记作 dy，即 $dy=f'(x)\Delta x$.

因此，在 $y=x^2$ 时，$\Delta y \approx f'(x)\Delta x = dy$.

即函数的改变量 Δy 可用它的微分近似地表示出来. 对于一般的可导函数也有同样的结果，我们就不证了. 这样，就可把计算较为复杂的 Δy 转化为计算 dy，即只要求出导数值 $f'(x)$ 再乘以 Δx 就行了.

例 1　半径为 10cm 的金属圆片加热后，半径伸长了 0.05cm，求此时面积的微分 dA 与 $\Delta A - dA$ 的值.

解： 以 A 表示圆片的面积，r 表示圆片的半径，则 $A=\pi r^2$.

根据题意，取 $r=10$，$\Delta r=0.05$. 这时 $dA=2\pi r \cdot \Delta r = 2\pi \times 10 \times 0.05 = \pi \text{cm}^2$.

又 $\Delta A = \pi(r+\Delta r)^2 - \pi r^2 = 2\pi r\Delta r + \pi(\Delta r)^2$，

故 $\Delta A - dA = 2\pi r \cdot \Delta r + \pi(\Delta r)^2 - 2\pi r \cdot \Delta r = \pi(\Delta r)^2 = \pi(0.05)^2 = 0.002\,5\pi \text{cm}^2$.

答：面积的微分 dA 为 πcm^2，$\Delta A - dA$ 为 $0.002\,5\pi \text{cm}^2$.

本例中，如果“加热”改为“冷却”，“伸长”改为“缩短”，这时，可取 $r=10$，$\Delta r=-0.05$，于是 dA 为 $-\pi \text{cm}^2$，$\Delta A - dA$ 为 $-0.002\,5\pi \text{cm}^2$.

通常把自变量的改变量 Δx 记作 dx，即 $dx=\Delta x$，称为自变量的微分，于是函数 $y=f(x)$ 的微分也可以写成

$$dy = f'(x)dx. \quad ①$$

在①式两边同时除以 dx，得到 $f'(x)=\frac{dy}{dx}$，这样，函数 $y=f(x)$ 的导数 $f'(x)$ 就等于函数的微分 dy 与自变量的微分 dx 的商. 所以导数也叫**微商**（differential quotient）. 今后，我们也采用记号 $\frac{dy}{dx}$ 来表示函数 $y=f(x)$ 的导数 $f'(x)$，即

$$\frac{dy}{dx} = f'(x) = y'_x = \lim_{\Delta x \to 0} \frac{\Delta y}{\Delta x}.$$

2. 微分的几何意义

为了对微分有比较直观的了解，我们来说明微分的几何意义.

在直角坐标系中，函数 $y=f(x)$ 的图形是一条曲线. 对于某一固定的 x_0 值，曲线上有一个确定点 $M(x_0, y_0)$，当自变量 x 有微小增量 Δx 时，就得到曲线上另一点 $N(x_0+\Delta x, y_0+\Delta y)$. 从图3-6可知：

$$MQ = \Delta x,\ QN = \Delta y.$$

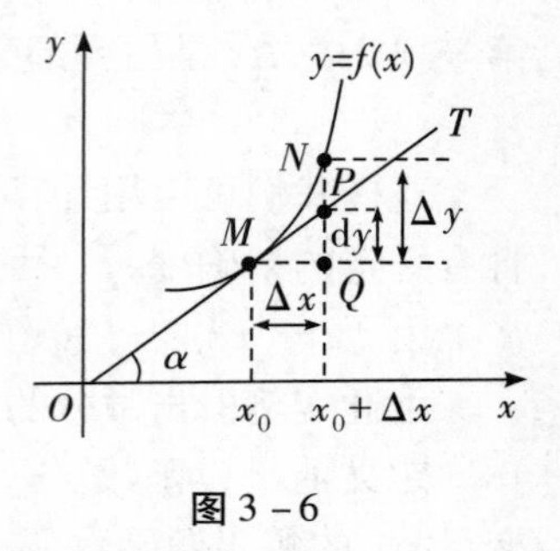

图 3-6

过点 M 作曲线的切线 MT，它的倾斜角为 α，则

$$QP=MQ\cdot\tan\ \alpha=\Delta x\cdot f'(x_0),$$

即
$$\mathrm{d}y=QP.$$

所以，当自变量的改变量为 Δx 时，Δy 就是曲线的纵坐标的改变量，$\mathrm{d}y$ 就是切线的纵坐标的改变量，这就是函数的微分的几何意义.

由此可见，当 Δy 是曲线 $y=f(x)$ 上的点的纵坐标的增量时，$\mathrm{d}y$ 就是曲线的切线上点的纵坐标的相应增量. 当 $|\Delta x|$ 很小时，$|\Delta y-\mathrm{d}y|$ 比 $|\Delta x|$ 小得多. 因此在点 M 的邻近，我们可以用切线段来近似代替曲线段. 这种在一定条件下以直代曲的方法是微分和积分中常用的典型方法.

3. 基本初等函数的微分公式与微分运算法则

从函数的微分的表达式

$$\mathrm{d}y=f'(x)\mathrm{d}x,$$

可以看出，要计算函数的微分，只要计算函数的导数，再乘以自变量的微分. 计算微分或导数的方法也叫微分法. 因此，可得如下的微分公式和微分运算法则.

（1）基本初等函数的微分公式.

由基本初等函数的导数公式，可以直接写出基本初等函数的微分公式.

①$\mathrm{d}(x^n)=nx^{n-1}\mathrm{d}x$；　②$\mathrm{d}(\sin x)=\cos x\mathrm{d}x$；

③$\mathrm{d}(\cos x)=(-\sin x)\mathrm{d}x$；　④$\mathrm{d}(\tan x)=\sec^2x\mathrm{d}x$；

⑤$\mathrm{d}(\cot x)=(-\csc^2x)\mathrm{d}x$；　⑥$\mathrm{d}(\sec x)=\sec x\tan x\mathrm{d}x$；

⑦$\mathrm{d}(\csc x)=(-\csc x\cot x)\mathrm{d}x$；　⑧$\mathrm{d}(a^x)=a^x\ln a\mathrm{d}x$；

⑨$\mathrm{d}(\mathrm{e}^x)=\mathrm{e}^x\mathrm{d}x$；　⑩$\mathrm{d}(\log_a x)=\dfrac{1}{x\ln a}\mathrm{d}x$；

⑪$\mathrm{d}(\ln x)=\dfrac{1}{x}\mathrm{d}x$；　⑫$\mathrm{d}(\arcsin x)=\dfrac{1}{\sqrt{1-x^2}}\mathrm{d}x$；

⑬$\mathrm{d}(\arccos x)=-\dfrac{1}{\sqrt{1-x^2}}\mathrm{d}x$；　⑭$\mathrm{d}(\arctan x)=\dfrac{1}{1+x^2}\mathrm{d}x$；

⑮$\mathrm{d}(\mathrm{arccot}\ x)=\left(-\dfrac{1}{1+x^2}\right)\mathrm{d}x$.

（2）函数和、差、积、商的微分法则.

由函数和、差、积、商的求导法则，可推得相应的微分法则（下面的 u，v 均为 x 的可微函数）.

①$\mathrm{d}(u\pm v)=\mathrm{d}u\pm\mathrm{d}v$；　②$\mathrm{d}(Cu)=C\mathrm{d}u$；

③$\mathrm{d}(uv)=v\mathrm{d}u+u\mathrm{d}v$；　④$\mathrm{d}\left(\dfrac{u}{v}\right)=\dfrac{v\mathrm{d}u-u\mathrm{d}v}{v^2}\ (v\neq0)$.

现在我们以乘积的微分法则为例加以证明.

根据函数微分的表达式，有

$$\mathrm{d}(uv)=(uv)'\mathrm{d}x.$$

再根据乘积的求导法则，有

$$(uv)' = u'v + uv'.$$

于是 $$d(uv) = (u'v + uv')dx = u'vdx + uv'dx.$$

由于 $$u'dx = du, \quad v'dx = dv,$$

故 $$d(uv) = vdu + udv.$$

其他法则都可以用类似方法证明.

例 2 求下列函数的微分.

(1) $y = \sin x$；　　(2) $y = \arctan x$.

解：(1) $dy = (\sin x)'dx = \cos x dx$.

(2) $dy = (\arctan x)'dx = \dfrac{1}{1+x^2}dx$.

例 3 求下列函数的微分.

(1) $y = e^{ax}\sin bx$；　　(2) $y = \dfrac{\ln x}{x}$.

解：(1)（解法一）

$$\begin{aligned} dy &= e^{ax}d(\sin bx) + \sin bx d(e^{ax}) \\ &= e^{ax} \cdot b\cos bx dx + \sin bx \cdot ae^{ax}dx \\ &= e^{ax}(b\cos bx + a\sin bx)dx. \end{aligned}$$

（解法二）

因 $y' = ae^{ax}\sin bx + e^{ax}\cos bx \cdot b = e^{ax}(a\sin bx + b\cos bx)$，

故 $dy = e^{ax}(a\sin bx + b\cos bx)\ dx$.

(2)（解法一）

$$dy = \frac{xd(\ln x) - \ln x dx}{x^2} = \frac{x \cdot \frac{1}{x}dx - \ln x dx}{x^2} = \frac{1 - \ln x}{x^2}dx.$$

（解法二）

$$dy = \left(\frac{\ln x}{x}\right)'dx = \frac{\frac{1}{x} \cdot x - \ln x}{x^2}dx = \frac{1 - \ln x}{x^2}dx.$$

求微分时，可以直接利用微分的运算法则和公式来求，也可以先求导，再根据微分定义 $dy = f'(x)dx$ 求出.

练习 4.1

求下列函数的微分.

(1) $y = \cos x$；　　(2) $y = \ln(1 + e^{x^2})$；

（3）$y=\mathrm{e}^{1-3x}\cos x$；　　（4）$y=\tan^2(1+2x^2)$；

（5）$y=\arctan\dfrac{1-x^2}{1+x^2}$.

二、微分的应用

在实际问题中，经常会遇到一些复杂的计算公式. 如果直接用这些公式进行计算，那是很费力的. 利用微分往往可以把一些复杂的计算公式改用简单的近似公式来代替.

前面说过，如果 $y=f(x)$ 在点 x_0 处的导数 $f'(x_0)\neq 0$，且 $|\Delta x|$ 很小时，我们有

$$\Delta y\approx \mathrm{d}y=f'(x_0)\Delta x.$$

这个式子也可以写为

$$\Delta y=f(x_0+\Delta x)-f(x_0)\approx f'(x_0)\Delta x \qquad ①$$

或

$$f(x_0+\Delta x)\approx f(x_0)+f'(x_0)\Delta x. \qquad ②$$

在②式中令 $x=x_0+\Delta x$，即 $\Delta x=x-x_0$，那么②式可改写为

$$f(x)\approx f(x_0)+f'(x_0)(x-x_0). \qquad ③$$

如果 $f(x_0)$ 与 $f'(x_0)$ 都容易计算，那么可利用①式来近似计算 Δy，利用②式来近似计算 $f(x_0+\Delta x)$，或利用③式来近似计算 $f(x)$. 这种近似计算的实质就是用 x 的线性函数 $f(x_0)+f'(x_0)(x-x_0)$ 来近似表示函数 $f(x)$. 从导数的几何意义可知，这也就是用曲线 $y=f(x)$ 在点 $(x_0, f(x_0))$ 处的切线来近似代替该曲线（就切点邻近部分来说）.

例 1　有一批半径为 1cm 的球，为了提高球面的光洁度，要镀上一层铜，厚度定为 0.01cm. 估计一下每只球需用铜多少克？（铜的密度是 $8.9\mathrm{g/cm^3}$）

解：先求出镀层的体积，再乘上密度就得到每只球需用铜的质量.

因为镀层的体积等于两个球的体积之差，所以它就是球的体积 $V=\dfrac{4}{3}\pi R^3$ 当 R 自 R_0 取得增量 ΔR 时的增量 ΔV. 我们求 V 对 R 的导数：

$$V'\big|_{R=R_0}=\left(\frac{4}{3}\pi R^3\right)'\Big|_{R=R_0}=4\pi R_0^2,$$

由①式得 $\Delta V\approx 4\pi R_0^2\Delta R$.

将 $R_0=1$，$\Delta R=0.01$ 代入上式，得 $\Delta V\approx 4\times 3.14\times 1^2\times 0.01=0.13\mathrm{cm^3}$.

于是镀每只球需用的铜约为 $0.13\times 8.9=1.16\mathrm{g}$.

例2 利用微分计算 sin 46°的近似值.

解：令 $y=\sin x$，由③式，得

$$\sin x \approx \sin x_0 + \cos x_0 \cdot (x-x_0).$$

$\because 46° = 45° + 1° = \left(\frac{\pi}{4}+\frac{\pi}{180}\right)$弧度，

取 $x_0=\frac{\pi}{4}$，$x=\frac{\pi}{4}+\frac{\pi}{180}$，于是 $x-x_0=\frac{\pi}{180}$，

$$\therefore \sin 46° = \sin\left(\frac{\pi}{4}+\frac{\pi}{180}\right) \approx \sin\frac{\pi}{4}+\cos\frac{\pi}{4}\cdot\frac{\pi}{180}=\frac{\sqrt{2}}{2}+\frac{\sqrt{2}}{2}\cdot\frac{\pi}{180}$$

$$\approx 0.7071+0.0123=0.7194.$$

下面我们来推导一些常用的近似公式. 为此，在③式中取 $x_0=0$，于是得

$$f(x) \approx f(0)+f'(0)x. \quad ④$$

应用④式可以推得以下几个在实际中常用的近似公式（下面都假定 $|x|$ 是较小的数值）：

(1) $\sqrt[n]{1+x}\approx 1+\frac{1}{n}x$；

(2) $\sin x \approx x$（x 用弧度作单位来表达）；

(3) $\tan x\approx x$（x 用弧度作单位来表达）；

(4) $e^x\approx 1+x$；

(5) $\ln(1+x)\approx x$；

(6) $(1+x)^n\approx 1+nx$（n 为实数）；

(7) $\frac{1}{1+x}\approx 1-x$；

(8) $\arctan x\approx x$.

证明：(1) 取 $f(x)=\sqrt[n]{1+x}$，那么 $f(0)=1$，$f'(0)=\frac{1}{n}(1+x)^{\frac{1}{n}-1}\big|_{x=0}=\frac{1}{n}$，代入④式，便得

$$\sqrt[n]{1+x}\approx 1+\frac{1}{n}x.$$

(2) 取 $f(x)=\sin x$，那么 $f(0)=0$，$f'(0)=\cos x\big|_{x=0}=1$，代入④式便得

$$\sin x\approx x.$$

其他几个近似公式可用类似方法证明.

例3 根据导出的近似公式，求下列各式的近似值.

(1) $\sqrt{4.01}$；　(2) $\sqrt{8.997}$；　(3) $\ln 1.002$；

(4) $\ln 0.998$；　(5) $e^{0.01}$；　(6) $e^{-0.02}$.

解：(1) $\sqrt{4.01}=\sqrt{4\left(1+\frac{0.01}{4}\right)}=2\sqrt{1+\frac{0.01}{4}}$

利用公式 $\sqrt[n]{1+x}\approx 1+\frac{1}{n}x$，得

$$\sqrt{4.01}\approx 2\left(1+\frac{1}{2}\times\frac{0.01}{4}\right)=2.0025.$$

(2) $\sqrt{8.997}=\sqrt{9-0.003}=\sqrt{9\left(1-\frac{0.003}{9}\right)}=3\sqrt{1-\frac{0.003}{9}}$

$$\approx 3\left(1-\frac{1}{2}\times\frac{0.003}{9}\right)=2.9995.$$

（3）利用公式 $\ln(1+x)\approx x$，得 $\ln\ 1.002=\ln(1+0.002)\approx 0.002$.

（4）$\ln 0.998=\ln(1-0.002)\approx -0.002$.

（5）利用公式 $e^x\approx 1+x$，得 $e^{0.01}\approx 1+0.01=1.01$.

（6）$e^{-0.02}\approx 1-0.02=0.98$.

练习 4.2

1. 球壳的外直径是 50cm，厚度是 0.1cm，求球壳体积的近似值.

2. 利用微分计算 $\cos\ 29°$ 的近似值.

3. 根据导出的近似公式，求下列各式的近似值.

（1）$\sin\ 0.016$；　　（2）$\sqrt{15.98}$；

（3）$\ln 0.97$.

习题 3－4

1. 求下列函数的微分.

（1）$y=ax^3+bx^2+cx+d$；　　（2）$y=(2x^2-3)(3x+4)$；

（3） $y=(a^2-x^2)^5$；

（4） $y=\frac{(x-1)(x-2)}{(x+1)(x+2)}$.

2. 求下列函数的微分.

（1） $y=\frac{1}{x}+2\sqrt{x}$；

（2） $y=x\sin 2x$；

（3） $y=\frac{x}{\sqrt{x^2+1}}$；

（4） $y=[\ln(1-x)]^2$.

3. 一金属圆管的内半径为 10cm，厚度为 0.05cm，求圆管的横截面积的近似值.

4. 利用微分计算 $\tan 136°$ 的近似值.

5. 计算下列各式的近似值.

（1） $\sqrt{9.01}$；

（2） $\sqrt[3]{1.004}$；

（3） $e^{-0.03}$.

复习题三

1. 已知物体的运动规律为 $s=2t^2+5t+1$（m），求这物体在 $t=3$s 时的速度.

2. 下列各题中均假定 $f'(x_0)$ 存在，按照导数定义观察下列极限，指出 A 与 $f'(x_0)$ 的关系.

（1）$\lim\limits_{\Delta x\to 0}\dfrac{f(x_0-\Delta x)-f(x_0)}{\Delta x}=A$；　　（2）$\lim\limits_{h\to 0}\dfrac{f(x_0+h)-f(x_0-h)}{h}=A$.

3. 求下列函数的导数.

（1）$y=\dfrac{1}{\sqrt{x}}$；　　（2）$y=\sqrt{x-1}$.

4. 求曲线 $y=2x-x^3$ 在点（-1，-1）处的切线的倾斜角.

5. 讨论下列函数在 $x=0$ 处的连续性与可导性.

（1）$y=|\sin x|$；　　（2）$y=\begin{cases}x^2\sin\dfrac{1}{x}, & x\neq 0,\\ 0, & x=0.\end{cases}$

6. 函数 $f(x)=\begin{cases}\dfrac{2}{3}x^3, & x\leqslant 1,\\ x^2, & x>1\end{cases}$ 在点 $x=1$ 处是否可导？为什么？

7. 求下列函数的导数.

（1） $y=2x^3-5x^2+3x-7$；　　（2） $y=x^3-3x^2+4x-5$.

8. 求下列函数的导数.

（1） $y=(2+3x)(4-7x)$；　　（2） $y=(x^2-1)(x^2-3)(x^2-5)$.

9. 求下列函数的导数.

（1） $y=\dfrac{1}{1+\sin x}$；　　（2） $y=\dfrac{\sin x}{x}$.

10. 求下列函数的导数.

（1） $y=x^3\left(\sin x+\sin\dfrac{\pi}{4}\right)$；　　（2） $y=\dfrac{x-1}{x^2-3x+6}$.

11. 求下列函数在指定点处的导数.

（1） $y=\sin x-\cos x$，求 $y'\big|_{x=\frac{\pi}{6}}$ 和 $y'\big|_{x=\frac{\pi}{4}}$；

（2） $f(x)=\dfrac{3}{5-x}+\dfrac{x^2}{5}$，求 $f'(0)$ 和 $f'(2)$.

12. 求曲线 $y=\cos x$ 在点 $\left(\dfrac{\pi}{3},\dfrac{1}{2}\right)$ 处的切线方程和法线方程.

13. 求下列函数的导数.

（1）$y=\frac{\sin 2x}{x}$;

（2）$y=(ax+b)^n$;

（3）$y=\sin^3(4x+3)$;

（4）$y=\frac{\sin 2x}{1+x}$.

14. 求下列函数的导数.

（1）$y=\arctan \frac{x+1}{x-1}$;

（2）$y=\frac{\arcsin x}{\arccos x}$;

（3）$y=x\cdot \arcsin x$;

（4）$y=\arccos(1-x)$;

（5）$y=(\arctan x)^2$;

（6）$y=\operatorname{arccot}(1-x^2)$.

15. 求下列函数的导数.

（1）$y=x\ln^2 x$;

（2）$y=\frac{1-\ln x}{1+\ln x}$;

（3）$y=\ln \frac{1-\sin x}{1+\sin x}$;

（4）$y=x\log_3 x$.

16. 求下列函数的导数.

（1）$y=\frac{e^{x}-e^{-x}}{e^{x}+e^{-x}}$；

（2）$y=e^{-3x}\sin 2x$；

（3）$y=\frac{1+x}{2^{x}}$；

（4）$y=a^{2x+1}$.

17. 求下列函数的导数.

（1）$y=\sqrt[3]{(4-3x^{2})^{2}}$；

（2）$y=\sqrt[3]{\frac{x-a}{x+a}}$.

18. 求曲线 $y=e^{x}$ 在点（0，1）处的切线方程和法线方程.

19. 求下列函数的二阶导数.

（1）$y=x\cos x$；

（2）$y=e^{-t}\cdot\sin t$；

（3）$y=\ln(1-x^{2})$；

（4）$y=(1+x^{2})\arctan x$.

20. 设函数$f(x)=(x+2)^6$，求$f''(-3)$.

21. 求下列函数的微分.

（1）$y=e^{-x}\ln x$；（2）$y=\sin(2x+1)$.

22. 求下列函数的微分.

（1）$y=x^2e^{2x}$；（2）$y=e^{-x}\cos(3-x)$.

23. 计算下列各式的近似值.

（1）$\sqrt[3]{0.982}$；（2）$(1.002)^5$；

（3）$\ln 1.01$.

文化广角

导数的发展简史

一、导数的早期形式

1629 年，法国数学家费马(Fermat，1601—1665) 设计了求曲线的切线和函数极值的方法，1637 年，该方法在他的一篇手稿《求最大值和最小值的方法》中被发现，他在作切线时构造了差分 $f(x+E)-f(x)$，其分式接近于导数 $f'(x)$，即导数的早期形式.

二、导数的发展时期

在前人创造性研究的基础上，牛顿(Newton，1643—1727)、莱布尼茨（Leibniz，1646—1716）分别从物理（运动学）和数学（几何学）独立地研究了导数，从此创立了微积分.

牛顿的微积分理论被称为“流数法”，他称变量为流量（fluent)，变量的变化率为流数(fluxion)，相当于我们所说的导数. 牛顿关于“流数法”的主要著作有《求曲边形面积》《运用无穷多项方程的分析学》《流数法与无穷级数》等. 在《求曲边形面积》中，牛顿认为，“直线不是一部分一部分地连接，而是由点的连续运动画出来的. 流数可以任意地接近于在尽可能小的等间隔时段中产生的流量的增量”.

在建立微积分中与牛顿并列的是莱布尼茨，虽然他的贡献是完全不同的. 莱布尼茨有关微积分思想的起源和发展集中在《论组合的艺术》、《切线的反方法的例子》（手稿）和《微分学的历史和起源》等.

微积分是能应用于许多函数的一种普遍的方法，这一发现必须归功于牛顿和莱布尼茨，经过他们的工作，微积分不再是古希腊几何的附庸和延展. 微积分作为一门独立的科学，被用来处理更为广泛的问题.

三、导数的完善时期

1750 年，达朗贝尔（D'Alembert，1717—1783）在法国科学院出版的《百科全书》“微分”条目中提出了关于导数的一种观点，用现代符号简单表示：$\frac{\mathrm{d}y}{\mathrm{d}x}=\lim\limits_{\Delta x\to 0}\frac{\Delta y}{\Delta x}$.

1823 年，柯西(Cauchy，1789—1857) 在他的《无穷小分析概论》中定义导数：如果函数 $y=f(x)$ 在变量 x 的两个给定的界限之间保持连续，并且我们为这样的变量指定一个包含在这两个不同界限之间的值，那么则使变量得到一个无穷小增量.

19 世纪 60 年代，魏尔斯特拉斯（Weierstrass，1815—1897）创造了 $\varepsilon-\delta$ 语言，对微积分中出现的各种类型的极限重加表达，导数的定义也就获得了今天常见的形式.

导数在应用方面非常广泛. 不过有趣的是，奥地利经济学家门格尔（Menger，1840—1921）在 19 世纪 70 年代提出了边际（marginal）的概念，并且认为是自己的“发明”，但下一代的经济学家却发现，所谓边际分析法，原来就是已用了 200 多年的导数方法（或者叫做微分法).

第四章　导数的应用

我们在中学学习了二次函数的极值以及函数的单调性，本章先介绍部分微分中值定理，它们是导数应用的理论基础，然后运用导数来研究初等函数的单调性和极值、凸性、拐点和函数图象等问题.

第一节　一阶导数的应用

一、微分中值定理（mean value theorem for differentials）

1. 罗尔中值定理（Rolle mean value theorem）

定理 1　如果函数$f(x)$在闭区间［a，b］上连续，在开区间（a，b）内可导，且在两端点的函数值相等，即$f(a)=f(b)$，那么至少存在一点$\xi\in(a, b)$，使得

$$f'(\xi)=0.$$

罗尔中值定理（有时也简称为“罗尔定理”）的几何意义是说：在每一点都可导的一段曲线上，如果曲线的两端高度相等，则至少存在一条水平切线（图 4－1）.

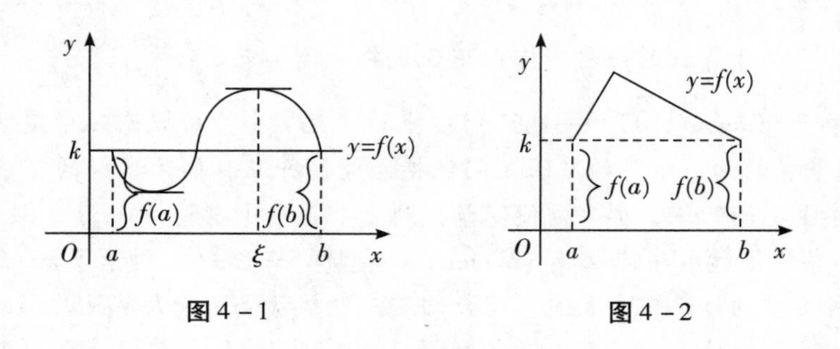

图 4－1　　图 4－2

如果函数$y=f(x)$在区间［a，b］上罗尔中值定理的条件不全满足，那么这样的水平切线就可能不存在（图 4－2）.

证明：令$f(a)=f(b)=k$，分如下三种情况证明：

（1）在闭区间［a，b］上，恒有$f(x)=k$的情况.

这时，$f(x)$是［a，b］上的常数函数，于是$f'(x)=0$，因此罗尔中值定理对于开

区间 (a, b) 内任何点都成立.

(2) 在闭区间 $[a, b]$ 上有点 x，使得 $f(x)>k$ 的情况.

因为 $f(x)$ 在闭区间 $[a, b]$ 上连续，根据连续函数的性质，在 $[a, b]$ 上存在点 $(\xi_1, f(\xi_1))$，该点是函数 $f(x)$ 在闭区间 $[a, b]$ 上的最大值，即当 $x\in[a, b]$ 时

$$f(x)\leqslant f(\xi_1), \quad ①$$

又因在 $[a, b]$ 上有点 x，使得

$$f(x)>k, \quad ②$$

由①②式得 $f(\xi_1)>k$，这说明点 ξ_1 不可能是 $[a, b]$ 的端点，从而 $a<\xi_1<b$.

现证 $$f'(\xi_1)=0.$$

当 $a\leqslant\xi_1+\Delta x\leqslant b$ 时，对于 $\Delta x>0$（或 $\Delta x<0$）由①式总有

$$\Delta y=f(\xi_1+\Delta x)-f(\xi_1)\leqslant 0,$$

设 $\Delta x>0$，则 $\dfrac{\Delta y}{\Delta x}\leqslant 0$，于是 $\lim\limits_{\Delta x\to 0^+}\dfrac{\Delta y}{\Delta x}\leqslant 0$.

若 $\Delta x<0$，则 $\dfrac{\Delta y}{\Delta x}\geqslant 0$，于是 $\lim\limits_{\Delta x\to 0^-}\dfrac{\Delta y}{\Delta x}\geqslant 0$.

又因 $a<\xi_1<b$，根据定理的条件可知 $f'(\xi_1)$ 存在，故 $f'(\xi_1)=0$. 取 $\xi=\xi_1$，定理得证.

(3) 在闭区间 $[a, b]$ 上有点 x，使得 $f(x)<k$ 的情况.

证明与情况（2）类似，定理证毕.

例 1　验证函数 $f(x)=x^2-4x$ 在区间 $[1, 3]$ 上是否满足罗尔中值定理的条件？如果满足，求区间 $(1, 3)$ 内满足罗尔中值定理的 ξ 的值.

解： 函数 $f(x)=x^2-4x$ 在区间 $[1, 3]$ 上连续，在 $(1, 3)$ 内可导，且 $f'(x)=2x-4$；又 $f(1)=f(3)=-3$，故 $f(x)$ 满足罗尔中值定理的所有条件，所以，至少存在一点 $\xi\in(1, 3)$，使 $f'(\xi)=0$，即 $2\xi-4=0$，$\therefore \xi=2$.

例 2　下列函数在给定区间上，罗尔中值定理是否成立；如果成立，求 ξ 的值；如果不成立，说明理由：

(1) $f(x)=\sin x$ $(x\in[0, 2\pi])$；

(2) $f(x)=|x|$ $(x\in[-1, 1])$；

(3) $f(x)=x^3$ $(x\in[0, 1])$；

(4) $f(x)=\begin{cases}x^2, & x\in(0, 1],\\ 1, & x=0.\end{cases}$

解： (1) 函数 $f(x)=\sin x$ 在 $[0, 2\pi]$ 上连续，在 $(0, 2\pi)$ 上可导，且 $f'(x)=\cos x$，又 $f(0)=f(2\pi)=0$，即函数 $f(x)=\sin x$ 在 $[0, 2\pi]$ 上满足罗尔中值定理的三个条件，所以罗尔中值定理成立. 因为 $f'(x)=\cos x=0$ 在 $(0, 2\pi)$ 上的根是 $\xi_1=\dfrac{\pi}{2}$，$\xi_2=\dfrac{3\pi}{2}$.

所以，在 $(0,\ 2\pi)$ 内存在两个点 $\xi_1=\frac{\pi}{2}$，$\xi_2=\frac{3\pi}{2}$，使得 $f'(\xi_1)=0$，$f'(\xi_2)=0$.

（2）函数 $f(x)=|x|$ 在 $[-1,\ 1]$ 上连续，且 $f(-1)=f(1)=1$，但在开区间 $(-1,\ 1)$ 内 $x=0$ 处不可导，所以罗尔中值定理不成立.

（3）函数 $f(x)=x^3$ 在 $[0,\ 1]$ 上连续，在 $(0,\ 1)$ 内可导，但是 $f(0)\neq f(1)$，所以罗尔中值定理不成立.

（4）函数 $f(x)=\begin{cases}x^2, & x\in(0,\ 1],\\ 1, & x=0\end{cases}$ 在开区间 $(0,\ 1)$ 内可导，且有 $f(0)=f(1)=1$，但 $\lim\limits_{x\to0^+}x^2=0\neq f(0)=1$，故 $f(x)$ 在 $x=0$ 处不右连续，所以罗尔中值定理不成立.

例 3　设 $f(x)$ 为 $\mathbf{R}$ 上可导函数，求证：若方程 $f'(x)=0$ 没有实根，则方程 $f(x)=0$ 至多有一个实根.

证明：可反证如下：倘若 $f(x)=0$ 有两个实根 x_1 和 x_2（不失一般性，设 $x_1<x_2$），则函数 $f(x)$ 在 $[x_1,\ x_2]$ 上满足罗尔中值定理的三个条件，从而存在 $\xi\in(x_1,\ x_2)$，满足 $f'(\xi)=0$，这与方程 $f'(x)=0$ 没有实根相矛盾，命题得证.

2. 拉格朗日中值定理（Lagrange mean value theorem）

定理 2　函数 $f(x)$ 在闭区间 $[a,\ b]$ 上连续，在开区间 $(a,\ b)$ 内可导，那么在 $(a,\ b)$ 内至少有一点 ξ，使得

$$f'(\xi)=\frac{f(b)-f(a)}{b-a}.$$

这个定理的几何意义是：导数 $f'(\xi)$ 是曲线 $y=f(x)$ 在点 $(\xi,\ f(\xi))$ 处切线的斜率，而 $\frac{f(b)-f(a)}{b-a}$ 表示 $A(a,\ f(a))$ 和 $B(b,\ f(b))$ 之间弦的斜率. 如果函数 $f(x)$ 在 $[a,\ b]$ 上连续，除端点外各点都有不垂直于 x 轴的切线，那么在曲线上至少有一点 $M(\xi,\ f(\xi))$ $\xi\in(a,\ b)$，使得过点 M 的切线与弦 AB 平行（图 4－3）.

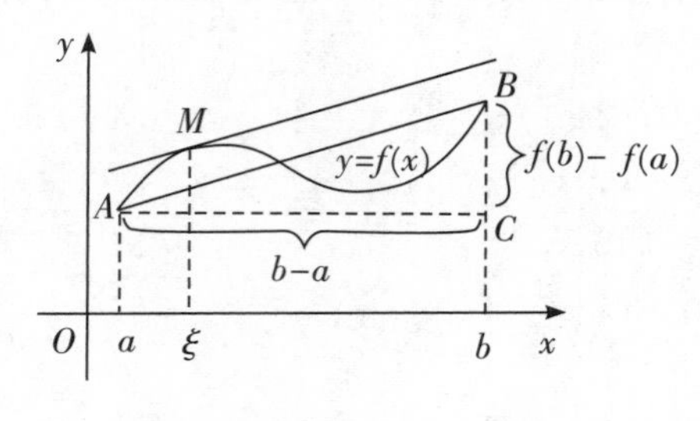

图 4－3

分析：从罗尔中值定理和拉格朗日中值定理的条件与几何解释可以看出，罗尔中值定理是拉格朗日中值定理的特殊情形. 因为如果函数 $f(x)$ 在区间 $[a,\ b]$ 上满足拉格朗日中值定理条件，且 $f(x)$ 在两端点的函数值相等，即 $f(a)=f(b)$ 时，函数在区间 $[a,\ b]$ 上也满足罗尔中值定理条件，所以这种情况的拉格朗日中值定理就是罗尔中值定理. 下面我们用罗尔

中值定理来证明拉格朗日中值定理. 为此，我们首先作**辅助函数**（auxiliary function）：

$$\varphi(x)=f(x)-kx,$$

并适当选择待定系数 k，使得函数 $\varphi(x)$ 满足罗尔中值定理的条件.

因为 $f(x)$，kx 在 $[a, b]$ 上连续，在 (a, b) 内可导，所以函数 $\varphi(x)=f(x)-kx$ 在 $[a, b]$ 上连续，在 (a, b) 内可导，为了使 $\varphi(a)=\varphi(b)$ 也成立，则必须也只需使

$$f(a)-ka=f(b)-kb,$$

即

$$k=\frac{f(b)-f(a)}{b-a}.$$

证明： 作辅助函数 $\varphi(x)=f(x)-\dfrac{f(b)-f(a)}{b-a}x$，

由前面的分析，$\varphi(x)$ 在 $[a, b]$ 上连续，在 (a, b) 内可导，且 $\varphi(a)=\varphi(b)$，即罗尔中值定理的条件都满足，根据罗尔中值定理可知，至少存在一点 ξ，使 $f'(\xi)=0$，

即

$$f'(\xi)=\frac{f(b)-f(a)}{b-a}$$

成立，也就是说方程 $f'(x)=\dfrac{f(b)-f(a)}{b-a}$ 在 (a, b) 内至少有一个实根.

为了便于应用，通常把拉格朗日中值定理的结论写成如下形式：

$$f(b)-f(a)=f'(\xi)(b-a)\ (a<\xi<b).$$

例 4　求函数 $f(x)=x^3$ 在 $(-1, 2)$ 内满足拉格朗日中值定理 $f(b)-f(a)=f'(\xi)(b-a)$ 的点 ξ 的值.

解： $\because f'(x)=3x^2$，$f(-1)=-1$，$f(2)=8$，满足中值定理的 ξ 应符合，

$\because f(2)-f(-1)=3\xi^2[2-(-1)]$，即 $\xi=\pm 1$.

$-1\notin(-1, 2)$，$\therefore \xi=1$.

例 5　求证：当 $x>1$ 时，不等式 $e^x>ex$ 成立.

解： 令 $f(x)=e^x$，则 $f'(x)=e^x$，

由于函数 $f(x)=e^x$ 在区间 $[1, x]$ 上满足拉格朗日中值定理条件，所以在 $(1, x)$ 内至少存在一点 ξ，使得 $e^x-e^1=e^{\xi}(x-1)>e(x-1)$，即 $e^x>ex$.

推论 1　若函数 $f(x)$ 在区间 I 上可导，且 $f'(x)\equiv 0\ (x\in I)$，则 $f(x)$ 为 I 上的一个常量函数.

证明： 任取两点 x_1，$x_2\in I$（设 $x_1<x_2$），在区间 $[x_1, x_2]$ 上应用拉格朗日中值定理，存在 $\xi\in(x_1, x_2)\subset I$，使得

$$f(x_2)-f(x_1)=f'(\xi)(x_2-x_1)=0.$$

这就证得 $f(x)$ 在区间 I 上任何两点之值相等.

由推论 1 又可进一步得到如下结论：

推论 2　若函数 $f(x)$ 和 $g(x)$ 均在区间 I 上可导，且 $f'(x)=g'(x)\ (x\in I)$，则在区间 I 上 $f(x)$ 与 $g(x)$ 只相差某一常数，即

$$f(x)=g(x)+C\ (C\text{ 为某一常数}).$$

练习 1.1

1. 判断函数 $f(x)=x^2-4x-5$ 在区间 $[0, 4]$ 上是否满足罗尔中值定理.

2. 求下列函数满足 $f(b)-f(a)=f'(\xi)(b-a)\ (a<\xi<b)$ 的 ξ 值.

(1) $f(x)=x^2-2x+2\ (a=-1,\ b=1)$;

(2) $f(x)=x^3-x^2\ (a=0,\ b=1)$;

(3) $f(x)=\dfrac{6}{x}\ (a=2,\ b=3)$.

二、函数的单调性

我们已经学习过函数的单调性概念，现在我们利用导数来判断函数的单调性.

定理 3 设函数 $f(x)$ 在区间 (a, b) 内可导，如果在 (a, b) 内 $f'(x)>0$，那么 $f(x)$ 在 (a, b) 内是增函数；如果在 (a, b) 内 $f'(x)<0$，那么 $f(x)$ 在 (a, b) 内是减函数.

证明： 在区间 (a, b) 内任取两点 x_1，x_2，且 $x_1<x_2$，根据拉格朗日中值定理可得

$$f(x_2)-f(x_1)=f'(\xi)(x_2-x_1)\ (x_1<\xi<x_2). \quad ①$$

如果在区间 (a, b) 内 $f'(x)>0$，则①式中的 $f'(\xi)>0$，且 $x_2-x_1>0$，因此由①式可知 $f(x_2)>f(x_1)$. 这就是说，$f(x)$ 在区间 (a, b) 内是增函数.

如果在区间 (a, b) 内 $f'(x)<0$，则①式中的 $f'(\xi)<0$，且 $x_2-x_1>0$，因此由①式可知 $f(x_2)<f(x_1)$. 这就是说，$f(x)$ 在区间 (a, b) 内是减函数.

例 1 确定函数 $f(x)=x^2-2x+4$ 在哪个区间内是增函数，哪个区间内是减函数？

解： $f'(x)=2x-2$.

解不等式 $2x-2>0$，得 $x>1$，因此 $f(x)$ 在 $(1, +\infty)$ 内是增函数；

解不等式 $2x-2<0$，得 $x<1$，因此 $f(x)$ 在 $(-\infty,1)$ 内是减函数.

例 2　确定函数 $y=\dfrac{2}{x}$ 的单调区间.

解： $y'=-\dfrac{2}{x^2}$.

由于 $x\neq0$ 时，$-\dfrac{2}{x^2}<0$ 恒成立，

所以 y 在 $(-\infty,0)$ 和 $(0,+\infty)$ 内都是减函数.

例 3　确定函数 $f(x)=2x^3-9x^2+12x-3$ 的单调区间.

解： 函数 $f(x)$ 的定义域为 $\mathbf{R}$.

$f'(x)=6x^2-18x+12=6(x-1)(x-2)$，

解不等式 $f'(x)>0$，得 $x<1$ 或 $x>2$，所以 $f(x)$ 在 $(-\infty,1)$，$(2,+\infty)$ 内是增函数；

解不等式 $f'(x)<0$，得 $1<x<2$，所以 $f(x)$ 在 $(1,2)$ 内是减函数.

例 4　求证：当 $x>0$ 时，不等式 $\ln(x+1)>x-\dfrac{1}{2}x^2$ 成立.

证明： 设 $f(x)=\ln(x+1)-x+\dfrac{1}{2}x^2$，其定义域为 $\{x\mid x>-1\}$.

则 $f'(x)=\dfrac{1}{x+1}-1+x=\dfrac{x^2}{x+1}$.

当 $x>-1$ 时，$f'(x)>0$，因此 $f(x)$ 在 $(-1,+\infty)$ 内为增函数，

于是当 $x>0$ 时，$f(x)>f(0)$.

$\because\ f(0)=0$

$\therefore f(x)>0$，即 $\ln(x+1)-x+\dfrac{1}{2}x^2>0$，于是证得

$$\ln(x+1)>x-\frac{1}{2}x^2.$$

练习 1.2

1. 确定下列函数的单调区间.

(1) $y=-4x+2$；　　(2) $y=3x-x^3$；

(3) $y=-e^x$；　　(4) $y=\ln(2x-1)$.

2. 求证：$y=\sqrt{2x-x^2}$在（0，1）内为增函数，在区间（1，2）内为减函数.

三、函数的极值与最值

1. 函数的极值

定义 1 如果函数 $y=f(x)$ 在点 x_0 的附近有意义，并且 $f(x_0)$ 的值比在 x_0 附近所有各点的函数值都大或都小，则称 $f(x_0)$ 是函数 $y=f(x)$ 的一个**极大值**（local maximum）或**极小值**（local minimum）. 极大值和极小值统称为**极值**（extreme value），x_0 称为 $y=f(x)$ 的**极值点**（extreme point）.

由上面关于函数单调性的结论，我们可得如下结论（图 4－4、图 4－5）.

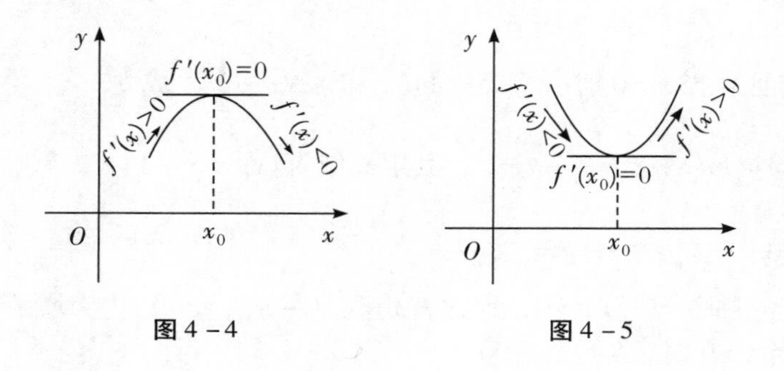

图 4－4　　图 4－5

方程 $f'(x)=0$ 的根称为函数 $f(x)$ 的**驻点**（stationary point）.

可导函数 $f(x)$ 的曲线在它的极值点 x_0 处的切线都平行于 x 轴，即 $f'(x)=0$，说明可导函数的极值点一定是它的驻点. 但是，反过来，可导函数的驻点却不一定是它的极值点，例如 $f(x)=x^3$，其导数是 $f'(x)=3x^2$，在 $x=0$ 处有 $f'(0)=0$，即点 $x=0$ 是 $f(x)=x^3$ 的驻点，但 $x=0$ 并不是它的极值点.

因此在求可导函数的极值时，除了 $f'(x)=0$ 的条件外，还要考虑 $f'(x)$ 在驻点 x_0 两侧的符号：如果 $f'(x_0)=0$，并且 x 由小变大经过 x_0 时，$f'(x)$ 由正变负（或由负变正），那么在点 x_0 处必然存在极大值（极小值）.

综上所述，我们可以得到求可导函数 $f(x)$ 的极值的方法如下：

（1）求导数 $f'(x)$.

（2）求 $f(x)$ 在定义域内的驻点.

（3）检查 $f'(x)$ 在驻点左右的符号，如果左正右负，那么 $f(x)$ 在这个驻点取极大值；如果左负右正，那么 $f(x)$ 在这个驻点取极小值；如果左右同号，那么 $f(x)$ 在这个驻点的函数值不是极值.

例 1　求函数$f(x)=\frac{1}{3}x^3-4x+4$的极值.

解： 令$f'(x)=x^2-4$，解得驻点为$x_1=-2$，$x_2=2$.

当x变化时，$f(x)$，$f'(x)$的变化状态如表 4－1 所示.

表 4－1

x	$(-\infty, -2)$	-2	$(-2, 2)$	2	$(2, +\infty)$
$f'(x)$	$+$	0	$-$	0	$+$
$f(x)$	↗	极大值$\frac{28}{3}$	↘	极小值$-\frac{4}{3}$	↗

因此，当$x=-2$时，函数$f(x)$有极大值，且$f(-2)=\frac{28}{3}$；

当$x=2$时，函数$f(x)$有极小值，且$f(2)=-\frac{4}{3}$.

例 2　求函数$f(x)=x+2\sin x$在区间$[0, 2\pi]$内的极值.

解： $\because f'(x)=1+2\cos x$，令$1+2\cos x=0$，解得驻点为$x_1=\frac{2\pi}{3}$，$x_2=\frac{4\pi}{3}$.

当x变化时，$f(x)$，$f'(x)$的变化状态如表 4－2 所示.

表 4－2

x	0	$\left(0, \frac{2\pi}{3}\right)$	$\frac{2\pi}{3}$	$\left(\frac{2\pi}{3}, \frac{4\pi}{3}\right)$	$\frac{4\pi}{3}$	$\left(\frac{4\pi}{3}, 2\pi\right)$	2π
$f'(x)$		$+$	0	$-$	0	$+$	
$f(x)$	0	↗	极大值$\frac{2\pi}{3}+\sqrt{3}$	↘	极小值$\frac{4\pi}{3}-\sqrt{3}$	↗	2π

因此，当$x=\frac{2}{3}\pi$时，函数$f(x)$有极大值$f\left(\frac{2\pi}{3}\right)=\frac{2\pi}{3}+\sqrt{3}$；

当$x=\frac{4}{3}\pi$时，函数$f(x)$有极小值$f\left(\frac{4\pi}{3}\right)=\frac{4\pi}{3}-\sqrt{3}$.

例 3　已知函数$f(x)=x^3-ax^2-bx+c$，在$x=-1$时有极大值 7，在$x=3$时有极小值，求a，b，c的值和函数的极小值.

解： $\because f'(x)=3x^2-2ax-b$，函数在$x=-1$和$x=3$取得极值，

$\therefore f'(-1)=f'(3)=0$.

又在$x=-1$时有极大值 7，即$f(-1)=7$，

可列出方程组$\begin{cases}3+2a-b=0,\\27-6a-b=0,\\-1-a+b+c=7.\end{cases}$

解得$\begin{cases}a=3,\\b=9,\\c=2.\end{cases}$

当 $x=3$ 时，函数有极小值 $f(3)=-25$.

2. 函数的最值

一般地，函数最值分为最大值和最小值. 在实际问题中，我们常常会遇到在一定条件下使“收益最大”“损耗最少”“用料最少”等问题，在数学上，这类问题可归结为求函数的最大值和最小值问题，而这也是导数的一个重要运用.

如果函数 $f(x)$ 在闭区间 $[a, b]$ 上连续，在开区间 (a, b) 内可导，由连续函数的性质可知，函数 $f(x)$ 在闭区间 $[a, b]$ 上有最大值与最小值.

因此，求闭区间 $[a, b]$ 上的可导函数 $f(x)$ 在 $[a, b]$ 上的最大值与最小值，可以分两步来进行：

(1) 求 $f(x)$ 在 (a, b) 内的驻点；

(2) 计算 $f(x)$ 在驻点和端点的函数值，并把这些值加以比较，其中最大的一个为最大值，最小的一个为最小值（图 4-6）.

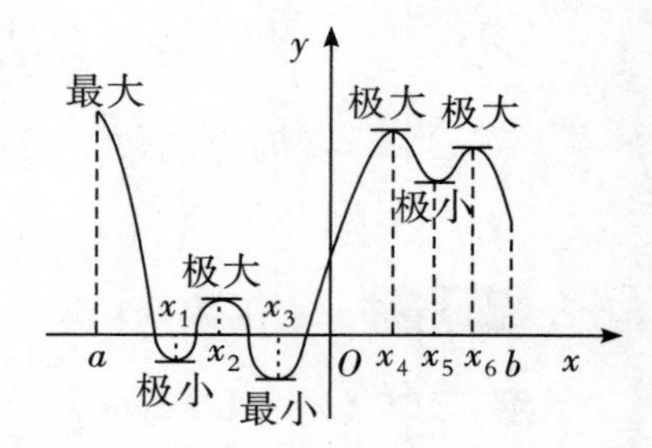

图 4-6

例 4 求函数 $f(x)=x^4-2x^2+5$ 在区间 $[-2, 2]$ 的最大值与最小值.

解： $\because f'(x)=4x^3-4x$，

令 $4x^3-4x=0$，求得驻点为 $x_1=-1$，$x_2=0$，$x_3=1$.

这些驻点的函数值为 $y|_{x=0}=5$，$y|_{x=\pm1}=4$.

区间端点的函数值为 $y|_{x=\pm2}=13$.

把所求的函数值加以比较，得最大值为 13，最小值为 4.

练习 1.3

1. 说明函数 $y=\ln x$，$y=ax+b$ 为什么没有极值.

2. 求下列函数的极值.

（1）$y=x^3+12x^2+36x-50$；

（2）$y=(x^2-3)e^x$；

（3）$y=\sin x\cos x\ (0<x<\pi)$；

（4）$y=1-\sqrt{x^2-2x+10}$；

（5）$y=b+c\,(x-a)^{\frac{3}{2}}$；

（6）$y=x-\ln(1+x)$.

3. 一艘轮船在航行中的燃料费和它的速度的立方成正比. 已知当速度为 10km/h 时，燃料费为每小时 6 元，其他与速度无关的费用为每小时 96 元. 问轮船的速度为多少时，每航行 1km 所消耗的费用最小？

四、洛必达法则

对于某些不定式，在一定条件下通过分子、分母分别求导数，再求确定不定式极限的方法，称为**洛必达法则**（L'Hospital rule），包括洛必达第一法则和第二法则，分别用来解决某些“$\frac{0}{0}$”型与“$\frac{\infty}{\infty}$”型不定式的极限问题.

定理 4　洛必达第一法则

设函数 $f(x)$ 与 $g(x)$ 满足：

（1）$\lim\limits_{x\to x_0} f(x)=0$，$\lim\limits_{x\to x_0} g(x)=0$；

（2）在点 x_0 的某去心邻域内，$f'(x)$ 与 $g'(x)$ 都存在，且 $g'(x)\neq 0$；

（3）$\lim\limits_{x\to x_0}\dfrac{f'(x)}{g'(x)}$ 存在（可以为有限数或 ∞）；

则有 $\lim\limits_{x\to x_0}\dfrac{f(x)}{g(x)}=\lim\limits_{x\to x_0}\dfrac{f'(x)}{g'(x)}$.

例 1　求极限：$\lim\limits_{x\to 0}\dfrac{\ln(1+x)}{x}$.

解：原式 $=\lim\limits_{x\to 0}\dfrac{[\ln(1+x)]'}{x'}=\lim\limits_{x\to 0}\dfrac{1}{1+x}=1.$

例 2 求极限：$\lim\limits_{x\to 1}\dfrac{x^3-3x+2}{x^3-x^2-x+1}.$

解：原式 $=\lim\limits_{x\to 1}\dfrac{3x^2-3}{3x^2-2x-1}=\lim\limits_{x\to 1}\dfrac{6x}{6x-2}=\dfrac{3}{2}.$

定理 5 洛必达第二法则

设函数 $f(x)$ 与 $g(x)$ 满足：

(1) $\lim\limits_{x\to x_0}f(x)=\infty$，$\lim\limits_{x\to x_0}g(x)=\infty$；

(2) 在点 x_0 的某去心邻域内，$f'(x)$ 与 $g'(x)$ 都存在，且 $g'(x)\neq 0$；

(3) $\lim\limits_{x\to x_0}\dfrac{f'(x)}{g'(x)}$ 存在（可以为有限数或 ∞）；

则有 $\lim\limits_{x\to x_0}\dfrac{f(x)}{g(x)}=\lim\limits_{x\to x_0}\dfrac{f'(x)}{g'(x)}.$

当 $x\to\infty$ 时，该法则仍然成立.

例 3 求极限：$\lim\limits_{x\to\infty}\dfrac{\ln x}{x^2}.$

解：原式 $=\lim\limits_{x\to\infty}\dfrac{\frac{1}{x}}{2x}=\lim\limits_{x\to\infty}\dfrac{1}{2x^2}=0.$

例 4 求极限：$\lim\limits_{x\to\infty}\dfrac{x^2}{2^x}.$

解：原式 $=\lim\limits_{x\to\infty}\dfrac{2x}{2^x\ln 2}=\lim\limits_{x\to\infty}\dfrac{2}{2^x\ln^2 2}=0.$

练习 1.4

用洛必达法则求极限.

(1) $\lim\limits_{x\to 0}\dfrac{\arcsin x}{x+\sin x}$；

(2) $\lim\limits_{x\to 0}\dfrac{e^{2x}-e^x}{\sin x}$；

（3）$\lim\limits_{x\to\infty}\dfrac{\dfrac{\pi}{2}-\arctan x}{\dfrac{1}{x}}$；　　（4）$\lim\limits_{x\to\frac{\pi}{2}}\dfrac{\tan x}{\tan 3x}$.

习题 4－1

1. 求出函数$f(x)=x^3$在区间（0，3）内满足拉格朗日中值定理的ξ值.

2. 利用拉格朗日中值定理，证明下列不等式：

（1）当$0\leqslant a<b$时，$e^b-e^a>b-a$；

（2）当$b>a>0$时，$\dfrac{b-a}{b}<\ln\dfrac{b}{a}<\dfrac{b-a}{a}$；

（3）当$x>0$时，$e^x>1+x$；

（4）设$f(x)=\dfrac{1}{x^n}$（n为正整数），当$b>a>0$时，$\dfrac{n(b-a)}{a^{n+1}}<f(b)-f(a)<\dfrac{n(b-a)}{b^{n+1}}$.

3. 求证：对任意常数 C，在 $[0, 1]$ 上，方程 $x^3-3x+C=0$ 不可能有两个不同的根.

4. (1) 利用导数证明函数 $y=\cos x$ 在 $\left(\frac{\pi}{2}, \pi\right)$ 内是减函数.

(2) 已知函数 $y=ax^2$ $(a\neq 0)$ 当 $x>0$ 时是减函数，确定 a 的范围.

5. 证明或研究下列函数的单调性：

(1) p 为何值时，函数 $f(x)=\cos x-px+q$ 在整个数轴上是减函数；

(2) 证明 $y=2x+\sin x$ 在整个数轴上是增函数；

(3) 证明 $y=x-\frac{1}{x+1}$ 在整个数轴上是增函数；

(4) 研究函数 $y=\frac{1}{x^2+x+1}$ 的单调性.

6. 用洛必达法则求极限：

（1）$\lim\limits_{x \to 0} \dfrac{e^x - 1}{x^2 - x}$；　　（2）$\lim\limits_{x \to 2} \dfrac{x^3 - 8}{x - 2}$；

（3）$\lim\limits_{x \to 0} \dfrac{x - \sin x}{x^3}$；　　（4）$\lim\limits_{x \to \infty} \dfrac{x - \ln x}{x + \ln x}$；

（5）$\lim\limits_{x \to \infty} \dfrac{x^2}{e^x}$.

7. $\lim\limits_{x \to \infty} \dfrac{x + \sin x}{x - \cos x}$是否存在？能否用洛必达法则计算？

第二节　二阶导数的应用

二阶导数的应用是导数应用的重要部分，主要包括以下几个方面：判定函数的极值、曲线的凸向和拐点、函数的图象、导数在经济学中的应用.

一、判定函数的极值

在上一节我们学习过利用一阶导数判断函数极值的办法，下面我们进一步研究怎样用二阶导数来判定函数的极值问题.

定理 1　设函数 $f(x)$ 在点 x_0 附近有连续的导函数 $f''(x)$ 且 $f'(x_0) = 0$，$f''(x_0) \neq 0$.

（1）若 $f''(x_0) < 0$，则函数 $f(x)$ 在点 x_0 处取极大值；

（2）若 $f''(x_0) > 0$，则函数 $f(x)$ 在点 x_0 处取极小值.

例 1　求函数 $f(x) = x^5 - 15x^3 + 3$ 的极值.

解： $f'(x) = 5x^4 - 45x^2$，$f''(x) = 20x^3 - 90x$.

令 $f'(x) = 0$，求得驻点为 $x = -3, 0, 3$.

$\because f''(-3) = -270 < 0$，

$\therefore$ $f(x)$在$x=-3$处有极大值且极大值为$f(-3)=165$.

$\because f''(3)=270>0$,

$\therefore$ $f(x)$在$x=3$处有极小值且极小值$f(3)=-159$.

但当$f''(0)=0$时，$f(x)$在$x=0$处是否有极值用上述定理不能判定，即使函数存在极值，是极大值还是极小值我们都无法下结论.

注: 上例中指出，驻点$x=x_0$，$f''(x_0)=0$，不能判定函数$f(x)$在$x=x_0$处极值的情况. 例如:

(1) $f_1(x)=(x-1)^3+1$在$x=1$处$f_1''(1)=0$，从函数$f_1(x)$的图象可知$f_1(x)$在$x=1$处无极值.

(2) $f_2(x)=-(x-1)^4+1$在$x=1$处$f_2''(1)=0$，从函数$f_2(x)$的图象可知$f_2(x)$在$x=1$处有极大值1.

(3) $f_3(x)=(x-1)^4-1$在$x=1$处$f_3''(1)=0$，从函数$f_3(x)$的图象可知$f_3(x)$在$x=1$处有极小值-1.

例 2 求$f(x)=(x^2-1)^2-1$的极值，并在下列区间$(-\infty, +\infty)$，$[-2, 2]$，$(-1, 1)$分别讨论其最大值、最小值.

解: $f'(x)=4x(x^2-1)$，$f''(x)=4(3x^2-1)$，

令$f'(x)=0$，求得驻点$x=-1, 0, 1$.

$\because f''(0)=-4<0$,

$\therefore$ 函数$f(x)$在$x=0$处有极大值，且极大值$f(0)=0$,

又$f''(\pm1)=8>0$，$\therefore$ 函数在$x=\pm1$处有极小值，且极小值$f(\pm1)=-1$.

因当$x\to\pm\infty$时，函数$f(x)=(x^2-1)^2-1$也趋向于无穷大，故可知函数$f(x)$在开区间$(-\infty, +\infty)$内无最大值. 函数$f(x)$有最小值$f(\pm1)=-1$；在$[-2, 2]$上$f(x)$有最小值$f(\pm1)=-1$，最大值$f(\pm2)=8$. 在$(-1, 1)$内$f(x)$的最大值为$f(0)=0$，无最小值.

注: 一般地，在开区间(a, b)内的连续函数$f(x)$不一定有最值. 当我们求出在开区间(a, b)上的极值及$\lim\limits_{x\to a^+}f(x)$和$\lim\limits_{x\to b^-}f(x)$的极限值后，比较这些值，如果极值为最大（最小）的那一个就是$f(x)$在(a, b)内的最大（小）值；如果极限值为最大（最小），则函数$f(x)$在(a, b)内无最大（小）值. 对于函数在半闭的区间上，也可作同样的讨论.

练习 2.1

应用二阶导数求下列函数的极值.

(1) $f(x)=x^3+3x^2-9x+6$;

(2) $f(x)=x-2\sin x$ $(0\leqslant x\leqslant 2\pi)$;

(3) $f(x)=ax^2+bx+c$ ($a\neq0$).

二、曲线的凸向和拐点

如果函数$f(x)$的导函数$f'(x)$在点x_0处连续，同时$f'(x_0)>0$（或$f'(x_0)<0$），根据连续函数的局部保号性质，则$f'(x)$在点x_0处附近，必有$f'(x)>0$（或$f'(x)<0$），这表示$f(x)$在点x_0处附近是增函数（或减函数）. 即函数$f'(x)$的图象在点x_0处附近是上升的（或下降的）.

当$f'(x_0)>0$时，对于给定的函数$f(x)$的图象在点P（x_0，$f(x_0)$）附近的上升情况有四种（图4-7）.

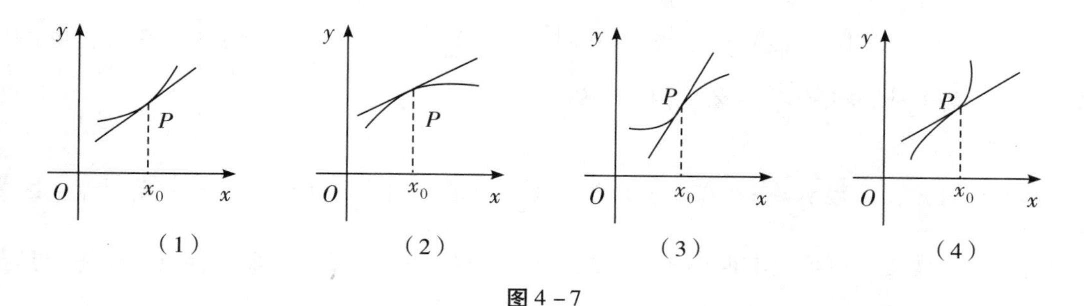

图4-7

当$f'(x_0)<0$时，对于给定的函数$f(x)$的图象在点P（x_0，$f(x_0)$）附近的下降情况也有四种（图4-8）.

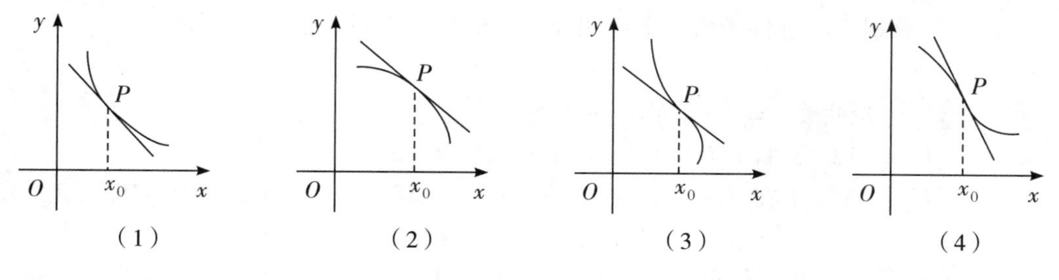

图4-8

为了确切地了解函数$f(x)$在点P（x_0，$f(x_0)$）附近的变化情况，准确地描绘函数$f(x)$的图象，我们还应该研究函数曲线的弯曲情况，即曲线的**凸向**（convexity）与**拐点**（inflection point），为此有下面的定义：

定义1 设函数$f(x)$在点x_0处可导，则曲线$f(x)$在点$P(x_0，f(x_0))$处有切线，若此切线位于切点附近曲线的下方（切点除外），则称曲线在点$x=x_0$处下凸. 若此切线位于切点附近曲线的上方（切点除外），则称曲线在点$x=x_0$处上凸.

定义2 如果曲线$f(x)$在区间（a，b）内所有点都下凸（或上凸），则称曲线在区间

(a, b) 内下凸（或上凸）.

定义 3 若曲线 $f(x)$ 在切点 $P(x_0, f(x_0))$ 的两侧改变了凸向，则称点 P 为曲线的拐点.

下面给出应用二阶导数判定曲线的凸向和拐点的办法：

定理 2 设函数 $f(x)$ 在区间 (a, b) 内有二阶导数 $f''(x)$.

(1) 如果对于所有点 $x \in (a, b)$，有 $f''(x) > 0$，则曲线 $y = f(x)$ 在区间 (a, b) 内下凸；

(2) 如果对于所有点 $x \in (a, b)$，有 $f''(x) < 0$，则曲线 $y = f(x)$ 在区间 (a, b) 内上凸.

例 1 判定曲线 $y = \frac{1}{x}$ 的凸向.

解： $\because f(x) = \frac{1}{x}$，$f'(x) = -\frac{1}{x^2}$，$f''(x) = \frac{2}{x^3}$.

$\therefore$ 当 $x > 0$ 时，$f''(x) > 0$；当 $x < 0$ 时，$f''(x) < 0$，这表明曲线 $y = \frac{1}{x}$ 在 $(-\infty, 0)$ 内为上凸，在 $(0, +\infty)$ 内为下凸.

从例 1 可知，函数 $y = \frac{1}{x}$ 在点 $x = 0$ 的两侧改变了凸向，可是曲线 $y = \frac{1}{x}$ 无拐点，因为 $x = 0$ 时，$\frac{1}{x}$ 无意义，可见只有两侧改变凸向的点，还不一定是拐点，那么拐点存在还应具备什么条件呢？

如果点 $P(x_0, f(x_0))$ 为曲线 $y = f(x)$ 的拐点，且 $f''(x_0)$ 存在，则必有 $f''(x_0) = 0$.

事实上，假设 $f''(x_0) \neq 0$，必有 $f''(x_0) > 0$ 或 $f''(x_0) < 0$，根据连续函数的局部保号性可知曲线 $y = f(x)$ 在点 x_0 处为下凸或上凸，这样点 $P(x_0, f(x_0))$ 就不能是拐点，与点 $P(x_0, f(x_0))$ 是拐点的条件矛盾，这说明拐点的横坐标必须满足 $f''(x_0) = 0$.

例 2 讨论曲线 $y = x^4 - 1$ 的凸向和拐点.

解： $\because f''(x) = 12x^2$，且 $f''(0) = 0$，当 $x \neq 0$ 时，$f''(x) > 0$.

$\therefore$ 曲线 $y = x^4 - 1$ 在 $(-\infty, +\infty)$ 内下凸，虽然 $f''(0) = 0$，但点 $(0, -1)$ 不是拐点.

由此可见，如果只有 $f''(x_0) = 0$，那么点 $P(x_0, f(x_0))$ 也不一定是拐点.

例 3 判定曲线 $y = \sin x$ 在区间 $(-\pi, \pi)$ 内的凸向和拐点.

解： $f''(x) = -\sin x$，

当 $x \in (-\pi, 0)$ 时，$f''(x) > 0$，则曲线 $y = \sin x$ 在区间 $(-\pi, 0)$ 内下凸；

当 $x \in (0, \pi)$ 时，$f''(x) < 0$，则曲线 $y = \sin x$ 在区间 $(0, \pi)$ 内上凸.

从图象可以看出，曲线 $y = \sin x$ 在原点的两侧改变了凸向，点 $(0, 0)$ 为曲线的拐点，且 $f''(0) = 0$.

由以上三个例题，我们分析了判定曲线拐点的条件，由此可得到下面的定理：

定理 3 设函数 $f(x)$ 在点 x_0 附近有二阶导数，且满足下列条件：

（1）$f''(x_0)=0$；

（2）在 $x=x_0$ 的两侧 $f''(x)$ 变号，则点 $P(x_0, f(x_0))$ 必为曲线 $y=f(x)$ 的拐点.

例 4 判定曲线 $y=x^3-6x^2+9x-1$ 的凸向和拐点.

解： $\because f'(x)=3x^2-12x+9$，

$f''(x)=6x-12$，

$\therefore f(x)$ 在 $(-\infty, 2)$ 内上凸，在 $(2, +\infty)$ 内下凸，点 $(2, 1)$ 为拐点，如表 4－3 所示.

表 4－3

x	$x<2$	2	$x>2$
$f'(x)$	－	0	＋
$f''(x)$	上凸	1	下凸

例 5 当 a，b 取什么值时，点 $(1, 3)$ 是曲线 $y=ax^3+bx^2$ 的拐点？

解： $\because$ 点 $(1, 3)$ 是曲线 $y=ax^3+bx^2$ 的拐点，

$\therefore$ 点 $(1, 3)$ 在曲线 $y=ax^3+bx^2$ 上，

则 $a+b=3$.

又 $y'=3ax^2+2bx$，$y''=6ax+2b$.

当 $x=1$ 时，$y''=0$，即 $6a+2b=0$，

将上述条件联立得 $a=-\dfrac{3}{2}$，$b=\dfrac{9}{2}$.

事实上，当 $y=-\dfrac{3}{2}x^3+\dfrac{9}{2}x^2$ 时，$y''=-9x+9$，

当 $x<1$ 时，$y''>0$；当 $x>1$ 时，$y''<0$.

故点 $(1, 3)$ 是曲线 $y=-\dfrac{3}{2}x^3+\dfrac{9}{2}x^2$ 的拐点.

练习 2.2

1. 求下列函数的驻点：

（1）$y=5x^2-4x+1$；　　（2）$y=x^3-27x$；

（3）$y=x^3-2x^2-9x+31$；　　　　（4）$y=\dfrac{3}{1+x^2}$.

2. 已知函数 $y=x^4+ax^3+3ax^2+1$ 的图象有拐点，试求 a 的取值范围.

三、函数的图象

在这之前，我们一般都是用描点法作函数 $y=f(x)$ 的图象，这种方法作出的图象比较粗糙，在一些关键点的附近函数的变化状态，不一定能确切地反映出来. 现在我们学习了导数及其应用，就可以利用函数的一、二阶导数及其某些性质，抓住函数的主要性态，较准确地描绘出函数的图象. 一般地，绘制函数图象的步骤如下：

（1）确定函数的定义域及其某些性质：

由函数的定义域，找出其图象范围；

由函数的奇偶性、周期性，缩小研究范围；

找出函数图象与两坐标的交点.

（2）计算 $f'(x)$，求方程 $f'(x)=0$ 在研究范围内的所有实根，求出 $f(x)$ 的增减区间、驻点、极值点.

（3）计算 $f''(x)$，求方程 $f''(x)=0$ 在研究范围内的所有实根，找出曲线 $y=f(x)$ 的凸向区间和拐点.

（4）计算驻点、拐点及有关点的函数值，列出表格、描绘图象.

例 1　描绘函数 $y=\dfrac{x}{x^2+1}$ 的图象.

解：（1）函数的定义域为 $(-\infty, +\infty)$；

又因 $f(-x)=f(x)$，则函数为奇函数，所以只需要研究函数在区间 $(0, +\infty)$ 上的图象，再描绘它关于原点的对称图形，即得在 $(-\infty, +\infty)$ 上的 $f(x)$ 图象.

另外，因为 $x=0$ 时，$y=0$，所以，函数的图象过坐标原点 $(0, 0)$.

（2）$f'(x)=\dfrac{1-x^2}{(x^2+1)^2}$，解方程 $f'(x)=0$，得驻点为 $x=\pm1$.

在 $(-\infty, 1)$，$(1, +\infty)$ 内，$f'(x)<0$，$f(x)$ 为减函数；

在 $(-1, 1)$ 内，$f'(x)>0$，$f(x)$ 为增函数.

（3）$f''(x)=\dfrac{2x(x^2-3)}{(x^2+1)^3}$，解方程 $f''(x)=0$，得根为 $-\sqrt{3}$，0，$\sqrt{3}$.

在区间 $(-\infty,\ -\sqrt{3})$，$(0,\ \sqrt{3})$ 内，$f''(x)<0$，$f(x)$上凸；

在区间 $(-\sqrt{3},\ 0)$，$(\sqrt{3},\ +\infty)$ 内，$f''(x)>0$，$f(x)$下凸；

在点$\left(-\sqrt{3},\ -\frac{\sqrt{3}}{4}\right)$，$(0,\ 0)$，$\left(\sqrt{3},\ \frac{\sqrt{3}}{4}\right)$处为拐点.

（4）因 $\lim\limits_{x\to+\infty}f(x)=0$，$f(0)=0$，$f(1)=\frac{1}{2}$，$f(\sqrt{3})=\frac{\sqrt{3}}{4}$.

$f(x)$，$f'(x)$，$f''(x)$的变化状态如表 4－4 所示.

表 4－4

x	0	$(0,\ 1)$	1	$(1,\ \sqrt{3})$	$\sqrt{3}$	$(\sqrt{3},\ +\infty)$
$f'(x)$	1	+	0	−	$-\frac{1}{8}$	−
$f''(x)$	0	−	$-\frac{1}{2}$	−	0	+
$f(x)$	0	↗	$\frac{1}{2}$	↘	$\frac{\sqrt{3}}{4}$	↘
$y=f(x)$	拐点	上凸	极大值	上凸	拐点	下凸

根据以上讨论，函数的图象描绘如图 4－9 所示.

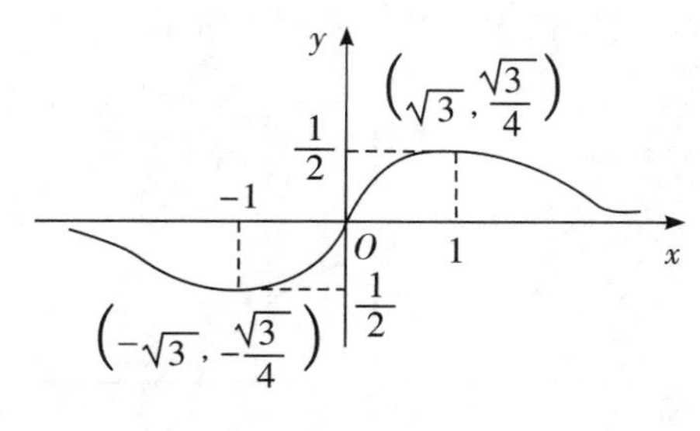

图 4－9

例 2 描绘函数 $y=e^{-\frac{x^2}{2}}$的图象.

解：（1）函数$f(x)=e^{-\frac{x^2}{2}}$的定义域为 $(-\infty,+\infty)$.

因$f(-x)=f(x)$，则函数为偶函数，所以只需要研究函数在区间 $(0,+\infty)$ 上的图象，再利用它关于 y 轴对称性即得在 $(-\infty,+\infty)$ 上的$f(x)$图象.

当 $x=0$ 时，$y=1$，故与 y 轴交点为 $(0,\ 1)$；

当 $y=0$ 时，方程 $e^{-\frac{x^2}{2}}=0$ 无解，故与 x 轴无交点.

（2）$f'(x)=-xe^{-\frac{x^2}{2}}$，解方程$f'(x)=0$，得驻点为 $x=0$.

在区间 $(0,+\infty)$ 内，$f'(x)<0$，$f(x)$为减函数.

(3) $f''(x)=\mathrm{e}^{-\frac{x^2}{2}}(x^2-1)$，解方程 $f''(x)=0$，得根为 $x=1$.

在区间 $(0,1)$ 内，$f''(x)<0$，$f(x)$上凸；

在区间 $(1,+\infty)$ 内，$f''(x)>0$，$f(x)$下凸；

点$\left(1,\dfrac{1}{\sqrt{\mathrm{e}}}\right)$为拐点.

(4) 因 $\lim\limits_{x\to+\infty}f(x)=0$，$f(0)=1$，$f(1)=\dfrac{1}{\sqrt{\mathrm{e}}}$.

则$f(x)$，$f'(x)$，$f''(x)$的变化状态如表 4－5 所示.

表 4－5

x	0	(0, 1)	1	(1, +∞)
$f'(x)$	0	－	$-\frac{1}{\sqrt{\mathrm{e}}}$	－
$f''(x)$	－	－	0	+
$f(x)$	1	↘	$\frac{1}{\sqrt{\mathrm{e}}}$	↘
$y=f(x)$	极大值	上凸	拐点	下凸

根据以上讨论，函数的图象描绘如图 4－10 所示.

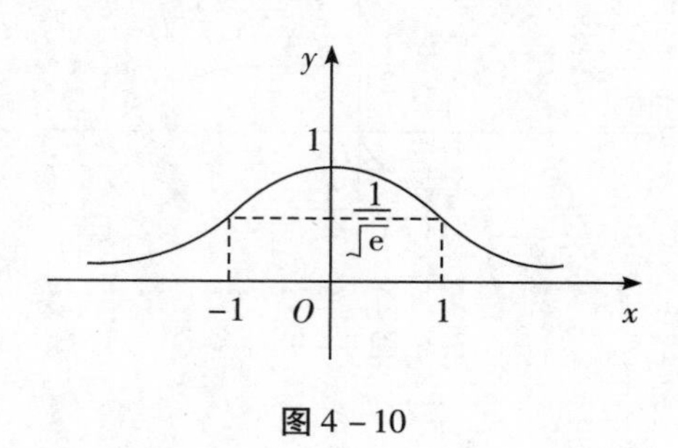

图 4－10

练习 2.3

考察下列函数的增减性和极值，并画出图象.

(1) $f(x)=-x^4+2x^2+8$；　　(2) $f(x)=x(x-2)^2$；

(3) $f(x)=x^2+\frac{1}{x}$;　　(4) $f(x)=\frac{(x-1)^2}{x^2+1}$;

(5) $f(x)=\mathrm{e}^{-\frac{1}{x}}$.

四、导数在经济学中的应用

在经济管理应用中，有一些常见的经济函数. 下面将利用函数的导数来讨论经济学中的边际分析、弹性分析.

1. 边际函数

定义 1　设函数$f(x)$可导，则称函数的导函数$f'(x)$为**边际函数**（marginal function). 边际函数$f'(x)$在点x_0处的函数值$f'(x_0)$称为在点x_0处的**边际函数值**（value of marginal function).

定义 2　边际成本是总成本的变化率. 一般地，成本函数由固定成本C_0和可变成本$C_1(Q)$（Q为产量）两部分组成，即成本函数$C(Q)=C_0+C_1(Q)$.

$\frac{C(Q)}{Q}=\frac{C_0+C_1(Q)}{Q}=\frac{C_0}{Q}+\frac{C_1(Q)}{Q}$为平均成本函数，记为$\overline{C}(Q)$.

成本函数$C(Q)$的导数$C'(Q)$称为**边际成本函数**（marginal cost function).

注：边际成本的经济学意义是当生产Q个单位产品时，生产第Q个产品所增加的成本，通过比较边际成本和平均成本，可以判断增产和减产对成本的影响.

具体地，当$C'(Q)>\overline{C}(Q)$时，在产量Q水平上增加产量所需的成本较大，增加产量潜力较小；当$C'(Q)<\overline{C}(Q)$时，在产量Q水平上增加产量所需的成本较小，增加产量潜力较大.

例 1　已知某产品的成本函数$C(Q)=0.4Q^2+20Q+100$元，求：

(1) 当$Q=10$件时的成本和平均成本；

(2) 当$Q=10$件时的边际成本，并解释其经济意义.

解：(1) 当$Q=10$件时的成本为$C(10)=0.4\times10^2+20\times10+100=340$元.

平均成本为$\overline{C}(10)=\frac{C(10)}{10}=\frac{340}{10}=34$元.

(2) 边际成本函数为$C'(Q)=0.8Q+20$,

所以$C'(10)=0.8\times10+20=28$元.

这说明当产量为10件时，多生产一件产品，增加28元的成本，而平均成本是34元. 这说明在固定成本一定时，提高产量有助于降低单位成本.

定义 3 $R=R(Q)$的导函数$R'=R'(Q)$称为**边际收益函数**（marginal income function）. $\overline{R}=\overline{R}(Q)=\dfrac{R(Q)}{Q}$称为平均收益函数.

注： 边际收益的经济学意义是当销售Q个单位产品时，销售第Q个产品所增加的收入.

例 2 设某种产品的价格与销售量的关系为$P(Q)=40-\dfrac{Q}{8}$，求销售量为 100 时的总收益、平均收益与边际收益，并说明边际收益的意义.

解： 设总收益为$R=R(Q)=QP(Q)=40Q-\dfrac{Q^2}{8}$，

当$Q=100$时总收益为$R(100)=40\times 100-\dfrac{100^2}{8}=2\ 750$元，

平均收益为$\overline{R}=\overline{R}(100)=\dfrac{R(100)}{100}=275$元，

边际收益为$\overline{R}'=\overline{R}'(Q)=40-\dfrac{Q}{4}$，$R'(100)=40-25=15$元.

$R'(100)$的经济意义是：当销售量为 100 件时，多销售一件产品，所获得的收益为 15 元，即销售第 101 件产品时所增加的收益为 15 元.

定义 4 在经济学中，设产量为Q，总收入为$R(Q)$，总成本为$C(Q)$，总利润为$L(Q)$，则利润函数为$L(Q)=R(Q)-C(Q)$. **边际利润函数**（marginal profit function）为：$L'(Q)=R'(Q)-C'(Q)$.

例 3 某种产品的成本函数为$C(Q)=140+6Q$，总收入为$R(Q)=20Q-\dfrac{Q^2}{10}$，求：当$Q=10$件时的边际利润，并解释其经济意义.

解： 利润函数为

$$L(Q)=R(Q)-C(Q)=20Q-\frac{Q^2}{10}-(140+6Q)=14Q-\frac{Q^2}{10}-140;$$

边际利润函数为

$$L'(Q)=\left(14Q-\frac{Q^2}{10}-140\right)'=14-\frac{Q}{5};$$

当$Q=10$件时的边际利润值为

$$L'(10)=14-\frac{10}{5}=12\text{ 元}.$$

其经济意义是：当销售出 10 件产品时，再多销售出一件产品，所获得的利润为 12 元，即销售第 11 件产品时，增加的利润是 12 元.

2. 弹性函数

弹性（elasticity）是经济学上的另一个重要概念，用来定量描述一个经济变量变化对另一个经济变量变化的影响程度，常用于对需求、供给、生产收益等问题的讨论. 例如商品甲现价为 100 元，计划涨价 2 元，商品乙现价为 20 元，计划涨价 2 元，都是涨价 2 元，哪种商品的涨价对市场的需求影响大？

定义 5 设函数 $f(x)$ 在 x 处可导，函数的改变量为 $\Delta y=f(x+\Delta x)-f(x)$，函数的相对改变量为 $\frac{\Delta y}{y}=\frac{f(x+\Delta x)-f(x)}{y}=\frac{f(x+\Delta x)-f(x)}{f(x)}$. 自变量的相对改变量为 $\frac{\Delta x}{x}$，则称 $\lim\limits_{\Delta x\to 0}\frac{\frac{\Delta y}{y}}{\frac{\Delta x}{x}}=\lim\limits_{\Delta x\to 0}\frac{\Delta y}{\Delta x}\cdot\frac{x}{y}=f'(x)\cdot\frac{x}{f(x)}$，为函数 $f(x)$ 在点 x 处的弹性，记为 $\frac{Ey}{Ex}$. 一般地，$\frac{Ey}{Ex}$ 是 x 的函数，称为 $f(x)$ 的**弹性函数**（elastic function）.

例 4 求函数 $f(x)=x^2-3x+5$ 的弹性函数 $\frac{Ey}{Ex}$ 及函数在 $x=2$ 处的弹性.

解：$f'(x)=2x-3$，$\frac{Ey}{Ex}=(2x-3)\frac{x}{x^2-3x+5}=\frac{2x^2-3x}{x^2-3x+5}$.

$$\left.\frac{Ey}{Ex}\right|_{x=2}=\frac{2\times 2^2-3\times 2}{2^2-3\times 2+5}=\frac{2}{3}.$$

价格是影响需求的主要因素之一，但每一种商品以及同一种商品在不同价格水平上，其影响程度各不相同. 需求的价格弹性正是衡量价格对需求量影响程度的尺度.

定义 6 设某商品需求函数 $Q=f(P)$，则该商品在价格为 P 时的需求对价格的**需求弹性**（demand elasticity）为 $E_P=-\frac{\mathrm{d}Q}{\mathrm{d}P}\times\frac{P}{Q}=-f'(P)\times\frac{P}{Q}$.

例 5 设某种商品的需求函数为 $Q=-4P+120$，其中价格 $P\in(0,30)$，Q 为需求量，求：

（1）需求量对价格的需求弹性；

（2）求出 $P=5$，$P=15$，$P=20$ 时的需求弹性，并说明其经济意义.

解：（1）$Q'=-4$.

$$E_P=\frac{\mathrm{d}Q}{\mathrm{d}P}\times\frac{P}{Q}=-(-4)\times\frac{P}{-4P+120}=\frac{P}{30-P}.$$

（2）$E_P(5)=\frac{5}{30-5}=0.2$，$E_P(15)=\frac{15}{30-15}=1$，$E_P(20)=\frac{20}{30-20}=2$.

$E_P(5)=0.2<1$，说明当价格 $P=5$ 时，需求变动的幅度小于价格变动的幅度，此时价格上涨 1%，需求只减少 0.2%.

$E_P(15)=1$，说明当价格 $P=15$ 时，需求变动的幅度等于价格变动的幅度.

$E_P(20)=2$，说明当价格 $P=20$ 时，需求变动的幅度大于价格变动的幅度，此时价格上涨 1%，需求减少 2%.

练习 2.4

1. 求下列函数的边际函数与弹性函数.

(1) $y=x^3+2x+1$;

(2) $y=\frac{x+2}{1+x}$;

(3) $y=\mathrm{e}^{-5x}$;

(4) $y=x\ln x$.

2. 设某商品的需求函数为 $Q=-P^2+100$.

(1) 求需求对价格的弹性;

(2) 求 $E_P(5)$, 并说明其经济意义.

习题 4-2

1. 求下列函数在给定区间的最大值和最小值:

(1) $y=x^4-2x^2+5$, x 在 $[-2, 2]$ 内;

(2) $y=x+2\sqrt{x}$, x 在 $[0, 4]$ 内;

（3）$y=\dfrac{1-x+x^2}{1+x-x^2}$，$x$ 在（0，1］内；

（4）$y=\tan x-\tan^2 x$，x 在$\left[0,\ \dfrac{\pi}{3}\right]$内；

（5）$y=4x^3+3x^2-36x+5$，x 在［-2，2］内.

2. 在抛物线 $y^2=2px$ 的对称轴上，已知一个与顶点距离为 a 的点 M（在 y 轴的右侧），求曲线上点 N 的横坐标，使得 $|MN|$ 最小.

3. 讨论下列函数的凸向和拐点.

（1）$f(x)=x^4-2x^3+1$；

（2）$f(x)=x-\sin x$；

（3）$f(x)=\dfrac{x}{x+1}$；

（4）$f(x)=-x^2+2x-1$；

（5）$f(x)=\ln x$.

4. 某产品的成本函数为 $C=C(Q)=0.1Q^2-0.4Q+200$（万元）.

（1）求 $Q=10$ 时的总成本；

（2）求 $Q=10$ 时的平均成本、边际成本，并解释 $Q=10$ 时边际成本的经济意义.

复习题四

1. 求曲线 $y=x^3-3x+3$ 上的切线并与直线 $y=3x$ 平行的切点的横坐标.

2. 求与曲线 $y=x^3+3x^2-5$ 相切，且与直线 $2x-6y-1=0$ 垂直的直线方程.

3. 检查下列函数罗尔中值定理是否成立.

（1）$f(x)=x^2-3x+2$（$x\in[1,2]$）；

（2）$f(x)=|x|-1$（$x\in[-1,1]$）；

（3）$f(x)=\sqrt[3]{x^2}$（$x\in[-1,1]$）；

（4）$f(x)=x-[x]$（$x\in[0,1]$）.

4. 设函数 $f(x)=x^3+ax^2+bx+a^2$ 在 $x=1$ 处的极值为 10，求 a，b 的值.

5. 证明函数 $y=2x^3+3x^2-12x+1$ 在区间（-2，1）内是减函数.

6. 已知函数 $y=a(x^3-x)$（$a\neq0$），

（1）如果 $x>\frac{\sqrt{3}}{3}$ 时，y 是减函数，确定 a 的值的范围；

（2）如果 $x<-\frac{\sqrt{3}}{3}$ 时，y 是减函数，确定 a 的值的范围.

7. 求下列函数在给定区间内的极值.

（1）$y=\cos\left(x+\frac{\pi}{4}\right)$，$x$ 在（0，π）内；

（2）$y=\sin x+\cos x$，x 在 $\left(-\frac{\pi}{2},\frac{\pi}{2}\right)$ 内；

（3）$y=\frac{x}{1+x^2}$，x 在$\left(-\frac{3}{2}，\frac{1}{2}\right)$内；

（4）$y=x-\sin 2x$，x 在（0，π）内.

8. 确定下列函数的增减区间，并求极值.

（1）$f(x)=2x+\frac{1}{x^2}$；

（2）$g(x)=\frac{x+1}{\sqrt{x^2+1}}$；

（3）$h(x)=\frac{\ln x}{x^2}$.

9. 讨论下列函数的凸向和拐点.

（1）$f(x)=x^2+\frac{1}{x}$；

（2）$f(x)=\mathrm{e}^{-2x^2}$；

（3）$f(x)=\dfrac{x}{x+1}$；　　　　（4）$f(x)=\dfrac{1}{3}x^3-x^2-3x+2$.

10. 设函数 $y=\dfrac{ax+b}{x^2+a}$在 $x=2$ 时的极大值为 1.

（1）确定 a，b 的值；

（2）画出函数的图象.

11. 某公司生产的某产品的需求函数为 $Q=e^{-\frac{P}{2}}$，求：

（1）弹性函数；

（2）求 $P=10$ 时的需求弹性.

文化广角

微分中值定理的发展简史

微分中值定理，是微分学的核心定理，是研究函数的重要工具.

人们对微分中值定理的认识可以上溯到古希腊时代. 古希腊数学家在几何研究中得出结论："过抛物线弓形的顶点的切线必须平行于弓形的底"，这正是拉格朗日中值定理的特例. 古希腊著名数学家阿基米德正是巧妙利用这一结论，求出抛物弓形的面积.

1637 年，著名法国数学家费马（Fermat，1601—1665）在《求最大值和最小值的方法》中给出费马定理，在教科书中，人们通常将它称为"费马定理"，这是微分中值定理的第一个定理. 1691 年，法国数学家罗尔(Rolle，1652—1719）在《方程的解法》一文中给出多项式形式的罗尔中值定理. 1797 年，法国数学家拉格朗日(Lagrange，1736—1813）在《解析函数论》一书中给出拉格朗日中值定理，并给出最初的证明.

对微分中值定理进行系统研究的是法国数学家柯西(Cauchy，1789—1857). 柯西以严格化为目标，对微积分的基本概念，如变量、极限、连续性、导数、微分、收敛等给出了明确的定义. 他首先赋予中值定理以重要作用，使其成为微分学的核心定理. 在《无穷小计算教程概论》中，柯西首先严格地证明了拉格朗日定理，又在《微分计算教程》中将其推广为广义的柯西中值定理，从而发现了最后一个微分中值定理. 柯西中值定理在柯西的微积分理论系统中占有重要的地位，例如他利用柯西中值定理给洛必达(L'Hospital，1661—1704）法则以严格的证明，并研究泰勒（Taylor，1856—1915）公式的余项. 从柯西起，微分中值定理就成为研究函数的重要工具和微分学的重要组成部分.

微分中值定理在等式的证明、不等式的证明、求函数极限等方面有着重要应用. 此外，利用微分中值定理可求出微分学中的一些法则、定理和公式.

微积分学说作为数学理论应用一个重要科学发现，是伴随着物理学、天文学、生物学、经济学等学科的应用发展起来的. 积分中值定理被用来表示曲边梯形的面积，可以推导平面曲线之间图形面积、曲面面积和立体体积之间的关系. 积分中值定理在现代经济管理同样有着重要应用. 通过建立边际函数、边际收益、弹性函数、需求弹性等各种函数，导数及中值定理常被用于探讨资源的最优配置方案.

第五章　不定积分

微分学中所研究的问题是从已知函数 $f(x)$ 出发求其导数 $f'(x)$，即所谓的**微分运算**(differential operation). 微分运算的重要意义已经给予说明. 但许多实际问题不是要寻找某一函数的导数，而是恰恰相反，要从已知的某一函数的导数 $f'(x)$ 出发求其本身 $f(x)$，这就是所谓的不定积分运算. 显然，不定积分运算是微分运算的逆运算. 另外，不定积分运算也为后面的定积分运算奠定了基础. 这一章将引入不定积分的概念，重点讨论换元积分法和分部积分法，最后研究有理函数及某些特殊类型函数的积分法.

第一节　不定积分的概念和性质

一、原函数与不定积分的概念

定义 1　设函数 $F(x)$ 与 $f(x)$ 在区间 I 上都有定义，若在区间 I 上任意一点 x 处都有

$$F'(x)=f(x) \text{ 或 } \mathrm{d}F(x)=f(x)\mathrm{d}x,$$

则称 $F(x)$ 为 $f(x)$ 在区间 I 上的一个**原函数** (primitive function).

例如，因为 $(x^3)'=3x^2$，所以 x^3 是 $3x^2$ 在区间 $(-\infty, +\infty)$ 上的一个原函数.

又如，因为 $(\sin x)'=(1+\sin x)'=\cos x$，所以 $\sin x$ 与 $1+\sin x$ 都是 $\cos x$ 在区间 $(-\infty, +\infty)$ 上的原函数.

研究原函数要解决两方面的问题，首先是什么样的函数存在原函数，如果存在原函数，是不是只有一个；其次是怎样求一个函数的原函数. 关于第一个问题我们首先给出下面的定理.

定理 1　设函数 $f(x)$ 在区间 I 上连续，则函数 $f(x)$ 在区间 I 上存在原函数 $F(x)$.

也就是说连续函数一定存在原函数.

定理 2　设 $F(x)$ 是 $f(x)$ 在区间 I 上的一个原函数，则

(1) $F(x)+C$ 也是 $f(x)$ 在区间 I 上的一个原函数，其中 C 为任意常数.

(2) $f(x)$ 在区间 I 上的任意一个原函数都可以表示成 $F(x)+C$ 的形式，其中 C 为任意常数.

证明：(1) 因为 $[F(x)+C]'=F'(x)=f(x)$，所以 $F(x)+C$ 也是 $f(x)$ 在区间 I 上的原函数；

(2) 设 $G(x)$ 是 $f(x)$ 在区间 I 上的任意一个原函数，则

$[F(x)-G(x)]'=F'(x)-G'(x)=f(x)-f(x)=0$

所以

$$G(x)=F(x)+C.$$

从这个定理可以发现，如果一个函数存在原函数，则一定有无穷多个原函数，并且每两个原函数之间只相差一个常数. 若 $F(x)$ 是 $f(x)$ 的一个原函数，那么 $f(x)$ 的所有原函数都可用 $F(x)+C$ 表示.

定义 2 设 $F(x)$ 是 $f(x)$ 在区间 I 上的一个原函数，把 $f(x)$ 在区间 I 上的全体原函数 $F(x)+C$（C 为任意常数）称为 $f(x)$ 在区间 I 上的**不定积分**(indefinite integral)，记作

$$\int f(x)\,\mathrm{d}x,$$

其中，$\int$ 叫做**积分号**（integral sign），$f(x)$ 叫做**被积函数**（integrand），x 叫做**积分变量**（integral variable），$f(x)\,\mathrm{d}x$ 叫做**积分表达式**（integral expression）. 求已知函数的不定积分的过程叫做对这个函数进行积分.

由此定义可知，若 $F(x)$ 是 $f(x)$ 在区间 I 上的一个原函数，那么 $f(x)$ 在区间 I 上的不定积分是一个函数族 $\{F(x)+C \mid C\in\mathbf{R}\}$，即

$$\int f(x)\,\mathrm{d}x = F(x)+C,$$

所以不定积分 $\int f(x)\,\mathrm{d}x$ 可以表示 $f(x)$ 的任意一个原函数.

不定积分几何意义 若 $F(x)$ 是 $f(x)$ 的一个原函数，则称 $y=f(x)$ 的图象为 $F(x)$ 的一条**积分曲线**（integral curve）. 从而，不定积分 $\int f(x)\,\mathrm{d}x$ 在几何上表示 $f(x)$ 的所有积分曲线，称为 $f(x)$ 的**积分曲线族**（family of integral curves）.

$f(x)$ 的积分曲线族可由 $f(x)$ 的某一条积分曲线 $y=F(x)$ 沿 y 轴方向上下平移而得到. 由 $[F(x)+C]'=F'(x)=f(x)$ 可知，在点 x 处，积分曲线族中每条曲线都有相同的导数，故由导数的几何意义知，每条曲线在点 x 处的切线有相同的斜率，即这些切线互相平行（图 5-1）.

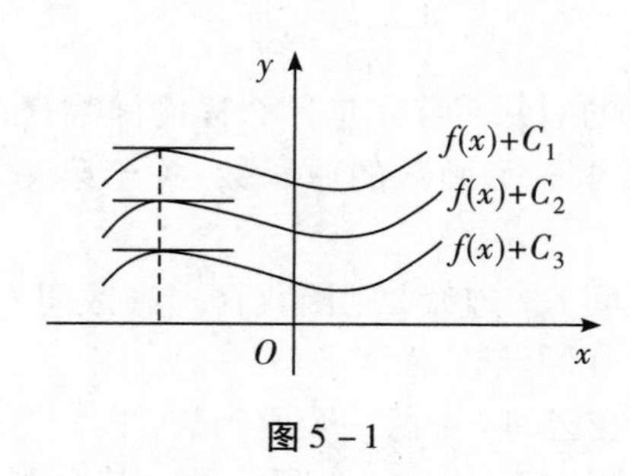

图 5-1

例 1 若 $f(x)$ 的一个原函数为 $\ln x^2$，求 $f(x)$.

解: $\because \ln x^2$ 是 $f(x)$ 的一个原函数，

$\therefore f(x)=(\ln x^2)'=\dfrac{2x}{x^2}=\dfrac{2}{x}.$

例 2　求 $\int x\mathrm{d}x$.

解： $\because \left(\frac{x^2}{2}\right)' = x$,

$\therefore \frac{x^2}{2}$ 是 x 的一个原函数，

$\therefore \int x\mathrm{d}x = \frac{x^2}{2} + C$.

例 3　求 $\int \sin 2x\mathrm{d}x$.

解： $\because \left(-\frac{1}{2}\cos 2x\right)' = \sin 2x$,

$\therefore -\frac{1}{2}\cos 2x$ 是 $\sin 2x$ 的一个原函数，

$\therefore \int \sin 2x\mathrm{d}x = -\frac{1}{2}\cos 2x + C$.

例 4　求 $\int \frac{1}{x}\mathrm{d}x$.

解： 当 $x \in (0, +\infty)$ 时，

$\because (\ln x)' = \frac{1}{x}$,

$\therefore \ln x$ 是 $\frac{1}{x}$ 在（0，+∞）上的一个原函数.

$\therefore$ 在（0，+∞）上，$\int \frac{1}{x}\mathrm{d}x = \ln x + C$.

当 $x \in (-\infty, 0)$ 时，

$\because [\ln(-x)]' = \frac{1}{-x}(-1) = \frac{1}{x}$,

$\therefore \ln(-x)$ 是 $\frac{1}{x}$ 在（−∞，0）上的一个原函数.

$\therefore$ 在（−∞，0）上，

$\int \frac{1}{x}\mathrm{d}x = \ln(-x) + C$

综上所述，$\int \frac{1}{x}\mathrm{d}x = \ln|x| + C$.

例 5　一曲线通过点（3，4），且在任一点处的切线的斜率等于该点横坐标的平方，求曲线的方程.

解： 设所求的曲线方程为 $y = F(x)$，由题意可知，曲线上任意一点 (x, y) 处的切线的斜率是

$$F'(x) = x^2$$

所以 $F(x)$ 是 x^2 的一个原函数.

$\because \left(\frac{x^3}{3}\right)' = x^2$，令 $F(x) = \frac{x^3}{3} + C$，

由 $F(x)$ 的图象经过点（3，4），

$\therefore 4 = \frac{3^3}{3} + C$，

$\therefore C = -5$，

所求曲线方程为

$$F(x) = \frac{x^3}{3} - 5.$$

从不定积分的定义可知，不定积分运算是微分运算的**逆运算**（inverse operation），它们之间存在下述关系：

$$\frac{\mathrm{d}}{\mathrm{d}x}\left[\int f(x)\mathrm{d}x\right] = f(x)$$

或

$$\int F'(x)\mathrm{d}x = F(x) + C.$$

虽然求不定积分的运算是微分运算的逆运算，但求一个函数的不定积分比求一个函数的导数要困难得多，因为它只告诉某已知函数的不定积分的导数刚好等于这个已知函数 $f(x)$，而没有告诉求 $f(x)$ 的不定积分的具体形式和途径. 一些积分公式可以从导数公式中得到，但是有些函数的积分运算还是非常复杂的.

练习 1.1

1. 若 $f(x)$ 的一个原函数为 $\sin x^2$，求 $f(x)$.

2. 求不定积分 $\int 3x^2\mathrm{d}x$.

3. 求不定积分 $\int \mathrm{e}^x\mathrm{d}x$.

4. 一曲线通过点（3，4），且在任一点处的切线的斜率等于该点的横坐标，求曲线的方程.

二、基本积分公式

为了计算方便，下面罗列了一些基本初等函数的积分公式.

1. $\int k\mathrm{d}x = kx + C$（$k$ 为常数）；

2. $\int x^a \mathrm{d}x = \dfrac{x^{a+1}}{a+1} + C$；

3. $\int \dfrac{1}{x}\mathrm{d}x = \ln|x| + C$（$x \neq 0$）；

4. $\int \mathrm{e}^x \mathrm{d}x = \mathrm{e}^x + C$；

5. $\int a^x \mathrm{d}x = \dfrac{a^x}{\ln a} + C$（$a > 0$ 且 $a \neq 1$）；

6. $\int \sin x\mathrm{d}x = -\cos x + C$；

7. $\int \cos x\mathrm{d}x = \sin x + C$；

8. $\int \sec^2 x\mathrm{d}x = \tan x + C$；

9. $\int \csc^2 x\mathrm{d}x = -\cot x + C$；

10. $\int \sec x\tan x\mathrm{d}x = \sec x + C$；

11. $\int \csc x\cot x\mathrm{d}x = -\csc x + C$；

12. $\int \dfrac{1}{\sqrt{1-x^2}}\mathrm{d}x = \arcsin x + C$；

13. $\int \dfrac{1}{1+x^2}\mathrm{d}x = \arctan x + C$.

其中 C 为任意常数.

上述公式是求不定积分的基础，必须熟记. 下面举例说明不定积分的性质和基本公式的应用.

例 1 求 $\int \dfrac{1}{x^2}\mathrm{d}x$.

解： 原式 $= \int x^{-2}\mathrm{d}x = \dfrac{x^{-2+1}}{-2+1} + C = -x^{-1} + C = -\dfrac{1}{x} + C$.

例 2 求 $\int x^4 \sqrt[3]{x^2}\mathrm{d}x$.

解： 原式 $= \int x^{\frac{14}{3}}\mathrm{d}x = \dfrac{x^{\frac{14}{3}+1}}{\frac{14}{3}+1} + C = \dfrac{3}{17}x^{\frac{17}{3}} + C$.

例 3 求$\int \frac{1}{x^2\sqrt{x}}dx$.

解：原式 $= \int x^{-\frac{5}{2}}dx = \frac{x^{-\frac{5}{2}+1}}{-\frac{5}{2}+1} + C = -\frac{2}{3}x^{-\frac{3}{2}} + C = -\frac{2}{3\sqrt{x^3}} + C.$

例 4 求$\int 2^x dx$.

解：原式 $= \int \frac{2^x \ln 2}{\ln 2}dx = \frac{1}{\ln 2}\int 2^x \ln 2 dx = \frac{2^x}{\ln 2} + C.$

练习 1.2

求下列不定积分.

(1) $\int \frac{1}{x^3}dx$；　　(2) $\int x^2\sqrt{x^3}dx$；

(3) $\int \frac{1}{x^3\sqrt{x}}dx$；　　(4) $\int 3^x dx$.

三、不定积分的性质

由不定积分的定义，可以得到下面两个**线性运算**（linear operation）性质：

性质 1 设函数$f(x)$及$g(x)$的原函数存在，则

$$\int [f(x) \pm g(x)]dx = \int f(x)dx \pm \int g(x)dx.$$

证明：$\because \left[\int f(x)dx \pm \int g(x)dx\right]'$

$= \left[\int f(x)dx\right]' \pm \left[\int g(x)dx\right]'$

$= f(x) \pm g(x)$

$\therefore \int f(x)dx \pm \int g(x)dx$ 是$f(x) \pm g(x)$的不定积分，从而性质 1 成立.

性质 2 设函数$f(x)$的原函数存在，k为任意不为零的常数，则

$$\int kf(x)dx = k\int f(x)dx.$$

利用不定积分的这两个性质与积分公式可以求一些简单函数的不定积分，下面来看一些例子.

例 1　求 $\int x^3\left(\sqrt{x}-\frac{3}{x}\right)dx$.

解: 原式 $=\int(x^{\frac{7}{2}}-3x^2)dx$

$$=\int x^{\frac{7}{2}}dx-\int 3x^2dx$$

$$=\int x^{\frac{7}{2}}dx-3\int x^2dx$$

$$=\frac{2}{9}x^{\frac{9}{2}}-3\cdot\frac{1}{3}x^3+C$$

$$=\frac{2}{9}\sqrt{x^9}-x^3+C.$$

例 2　求 $\int\frac{(x-1)(x+2)}{\sqrt{x}}dx$.

解: 原式 $=\int\frac{x^2+x-2}{\sqrt{x}}dx$

$$=\int(x^{\frac{3}{2}}+x^{\frac{1}{2}}-2x^{-\frac{1}{2}})dx$$

$$=\int x^{\frac{3}{2}}dx+\int x^{\frac{1}{2}}dx-\int 2x^{-\frac{1}{2}}dx$$

$$=\frac{1}{1+\frac{3}{2}}x^{\frac{3}{2}+1}+\frac{1}{1+\frac{1}{2}}x^{\frac{1}{2}+1}-2\cdot\frac{1}{1+\left(-\frac{1}{2}\right)}x^{-\frac{1}{2}+1}+C$$

$$=\frac{2}{5}x^{\frac{5}{2}}+\frac{2}{3}x^{\frac{3}{2}}-4x^{\frac{1}{2}}+C.$$

例 3　求 $\int(2^x-3^x)^2dx$.

解: 原式 $=\int[(2^x)^2-2\cdot 2^x\cdot 3^x+(3^x)^2]dx$

$$=\int(2^x)^2dx-2\int 2^x\cdot 3^xdx+\int(3^x)^2dx$$

$$=\int(2^2)^xdx-2\int(2\cdot 3)^xdx+\int(3^2)^xdx$$

$$=\int 4^xdx-2\int 6^xdx+\int 9^xdx$$

$$=\frac{4^x}{\ln 4}-\frac{2\cdot 6^x}{\ln 6}+\frac{9^x}{\ln 9}+C.$$

例4　求$\int \tan^2 x\mathrm{d}x$.

解：原式$=\int(\sec^2 x-1)\mathrm{d}x$

$$=\int \sec^2 x\mathrm{d}x-\int 1\mathrm{d}x$$

$$=\tan x-x+C.$$

例5　求$\int \cos^2\frac{x}{2}\mathrm{d}x$.

解：原式$=\int \frac{1+\cos x}{2}\mathrm{d}x$

$$=\int \frac{1}{2}\mathrm{d}x+\int \frac{1}{2}\cos x\mathrm{d}x$$

$$=\frac{1}{2}x+\frac{1}{2}\sin x+C.$$

例6　求$\int \frac{1}{\cos^2 x\sin^2 x}\mathrm{d}x$.

解：原式$=\int \frac{\cos^2 x+\sin^2 x}{\cos^2 x\sin^2 x}\mathrm{d}x$

$$=\int \frac{1}{\sin^2 x}\mathrm{d}x+\int \frac{1}{\cos^2 x}\mathrm{d}x$$

$$=\int \csc^2 x\mathrm{d}x+\int \sec^2 x\mathrm{d}x$$

$$=-\cot x+\tan x+C.$$

例7　求$\int \frac{2x^4+x^2}{x^2+1}\mathrm{d}x$.

解：原式$=\int \frac{2x^2(x^2+1)-(x^2+1)+1}{x^2+1}\mathrm{d}x$

$$=\int 2x^2\mathrm{d}x-\int 1\mathrm{d}x+\int \frac{1}{x^2+1}\mathrm{d}x$$

$$=\frac{2}{3}x^3-x+\arctan x+C.$$

注：如果要检验积分结果是否正确，只要对结果进行求导，看它的导数是否等于被积函数，相等就是正确的，不相等就是错误的.

练习 1.3

求下列不定积分.

(1) $\int \sqrt{x}(x-3)\mathrm{d}x$；

(2) $\int (2^x + x^2)\mathrm{d}x$；

(3) $\int \frac{3x^4+3x^2+1}{x^2+1}\mathrm{d}x$；

(4) $\int \frac{x^2-1}{x^2+1}\mathrm{d}x$；

(5) $\int \frac{1}{x^2(x^2+1)}\mathrm{d}x$；

(6) $\int \frac{\mathrm{e}^{2x}-1}{\mathrm{e}^x-1}\mathrm{d}x$；

(7) $\int \sqrt{x\sqrt{x\sqrt{x}}}\mathrm{d}x$.

习题 5－1

1. 利用求导法则验证下列等式.

(1) $\int \frac{4x}{x^2+1}\mathrm{d}x = 2\ln(x^2+1) + C$；

(2) $\int x^2 e^x dx = x^2 e^x - 2xe^x + 2e^x + C$;

(3) $\int \sec x dx = \ln|\sec x + \tan x| + C$;

(4) $\int x\ln x dx = \frac{x^2}{2}\ln x - \frac{1}{4}x^2 + C$;

(5) $\int \frac{1}{a^2 + x^2}dx = \frac{1}{a}\arctan\frac{x}{a} + C$;

(6) $\int e^x \cos x dx = \frac{1}{2}e^x(\sin x + \cos x) + C$;

(7) $\int \frac{1}{x^2\sqrt{x^2 - 1}}dx = \frac{\sqrt{x^2 - 1}}{x} + C$;

(8) $\int \frac{1}{1 + \cos 2x}dx = \frac{1}{2}\tan x + C$.

2. 若$\int f(x)\,\mathrm{d}x = \sin 2x + C$，求$f(x)$.

3. 若$\int f(x)\,\mathrm{d}x = x\ln x + C$，求$f'(x)$.

4. 求下列各式的值.

(1) $\mathrm{d}\int \mathrm{e}^{-x^2}\mathrm{d}x$；

(2) $\int (\sin x)'\mathrm{d}x$.

5. 若$\int f(x)\,\mathrm{d}x = F(x) + C$，求$\int f(2x-3)\,\mathrm{d}x$.

6. 若$\int f(x)\,\mathrm{d}x = F(x) + C$，求$\int x f(1-x^2)\,\mathrm{d}x$.

7. 求下列不定积分.

(1) $\int (2x+3)\,\mathrm{d}x$；

(2) $\int \frac{(x-1)^3}{x^2}\mathrm{d}x$；

(3) $\int (x-\sqrt{x})^2\mathrm{d}x$；

(4) $\int \frac{1}{x^2\sqrt{x}}\mathrm{d}x$；

(5) $\int \frac{\sin\ 2x}{\cos\ x}\mathrm{d}x$;　　(6) $\int \frac{\sin\ 2x}{\sin\ x}\mathrm{d}x$;

(7) $\int \cos^2 \frac{x}{2}\mathrm{d}x$;　　(8) $\int \frac{\cos\ 2x}{\cos\ x - \sin\ x}\mathrm{d}x$

(9) $\int\left(\frac{1}{x} - \cos\ x\right)\mathrm{d}x$;　　(10) $\int (\mathrm{e}^x - 2\sin x + \sqrt{2}x^3)\,\mathrm{d}x$;

(11) $\int (\mathrm{e}^x \cdot 3^x)\,\mathrm{d}x$;　　(12) $\int 3^x\mathrm{d}x$;

(13) $\int \frac{x^2}{x^2 + 1}\mathrm{d}x$;　　(14) $\int \frac{3x^4 + 2x^2}{x^2 + 1}\mathrm{d}x$.

8. 一曲线通过点（2，5），且在任一点处的切线的斜率等于该点横坐标的两倍，求曲线的方程.

第二节　不定积分的计算

利用基本积分公式与积分的性质只能计算一些简单函数的积分，对于一些复杂函数类型的积分运算就比较困难，下面介绍计算不定积分的换元积分法和分部积分法.

一、换元积分法

用复合函数的求导法则及中间变量的代换引出求不定积分的**换元积分法**（integration by substitution），简称换元法. 换元积分法分为两类，分别是第一类换元积分法（也叫凑微分法）和第二类换元积分法.

1. 第一类换元积分法

定理 1　设$f(u)$具有原函数，且$u=g(x)$可导，则有以下换元公式：

$$\int f[g(x)]g'(x)\mathrm{d}x=\int f(u)\mathrm{d}u\Big|_{u=g(x)}.$$

证明：设$f(u)$的原函数为$F(u)$，其中$u=g(x)$，那么

$$F'(u)=f(u),\int f(u)\mathrm{d}u=F(u)+C,$$

由复合函数的求导法则，有

$$\begin{aligned}\frac{\mathrm{d}}{\mathrm{d}x}F[g(x)]&=[F'(u)]\Big|_{u=g(x)}g'(x)\\&=f(u)\Big|_{u=g(x)}g'(x)\\&=f[g(x)]g'(x),\end{aligned}$$

则

$$\int f[g(x)]g'(x)\mathrm{d}x=F[g(x)]+C=F(u)+C=\int f(u)\mathrm{d}u,$$

即

$$\int f[g(x)]g'(x)\mathrm{d}x=\int f(u)\mathrm{d}u\Big|_{u=g(x)}.$$

上述定理 1 中的公式称为第一类换元积分公式.

如何利用上述公式去求不定积分呢？

假设要求$\int\varphi(x)\mathrm{d}x$，先将$\varphi(x)$转化为$\varphi(x)=f[g(x)]g'(x)$，再令$u=g(x)$，那么

$$\int\varphi(x)\mathrm{d}x=\int f[g(x)]g'(x)\mathrm{d}x=\int f(u)u'\mathrm{d}x=\int f(u)\mathrm{d}u\Big|_{u=g(x)}.$$

下面来看几个利用第一类换元积分法解题的例子.

例 1　求$\int 2\sin\ 2x\mathrm{d}x$.

解：$\sin\ 2x$是一个复合函数，令$u=2x$，则$\sin\ 2x=\sin u$，$\mathrm{d}u=\mathrm{d}(2x)=2\mathrm{d}x$，于是有

原式$=\int\sin\ 2x\cdot 2\mathrm{d}x=\int\sin u\mathrm{d}u$

$= -\cos u + C$

$= -\cos 2x + C.$

例 2　求 $\int \sin^3 x\cos x\mathrm{d}x$.

解： 令 $\sin x = u$，则 $\sin^3 x = u^3$，$\mathrm{d}u = \mathrm{d}\sin x = \cos x\mathrm{d}x$，于是有

$$原式 = \int u^3\mathrm{d}u$$

$$= \frac{1}{4}u^4 + C$$

$$= \frac{1}{4}\sin^4 x + C.$$

例 3　求 $\int \frac{1}{3x+2}\mathrm{d}x$.

解： 令 $u = 3x+2$，则 $\mathrm{d}u = \mathrm{d}(3x+2) = 3\mathrm{d}x$，于是有

$$原式 = \int\left(\frac{1}{3}\cdot\frac{1}{3x+2}\right)\cdot 3\mathrm{d}x$$

$$= \frac{1}{3}\int\frac{1}{u}\mathrm{d}u$$

$$= \frac{1}{3}\ln|u| + C$$

$$= \frac{1}{3}\ln|3x+2| + C.$$

例 4　求 $\int 2x\cos x^2\mathrm{d}x$.

解： 令 $u = x^2$，则 $\mathrm{d}u = \mathrm{d}x^2 = 2x\mathrm{d}x$，于是有

$$原式 = \int\cos x^2\cdot 2x\mathrm{d}x$$

$$= \int\cos u\mathrm{d}u$$

$$= \sin u + C$$

$$= \sin x^2 + C.$$

例 5　求 $\int\frac{x^2}{(x+1)^3}\mathrm{d}x$.

解： 令 $u = x+1$，则 $x = u-1$，$\mathrm{d}u = \mathrm{d}(x+1) = \mathrm{d}x$，于是有

$$原式 = \int\frac{(u-1)^2}{u^3}\mathrm{d}u$$

$$= \int\frac{u^2-2u+1}{u^3}\mathrm{d}u$$

$$= \int(u^{-1} - 2u^{-2} + u^{-3})\mathrm{d}u$$

$$= \ln|u| + 2u^{-1} - \frac{1}{2}u^{-2} + C$$

$$= \ln|x+1| + \frac{2}{x+1} - \frac{1}{2(x+1)^2} + C.$$

对换元积分法熟练掌握后，可以不写出换元变量 u，直接利用换元公式对被积函数进行积分.

例 6　求 $\int 3x^2 e^{x^3} dx$.

解：原式 $= \int e^{x^3} 3x^2 dx$

$$= \int e^{x^3} dx^3$$

$$= e^{x^3} + C.$$

例 7　求 $\int x\sqrt{1-x^2}dx$.

解：原式 $= \int \sqrt{1-x^2} \cdot x dx$

$$= \int \sqrt{1-x^2} \cdot \left(-\frac{1}{2}\right) d(1-x^2)$$

$$= -\frac{1}{2}\int (1-x^2)^{\frac{1}{2}} d(1-x^2)$$

$$= -\frac{1}{2} \cdot \frac{2}{3}(1-x^2)^{\frac{3}{2}} + C$$

$$= -\frac{1}{3}\sqrt{(1-x^2)^3} + C.$$

例 8　求 $\int \frac{1}{x^2-a^2}dx$.

解：$\because \frac{1}{x^2-a^2} = \frac{1}{(x-a)(x+a)} = \frac{1}{2a}\left(\frac{1}{x-a} - \frac{1}{x+a}\right)$，于是有

原式 $= \int \frac{1}{2a}\left(\frac{1}{x-a} - \frac{1}{x+a}\right)dx$

$$= \frac{1}{2a}\left(\int \frac{1}{x-a}dx - \int \frac{1}{x+a}dx\right)$$

$$= \frac{1}{2a}\left[\int \frac{1}{x-a}d(x-a) - \int \frac{1}{x+a}d(x+a)\right]$$

$$= \frac{1}{2a}\left[\ln|x-a| - \ln|x+a|\right] + C$$

$$= \frac{1}{2a}\ln\left|\frac{x-a}{x+a}\right| + C.$$

例 9　求$\int \frac{1}{x^2+a^2}dx$.

解：$\because \frac{1}{x^2+a^2}=\frac{1}{a^2}\cdot\frac{1}{1+\left(\frac{x}{a}\right)^2}$,

于是有

$$原式=\int \frac{1}{a^2}\cdot\frac{1}{1+\left(\frac{x}{a}\right)^2}dx$$

$$=\frac{1}{a}\int\cdot\frac{1}{1+\left(\frac{x}{a}\right)^2}d\frac{x}{a}$$

$$=\frac{1}{a}\arctan\frac{x}{a}+C.$$

例 10　求$\int \frac{1}{x\ln x}dx$.

解：$原式=\int \frac{1}{\ln x}\cdot\frac{1}{x}dx$

$$=\int \frac{1}{\ln x}d\ln x$$

$$=\ln|\ln x|+C.$$

例 11　求$\int \cos^3 x dx$.

解：$原式=\int \cos^2 x\cdot\cos x dx$

$$=\int(1-\sin^2 x)d\sin x$$

$$=\int 1 d\sin x-\int \sin^2 x d\sin x$$

$$=\sin x-\frac{1}{3}\sin^3 x+C.$$

例 12　求$\int \cos^2 x\sin^5 x dx$.

解：$原式=\int \cos^2 x\cdot\sin^4 x\cdot\sin x dx$

$$=-\int \cos^2 x\cdot\sin^4 x d\cos x$$

$$=-\int \cos^2 x\cdot(1-\cos^2 x)^2 d\cos x$$

$$=-\int(\cos^2 x-2\cos^4 x+\cos^6 x)d\cos x$$

$$=-\frac{1}{3}\cos^3 x+\frac{2}{5}\cos^5 x-\frac{1}{7}\cos^7 x+C.$$

例 13　求 $\int \tan x\mathrm{d}x$.

解:原式 $=\int \frac{\sin x}{\cos x}\mathrm{d}x$

$=-\int \frac{1}{\cos x}\mathrm{d}\cos x$

$=-\ln|\cos x|+C.$

例 14　求 $\int \sec x\mathrm{d}x$.

解: 原式 $=\int \frac{\cos x}{\cos^2 x}\mathrm{d}x$

$=\int \frac{1}{1-\sin^2 x}\mathrm{d}\sin x$

$=\frac{1}{2}\int\left(\frac{1}{1+\sin x}+\frac{1}{1-\sin x}\right)\mathrm{d}\sin x$

$=\frac{1}{2}\left(\int \frac{1}{1+\sin x}\mathrm{d}\sin x+\int \frac{1}{1-\sin x}\mathrm{d}\sin x\right)$

$=\frac{1}{2}(\ln|1+\sin x|-\ln|1-\sin x|)+C$

$=\frac{1}{2}\ln\left|\frac{1+\sin x}{1-\sin x}\right|+C.$

本题另外还有多种解法，下面再介绍一种：

原式 $=\int \frac{\sec x(\sec x+\tan x)}{\sec x+\tan x}\mathrm{d}x$

$=\int \frac{\sec^2 x+\sec x\cdot\tan x}{\sec x+\tan x}\mathrm{d}x$

$=\int \frac{1}{\sec x+\tan x}\mathrm{d}(\sec x+\tan x)$

$=\ln|\sec x+\tan x|+C.$

例 15　求 $\int \csc x\mathrm{d}x$.

解: 原式 $=\int \frac{\csc x(\csc x-\cot x)}{\csc x-\cot x}\mathrm{d}x$

$=\int \frac{\csc^2 x-\csc x\cdot\cot x}{\csc x-\cot x}\mathrm{d}x$

$=\int \frac{1}{\csc x-\cot x}\mathrm{d}(\csc x-\cot x)$

$=\ln|\csc x-\cot x|+C.$

例 16 求$\int \sec^4 x\mathrm{d}x$.

解：原式$=\int \sec^2 x\cdot\sec^2 x\mathrm{d}x$

$$=\int(1+\tan^2 x)\mathrm{d}\tan x$$

$$=\tan x+\frac{1}{3}\tan^3 x+C.$$

例 17 求$\int \tan^5 x\sec x\mathrm{d}x$.

解：原式$=\int\tan^4 x\cdot\sec x\cdot\tan x\mathrm{d}x$

$$=\int(\sec^2 x-1)^2\mathrm{d}\sec x$$

$$=\int(\sec^4 x-2\sec^2 x+1)\mathrm{d}\sec x$$

$$=\frac{1}{5}\sec^5 x-\frac{2}{3}\sec^3 x+\sec x+C.$$

从上面的例题可以发现，使用第一类换元积分法的关键是把被积函数$\varphi(x)$改写成$f[g(x)]g'(x)$的形式，然后再引入中间变量$u=g(x)$，把$\int\varphi(x)\mathrm{d}x$化成便于计算的$\int f(u)\mathrm{d}u$的形式，最后把变量$u$还原成最初的变量$x$. 实际上，第一类换元积分法在求不定积分中有着非常重要的作用，是在求不定积分过程中经常采用的一种方法. 但实际应用起来有时比较困难，因为选择变量代换$u=g(x)$没有什么规律可循，需要一定的技巧. 所以要掌握这种方法必须做大量的练习.

2. 第二类换元积分法

定理 2 设$x=g(t)$是具有反函数的、可导的函数，且$g'(t)\neq 0$. 又设不定积分$\int f[g(t)]g'(t)\mathrm{d}t$存在，则有以下换元公式

$$\int f(x)\mathrm{d}x=\int f[g(t)]g'(t)\mathrm{d}t\Big|_{t=g^{-1}(x)}.$$

其中，$g^{-1}(x)$是$x=g(t)$的反函数.

证明：$\because t=g'(x)$，且$g'(t)\neq 0$. 由反函数的求导法则有

$$\frac{\mathrm{d}t}{\mathrm{d}x}=\frac{\mathrm{d}g^{-1}(x)}{\mathrm{d}x}=\frac{1}{g'(t)}\Big|_{t=g^{-1}(x)}.$$

又设$F(t)$是$f[g(t)]g'(t)$的原函数，有

$$\frac{\mathrm{d}F}{\mathrm{d}t}=f[g(t)]g'(t).$$

令$G(x)=F[g^{-1}(x)]$，由复合函数及反函数的求导法则有

$$\frac{\mathrm{d}}{\mathrm{d}x}G(x)=\frac{\mathrm{d}}{\mathrm{d}x}F[g^{-1}(x)]$$

$$
\begin{aligned}
&= \frac{\mathrm{d}F}{\mathrm{d}t} \cdot \frac{\mathrm{d}t}{\mathrm{d}x} \\
&= f[g(t)]g'(t) \cdot \frac{1}{g'(t)} \Big|_{t=g^{-1}(x)} \\
&= f(g(t)) \\
&= f(x).
\end{aligned}
$$

$\therefore$ $G(x)$是$f(x)$的原函数. 于是有

$$\int f(x)\,\mathrm{d}x = G(x) + C = F[g^{-1}(x)] + C = \int f[g(t)]g'(t)\,\mathrm{d}t \Big|_{t=g^{-1}(x)}.$$

$\therefore$ $\int f(x)\,\mathrm{d}x = \int f[g(t)]g'(t)\,\mathrm{d}t \Big|_{t=g^{-1}(x)}$ 成立.

从定理2及其证明可以发现，第二类换元积分公式的成立需要一定的条件，首先公式右边的$f[g(t)]\ g'(t)$要具有原函数，其次是求出$f[g(t)]g'(t)$的原函数$\int f[g(t)]\ g'(t)\mathrm{d}t$后，必须用$x=g(t)$的反函数$t=g^{-1}(x)$代回去，这就要求$x=g(t)$是具有反函数的、可导的，且$g'(t)\neq 0$.

不管是第一类换元积分法还是第二类换元积分法，目的都是把被积函数化为容易求得原函数的形式，以便更好地求不定积分（最终同样不要忘记变量还原）. 下面来看一些利用第二类换元积分法解题的例子.

例 18　求$\int \frac{1}{\sqrt{x}+\sqrt[4]{x}}\mathrm{d}x$.

解：求这个积分的困难在于有两个根式，首先要想办法把被积函数中的根号去掉，因为根次数分别是2与4，因此可以得到2与4的最小公倍数4，所以令$x=t^4$，则$t=\sqrt[4]{x}$，将$x=t^4$代入原式，有

$$
\begin{aligned}
\text{原式} &= \int \frac{1}{t^2+t}\mathrm{d}t^4 \\
&= 4\int \frac{t^3}{t^2+t}\mathrm{d}t \\
&= 4\int \frac{t^2}{t+1}\mathrm{d}t \\
&= 4\int \frac{(t+1)(t-1)+1}{t+1}\mathrm{d}t \\
&= 4\left(\int (t-1)\mathrm{d}t + \int \frac{1}{t+1}\mathrm{d}t\right) \\
&= 4\left(\frac{1}{2}t^2 - t + \ln|t+1|\right) \\
&= 2\sqrt{x} - 4\sqrt[4]{x} + \ln|\sqrt[4]{x}+1| + C.
\end{aligned}
$$

例19　求$\int \sqrt{a^2-x^2}\mathrm{d}x\ (a>0)$.

解：求这个不定积分首先要把被积函数$\sqrt{a^2-x^2}$中的根号去掉，可利用三角公式$\sin^2 t+$

$\cos^2 t=1$ 来进行化简.

令 $x=a\sin t$，$|t|<\dfrac{\pi}{2}$，于是被积函数

$$\sqrt{a^2-x^2}=\sqrt{a^2-a^2\sin^2 t}=\sqrt{a^2(1-\sin^2 t)}=\sqrt{a^2\cos^2 t}=a\cos t.$$

又由 $\mathrm{d}x=\mathrm{d}(a\sin t)=a\cos t\mathrm{d}t$，得

$$\begin{aligned}\text{原式}&=\int a\cos t\cdot a\cos t\mathrm{d}t\\&=\int a^2\cos^2 t\mathrm{d}t\\&=a^2\int\frac{1+\cos 2t}{2}\mathrm{d}t\\&=\frac{a^2}{2}\left[\int 1\mathrm{d}t+\int\cos 2t\mathrm{d}t\right]\\&=\frac{a^2}{2}\left(t+\frac{1}{2}\sin 2t\right)+C\\&=\frac{a^2}{2}t+\frac{a^2}{2}\sin t\cos t+C.\end{aligned}$$

$\because x=a\sin t$，$|t|<\dfrac{\pi}{2}$，

$\therefore \sin t=\dfrac{x}{a}$，$t=\arcsin\dfrac{x}{a}$.

又$\because \sqrt{a^2-x^2}=a\cos t$，

$\therefore \cos t=\dfrac{\sqrt{a^2-x^2}}{a}$，

$$\begin{aligned}\therefore \text{原式}&=\frac{a^2}{2}\arcsin\frac{x}{a}+\frac{a^2}{2}\cdot\frac{x}{a}\cdot\frac{\sqrt{a^2-x^2}}{a}+C\\&=\frac{a^2}{2}\arcsin\frac{x}{a}+\frac{x}{2}\sqrt{a^2-x^2}+C.\end{aligned}$$

例 20 求 $\displaystyle\int\frac{1}{\sqrt{x^2-a^2}}\mathrm{d}x\ (x>a>0)$.

解： 和上例类似，首先要把被积函数中的根号去掉，可利用三角公式 $\tan^2 t=\sec^2 t-1$ 来进行化简.

令 $x=a\sec t$，$0<t<\dfrac{\pi}{2}$，于是被积函数

$$\frac{1}{\sqrt{x^2-a^2}}=\frac{1}{\sqrt{a^2\sec^2 t-a^2}}=\frac{1}{\sqrt{a^2(\sec^2 t-1)}}=\frac{1}{\sqrt{a^2\tan^2 t}}=\frac{1}{a\tan t}.$$

又由 $\mathrm{d}x=\mathrm{d}(a\sec t)=a\sec t\tan t\mathrm{d}t$，得

$$\begin{aligned}\int\frac{1}{\sqrt{x^2-a^2}}\mathrm{d}x&=\int\frac{1}{a\tan t}\cdot a\sec t\cdot\tan t\mathrm{d}t\\&=\int\sec t\mathrm{d}t\end{aligned}$$

$$= \ln|\sec t + \tan t| + C.$$ （由例 14 可得）

$\because x = a\sec t,\ 0 < t < \dfrac{\pi}{2}$,

$\therefore \sec t = \dfrac{x}{a}$,

又$\because \dfrac{1}{\sqrt{x^2 - a^2}} = \dfrac{1}{a\tan t}$,

$\therefore \tan t = \dfrac{\sqrt{x^2 - a^2}}{a}$,

$$\therefore \text{原式} = \ln|\sec t + \tan t| + C$$

$$= \ln\left(\frac{x + \sqrt{x^2 - a^2}}{a}\right) + C$$

$$= \ln(x + \sqrt{x^2 - a^2}) - \ln a + C.$$

从而有

原式 $= \ln(x + \sqrt{x^2 - a^2}) + C_1$,

其中，$C_1 = C - \ln a$ 为任意常数.

例 21　求 $\displaystyle\int \frac{1}{\sqrt{x^2 + a^2}} dx\ (a > 0)$.

解： 和上两例类似，首先要把被积函数中的根号去掉，可利用三角公式 $1 + \tan^2 t = \sec^2 t$ 来进行化简.

令 $x = a\tan t,\ |t| < \dfrac{\pi}{2}$，于是被积函数

$$\frac{1}{\sqrt{x^2 + a^2}} = \frac{1}{\sqrt{a^2\tan^2 t + a^2}} = \frac{1}{\sqrt{a^2(\tan^2 t + 1)}} = \frac{1}{\sqrt{a^2\sec^2 t}} = \frac{1}{a\sec t}.$$

又由 $dx = d(a\tan t) = a\sec^2 t dt$,

$$\therefore \text{原式} = \int \frac{1}{a\sec t} \cdot a\sec^2 t\, dt$$

$$= \int \sec t dt$$

$$= \ln|\sec t + \tan t| + C.$$ （由例 14 可得）

$\because x = a\tan t,\ |t| < \dfrac{\pi}{2}$,

$\therefore \tan t = \dfrac{x}{a}$,

$\because \dfrac{1}{\sqrt{x^2 + a^2}} = \dfrac{1}{a\sec t}$,

$\therefore \sec t = \dfrac{\sqrt{x^2 + a^2}}{a}$,

$$\therefore \text{原式} = \ln|\sec t + \tan t| + C$$

$$= \ln\left(\frac{x + \sqrt{x^2 + a^2}}{a}\right) + C$$

$$= \ln(x + \sqrt{x^2 + a^2}) - \ln a + C.$$

$\therefore$ 原式 $= \ln(x + \sqrt{x^2 + a^2}) + C_1$.

其中，$C_1 = C - \ln a$ 为任意常数.

注: 在本节的例子里面，有些积分是以后会经常遇到的，所以它们也可以当成公式来用. 这样，除了积分表所列举的公式外，我们还可以添加以下几个公式:

1. $\int \tan x\mathrm{d}x = -\ln|\cos x| + C$;

2. $\int \cot x\mathrm{d}x = \ln|\sin x| + C$;

3. $\int \sec x\mathrm{d}x = \ln|\sec x + \tan x| + C$;

4. $\int \csc x\mathrm{d}x = \ln|\csc x - \cot x| + C$;

5. $\int \frac{1}{a^2 + x^2}\mathrm{d}x = \frac{1}{a}\arctan\frac{x}{a} + C$;

6. $\int \frac{1}{x^2 - a^2}\mathrm{d}x = \frac{1}{2a}\ln\left|\frac{x - a}{x + a}\right| + C$;

7. $\int \frac{1}{\sqrt{a^2 - x^2}}\mathrm{d}x = \arcsin\frac{x}{a} + C$;

8. $\int \frac{1}{\sqrt{x^2 + a^2}}\mathrm{d}x = \ln(x + \sqrt{x^2 + a^2}) + C$;

9. $\int \frac{1}{\sqrt{x^2 - a^2}}\mathrm{d}x = \ln|x + \sqrt{x^2 - a^2}| + C$.

其中，a 是正数，C 为任意常数.

下面我们通过几个例子来了解这几个公式的运用.

例 22 求 $\int \frac{1}{\sqrt{25 - 9x^2}}\mathrm{d}x$.

解: 原式 $= \int \frac{1}{\sqrt{5^2 - (3x)^2}}\mathrm{d}x$

$$= \frac{1}{3}\int \frac{1}{\sqrt{5^2 - (3x)^2}}\mathrm{d}(3x).$$

利用上面的公式 7 可得

原式 $= \frac{1}{3}\arcsin\frac{3x}{5} + C$.

例 23　求$\int \frac{1}{x^2+2x+5}dx$.

解:原式$=\int \frac{1}{(x+1)^2+2^2}dx$

$=\int \frac{1}{(x+1)^2+2^2}d(x+1)$.

利用上面的公式 5 可得

原式$=\frac{1}{2}\arctan \frac{x}{2}+C$.

练习 2.1

1. 求下列不定积分(第一类换元法).

(1)$\int e^{3x}dx$;

(2)$\int (3-5x)^3dx$;

(3)$\int \frac{1}{3-2x}dx$;

(4)$\int \sin ax dx$;

(5)$\int \frac{4x^3}{1-x^4}dx$;

(6)$\int 2xe^{x^2}dx$;

(7)$\int \frac{\cos x}{\sin^3 x}dx$;

(8)$\int \cot x dx$.

2. 求下列不定积分(第二类换元法):

(1)$\int \frac{\sqrt{x^2-9}}{x}dx$;

(2)$\int \frac{1}{1+\sqrt{1-x^2}}dx$;

(3) $\int \frac{x}{\sqrt{1+x^2}} + \mathrm{d}x$; (4) $\int \frac{1}{(x^2+a^2)^3}\mathrm{d}x$.

二、分部积分法

前面的换元积分法是在复合函数的求导法则上引申出来的，下面通过两个函数乘积的求导法则来推导另外一种求积分的基本方法，也就是**分部积分法**（integration by parts）.

定理3 若函数 $u(x)$ 与 $v(x)$ 都是可导函数，那么当不定积分 $\int u'(x)v(x)\mathrm{d}x$ 存在时，则 $\int u(x)v'(x)\mathrm{d}x$ 也一定存在，并且有下式成立

$$\int u(x)v'(x)\mathrm{d}x = u(x)v(x) - \int u'(x)v(x)\mathrm{d}x.$$

证明： 由两个函数乘积的导数公式，有

$$[u(x)v(x)]' = u'(x)v(x) + u(x)v'(x)$$

移项，可得

$$u(x)v'(x) = [u(x)v(x)]' - u'(x)v(x)$$

对上式两边分别求不定积分，得

$$\int u(x)v'(x)\mathrm{d}x = u(x)v(x) - \int u'(x)v(x)\mathrm{d}x.$$

所以命题成立.

定理3中的等式称为分部积分公式，常写成下面的形式

$$\int uv'\mathrm{d}x = uv - \int u'v\mathrm{d}x,$$

$$\text{或} \int u\mathrm{d}v = uv - \int v\mathrm{d}u.$$

下面来看一些利用分部积分公式解题的例子.

例1 求 $\int x\cos x\mathrm{d}x$.

解： 令 $u = x, \mathrm{d}v = \cos x\mathrm{d}x = \mathrm{d}\sin x$，则 $\mathrm{d}u = \mathrm{d}x, v = \sin x$，代入分部积分公式，有

$$\begin{aligned}\text{原式} &= \int x\mathrm{d}\sin x \\ &= x\sin x - \int \sin x\mathrm{d}x \\ &= x\sin x + \cos x + C.\end{aligned}$$

注： 用分部积分法解题的关键是要适当选取 u 与 $\mathrm{d}v$，如果选取不当，可能反而会使所求不定积分更加复杂，有时甚至求不出来. 像例1中如果令 $u = \cos x$，$\mathrm{d}v = x\mathrm{d}x$，就有

$$\int x\cos x\mathrm{d}x = \frac{x^2}{2}\cos x + \int \frac{x^2}{2}\sin x\mathrm{d}x.$$

这样，右边的不定积分显然比左边的更复杂化.

例 2 求$\int x\ln x\mathrm{d}x$.

解: 令 $u = \ln x, \mathrm{d}v = x\mathrm{d}x = \mathrm{d}\frac{x^2}{2}$,则 $\mathrm{d}u = \frac{1}{x}\mathrm{d}x, v = \frac{x^2}{2}$,代入分部积分公式中,有

$$\begin{aligned}
原式 &= \int \ln x\mathrm{d}\frac{x^2}{2} \\
&= \frac{x^2}{2}\ln x - \int \frac{x^2}{2}\mathrm{d}\ln x \\
&= \frac{x^2}{2}\ln x - \int \frac{x^2}{2}\cdot\frac{1}{x}\mathrm{d}x \\
&= \frac{x^2}{2}\ln x - \frac{1}{2}\int x\mathrm{d}x \\
&= \frac{x^2}{2}\ln x - \frac{1}{4}x^2 + C.
\end{aligned}$$

例 3 求$\int x\mathrm{e}^x\mathrm{d}x$.

解: 令 $u = x, \mathrm{d}v = \mathrm{e}^x\mathrm{d}x = \mathrm{d}\mathrm{e}^x$,则 $\mathrm{d}u = \mathrm{d}x, v = \mathrm{e}^x$,代入分部积分公式,有

$$\begin{aligned}
原式 &= \int x\mathrm{d}\mathrm{e}^x \\
&= x\mathrm{e}^x - \int \mathrm{e}^x\mathrm{d}x \\
&= x\mathrm{e}^x - \mathrm{e}^x + C.
\end{aligned}$$

例 4 求 $\int x^3\ln x\mathrm{d}x$.

解: 令 $u = \ln x, \mathrm{d}v = x^3\mathrm{d}x = \mathrm{d}\frac{x^4}{4}$,则 $\mathrm{d}u = \frac{1}{x}\mathrm{d}x, v = \frac{x^4}{4}$,代入分部积分公式,有

$$\begin{aligned}
原式 &= \int \ln x\mathrm{d}\frac{x^4}{4} \\
&= \frac{x^4}{4}\ln x - \int \frac{x^4}{4}\mathrm{d}\ln x \\
&= \frac{x^4}{4}\ln x - \int \frac{x^4}{4}\cdot\frac{1}{x}\mathrm{d}x \\
&= \frac{x^4}{4}\ln x - \frac{1}{4}\int x^3\mathrm{d}x \\
&= \frac{x^4}{4}\ln x - \frac{1}{16}x^4 + C.
\end{aligned}$$

注: 当对分部积分法的掌握比较熟练以后，就不用写出怎样去令 u 与 $\mathrm{d}v$，只要把被积

分式写成 $\int u\mathrm{d}v$ 形式，便可以利用分部积分法进行解题.

例5　求 $\int \arctan x\mathrm{d}x$.

解: 原式 $= x\arctan x - \int x\mathrm{d}\arctan x$

$$= x\arctan x - \int \frac{x}{1+x^2}\mathrm{d}x$$

$$= x\arctan x - \frac{1}{2}\int \frac{1}{1+x^2}\mathrm{d}x^2$$

$$= x\arctan x - \frac{1}{2}\ln|1+x^2| + C.$$

例6　求 $\int \arccos x\mathrm{d}x$.

解: 原式 $= x\arccos x - \int x\mathrm{d}\arccos x$

$$= x\arccos x + \int \frac{x}{\sqrt{1-x^2}}\mathrm{d}x$$

$$= x\arccos x + \frac{1}{2}\int \frac{1}{\sqrt{1-x^2}}\mathrm{d}x^2$$

$$= x\arccos x - \frac{1}{2}\int (1-x^2)^{-\frac{1}{2}}\mathrm{d}(1-x^2)$$

$$= x\arccos x - \frac{1}{2}\cdot 2\,(1-x^2)^{\frac{1}{2}} + C$$

$$= x\arccos x - \sqrt{(1-x^2)} + C.$$

注: 有些积分需要接连使用几次分部积分公式才能完成，有些积分在接连使用几次分部积分公式后，会出现与所求积分相同类型的形式，这时需要移项，合并同类项才能得到所求积分. 下面来看几个这种类型的例子.

例7　求 $\int x^2\mathrm{e}^x\mathrm{d}x$.

解: 原式 $= \int x^2\mathrm{d}\mathrm{e}^x$

$$= x^2\mathrm{e}^x - \int \mathrm{e}^x\mathrm{d}x^2$$

$$= x^2\mathrm{e}^x - 2\int x\mathrm{e}^x\mathrm{d}x$$

$$= x^2\mathrm{e}^x - 2\int x\mathrm{d}\mathrm{e}^x$$

$$= x^2\mathrm{e}^x - 2(x\mathrm{e}^x - \int \mathrm{e}^x\mathrm{d}x)$$

$$= x^2e^x - 2xe^x + 2e^x + C.$$

例 8 求$\int e^{ax}\cos bx\mathrm{d}x$.

解：原式 $= \frac{1}{a}\int \cos bx\mathrm{d}e^{ax}$

$$= \frac{1}{a}e^{ax}\cos bx - \frac{1}{a}\int e^{ax}\mathrm{d}\cos bx$$

$$= \frac{1}{a}e^{x}\cos bx + \frac{b}{a}\int e^{ax}\sin bx\mathrm{d}x.$$

因为 $\int e^{ax}\sin bx\mathrm{d}x = \frac{1}{a}\int \sin bx\mathrm{d}e^{ax}$

$$= \frac{1}{a}e^{ax}\sin bx - \frac{1}{a}\int e^{ax}\mathrm{d}\sin bx$$

$$= \frac{1}{a}e^{ax}\sin bx - \frac{b}{a}\int e^{ax}\cos bx\mathrm{d}x.$$

代入第一个等式并移项整理，得

$$(a^2 + b^2)\int e^{ax}\cos bx\mathrm{d}x = ae^{ax}\cos bx + be^{ax}\sin bx$$

$$\int e^{ax}\cos bx\mathrm{d}x = \frac{a\cos bx + b\sin bx}{a^2 + b^2}e^{ax} + C$$

同理可求

$$\int e^{ax}\sin bx\mathrm{d}x = \frac{a\sin bx - b\cos bx}{a^2 + b^2}e^{ax} + C.$$

例 9 求$\int \sec^3 x\mathrm{d}x$.

解：原式 $= \int \sec x \cdot \sec^2 x\mathrm{d}x$

$$= \int \sec x\mathrm{d}\tan x$$

$$= \sec x \cdot \tan x - \int \sec x \cdot \tan^2 x\mathrm{d}x$$

$$= \sec x \cdot \tan x - \int \sec x \cdot (\sec^2 x - 1)\mathrm{d}x$$

$$= \sec x \cdot \tan x + \int \sec x\mathrm{d}x - \int \sec^3 x\mathrm{d}x,$$

移项整理，得

$$\int \sec^3 x\mathrm{d}x = \frac{\sec x \cdot \tan x + \int \sec x\mathrm{d}x}{2}$$

$$= \frac{1}{2}\sec x \cdot \tan x + \ln|\sec x + \tan x| + C.$$

练习 2.2

求下列不定积分.

(1) $\int \arcsin x\mathrm{d}x$;

(2) $\int \ln(1+x^2)\mathrm{d}x$;

(3) $\int \cos(\ln x)\mathrm{d}x$;

(4) $\int x\tan^2 x\mathrm{d}x$;

(5) $\int \ln^2 x\mathrm{d}x$;

(6) $\int x\ln(x-1)\mathrm{d}x$;

(7) $\int \frac{\ln x}{x^2}\mathrm{d}x$;

(8) $\int \frac{\ln\ln x}{x}\mathrm{d}x$.

习题 5-2

1. 用换元法求下列不定积分.

(1) $\int \mathrm{e}^{5x+1}\mathrm{d}x$;

(2) $\int \frac{1}{\sqrt{1-3x}}\mathrm{d}x$;

(3) $\int (2x-1)^5\mathrm{d}x$;

(4) $\int \frac{1}{2x+1}\mathrm{d}x$;

(5) $\int x\sqrt{1-x^2}\mathrm{d}x$;　　(6) $\int \frac{\sin(\ln x)}{x}\mathrm{d}x$;

(7) $\int \mathrm{e}^{a-bx}\mathrm{d}x$;　　(8) $\int a^{\sin x}\cos x\mathrm{d}x$;

(9) $\int \frac{\mathrm{e}^{\frac{1}{x}}}{x^2}\mathrm{d}x$;　　(10) $\int \sin^3 x\mathrm{d}x$;

(11) $\int \cos^2 x\mathrm{d}x$;　　(12) $\int \cot x\mathrm{d}x$;

(13) $\int \sin 5x \cdot \cos x\mathrm{d}x$;　　(14) $\int \sin^5 x \cdot \cos x\mathrm{d}x$

(15) $\int \frac{\sin x}{(1+\cos x)^3}\mathrm{d}x$;　　(16) $\int (1+\tan x)\sec^2 x\mathrm{d}x$;

(17) $\int \frac{1}{9+x^2}\mathrm{d}x$;　　(18) $\int \frac{x}{\sqrt{2-3x^2}}\mathrm{d}x$;

(19) $\int x\mathrm{e}^{-x^2}\mathrm{d}x$;　　(20) $\int x\sqrt{x^2-3}\,\mathrm{d}x$;

(21) $\int \frac{1}{1+\sqrt{x}}\mathrm{d}x$;　　(22) $\int \frac{x}{\sqrt{x-3}}\mathrm{d}x$;

(23) $\int \frac{1}{x^2-x+1}\mathrm{d}x$;　　(24) $\int \frac{1}{x^2+2x+2}\mathrm{d}x$;

(25) $\int \frac{3x^2+2}{x^2(x^2+1)}\mathrm{d}x$;　　(26) $\int \frac{x}{\sqrt{1-x^2}}\mathrm{d}x$;

(27) $\int \frac{\sqrt{x}}{\sqrt[3]{x^2}-\sqrt{x}}\mathrm{d}x$;　　(28) $\int \frac{1}{\sqrt{x}(1+x)}\mathrm{d}x$;

(29) $\int \frac{1}{x^2\sqrt{1+x^2}}\mathrm{d}x$;　　(30) $\int \frac{1}{x\sqrt{a^2-x^2}}\mathrm{d}x$;

(31) $\int \frac{1}{1-x^2}\ln\frac{1+x}{1-x}\mathrm{d}x$;　　(32) $\int \frac{1}{4\sin^2 x+9\cos^2 x}\mathrm{d}x$;

(33) $\int \frac{1}{x^2\sqrt{x^2-4}}\mathrm{d}x$；

(34) $\int \frac{\sqrt{a^2-x^2}}{x^4}\mathrm{d}x$；

(35) $\int \frac{x}{x^2-x-2}\mathrm{d}x$；

(36) $\int \frac{1}{x\ln x\ln(\ln x)}\mathrm{d}x$.

2. 用分部积分法求下列不定积分.

(1) $\int x\sin x\mathrm{d}x$；

(2) $\int \ln x\mathrm{d}x$；

(3) $\int \arcsin x\mathrm{d}x$；

(4) $\int x\arctan x\mathrm{d}x$；

(5) $\int \cos^2 x\mathrm{d}x$；

(6) $\int x\cos \frac{x}{2}\mathrm{d}x$；

(7) $\int x^2\cdot\cos x\mathrm{d}x$；

(8) $\int x^3\ln x\mathrm{d}x$；

(9) $\int (\ln x)^2\mathrm{d}x$；

(10) $\int \sin(\ln x)\mathrm{d}x$；

(11) $\int e^{\sqrt{x}}dx$;　　(12) $\int e^{2x}\sin 3x dx$;

(13) $\int e^{-x}\cos 2x dx$;　　(14) $\int 2x\cos x\sin x dx$;

(15) $\int \frac{\arcsin\sqrt{x}}{\sqrt{x}}dx$;　　(16) $\int (\arcsin x)^2 dx$;

(17) $\int x\ln^2 x dx$;　　(18) $\int e^{\sqrt{3x+9}}dx$.

第三节　有理函数的不定积分

前面已经介绍了两种求不定积分的基本方法，它们在计算不定积分中起着非常重要的作用. 下面介绍一些有理函数的不定积分及可化为有理函数的不定积分，这种积分不管多么复杂，都可按照某种特定的方法求出它的不定积分.

两个多项式的商称为**有理函数**（rational function），其形式如$\frac{P(x)}{Q(x)}$，其中 $P(x)$，$Q(x)$ 为多项式. 现假设两个多项式 $P(x)$ 与 $Q(x)$ 之间没有公因式. 若 $P(x)$ 的最高次数小于 $Q(x)$ 的最高次数，这时有理函数$\frac{P(x)}{Q(x)}$为**真分式**（proper fraction），反之为**假分式**（improper fraction）. 由多项式的除法可知，假分式总可以化成一个多项式与一个真分式的和的形式，例如

$$\frac{2x^4+x^2}{x^2+1}=2x^2-1+\frac{1}{x^2+1}.$$

多项式的积分是很容易求得的，因此只需要研究真分式的积分.

由分部积分法可知，若 $Q(x)$ 可分解成 $Q(x)=Q_1(x)Q_2(x)$，当 $Q_1(x)$ 与 $Q_2(x)$ 没有公

因式时，则有

$$\frac{P(x)}{Q(x)}=\frac{P_1(x)}{Q_1(x)}+\frac{P_2(x)}{Q_2(x)}.$$

若 $Q_1(x)$ 与 $Q_2(x)$ 能再分解成没有公因式的乘积，那么$\frac{P(x)}{Q(x)}$能再分解成更简单的部分分式，使得最后$\frac{P(x)}{Q(x)}$的分解式中只出现多项式，$\frac{P_1(x)}{(x-a)^n}$，$\frac{P_2(x)}{(x^2+bx+c)^m}$等三种函数，其中$\frac{P_1(x)}{(x-a)^n}$与$\frac{P_2(x)}{(x^2+bx+c)^m}$为真分式.

下面根据上述方法来看几个这方面的例子.

例 1　求$\int\frac{1}{(x-a)^n}\mathrm{d}x$.

解： 当 $n=1$ 时，

$$\text{原式}=\int\frac{1}{x-a}\mathrm{d}x$$
$$=\ln|x-a|+C;$$

当 $n>1$ 时，

$$\text{原式}=\int\frac{1}{(x-a)^n}\mathrm{d}(x-a)$$
$$=\frac{1}{(1-n)(x-a)^{n-1}}+C.$$

例 2　求$\int\frac{x-3}{x^2-3x+2}\mathrm{d}x$.

解： 由 $x^2-3x+2=(x-1)(x-2)$，设

$$\frac{x-3}{x^2-3x+2}=\frac{A}{x-1}+\frac{B}{x-2}=\frac{A(x-2)+B(x-1)}{x^2-3x+2},$$

其中 A,B 为待定系数，由上式可得

$x-3=A(x-2)+B(x-1)$，

即 $x-3=Ax-2A+Bx-B$.

由多项式相等，则同次幂的系数相等，可得

$$\begin{cases}A+B=1,\\2A+B=3,\end{cases}$$

得 $A=2$，$B=-1$

$$\therefore\ \text{原式}=\int\left(\frac{2}{x-1}-\frac{1}{x-2}\right)\mathrm{d}x$$
$$=\int\frac{2}{x-1}\mathrm{d}x-\int\frac{1}{x-2}\mathrm{d}x$$
$$=2\ln|x-1|-\ln|x-2|+C.$$

例3 求$\int \frac{x+5}{x^3+x^2+x+1}\mathrm{d}x$.

解: 由$x^3+x^2+x+1=(x+1)(x^2+1)$，设

$$\frac{x+5}{x^3+x^2+x+1}=\frac{A}{x+1}+\frac{Bx+D}{x^2+1}=\frac{(A+B)x^2+(B+D)x+(A+D)}{x^3+x^2+x+1},$$

其中A，B，D为待定系数，由上式可得

$x+5=(A+B)x^2+(B+D)x+(A+D)$.

由多项式相等，则同次幂的系数相等，可得

$$\begin{cases}A+B=0,\\B+D=1,\\A+D=5,\end{cases}$$

得$A=2$，$B=-2$，$D=3$，

$$\begin{aligned}\therefore\ 原式&=\int\left(\frac{2}{x+1}+\frac{-2x+3}{x^2+1}\right)\mathrm{d}x\\&=\int\frac{2}{x+1}\mathrm{d}x-\int\frac{2x}{x^2+1}\mathrm{d}x+\int\frac{3}{x^2+1}\mathrm{d}x\\&=2\ln|x+1|-\ln(x^2+1)+3\arctan x+C.\end{aligned}$$

上面所介绍的都是一些有理函数的积分，但我们还会遇到一些三角函数有理式及无理函数的积分. 对于三角函数有理式及无理函数的积分，通常把它们化成有理函数的积分来考虑. 下面通过几个例子进行说明.

例4 求$\int\frac{1+\sin x}{\sin x(1+\cos x)}\mathrm{d}x$.

解: 令$u=\tan\frac{x}{2}$,则可得

$$\sin x=\frac{2\sin\frac{x}{2}\cos\frac{x}{2}}{\sin^2\frac{x}{2}+\cos^2\frac{x}{2}}=\frac{2\tan\frac{x}{2}}{1+\tan^2\frac{x}{2}}=\frac{2u}{1+u^2},$$

$$\cos x=\frac{\cos^2\frac{x}{2}-\sin^2\frac{x}{2}}{\sin^2\frac{x}{2}+\cos^2\frac{x}{2}}=\frac{1-\tan^2\frac{x}{2}}{1+\tan^2\frac{x}{2}}=\frac{1-u^2}{1+u^2},$$

$x=2\arctan u$,

$\mathrm{d}x=\mathrm{d}(2\arctan u)=\frac{2}{1+u^2}\mathrm{d}u$.

$$\begin{aligned}\therefore\ 原式&=\int\frac{1+\frac{2u}{1+u^2}}{\frac{2u}{1+u^2}\left(1+\frac{1-u^2}{1+u^2}\right)}\cdot\frac{2}{1+u^2}\mathrm{d}u\\&=\frac{1}{2}\int\left(u+2+\frac{1}{u}\right)\mathrm{d}u\end{aligned}$$

$$= \frac{1}{2}\left(\frac{1}{2}u^2 + 2u + \ln|u|\right) + C$$

$$= \frac{1}{4}\tan^2\frac{x}{2} + \tan\frac{x}{2} + \frac{1}{2}\ln\left|\tan\frac{x}{2}\right| + C.$$

注： 如果被积函数是$\sin^2 x$，$\cos^2 x$ 及 $\sin x\cos x$ 的有理式时，通常采用变换 $u = \tan\frac{x}{2}$比较简单. 当然有些特殊情形可因题而异，可以通过选择适当的方法去进行求解. 如下面的例5.

例5 求$\int \frac{1}{4\sin^2 x + 9\cos^2 x}dx$.

解： $\because$ 原式 $= \int \frac{\sec^2 x}{4\tan^2 x + 9}dx = \int \frac{1}{4\tan^2 x + 9}d\tan x$

令 $u = \tan x$，有

$$原式 = \int \frac{1}{4u^2 + 9}du$$

$$= \frac{1}{2\cdot 3}\arctan\frac{2u}{3} + C$$

$$= \frac{1}{6}\arctan\left(\frac{2}{3}\tan x\right) + C.$$

在此例中如仍令 $u = \tan\frac{x}{2}$,则不如上法简单. 通常当被积函数是$\sin^2 x$,$\cos^2 x$ 及 $\sin x\cos x$ 的有理式时,采用变换 $u = \tan x$ 会比较简单. 下面看一些无理函数的积分例子.

例6 求$\int \frac{\sqrt{x+1}}{x}dx$.

解： 求这个不定积分首先要把被积函数$\frac{\sqrt{x+1}}{x}$中的根号去掉，令 $u = \sqrt{x+1}$,可得

$x = u^2 - 1, dx = 2udu$,

$$\therefore\ 原式 = \int \frac{2u^2}{u^2 - 1}du$$

$$= 2\int\left(1 + \frac{1}{u^2 - 1}\right)du$$

$$= 2\int\left(1 + \frac{\frac{1}{2}}{u - 1} - \frac{\frac{1}{2}}{u + 1}\right)du$$

$$= 2u + \ln|u - 1| - \ln|u + 1| + C$$

$$= 2\sqrt{x+1} + \ln\left|\sqrt{x+1} - 1\right| - \ln(\sqrt{x+1} + 1) + C.$$

例7 求$\int \frac{1}{(1 + \sqrt[3]{x})\sqrt{x}}dx$.

解： 与上例相似,求这个不定积分首先要把被积函数中的两个根号去掉,由根指数分别是

2与3，令 $u = \sqrt[6]{x}$，可得

$x = u^6, dx = 6u^5 du,$

$$\therefore \text{原式} = \int \frac{6u^5}{(1+u^2)u^3} du$$
$$= 6\int \frac{u^2}{1+u^2} du$$
$$= 6\int \left(1 - \frac{1}{1+u^2}\right) du$$
$$= 6u - 6\arctan u + C$$
$$= 6\sqrt[6]{x} - 6\arctan \sqrt[6]{x} + C.$$

注：如果被积函数含有简单根式 $\sqrt[n]{ax+b}$ 或 $\sqrt[n]{\dfrac{cx+d}{ax+b}}$，可直接令它为 u. 当然有些情形也许用其他变换更简单.

至此，我们已经学过了求不定积分的几种基本方法，以及求某些特殊类型函数的积分法. 需要指出的是，初等函数的不定积分（或原函数）一定存在，但某些初等函数的不定积分（或原函数）不一定是初等函数，如

$$\int e^{x^2} dx, \int \frac{\sin x}{x} dx, \int \frac{1}{\ln x} dx, \int \sqrt{1 - 4\sin^2 x}\, dx, \int \frac{1}{\sqrt{1+x^4}} dx$$

虽然它们的原函数存在，但它们的原函数都不是初等函数.

一般来说，求不定积分时，还可以直接利用现成的积分表，但只有掌握了前面学过的几种基本积分方法才能熟练地使用积分表，到底是直接计算还是查表，一定要灵活运用.

练习 3.1

求下列不定积分.

(1) $\int \frac{x^3}{x+3} dx$；

(2) $\int \frac{4}{x^2 - 2x - 3} dx$；

(3) $\int -\frac{2x-5}{x^2+3x+2} dx$；

(4) $\int \frac{1}{x(x^2+1)} dx$；

(5) $\int \frac{x}{(x+1)(x+2)(x+3)}\mathrm{d}x$;

(6) $\int \frac{x}{(x+2)(x+3)^2}\mathrm{d}x$;

(7) $\int \frac{(1+\sqrt{x})^3}{1+\sqrt{x}}\mathrm{d}x$;

(8) $\int \frac{1}{1+\sqrt[3]{x+1}}\mathrm{d}x$.

习题5－3

1. 求下列不定积分.

(1) $\int \frac{1}{(x-a)^3}\mathrm{d}x$;

(2) $\int \frac{x+1}{x^2-5x+6}\mathrm{d}x$;

(3) $\int \frac{x+2}{(2x+1)(x^2+x+1)}\mathrm{d}x$;

(4) $\int \frac{x-3}{(x-1)(x^2-1)}\mathrm{d}x$;

(5) $\int \frac{1}{3+\cos x}\mathrm{d}x$;

(6) $\int \frac{\sqrt{x-1}}{x}\mathrm{d}x$;

(7) $\int \frac{1}{2+\sin x}\mathrm{d}x$;

(8) $\int \frac{1}{1+\sin x+\cos x}\mathrm{d}x$;

(9) $\int \frac{\sqrt{x+1}-1}{\sqrt{x+1}+1}dx$；

(10) $\int \frac{\sqrt{\frac{1-x}{1+x}}}{x}dx$.

2. 证明下列积分公式.

(1) $\int x^m e^x dx = x^m e^x - m\int x^{m-1}e^x dx$；

(2) $\int \cos^m x dx = \frac{\cos^{m-1}x \cdot \sin x}{m} + \frac{m-1}{m}\int \cos^{m-2}x dx$；

(3) $\int \frac{1}{\sin^m x}dx = -\frac{\cos x \sin^{1-m}x}{m-1} + \frac{m-2}{m-1}\int \frac{1}{\sin^{m-2}x}dx \ (m \neq 1)$.

复习题五

1. 求下列不定积分.

(1) $\int \frac{1}{x^3}dx$；

(2) $\int \frac{1}{x\sqrt{x}}dx$；

(3) $\int (x+1)^2 \mathrm{d}x$;

(4) $\int 5^x \mathrm{d}x$.

2. 求下列不定积分.

(1) $\int (1-2x)^3 \mathrm{d}x$;

(2) $\int \frac{\sin \sqrt{x}}{\sqrt{x}} \mathrm{d}x$;

(3) $\int \frac{1}{\sqrt[3]{5-3x}} \mathrm{d}x$.

3. 求下列不定积分.

(1) $\int \frac{1}{x\sqrt{1+x^2}} \mathrm{d}x$;

(2) $\int \sin \sqrt{x} \mathrm{d}x$;

(3) $\int \frac{1}{1+\sqrt{2x}} \mathrm{d}x$.

4. 求下列不定积分.

(1) $\int x\cos x^2 \mathrm{d}x$;

(2) $\int \ln(1+x^2)\mathrm{d}x$;

(3) $\int \arctan\sqrt{x}\mathrm{d}x$.

5. 求下列不定积分.

(1) $\int \frac{2x+3}{x^2+3x-10}\mathrm{d}x$;

(2) $\int \frac{1}{x(x^2+1)}\mathrm{d}x$;

(3) $\int \frac{x-3}{(x-1)(x^2-1)}\mathrm{d}x$;

(4) $\int \frac{x+1}{x^2-5x+6}\mathrm{d}x$;

(5) $\int \frac{\sqrt{x-1}}{x}\mathrm{d}x$.

文化广角

积分简史（一）

微积分，是人类思想的伟大成果之一. 它处于自然科学与人文科学的地位，使它成为高等教育的一种特别有效的工具.

虽然微积分的创立者是牛顿(Isaac Newton，1642—1727）和莱布尼茨（Gottfried Wilhelm Leibniz，1646—1716)，但他们是站在前辈巨人的肩膀上的，微积分的产生是一个从量变到质变的过程，是在很多先驱工作的基础上创立起来的.

积分思想的萌芽可追溯到古希腊、中国和印度对面积、体积和弧长的计算. 古希腊的哲学家安提丰(Antiphon，前426—前373）是对圆的求积问题作出贡献的第一人. 安提丰提出，随着一个圆的内接正多边形边数的增加，圆与多边形面积的差将被穷竭. 安提丰的思想包含了希腊穷竭法的萌芽. 但穷竭法通常是以欧多克索斯命名，欧多克索斯（Eudoxus，前400—前350）是古希腊柏拉图时代伟大的数学家和天文学家. 他假定量是可分的，如果从任一量中减去不小于它一半的部分，从余量中再减去不小于它的一半的另一部分，如此继续下去，则最后留下一个小于任何给定的同类量的量.

阿基米德（Archimedes，前287—前212）在他的著作《圆的度量》中，利用穷竭法计算圆的周长和面积，在《论球和圆柱》中利用穷竭法论证了球的面积和体积的相关公式. 阿基米德对他在《论球和圆柱》一书中作出的贡献十分满意，以至于他希望死后把一个球内切于圆柱的图形刻在他的墓碑上. 数学史家克莱因曾这样评价：阿基米德的严格性比牛顿和莱布尼茨的要高明得多.

17世纪早期，意大利数学家卡瓦列里(Cavalieri，1598—1647）在其著作《用新方法促进的连续不可分量的几何学》中发明了一种“不可分量”的系统方法，将未知区域切割为狭窄的长方形条并将其面积相加求和. 事实上，很多数学家包括费马（Pierre de Fermat，1601—1665)、沃利斯（John Wallis，1616—1703）都对求积与切线问题进行了研究. 更接近于定积分的现代理解法的是法国数学家帕斯卡（Blaise Pascal，1623—1662)，他计算了各种面积、体积、弧长，并解决了求重心位置等一系列问题.

中国古代数学家对微积分的贡献很少为世人所知，但中国古代数学家的确作出了重大贡献. 刘徽（225—295）是中国数学史上伟大的数学家，应用极限思想证明了求圆面积公式，并给出了计算圆周率的方法，奠定了此后千余年中国圆周率计算在世界上的领先地位. 两百年后，祖冲之（429—500）和他的儿子祖暅（456—536）对刘徽的数学思想和方法进行了推进和发展. 祖冲之算出了圆周率数值的上限和下限. 祖暅沿着刘徽的思路完成了球体公式的推导，在推导“牟合方盖”的过程中提出了“幂势既同，则积不容异”，后来被称为“祖暅原理”. 用现代语言来解释，就是“若两个几何体在等高处具有相同的截面积，则这两个几何体的体积相等”. 也就是前面提到的卡瓦列里原理. 以上研究都包含了积分学的思想，他们都是为一般积分学作出努力的先驱.

上面介绍了积分学早期发展史，这段历史跨越了两千年的时间. 但无论阿基米德，还是卡瓦列里和费马都没意识到如何才能将这种方法转化成一种实际运算工具，只有牛顿和莱布尼茨抓住了问题的本质.

第六章　定积分

上一章我们讨论了积分学的第一个基本问题——不定积分，本章我们来讨论积分学的第二个基本问题——定积分. 和导数概念一样，定积分理论也是在解决实际问题中逐渐形成并发展起来的，现已成为解决许多实际问题的有力工具. 不定积分运算是微分运算的逆运算，而定积分则是某种特殊和式的极限，它们之间既有本质的区别，又有紧密的联系. 本章我们将介绍定积分的概念、性质、计算方法和一些简单的应用.

第一节　定积分的概念和性质

一、定积分的概念

下面我们将从两个实际问题出发引入定积分的概念.

1. 两个实例

(1) 曲边梯形的面积.

在初等数学中，我们学习了一些简单的平面封闭图形（如三角形、矩形、圆等）的面积的计算，但在实际问题中出现的平面封闭图形常常具有不规则的“曲边”，这种图形的面积用初等数学是无法计算出来的. 现在我们有了极限理论，能否找到计算它们的方法呢？下面以曲边梯形为例来讨论这个问题.

设函数 $y=f(x)$ 在闭区间 $[a, b]$ 上非负、连续. 由曲线 $y=f(x)$ 与直线 $x=a$，$x=b$，x 轴所围成的图形称为**曲边梯形** (curved trapezoid)(图 6－1).

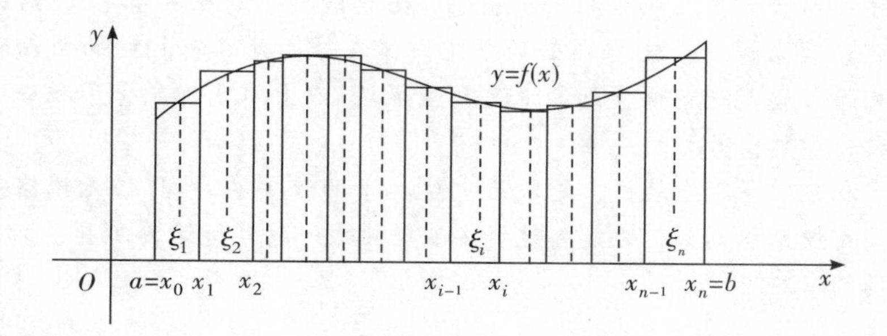

图 6－1

由于曲边梯形在底边上各点处的高 $f(x)$ 是随 x 而变化的，故它的面积 A 不能直接用矩形或梯形的面积公式计算. 但如果我们把这个曲边梯形分割成许多小曲边梯形，使每个小曲边梯形的底边都很短，则由于 $f(x)$ 是随 x 而连续变化的，故每个小曲边梯形的顶边变化很小，从而可把每个小曲边梯形近似地看成小矩形，即“以直代曲”，这样，所有小矩形的面积之和就是整个曲边梯形面积的一个近似值. 若把区间 $[a, b]$ 无限细分下去，则小矩形的面积之和的极限就可定义为**曲边梯形的面积**（area of curved trapezoid）.

上述想法可用数学语言表述为以下四个步骤：

①分割：在区间 $[a, b]$ 内任意插入 $n-1$ 个分点

$$a = x_0 < x_1 < x_2 < \cdots < x_n = b,$$

把 $[a, b]$ 分成 n 个小区间 $[x_0, x_1]$，$[x_1, x_2]$，$\cdots$，$[x_{n-1}, x_n]$，其中第 i 个小区间的长度为 $\Delta x_i = x_i - x_{i-1}(i=1, 2, \cdots, n)$. 在每个分点处作与 y 轴平行的直线段，将整个曲边梯形分成 n 个小曲边梯形，分别记它们的面积为 ΔA_1，ΔA_2，$\cdots$，ΔA_n.

②近似代替：在每个小区间 $[x_{i-1}, x_i]$ 上任取一点 ξ_i，用以 $[x_{i-1}, x_i]$ 为底、以 $f(\xi_i)$ 为高的小矩形的面积来近似代替第 i 个小曲边梯形的面积，即 $\Delta A_i \approx f(\xi_i)\cdot\Delta x_i$（$i=1, 2, \cdots, n$）（图 6-1）.

③求和：把 n 个小矩形的面积加起来，即得整个曲边梯形面积 A 的近似值，即

$$A = \sum_{i=1}^{n}\Delta A_i \approx \sum_{i=1}^{n} f(\xi_i)\cdot\Delta x_i.$$

④取极限：显然，对区间 $[a, b]$ 所作的分割越细，上式右端的和式就越接近 A. 记 $\lambda = \max\limits_{1\leqslant i\leqslant n}\{\Delta x_i\}$，则当 $\lambda\to 0$ 时，误差也趋于零，近似值就转化为精确值，因此，所求面积

$$A = \lim_{\lambda\to 0}\sum_{i=1}^{n} f(\xi_i)\cdot\Delta x_i.$$

（2）变速直线运动的路程.

设某物体做变速直线运动，其速度 $v(t)$ 是时间 t 的连续函数，且 $v(t)\geqslant 0$. 求该物体在时间间隔 $[a, b]$ 内所经过的路程 s.

由于速度 $v(t)$ 随时间 t 的变化而变化，因此不能用匀速直线运动的公式

路程 = 速度 × 时间

来计算路程 s，但由于 $v(t)$ 是 t 的连续函数，故当时间变化很小时，速度的变化也很小，故在很短的一段时间内，变速运动可以近似看成匀速运动，即“以不变代变”. 因此，我们可以用与前面讨论曲边梯形面积问题一样的思想方法来求变速直线运动的路程（具体步骤略）.

2. 定积分的定义

以上两个例子尽管来自不同领域，却都归结为求同一结构的和式的极限. 我们以后还将看到，在求变力所作的功、某些空间体的体积等许多实际问题中，都会出现这种形式的极限. 因此，有必要在数学上统一对它们进行研究. 我们抛开这些问题的实际背景，抓住它们在数量关系上的共同本质与特性加以概括，就可抽象出定积分的概念.

定义 1 设 $f(x)$ 在区间 $[a, b]$ 上有界，在 $[a, b]$ 内任意插入 $n-1$ 个分点

$$a = x_0 < x_1 < x_2 < \cdots < x_{n-1} < x_n = b,$$

把区间 $[a, b]$ 分割成 n 个小区间

$$[x_0, x_1], [x_1, x_2], \cdots, [x_{n-1}, x_n],$$

设各小区间的长度依次为

$$\Delta x_1 = x_1 - x_0, \Delta x_2 = x_2 - x_1, \cdots, \Delta x_n = x_n - x_{n-1},$$

在每个小区间 $[x_{i-1}, x_i]$ 上任取一点 ξ_i $(x_{i-1} \leqslant \xi_i \leqslant x_i)$，作函数值 $f(\xi_i)$ 与小区间长度 Δx_i 的乘积 $f(\xi_i) \cdot \Delta x_i$ $(i=1, 2, \cdots, n)$，并作和式

$$S_n = \sum_{i=1}^{n} f(\xi_i) \cdot \Delta x_i,$$

记 $\lambda = \max\{\Delta x_1, \Delta x_2, \cdots, \Delta x_n\}$，如果不论对 $[a, b]$ 进行怎样的分法，也不论在小区间 $[x_{i-1}, x_i]$ 上对点 ξ_i 进行怎样的取法，只要当 $\lambda \to 0$ 时，S_n 总趋于确定的极限 I，我们就把 I 叫做函数 $f(x)$ 在区间 $[a, b]$ 上的**定积分**（definite integral），记作

$$\int_a^b f(x)\,\mathrm{d}x = I = \lim_{\lambda \to 0} \sum_{i=1}^{n} f(\xi_i) \cdot \Delta x_i,$$

其中"$\int$"叫做积分号，$f(x)$ 叫做被积函数，$f(x)\,\mathrm{d}x$ 叫做被积表达式，x 叫做积分变量，$[a, b]$ 叫做**积分区间**（integral interval），a 叫做**积分下限**（lower limit of integration），b 叫做**积分上限**（upper limit of integration），和式 $\sum_{i=1}^{n} f(\xi_i) \cdot \Delta x_i$ 叫做**积分和**（integral sum）.

如果 $f(x)$ 在 $[a, b]$ 上的定积分存在，我们就说 $f(x)$ 在 $[a, b]$ 上**可积**（integrable）.

根据定积分的定义，上面我们所讨论的曲边梯形的面积可表示为

$$A = \int_a^b f(x)\,\mathrm{d}x,$$

变速直线运动的路程可表示为

$$s = \int_a^b v(t)\,\mathrm{d}t.$$

注：(1) 定积分 $\int_a^b f(x)\,\mathrm{d}x$ 的值只与被积函数 $f(x)$ 和积分区间 $[a, b]$ 有关，而与积分变量的记法无关. 例如，如果不改变被积函数 $f(x)$ 和积分区间 $[a, b]$，只是把积分变量 x 换成 t 或 u，则定积分的值不变，即

$$\int_a^b f(x)\,\mathrm{d}x = \int_a^b f(t)\,\mathrm{d}t = \int_a^b f(u)\,\mathrm{d}u.$$

(2) 定积分与不定积分是两个完全不同的概念. 不定积分是导数运算的逆运算，而定积分则是一种特殊和式的极限；函数 $f(x)$ 的不定积分是 $f(x)$ 的所有原函数组成的**函数族**(family of functions)，而 $f(x)$ 在 $[a, b]$ 上的定积分则是一个确定的**数值**（numerical value）.

3. 定积分的可积条件和几何意义

(1) 定积分的可积条件.

在定积分理论中，有两个基本问题需要考虑：可积函数应满足什么条件？满足什么条件的函数可积？对此我们给出下面几个结论（证明略）：

定理 1（可积的必要条件） 若 $f(x)$ 在 $[a, b]$ 上可积，则 $f(x)$ 在 $[a, b]$ 上有界.

定理 2（可积的充分条件） 若 $f(x)$ 在 $[a, b]$ 上连续，则 $f(x)$ 在 $[a, b]$ 上可积.

定理 3（可积的充分条件） 若 $f(x)$ 在 $[a, b]$ 上有界，且只有有限多个间断点，则 $f(x)$ 在 $[a, b]$ 上可积.

由定理 2 即得：

推论 1　初等函数在其有定义的闭区间上都是可积的.

下面举一个利用定积分的定义计算定积分的例子.

例 1　利用定积分的定义计算定积分 $I=\int_0^1 x^2\mathrm{d}x$.

解：$f(x)=x^2$ 在 $[0,1]$ 上连续，故可积. 由于积分 I 与区间 $[0,1]$ 的分法和 ξ_i 的取法无关，因此，为方便计算，我们对 $[0,1]$ 进行 n 等分，分点为 $x_i=\frac{i}{n}$ $(i=0,1,2,\cdots,n)$，每个小区间 $[x_{i-1},x_i]$ 的长度 $\Delta x_i=\frac{1}{n}$ $(i=1,2,\cdots,n)$，取 $\xi_i=x_i$ $(i=1,2,\cdots,n)$，则

$$\begin{aligned}\sum_{i=1}^{n}f(\xi_i)\cdot\Delta x_i&=\sum_{i=1}^{n}\xi_i^2\cdot\Delta x_i=\sum_{i=1}^{n}x_i^2\Delta x_i=\sum_{i=1}^{n}\left(\frac{i}{n}\right)^2\cdot\frac{1}{n}=\frac{1}{n^3}\sum_{i=1}^{n}i^2\\&=\frac{1}{n^3}\cdot\frac{1}{6}n(n+1)(2n+1)=\frac{1}{6}\left(1+\frac{1}{n}\right)\left(2+\frac{1}{n}\right),\end{aligned}$$

由于 $\lambda\to0$ 等价于 $n\to\infty$，故由定积分的定义，得

$$\begin{aligned}I&=\int_0^1 x^2\mathrm{d}x=\lim_{\lambda\to0}\sum_{i=1}^{n}f(\xi_i)\cdot\Delta x_i\\&=\lim_{n\to\infty}\frac{1}{6}\left(1+\frac{1}{n}\right)\left(2+\frac{1}{n}\right)\\&=\frac{1}{3}.\end{aligned}$$

由此例可见，用定积分的定义来计算定积分一般是很困难的.

例 2　用定积分表示极限：$\lim\limits_{n\to\infty}n\left[\frac{1}{(n+1)^2}+\frac{1}{(n+2)^2}+\cdots+\frac{1}{(n+n)^2}\right]$.

解：$n\left[\frac{1}{(n+1)^2}+\frac{1}{(n+2)^2}+\cdots+\frac{1}{(n+n)^2}\right]=\sum\limits_{i=1}^{n}\left[\frac{1}{n}\cdot\frac{1}{\left(1+\frac{i}{n}\right)^2}\right]$,

由定积分定义知，上式右端的和式是函数 $f(x)=\frac{1}{(1+x)^2}$ 在区间 $[0,1]$ 上的积分和，故

$$\lim_{n\to\infty}n\left[\frac{1}{(n+1)^2}+\frac{1}{(n+2)^2}+\cdots+\frac{1}{(n+n)^2}\right]=\int_0^1\frac{1}{(1+x)^2}\mathrm{d}x.$$

（2）定积分的几何意义.

我们知道，若在 $[a,b]$ 上 $f(x)\geqslant0$，则定积分为 $\int_a^b f(x)\mathrm{d}x$，表示由曲线 $y=f(x)$ 与直线 $x=a$，$x=b$ 和 x 轴所围成的曲边梯形的面积.

若在 $[a,b]$ 上 $f(x)\leqslant0$，则 $-f(x)\geqslant0$，此时由曲线 $y=f(x)$ 与直线 $x=a$，$x=b$ 和 x 轴所围成的曲边梯形在 x 轴的下方，其面积

$$A = \int_a^b [-f(x)]\mathrm{d}x = \lim_{\lambda\to 0}\sum_{i=1}^{n}[-f(\xi_i)]\Delta x_i = -\lim_{\lambda\to 0}\sum_{i=1}^{n} f(\xi_i)\Delta x_i = -\int_a^b f(x)\mathrm{d}x,$$

这就是说，当 $f(x)\leqslant 0$ 时，定积分 $\int_a^b f(x)\mathrm{d}x$ 是曲边梯形面积的负值.

若在 $[a, b]$ 上 $f(x)$ 的符号有正有负，此时 $y=f(x)$ 的图形有些在 x 轴的上方，有些在 x 轴的下方（图6－2）. 如果我们对在 x 轴上方的图形面积赋以正值，对在 x 轴下方的图形面积赋以负值，则在一般情况下，定积分的几何意义可表述为：$\int_a^b f(x)\mathrm{d}x$ 表示由曲线 $y=f(x)$ 与直线 $x=a$，$x=b$ 和 x 轴所围成的各个曲边梯形面积的代数和.

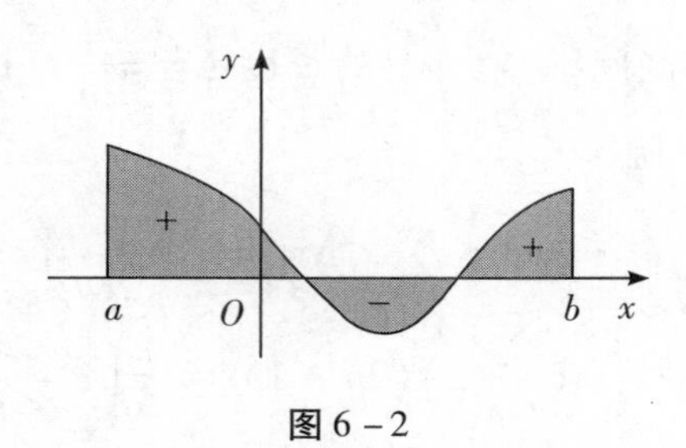

图6－2

根据定积分的几何意义，有些定积分的值可以直接利用几何图形的面积公式得到，例如

$\int_a^b k\mathrm{d}x = k(b-a)$（即底为 $b-a$、高为 k 的矩形面积,其中 $k>0$）,特别地,

$\int_a^b \mathrm{d}x = \int_a^b 1\cdot\mathrm{d}x = b-a$;

$\int_0^a x\mathrm{d}x = \frac{1}{2}a^2\ (a>0)$（即两直角边长均为 a 的等腰直角三角形的面积）;

$\int_{-R}^{R}\sqrt{R^2-x^2}\mathrm{d}x = \frac{1}{2}\pi R^2\ (R>0)$（即半径为 R 的半圆的面积）.

为了以后使用上的方便，我们作以下补充规定：

（1）当 $a=b$ 时，$\int_a^b f(x)\mathrm{d}x = 0$；

（2）当 $a>b$ 时，$\int_a^b f(x)\mathrm{d}x = -\int_b^a f(x)\mathrm{d}x$.

练习1.1

1. 利用定积分的定义计算定积分：$\int_a^b x\mathrm{d}x\ (a<b)$.

2. 根据定积分的几何意义，判断下列定积分的值是正还是负.

（1）$\int_{-\frac{\pi}{2}}^{0}\cos x\mathrm{d}x$；　　（2）$\int_{-2}^{1} x\mathrm{d}x$.

3. 根据定积分的几何意义，给出下列定积分的值.

(1) $\int_1^2 2x\mathrm{d}x$；　　(2) $\int_0^1 \sqrt{1-x^2}\mathrm{d}x$.

二、定积分的性质

在本目的讨论中，我们假定所有出现的定积分都是存在的；如不特别指出，所有定积分上下限的大小均不加限制.

性质 1　线性性（linearity）

对任意两个常数 A，B，恒有

$$\int_a^b [Af(x)+Bg(x)]\mathrm{d}x = A\int_a^b f(x)\mathrm{d}x + B\int_a^b g(x)\mathrm{d}x .$$

证明： $\int_a^b [Af(x)+Bg(x)]\mathrm{d}x$

$$= \lim_{\lambda\to 0}\sum_{i=1}^n [Af(\xi_i)+Bg(\xi_i)]\Delta x_i$$

$$= A\lim_{\lambda\to 0}\sum_{i=1}^n f(\xi_i)\Delta x_i + B\lim_{\lambda\to 0}\sum_{i=1}^n g(\xi_i)\Delta x_i$$

$$= A\int_a^b f(x)\mathrm{d}x + B\int_a^b g(x)\mathrm{d}x .$$

例 1　已知 $f(x)$ 是连续函数，$f(x) = 3x - 2\int_0^1 f(x)\mathrm{d}x$，求 $f(x)$.

分析： 本题的关键是要理解定积分是一个固定的常数.

解： 令 $\int_0^1 f(x)\mathrm{d}x = A$，则 $f(x) = 3x - 2A$，故

$$A = \int_0^1 f(x)\mathrm{d}x = \int_0^1 (3x-2A)\mathrm{d}x$$

$$= 3\int_0^1 x\mathrm{d}x - 2A\int_0^1 \mathrm{d}x = 3\cdot\frac{1}{2} - 2A = \frac{3}{2} - 2A.$$

故 $A=\frac{1}{2}$，$f(x)=3x-1$.

性质 2　对积分区间的可加性（additivity）

设 $a<c<b$，则有

$$\int_a^b f(x)\mathrm{d}x = \int_a^c f(x)\mathrm{d}x + \int_c^b f(x)\mathrm{d}x.$$

证明： 因为 $f(x)$ 在 $[a, b]$ 上可积，从而积分与小区间的分法和 ξ_i 的取法无关，故我们在分割 $[a, b]$ 时，让 c 永远是一个分点，这样的话，在 $[a, b]$ 上的积分和就会等于在 $[a, c]$ 上的积分和加上在 $[c, b]$ 上的积分和，记作

$$\sum_{[a,b]} f(\xi_i)\Delta x_i = \sum_{[a,c]} f(\xi_i)\Delta x_i + \sum_{[c,b]} f(\xi_i)\Delta x_i,$$

令 $\lambda \to 0$，上式两端同取极限即得结论.

注：根据本节第一目结尾处对定积分的补充规定，可得到更一般的结论：无论 a，b，c 三者的大小关系如何，总有

$$\int_a^b f(x)\,\mathrm{d}x = \int_a^c f(x)\,\mathrm{d}x + \int_c^b f(x)\,\mathrm{d}x.$$

性质 3　保号性（keeping symbols）

若在区间 $[a, b]$ 上 $f(x) \geqslant 0$，则 $\int_a^b f(x)\mathrm{d}x \geqslant 0$.

证明：由 $f(x) \geqslant 0$，$\Delta x_i \geqslant 0$，知 $\sum_{i=1}^{n} f(\xi_i)\Delta x_i \geqslant 0$，再由极限的保号性，得

$$\int_a^b f(x)\,\mathrm{d}x = \lim_{\lambda \to 0} \sum_{i=1}^{n} f(\xi_i)\Delta x_i \geqslant 0.$$

推论 2　保序性（rank preservation）

若在区间 $[a, b]$ 上，$f(x) \geqslant g(x)$，则

$$\int_a^b f(x)\,\mathrm{d}x \geqslant \int_a^b g(x)\,\mathrm{d}x.$$

证明：$\because f(x) - g(x) \geqslant 0$，故由性质 3，得

$$\int_a^b [f(x) - g(x)]\,\mathrm{d}x \geqslant 0,$$

对上述不等式左端应用性质 1 后移项整理，即得结论.

推论 3　定积分的绝对值不等式（inequation of absolute value for definite integral）

$$\left| \int_a^b f(x)\,\mathrm{d}x \right| \leqslant \int_a^b |f(x)|\,\mathrm{d}x.$$

注：可以证明，若 $f(x)$ 在 $[a, b]$ 上可积，则 $|f(x)|$ 在 $[a, b]$ 上可积.

例 2　试比较下列积分的大小：

（1）$\int_0^1 x^2\mathrm{d}x$ 与 $\int_0^1 x^3\mathrm{d}x$；　　（2）$\int_1^2 x^2\mathrm{d}x$ 与 $\int_1^2 x^3\mathrm{d}x$.

解：（1）$\because$ 当 $0 \leqslant x \leqslant 1$ 时，$x^2 \geqslant x^3$，$\therefore$ 由推论 2，得 $\int_0^1 x^2\mathrm{d}x \geqslant \int_0^1 x^3\mathrm{d}x$；

（2）$\because$ 当 $1 \leqslant x \leqslant 2$ 时，$x^2 \leqslant x^3$，$\therefore$ 由推论 2，得 $\int_1^2 x^2\mathrm{d}x \leqslant \int_1^2 x^3\mathrm{d}x$.

性质 4　定积分估值定理（valuations theorem for definite integral）

设 M，m 分别为函数在区间 $[a, b]$ 上的最大值和最小值，则

$$m(b-a) \leqslant \int_a^b f(x)\,\mathrm{d}x \leqslant M(b-a).$$

证明：由 $m \leqslant f(x) \leqslant M$ 及性质 3 的推论 2 即得.

有时我们可以利用性质 4 来估计积分值的大致范围.

例 3　估计积分 $\int_{-1}^{1} e^{-x^2}dx$ 的值.

解： 设 $f(x)=e^{-x^2}$，$x\in[-1, 1]$，令 $f'(x)=-2xe^{-x^2}=0$，

得 $x=0$，又 $f(0)=1$，$f(\pm 1)=e^{-1}$，

故在 $[-1, 1]$ 上，$f_{\max}=f(0)=1$，$f_{\min}=f(\pm 1)=e^{-1}$，

故由性质 4 知，$\frac{2}{e}\leqslant\int_{-1}^{1} e^{-x^2}dx\leqslant 2$.

性质 5　积分中值定理（mean value theorem for definite integral）

若函数 $f(x)$ 在闭区间 $[a, b]$ 上连续，则存在 $\xi\in[a, b]$，使

$$\int_a^b f(x)\,dx=f(\xi)(b-a).$$

证明： 因为 $f(x)$ 在 $[a, b]$ 上连续，故 $f(x)$ 在 $[a, b]$ 上必取得最大值 M 和最小值 m，

即
$$m\leqslant f(x)\leqslant M,$$

由性质 4 得

$$m(b-a)\leqslant\int_a^b f(x)\,dx\leqslant M(b-a),$$

即
$$m\leqslant\frac{1}{b-a}\int_a^b f(x)\,dx\leqslant M,$$

故由闭区间上连续函数的介值定理知，必存在点 $\xi\in[a, b]$，使得

$$f(\xi)=\frac{1}{b-a}\int_a^b f(x)\,dx,$$

即
$$\int_a^b f(x)\,dx=f(\xi)(b-a).$$

积分中值定理的几何意义是：若函数 $f(x)$ 在闭区间 $[a, b]$ 上连续且非负，则在 $[a, b]$ 上至少存在一点 ξ，使得以 $[a, b]$ 为底边、曲线 $y=f(x)$ 为曲边的曲边梯形的面积等于以 $[a, b]$ 为底边、以 $f(\xi)$ 为高的矩形的面积（图 6-3）.

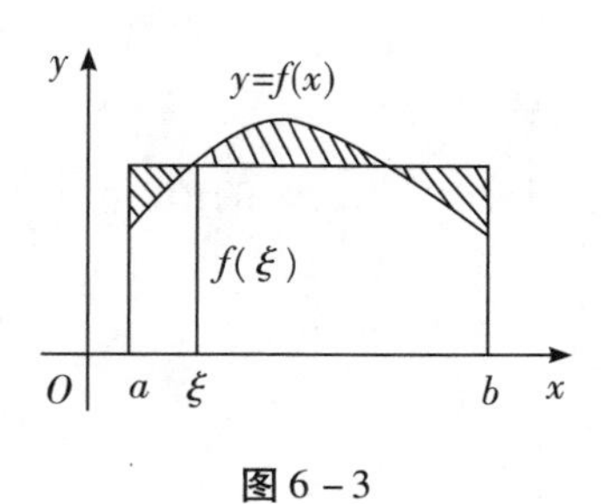

图 6-3

从几何角度看，$\frac{1}{b-a}\int_a^b f(x)\,dx$ 可以看作曲边梯形的曲顶的平均高度；从函数值角度看，$\frac{1}{b-a}\int_a^b f(x)\,dx$ 可以理解为 $f(x)$ 在 $[a, b]$ 上的“**平均值**（average value）”，它是有限多个数的算术平均值的推广. 因此积分中值定理解决了如何求一个连续变化量的平均值的问题.

练习 1.2

1. 比较定积分$\int_1^2 \ln x\mathrm{d}x$ 和$\int_1^2 (\ln x)^2\mathrm{d}x$ 的大小.

2. 利用积分估值定理估计定积分$\int_1^2 x^{\frac{4}{3}}\mathrm{d}x$ 的值.

习题 6－1

1. 利用定积分的定义计算定积分：$\int_0^1 (1+x^2)\mathrm{d}x$.

2. 根据定积分的几何意义,判断定积分$\int_a^b \mathrm{e}^x\mathrm{d}x(a<b)$ 的值是正还是负.

3. 根据定积分的几何意义,给出定积分$\int_0^{2\pi} \sin x\mathrm{d}x$ 的值.

4. 用定积分表示极限：$\lim\limits_{n\to\infty}\frac{1}{n^4}(1+2^3+\cdots+n^3)$.

5. 比较下列各对定积分的大小.

(1) $\int_{-2}^{0} e^x dx$ 和 $\int_{-2}^{0} x dx$；　　(2) $\int_{0}^{1} x dx$ 和 $\int_{0}^{1} \ln(1+x) dx$.

6. 利用积分估值定理估计下列定积分的值.

(1) $\int_{1}^{3} (2x^2-1) dx$；　　(2) $\int_{\frac{\pi}{4}}^{\frac{5\pi}{4}} (1+\sin^2 x) dx$；

(3) $\int_{0}^{\pi} \frac{1}{2+\sin^{\frac{3}{2}} x} dx$.

7. 证明不等式：$2e^{-\frac{1}{4}} \leqslant \int_{0}^{2} e^{x^2-x} dx \leqslant 2e^2$.

第二节　定积分的计算

由第一节第一目例 1 可见，用定积分的定义来计算定积分一般来说是很困难的，因此，寻找计算定积分的有效方法便成为积分学发展的关键. 我们知道，不定积分作为原函数的概念，与定积分作为积分和的极限的概念是完全不同的两个概念. 但是，牛顿和莱布尼茨却发现了这两个不同概念之间存在着深刻的内在联系（即微积分基本定理），开辟了求定积分的新途径. 正因如此，他们被公认为是微积分的创立者.

下面我们先进一步考察变速直线运动中的速度函数 $v(t)$ 和路程函数 $s(t)$ 之间的联系，以期从中寻找到解决问题的线索.

一、微积分基本定理

1. 变上限的定积分

由第一节第一目知，设某物体做变速直线运动，它的路程函数为 $s(t)$，速度函数为

$v(t)(t\in[a,\ b])$，则它在时间间隔$[a,\ b]$内经过的路程为

$$s(b)-s(a)=\int_a^b v(t)\mathrm{d}t. \quad ①$$

因为$s'(t)=v(t)$，即路程函数$s'(t)$是速度函数$v(t)$的一个原函数，故①式说明，$v(t)$在$[a,b]$上的积分等于它的原函数$s'(t)$在区间$[a,\ b]$上的增量.

在一定条件下，上述结果具有普遍意义. 下面我们来讨论之.

设$f(t)$在区间$[a,\ b]$上连续，x为$[a,\ b]$上任意一点，则$f(t)$也在区间$[a,\ x]$上连续，故定积分$\int_a^x f(t)\mathrm{d}t$存在. 于是，$\forall x\in[a,\ b]$，有唯一确定的数$\int_a^x f(t)\ \mathrm{d}t$与之对应，由此我们可在$[a,\ b]$上定义一个新的函数：

$$\Phi(x)=\int_a^x f(t)\mathrm{d}t(a\leqslant x\leqslant b). \quad ②$$

我们把由②式定义的函数$\Phi(x)$叫做$f(x)$的**变上限的定积分**（variable upper bound definite integral).

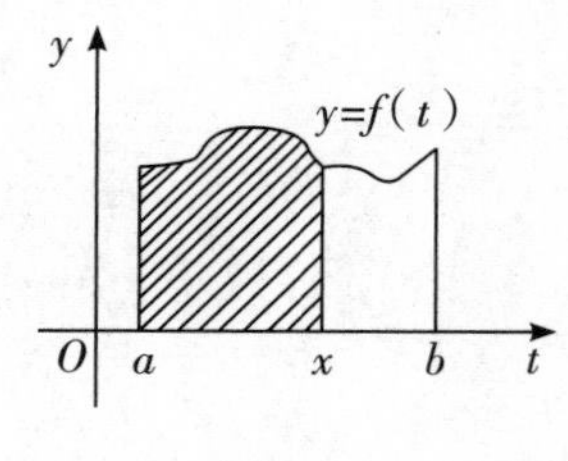

图 6-4

当$f(x)\geqslant 0$时，$\Phi(x)$在几何上表示右侧直边可以变动的曲边梯形的面积（图 6-4 中阴影部分的面积).

函数$\Phi(x)$具有如下性质：

定理 1 如果函数$f(x)$在区间$[a,\ b]$上连续，则$f(x)$的变上限的定积分

$$\Phi(x)=\int_a^x f(t)\mathrm{d}t$$

在$[a,\ b]$上可导，并且其导数为

$$\Phi'(x)=\frac{\mathrm{d}}{\mathrm{d}x}\int_a^x f(t)\mathrm{d}t=f(x)(a\leqslant x\leqslant b).$$

证明：(1) 当$x\in(a,b)$时，我们可取x的绝对值足够小的增量Δx，使$x+\Delta x\in(a,b)$，则有

$$\begin{aligned}\Delta\Phi&=\Phi(x+\Delta x)-\Phi(x)\\&=\int_a^{x+\Delta x}f(t)\mathrm{d}t-\int_a^x f(t)\mathrm{d}t\\&=\int_x^{x+\Delta x}f(t)\mathrm{d}t,\end{aligned}$$

由于$f(t)$在此区间连续，故由积分中值定理知，存在$\xi\in[x,\ x+\Delta x]$，使

$$\Delta\Phi=\int_x^{x+\Delta x}f(t)\mathrm{d}t=f(\xi)\Delta x,$$

故
$$\frac{\Delta\Phi}{\Delta x}=f(\xi).$$

当 $\Delta x \to 0$ 时，$\xi \to x$，再由 $f(x)$ 的连续性，即得

$$\Phi'(x) = \lim_{\Delta x \to 0} \frac{\Delta \Phi}{\Delta x} = \lim_{\xi \to x} f(\xi) = f(x).$$

（2）当 $x = a$ 时，取 $\Delta x > 0$，则同理可得右导数 $\Phi'_+(a) = f(a)$.

（3）当 $x = b$ 时，取 $\Delta x < 0$，则同理可得左导数 $\Phi'_-(b) = f(b)$.

由定理 1 即可得下面的原函数存在定理.

定理 2　如果函数 $f(x)$ 在区间 $[a, b]$ 上连续，则函数

$$\Phi(x) = \int_a^x f(t)\mathrm{d}t$$

就是 $f(x)$ 在 $[a, b]$ 上的一个原函数.

注：一般地，也称定理 2 为原函数存在定理，该定理具有重要意义，它一方面肯定了连续函数的原函数的存在性，另一方面又初步揭示了定积分与原函数之间的关系.

例 1　求 $\dfrac{\mathrm{d}}{\mathrm{d}x}\displaystyle\int_0^x \mathrm{e}^t \sin t\mathrm{d}t$.

解：原式 $= \mathrm{e}^x \sin x$.

例 2　求 $\dfrac{\mathrm{d}}{\mathrm{d}x}\displaystyle\int_a^{x^2} \sin t^2\mathrm{d}t$.

解：令 $u = x^2$，$\Phi(u) = \displaystyle\int_a^u \sin t^2 \mathrm{d}t$，根据复合函数求导法则，有

$$\begin{aligned}\text{原式} &= \left[\frac{\mathrm{d}}{\mathrm{d}u}\int_a^u \sin\ t^2\mathrm{d}t\right]\cdot\frac{\mathrm{d}u}{\mathrm{d}x}\\ &= \sin u^2 \cdot 2x = 2x\sin x^4.\end{aligned}$$

例 3　求极限 $\displaystyle\lim_{x\to 0}\frac{x^2 - \int_0^{x^2}\cos\ t^2\mathrm{d}t}{x^{10}}$.

解：此极限为"$\dfrac{0}{0}$"型的不定式极限，可用洛必达法则求解.

$$\begin{aligned}\text{原式} &= \lim_{x\to 0}\frac{\left(x^2 - \int_0^{x^2}\cos\ t^2\mathrm{d}t\right)'}{(x^{10})'}\\ &= \lim_{x\to 0}\frac{2x - 2x\cos\ x^4}{10x^9} = \lim_{x\to 0}\frac{1-\cos\ x^4}{5x^8}\\ &= \lim_{x\to 0}\frac{4x^3\cdot\sin\ x^4}{40x^7} = \lim_{x\to 0}\frac{\sin\ x^4}{10x^4} = \frac{1}{10}.\end{aligned}$$

2. 微积分基本定理

定理 3　设函数 $f(x)$ 在 $[a, b]$ 上连续，$F(x)$ 是 $f(x)$ 在 $[a, b]$ 上的一个原函数，则

$$\int_a^b f(x)\mathrm{d}x = F(b) - F(a). \tag{③}$$

证明：已知 $F(x)$ 是 $f(x)$ 的一个原函数，又由定理2，知

$$\Phi(x)=\int_a^x f(t)\,dt$$

也是 $f(x)$ 的一个原函数，故

$$F(x)-\Phi(x)=C(C\text{ 为常数}),$$

即

$$F(x)=\int_a^x f(t)\,dt+C,$$

令 $x=a$，即得

$$F(a)=\int_a^a f(t)\,dt+C=0+C=C,$$

故

$$F(x)=\int_a^x f(t)\,dt+F(a),$$

再令 $x=b$，即得

$$F(b)=\int_a^b f(t)\,dt+F(a),$$

即

$$\int_a^b f(x)\,dx=F(b)-F(a).$$

公式③叫做**牛顿－莱布尼茨公式**（Newton-Leibniz formula），也叫做**微积分基本定理**（fundamental theorem of calculus）.

注：为方便起见，常把 $F(b)-F(a)$ 记作 $F(x)\big|_a^b$ 或 $[F(x)]_a^b$.

牛顿－莱布尼茨公式将求定积分的问题转化为求不定积分的问题，揭示了实际背景完全不同的定积分和不定积分之间的内在联系，亦即揭示了积分和微分之间的内在联系，具有重大的理论意义和实用价值.

下面我们来举几个利用牛顿－莱布尼茨公式计算定积分的例子.

例4 计算 $\int_2^4 \frac{1}{x}dx$.

解：原式 $=\ln x\big|_2^4=\ln 4-\ln 2=\ln 2$.

例5 计算 $\int_{-1}^3 |2-x|\,dx$.

解：$|2-x|=\begin{cases}2-x, & x\leqslant 2,\\ x-2, & x>2,\end{cases}$

由定积分对区间的可加性，得

$$\text{原式}=\int_{-1}^2(2-x)\,dx+\int_2^3(x-2)\,dx$$

$$=\left(2x-\frac{x^2}{2}\right)\Big|_{-1}^2+\left(\frac{x^2}{2}-2x\right)\Big|_2^3=\frac{9}{2}+\frac{1}{2}=5.$$

例 6　计算 $\int_0^{\pi}\sqrt{1-\sin x}\mathrm{d}x$.

解：原式 $=\int_0^{\pi}\left|\sin\frac{x}{2}-\cos\frac{x}{2}\right|\mathrm{d}x$

$$=\int_0^{\frac{\pi}{2}}\left(\cos\frac{x}{2}-\sin\frac{x}{2}\right)\mathrm{d}x+\int_{\frac{\pi}{2}}^{\pi}\left(\sin\frac{x}{2}-\cos\frac{x}{2}\right)\mathrm{d}x$$

$$=2\left(\sin\frac{x}{2}+\cos\frac{x}{2}\right)\Big|_0^{\frac{\pi}{2}}+2\left(-\cos\frac{x}{2}-\sin\frac{x}{2}\right)\Big|_{\frac{\pi}{2}}^{\pi}$$

$$=4(\sqrt{2}-1).$$

例 7　求正弦曲线 $y=\sin x$ 在 $[0,\ \pi]$ 上与 x 轴所围成的平面图形（图 6－5）的面积 A.

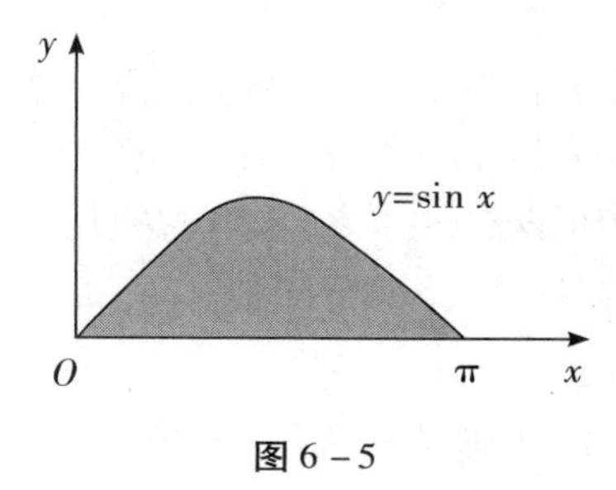

图 6－5

解：$A=\int_0^{\pi}\sin x\mathrm{d}x=-\cos x\big|_0^{\pi}=-(\cos\pi-\cos 0)=2.$

例 8　火车以 72km/h 的速度行驶，在到达某车站前以等加速度 $a=-2.5\mathrm{m/s^2}$ 刹车，问若要使火车恰好在到站时停稳，火车需要在离车站多远时开始刹车？

解：首先计算从开始刹车到停止所需的时间，即速度从 $v_0=72\mathrm{km/h}=20\mathrm{m/s}$ 降到 $v=0\mathrm{m/s}$ 所需的时间. 因为开始刹车后火车以每秒 $-2.5\mathrm{m}$ 减速，故火车的速度为

$$v(t)=v_0+at=20-2.5t,$$

令 $v(t)=0\mathrm{m/s}$，得 $t=8\mathrm{s}$.

以开始刹车作为计时开始，则在 $t=0$ 到 $t=8$ 之间火车行进的路程

$$s=\int_0^8 v(t)\mathrm{d}t=\int_0^8(20-2.5t)\mathrm{d}t=\left(20t-\frac{5}{4}t^2\right)\Big|_0^8=80\mathrm{m}.$$

所以火车需要在离车站 80m 处开始刹车，才可使火车恰好在到站时停稳.

练习 2.1

1. 求函数 $\int_0^x \mathrm{e}^{-t}\mathrm{d}t$ 的导数.

2. 计算下列定积分.

(1) $\int_0^1 x^3 \mathrm{d}x$；　　　　(2) $\int_{-1}^{\sqrt{3}} \frac{1}{1+x^2}\mathrm{d}x$；

(3) $\int_0^1 \mathrm{e}^{2x}\mathrm{d}x$；　　　　(4) $\int_0^2 |1-x|\,\mathrm{d}x$.

二、定积分的换元积分法与分部积分法

由本节第一目知，牛顿－莱布尼茨公式将求定积分的问题转化为求不定积分的问题，因此，对于某些定积分，我们可以先用不定积分的换元积分法或分部积分法把被积函数的原函数求出来，然后再用牛顿－莱布尼茨公式求之. 但若直接用下面介绍的定积分的换元积分法和分部积分法，计算往往会更简便.

1. 定积分的换元积分法

定理 4 设函数 $f(x)$ 在 $[a,\ b]$ 上连续，函数 $x=\varphi(t)$ 满足条件：

(1) $\varphi(\alpha)=a$，$\varphi(\beta)=b$，且 $a\leqslant\varphi(t)\leqslant b$（$t\in[\alpha,\ \beta]$ 或 $[\beta,\ \alpha]$）；

(2) $\varphi(t)$ 在 $[\alpha,\ \beta]$（或 $[\beta,\ \alpha]$）上具有连续导数，则

$$\int_a^b f(x)\mathrm{d}x = \int_\alpha^\beta f[\varphi(t)]\varphi'(t)\mathrm{d}t. \qquad ①$$

证明：设 $F(x)$ 是 $f(x)$ 在 $[a,\ b]$ 上的一个原函数，则

$$\int_a^b f(x)\mathrm{d}x = F(b)-F(a),$$

再设 $\Phi(t)=F[\varphi(t)]$，对 $\Phi(t)$ 求导，得

$$\Phi'(t) = \frac{\mathrm{d}F}{\mathrm{d}x}\cdot\frac{\mathrm{d}x}{\mathrm{d}t} = f(x)\cdot\varphi'(t) = f[\varphi(t)]\cdot\varphi'(t),$$

即 $\Phi(t)$ 是 $f[\varphi(t)]\cdot\varphi'(t)$ 的一个原函数，因此有

$$\int_\alpha^\beta f[\varphi(t)]\varphi'(t)\mathrm{d}t = \Phi(\beta)-\Phi(\alpha).$$

又 $\Phi(t)=F[\varphi(t)]$，$\varphi(\alpha)=a$，$\varphi(\beta)=b$，故

$$\Phi(\beta)-\Phi(\alpha) = F[\varphi(\beta)]-F[\varphi(\alpha)] = F(b)-F(a),$$

所以

$$\int_a^b f(x)\mathrm{d}x = \int_\alpha^\beta f[\varphi(t)]\varphi'(t)\mathrm{d}t.$$

①式叫做定积分的换元积分公式.

注：运用换元积分法计算定积分时，不仅要换积分变量，而且要换积分上、下限，但在求出 $f[\varphi(t)]\cdot\varphi'(t)$ 的一个原函数 $\Phi(t)$ 后，不必把 $\Phi(t)$ 变换为原来的变量 x 的函数，而

只要把相应于新变量 t 的上、下限分别代入 $\Phi(t)$ 中相减就行了，这是定积分换元积分法与不定积分换元积分法的区别所在.

上述定理也可反过来使用，即 $\int_\alpha^\beta f[\varphi(t)]\varphi'(t)\mathrm{d}t = \int_a^b f(x)\mathrm{d}x$.

例 1 计算 $\int_1^2 \frac{\sqrt{x-1}}{x}\mathrm{d}x$.

解： 令 $\sqrt{x-1}=t$，则 $x=1+t^2$，$\mathrm{d}x=2t\mathrm{d}t$.

当 $x=1$ 时，$t=0$；当 $x=2$ 时，$t=1$.

$$\text{故原式} = \int_0^1 \frac{t}{1+t^2}\cdot 2t\mathrm{d}t = 2\int_0^1\left(1-\frac{1}{1+t^2}\right)\mathrm{d}t$$

$$= 2(t-\arctan t)\Big|_0^1 = 2\left(1-\frac{\pi}{4}\right) = 2-\frac{\pi}{2}.$$

例 2 计算 $\int_1^{e^3}\frac{\mathrm{d}x}{x\sqrt{1+\ln x}}$.

解： 令 $t=\ln x$，则 $x=\mathrm{e}^t$，$\mathrm{d}x=\mathrm{e}^t\mathrm{d}t$.

当 $x=1$ 时，$t=0$；当 $x=\mathrm{e}^3$ 时，$t=3$.

$$\text{故原式} = \int_0^3 \frac{\mathrm{e}^t\mathrm{d}t}{\mathrm{e}^t\sqrt{1+t}}$$

$$= \int_0^3 \frac{\mathrm{d}t}{\sqrt{1+t}}$$

$$= 2\sqrt{1+t}\Big|_0^3 = 2.$$

例 3 计算 $\int_0^a \sqrt{a^2-x^2}\mathrm{d}x\,(a>0)$.

解： 令 $x=a\sin t$，则 $\mathrm{d}x=a\cos t\mathrm{d}t$.

当 $x=0$ 时，$t=0$；当 $x=a$ 时，$t=\frac{\pi}{2}$.

$$\text{故原式} = \int_0^{\frac{\pi}{2}} a\cos t\cdot a\cos t\mathrm{d}t$$

$$= \frac{a^2}{2}\int_0^{\frac{\pi}{2}}(1+\cos 2t)\mathrm{d}t$$

$$= \frac{a^2}{2}\left(t+\frac{1}{2}\sin 2t\right)\Big|_0^{\frac{\pi}{2}} = \frac{\pi a^2}{4}.$$

显然，这个定积分的值就是圆 $x^2+y^2=a^2$ 在第一象限部分的面积（图 6 - 6）.

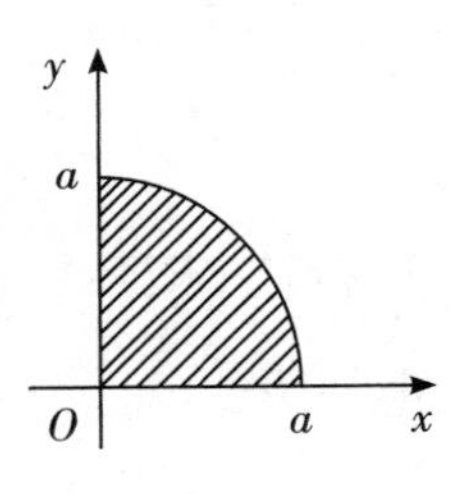

图 6 - 6

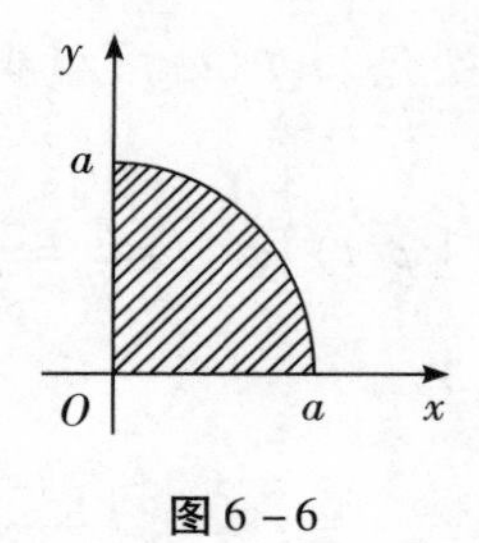

图6－6

例4 计算 $\int_0^{\frac{\pi}{2}} \cos^5 x\sin x\mathrm{d}x$.

解:（解法一）令 $t=\cos x$，则 $\mathrm{d}t=-\sin x\mathrm{d}x$.

当 $x=0$ 时，$t=1$；当 $x=\dfrac{\pi}{2}$时，$t=0$.

于是原式 $=-\int_1^0 t^5\mathrm{d}t=-\dfrac{1}{6}t^6\Big|_1^0=\dfrac{1}{6}$.

（解法二）直接利用不定积分的第一类换元积分法，此时可以不写出新变量 t，这样定积分的上、下限不变.

$$\text{原式}=-\int_0^{\frac{\pi}{2}}\cos^5 x\mathrm{d}\cos x$$

$$=-\frac{1}{6}\cos^6 x\Big|_0^{\frac{\pi}{2}}=-\left(0-\frac{1}{6}\right)=\frac{1}{6}.$$

例5 设 $f(x)=\begin{cases}\dfrac{1}{1+x}, & x\geqslant 0,\\ \dfrac{1}{1+\mathrm{e}^x}, & x<0,\end{cases}$ 计算 $\int_0^2 f(x-1)\mathrm{d}x$.

解: 设 $x-1=t$,则 $\mathrm{d}x=\mathrm{d}t$.

当 $x=0$ 时,$t=-1$;当 $x=2$ 时,$t=1$.

$$\text{故原式}=\int_{-1}^1 f(t)\mathrm{d}t=\int_{-1}^0 f(t)\mathrm{d}t+\int_0^1 f(t)\mathrm{d}t$$

$$=\int_{-1}^0\frac{1}{1+\mathrm{e}^t}\mathrm{d}t+\int_0^1\frac{1}{t+1}\mathrm{d}t$$

$$=\int_{-1}^0\frac{1+\mathrm{e}^t-\mathrm{e}^t}{1+\mathrm{e}^t}\mathrm{d}t+\int_0^1\frac{1}{t+1}\mathrm{d}t$$

$$=\int_{-1}^0\mathrm{d}t-\int_{-1}^0\frac{\mathrm{d}(1+\mathrm{e}^t)}{1+\mathrm{e}^t}+\int_0^1\frac{1}{t+1}\mathrm{d}(t+1)$$

$$=t\,\Big|_{-1}^0-\ln(1+\mathrm{e}^t)\,\Big|_{-1}^0+\ln(1+t)\,\Big|_0^1$$

$$=\ln(1+\mathrm{e}).$$

例6 设 $f(x)$在［$-a$，a］上连续，求证：

（1）若 $f(x)$为奇函数，则 $\int_{-a}^a f(x)\mathrm{d}x=0$；

(2) 若$f(x)$为偶函数，则 $\int_{-a}^{a} f(x)\,dx = 2\int_{0}^{a} f(x)\,dx$.

证明：由于$\int_{-a}^{a} f(x)\,dx = \int_{-a}^{0} f(x)\,dx + \int_{0}^{a} f(x)\,dx$，

对上式右端第一个积分作变换 $x=-t$,有

$$\int_{-a}^{0} f(x)\,dx = -\int_{a}^{0} f(-t)\,dt = \int_{0}^{a} f(-t)\,dt = \int_{0}^{a} f(-x)\,dx,$$

故$\int_{-a}^{a} f(x)\,dx = \int_{0}^{a} [f(-x)+f(x)]\,dx$.

(1) 当$f(x)$为奇函数时，$f(-x)=-f(x)$，故

$$\int_{-a}^{a} f(x)\,dx = \int_{0}^{a} 0\,dx = 0;$$

(2) 当$f(x)$为偶函数时，$f(-x)=f(x)$，故

$$\int_{-a}^{a} f(x)\,dx = \int_{0}^{a} 2f(x)\,dx = 2\int_{0}^{a} f(x)\,dx.$$

注：有时利用例6的结论能较方便地求出一些定积分的值.

例7　计算定积分$\int_{-1}^{1} (x+\sqrt{4-x^2})^2\,dx$.

解：原式 $= \int_{-1}^{1} (4+2x\sqrt{4-x^2})\,dx$

$= 4\int_{-1}^{1} dx + 2\int_{-1}^{1} x\sqrt{4-x^2}\,dx$（注意 $x\sqrt{4-x^2}$ 为奇函数）

$= 8+0 = 8.$

例8　计算定积分$\int_{-\frac{\pi}{4}}^{\frac{\pi}{4}} \frac{1+x^3}{\cos^2 x}\,dx$.

解：由于$\frac{1}{\cos^2 x}$是$\left[-\frac{\pi}{4},\frac{\pi}{4}\right]$上的偶函数，故$\frac{x^3}{\cos^2 x}$是$\left[-\frac{\pi}{4},\frac{\pi}{4}\right]$上的奇函数，故

原式 $= \int_{-\frac{\pi}{4}}^{\frac{\pi}{4}} \frac{1}{\cos^2 x}\,dx + \int_{-\frac{\pi}{4}}^{\frac{\pi}{4}} \frac{x^3}{\cos^2 x}\,dx$

$= 2\int_{0}^{\frac{\pi}{4}} \frac{1}{\cos^2 x}\,dx + 0$

$= 2\tan x\Big|_{0}^{\frac{\pi}{4}} = 2.$

2. 定积分的分部积分法

定理5　设$u(x)$，$v(x)$在区间$[a,b]$上具有连续的导数$u'(x)$，$v'(x)$，则有

$$\int_{a}^{b} uv'\,dx = uv\Big|_{a}^{b} - \int_{a}^{b} vu'\,dx\text{（或写成}\int_{a}^{b} u\,dv = uv\Big|_{a}^{b} - \int_{a}^{b} v\,du\text{）}. \quad ②$$

证明：$[u(x)v(x)]' = u'(x)v(x) + u(x)v'(x)$，

上式两端分别在$[a,b]$上求定积分，得

$$u(x)v(x)\big|_a^b=\int_a^b u'(x)v(x)\,\mathrm{d}x+\int_a^b u(x)v'(x)\,\mathrm{d}x,$$

移项，得

$$\int_a^b u(x)v'(x)\,\mathrm{d}x=(u(x)v(x))\big|_a^b-\int_a^b u'(x)v(x)\,\mathrm{d}x.$$

②式叫做定积分的分部积分公式.

例 9 计算 $\int_0^{\frac{1}{2}}\arcsin x\mathrm{d}x$.

解： 令 $u=\arcsin x$，$v=x$，则 $\mathrm{d}u=\frac{1}{\sqrt{1-x^2}}\mathrm{d}x$，由分部积分公式，得

$$\begin{aligned}
\text{原式}&=x\arcsin x\big|_0^{\frac{1}{2}}-\int_0^{\frac{1}{2}}x\mathrm{d}(\arcsin x)\\
&=\frac{1}{2}\cdot\frac{\pi}{6}-\int_0^{\frac{1}{2}}\frac{x}{\sqrt{1-x^2}}\mathrm{d}x\\
&=\frac{\pi}{12}+\frac{1}{2}\int_0^{\frac{1}{2}}(1-x^2)^{-\frac{1}{2}}\mathrm{d}(1-x^2)\\
&=\frac{\pi}{12}+\sqrt{1-x^2}\big|_0^{\frac{1}{2}}=\frac{\pi}{12}+\frac{\sqrt{3}}{2}-1.
\end{aligned}$$

例 10 计算 $\int_1^{\mathrm{e}}\ln x\mathrm{d}x$.

解： 令 $u=\ln x$，$\mathrm{d}v=\mathrm{d}x$，则 $\mathrm{d}u=\frac{\mathrm{d}x}{x}$，$v=x$，故

$$\text{原式}=x\ln x\big|_1^{\mathrm{e}}-\int_1^{\mathrm{e}}x\cdot\frac{\mathrm{d}x}{x}=(\mathrm{e}-0)-(\mathrm{e}-1)=1.$$

例 11 计算 $\int_0^{\pi}x\cos 3x\mathrm{d}x$.

解：
$$\begin{aligned}
\text{原式}&=\frac{1}{3}\int_0^{\pi}x\mathrm{d}\sin 3x=\frac{1}{3}\left(x\sin 3x\Big|_0^{\pi}-\int_0^{\pi}\sin 3x\mathrm{d}x\right)\\
&=\frac{1}{3}\left(0+\frac{1}{3}\cos 3x\Big|_0^{\pi}\right)=-\frac{2}{9}.
\end{aligned}$$

例 12 计算 $\int_0^{\frac{\pi}{4}}\frac{x}{1+\cos 2x}\mathrm{d}x$.

解：
$$\begin{aligned}
\text{原式}&=\int_0^{\frac{\pi}{4}}\frac{x}{2\cos^2 x}\mathrm{d}x=\frac{1}{2}\int_0^{\frac{\pi}{4}}x\mathrm{d}\tan x\\
&=\frac{1}{2}\left(x\tan x\Big|_0^{\frac{\pi}{4}}-\int_0^{\frac{\pi}{4}}\tan x\mathrm{d}x\right)\\
&=\frac{1}{2}\left(\frac{\pi}{4}+\ln\cos x\Big|_0^{\frac{\pi}{4}}\right)=\frac{\pi}{8}-\frac{1}{4}\ln 2.
\end{aligned}$$

例 13 计算 $\int_0^1 e^{\sqrt{x}}dx$.

解：先用换元法，令$\sqrt{x}=t$，则 $x=t^2$，$dx=2tdt$.

当 $x=0$ 时，$t=0$；当 $x=1$ 时，$t=1$. 故

$$\int_0^1 e^{\sqrt{x}}dx = 2\int_0^1 te^t dt,$$

再用分部积分法，得

$$\int_0^1 e^{\sqrt{x}}dx = 2\int_0^1 te^t dt = 2\left(te^t\Big|_0^1 - \int_0^1 e^t dt\right)$$
$$= 2[e-(e-1)] = 2.$$

练习 2.2

1. 计算下列定积分.

（1）$\int_0^4 \frac{x+2}{\sqrt{2x+1}}dx$；

（2）$\int_0^{\pi} \frac{\sin x}{\sqrt{3+\sin^2 x}}dx$；

（3）$\int_0^1 xe^{-x^2}dx$；

（4）$\int_0^2 \frac{x}{1+x^2}dx$.

2. 利用函数的奇偶性计算定积分$\int_{-\pi}^{\pi} x^6 \sin x dx$.

3. 计算下列定积分.

（1）$\int_0^{\pi} x\cos x dx$；

（2）$\int_1^e x^2 \ln x dx$；

(3) $\int_0^1 x\arctan x\mathrm{d}x$.

习题6－2

1. 求下列函数的导数.

(1) $\int_x^1 \cos^2 t\mathrm{d}t$;

(2) $\int_x^0 \ln(1+t^2)\mathrm{d}t$.

2. 设 $a(x)$, $b(x)$ 均可导,求 $\int_{a(x)}^{b(x)} f(t)\mathrm{d}t$ 的导数.

3. 计算下列定积分.

(1) $\int_0^{\frac{\pi}{4}} \tan x\mathrm{d}x$;

(2) $\int_1^{\mathrm{e}} \frac{\mathrm{d}x}{x}$;

(3) $\int_0^2 \frac{x}{\sqrt{1+x^2}}\mathrm{d}x$;

(4) $\int_0^1 \frac{1-x^2}{1+x^2}\mathrm{d}x$;

(5) $\int_0^1 \frac{\mathrm{e}^x-\mathrm{e}^{-x}}{2^2}\mathrm{d}x$;

(6) $\int_0^3 x|x-2|\mathrm{d}x$;

(7) $\int_0^1 \max\{x, 1-x\}\mathrm{d}x$;

(8) $\int_{-1}^{1} f(x)\mathrm{d}x$,其中 $f(x)=\begin{cases}1+x, & 0<x\leqslant 2,\\ 1, & x\leqslant 0.\end{cases}$

4. 设 $f(x)=\dfrac{1}{1+x^2}+x^3\int_0^1 f(x)\mathrm{d}x$,求 $\int_0^1 f(x)\mathrm{d}x$.

5. 设 $f(x)$ 在 $[0,+\infty)$ 上连续且 $f(x)>0$,证明函数 $F(x)=\dfrac{\int_0^x tf(t)\mathrm{d}t}{\int_0^x f(t)\mathrm{d}t}$ 在 $(0,+\infty)$ 内为单调增加函数.

6. 求极限:$\lim\limits_{x\to 0}\dfrac{\int_{\cos x}^{1}\mathrm{e}^{-t^2}\mathrm{d}t}{x^2}$.

7. 计算下列定积分.

(1) $\int_0^4 \dfrac{1-\sqrt{x}}{1+\sqrt{x}}\mathrm{d}x$;　　(2) $\int_0^1 \sqrt{(1-x^2)^3}\mathrm{d}x$;

(3) $\int_0^{\frac{\pi}{2}} \cos^2 x \sin x \mathrm{d}x$;

(4) $\int_1^{\mathrm{e}} \frac{\ln x}{x} \mathrm{d}x$;

(5) $\int_1^4 \frac{\mathrm{d}x}{x + \sqrt{x}}$;

(6) $\int_0^{\pi} \sqrt{\sin^3 x - \sin^5 x} \mathrm{d}x$;

(7) $\int_0^{\pi} \frac{\sin x}{1 + \cos^2 x} \mathrm{d}x$;

(8) $\int_0^1 \sqrt{1 - x^2} \mathrm{d}x$;

(9) $\int_0^{\frac{\sqrt{3}}{3}} \frac{\mathrm{d}x}{(1 + 5x^2)\sqrt{1 + x^2}}$.

8. 利用函数的奇偶性计算下列定积分.

(1) $\int_{-1}^1 (x + \sqrt{1 - x^2})^2 \mathrm{d}x$;

(2) $\int_{-1}^1 (x + |x|) \mathrm{e}^{-|x|} \mathrm{d}x$.

9. 求证：若函数 $f(x)$ 在闭区间 $[0,1]$ 上连续，则

(1) $\int_0^{\frac{\pi}{2}} f(\sin x) \mathrm{d}x = \int_0^{\frac{\pi}{2}} f(\cos x) \mathrm{d}x$;

(2) $\int_0^{\pi} xf(\sin x)\mathrm{d}x = \frac{\pi}{2}\int_0^{\pi} f(\sin x)\mathrm{d}x$.

10. 计算下列定积分.

(1) $\int_{\frac{1}{e}}^{e^2} x\,|\ln x|\,\mathrm{d}x$;

(2) $\int_0^{\frac{\pi}{2}} x^2\sin x\mathrm{d}x$;

(3) $\int_0^{2\pi} e^x\cos x\mathrm{d}x$;

(4) $\int_0^1 xe^{-x}\mathrm{d}x$;

(5) $\int_1^4 \frac{\ln x}{\sqrt{x}}\mathrm{d}x$.

第三节　定积分的应用

由定积分的定义知，定积分实际上是求某种总量的数学模型，因此，它有着广泛的应用. 在这一节里，我们将应用定积分的理论解决几何、物理中的一些问题，而且我们还将介绍把一个量表示成定积分的一般方法——元素法.

一、定积分的元素法

在第一节中，我们是通过求曲边梯形面积和变速直线运动路程这两个实际问题引入定积分概念的，我们采用的是“分割、近似代替、求和、取极限”的方法，这种方法是应用定积分解决问题的基本方法，但为了操作上的便利，我们将它简化为所谓的**元素法**（elemental approach），也叫做**微元法**（infinitesimal method）.

一般地，如果在某一实际问题中，所求量 U 符合如下条件：

(1) U 是一个与定义在区间$[a, b]$上的连续函数$f(x)$有关的量；

(2) U 对于区间$[a, b]$具有可加性，就是说，如果把区间$[a, b]$分成许多部分区间，

则 U 相应地分成许多部分量 ΔU，而 U 等于所有部分量之和；

（3）相应于部分区间 $[x,\ x+\mathrm{d}x]$ 的部分量 ΔU 的近似值可表示为 $f(x)\mathrm{d}x$，即

$$\Delta U \approx \mathrm{d}U = f(x)\mathrm{d}x;$$

那么就可利用元素法来表达量 U.

在实际应用中，用元素法求量 U 的积分表达式的一般步骤为：

（1）根据具体情况，选取一个变量（例如 x）为积分变量，并确定它的变化区间 $[a,\ b]$；

（2）设想把区间 $[a,\ b]$ 分成若干个小区间，任取其中的一个小区间 $[x,\ x+\mathrm{d}x]$，U 相应于此小区间的部分量为 ΔU. 设法找到一个在 $[a,\ b]$ 上连续的函数 $f(x)$，使 $f(x)\mathrm{d}x$ 就是 U 的微元，即

$$\Delta U \approx \mathrm{d}U = f(x)\mathrm{d}x;$$

（3）以 $f(x)\mathrm{d}x$ 为被积表达式，在 $[a,\ b]$ 上作定积分，则得

$$U = \int_a^b f(x)\mathrm{d}x,$$

这就是所求量 U 的积分表达式.

二、定积分的若干应用

在本目中，我们将用定积分的元素法来求平面图形的面积、立体的体积和变力沿直线所作的功.

1. 平面图形的面积

由定积分的几何意义，我们容易得到如下计算平面图形面积的结论.

结论：（1）由区间 $[a,\ b]$ 上的连续曲线 $y=f(x)$，直线 $x=a$，$x=b$ 和 x 轴所围成的平面图形的面积（图 6－7）为

$$A = \int_a^b |f(x)|\mathrm{d}x. \qquad ①$$

（2）如果平面区域是由区间 $[a,\ b]$ 上的两条连续曲线 $y=f(x)$ 与 $y=g(x)$ 及两直线 $x=a$ 与 $x=b$ 围成，则它的面积（图 6－8）为

$$A = \int_a^b |f(x)-g(x)|\mathrm{d}x. \qquad ②$$

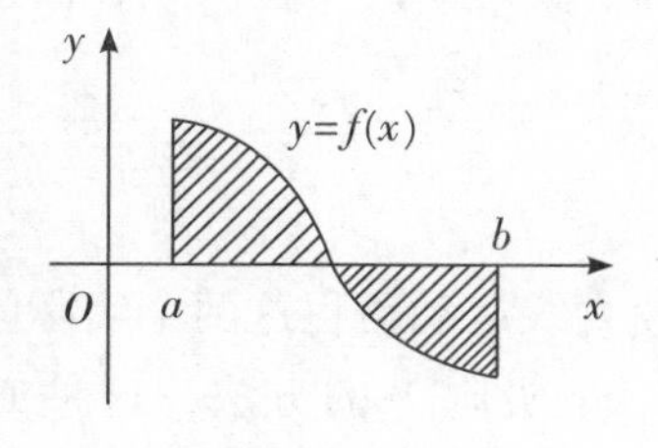

图 6－7

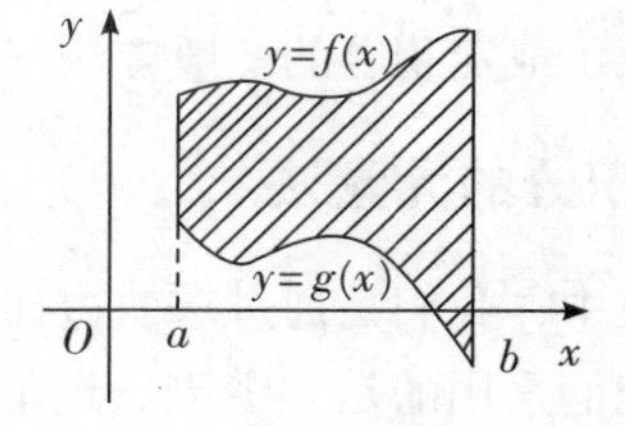

图 6－8

例 1 求两条抛物线 $y^2=x$，$y=x^2$ 所围成图形的面积 A.

解：解方程组 $\begin{cases} y^2=x, \\ y=x^2. \end{cases}$ 得两组解 $\begin{cases} x=0, \\ y=0, \end{cases}$ 及 $\begin{cases} x=1, \\ y=1. \end{cases}$ 即两抛物线交点为（0，0），

(1，1). 作出图形（图 6-9).

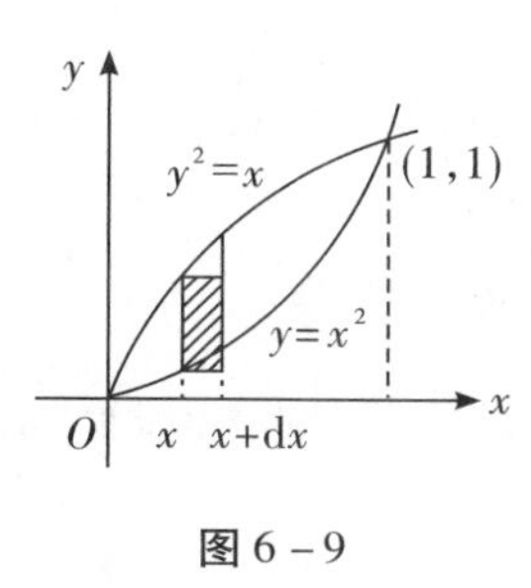

图 6-9

下面我们用元素法求图形的面积. 取 x 为积分变量，在区间 [0，1] 上任取一小区间 $[x, x+\mathrm{d}x]$，其面积近似等于高为 $\sqrt{x}-x^2$，底为 $\mathrm{d}x$ 的窄矩形面积，这样就得到面积元素

$$\mathrm{d}A = (\sqrt{x} - x^2)\,\mathrm{d}x,$$

于是，所求图形面积为

$$A = \int_0^1 (\sqrt{x} - x^2)\,\mathrm{d}x = \left(\frac{2}{3}x^{\frac{3}{2}} - \frac{x^3}{3}\right)\bigg|_0^1 = \frac{1}{3}.$$

例 2　求由抛物线 $y^2 = x$ 与直线 $x - 2y - 3 = 0$ 所围成的平面图形的面积 A（图 6-10).

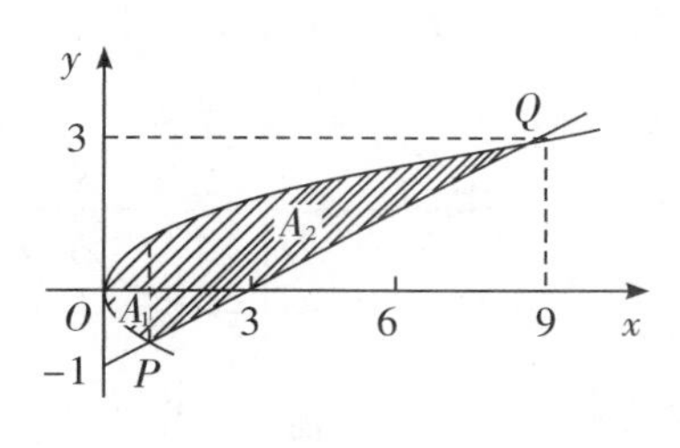

图 6-10

解:（解法一）先求出抛物线与直线的交点 $P(1, -1)$ 与 $Q(9, 3)$，再用直线 $x=1$ 把图形分为左、右两部分，应用公式①②分别求得它们的面积为

$$A_1 = \int_0^1 [\sqrt{x} - (-\sqrt{x})]\,\mathrm{d}x = 2\int_0^1 \sqrt{x}\,\mathrm{d}x = \frac{4}{3},$$

$$A_2 = \int_1^9 \left(\sqrt{x} - \frac{x-3}{2}\right)\mathrm{d}x = \frac{28}{3}.$$

故 $A = A_1 + A_2 = \dfrac{32}{3}$.

（解法二）把抛物线方程和直线方程改写成

$$x = y^2 = g_1(y), x = 2y + 3 = g_2(y)\ (y \in [-1,3]).$$

并改取积分变量为 y，则得

$$A = \int_{-1}^3 [g_2(y) - g_1(y)]\,\mathrm{d}y$$

$$= \int_{-1}^{3} (2y + 3 - y^2)\mathrm{d}y = \frac{32}{3}.$$

注：由例 2 看出，有时适当地选取积分变量可以简化计算.

例 3 求椭圆$\frac{x^2}{a^2}+\frac{y^2}{b^2}=1$的面积.

解：椭圆如图 6－11 所示. 因为椭圆关于两坐标轴都对称，故椭圆面积为第一象限内的那部分面积的 4 倍，即

$$A = 4\int_0^a y\mathrm{d}x,$$

其中$y=\frac{b}{a}\sqrt{a^2-x^2}$ $(0\leqslant x\leqslant a)$.

为便于积分，在上式中利用椭圆的参数方程作换元，令$x=a\cos t$，则$y=b\sin t$，$\mathrm{d}x=-a\sin t\mathrm{d}t$.

当$x=0$时，$t=\frac{\pi}{2}$；当$x=a$时，$t=0$，故

$$A = 4\int_{\frac{\pi}{2}}^{0} b\sin t\cdot(-a\sin t)\mathrm{d}t = 4ab\int_0^{\frac{\pi}{2}}\frac{1-\cos 2t}{2}\mathrm{d}t = 2ab\cdot\frac{\pi}{2} = \pi ab.$$

特别地，当$a=b$时，得到圆的面积公式$A=\pi a^2$.

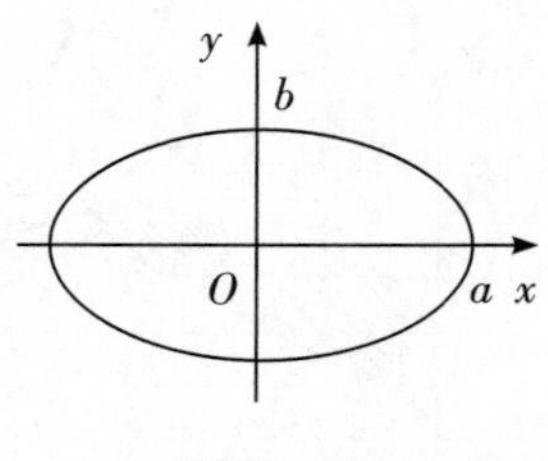

图 6－11

2. 立体体积

设有一立体位于$x=a$，$x=b$两点处垂直于x轴的两个平面之间，它在点x处的垂直于x轴的截面面积是已知的连续函数$S(x)$（图 6－12），下面我们用元素法求此立体的体积.

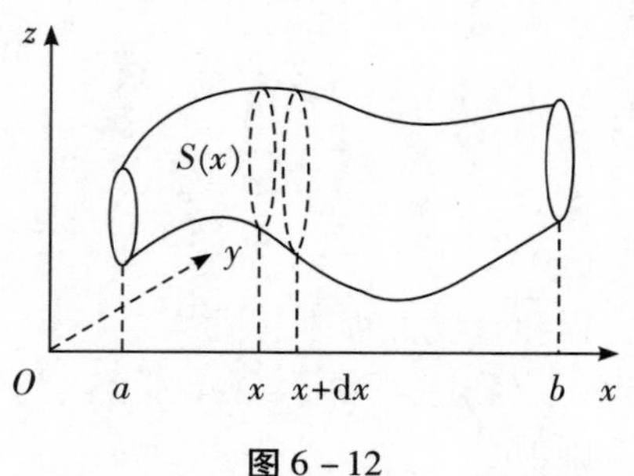

图 6－12

取x为积分变量，其变化区间为$[a, b]$，立体相应于$[a, b]$上任一小区间 $[x, x+\mathrm{d}x]$

的小薄片的体积近似等于底面积为 $S(x)$、高为 dx 的扁柱体的体积，即体积元素为

$$dV = S(x)dx,$$

从而所求立体的体积为

$$V = \int_a^b S(x)dx. \quad ③$$

一个平面图形绕该平面内一条定直线旋转一周而成的立体称为**旋转体**（solid of rotation），该直线称为**旋转轴**（rotating axis）. 圆柱、圆锥、圆台、球体等都是旋转体.

现在我们利用③式来计算由连续曲线 $y=f(x)$，直线 $x=a$，$x=b$ 与 x 轴所围成的曲边梯形绕 x 轴旋转一周所成的旋转体的体积.

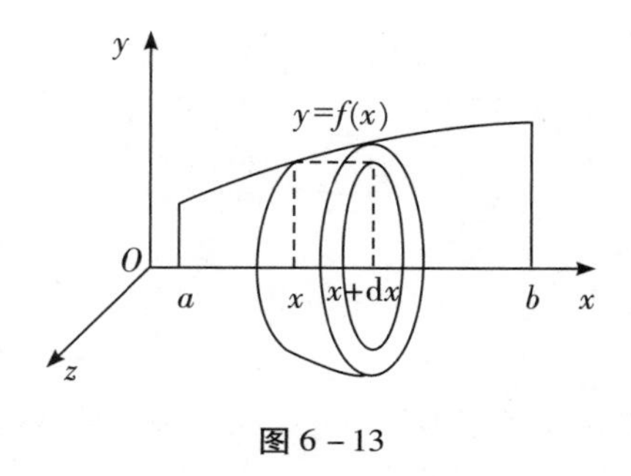

图 6 - 13

取 x 为积分变量，$[a, b]$ 为积分区间，用垂直于 x 轴的一组平行平面将旋转体分割成许多立体小薄片，其截面都是圆，只是半径不同（图 6 - 13）. 在 x 处的截面圆的半径为 $|f(x)|$，故截面面积

$$S(x) = \pi[f(x)]^2,$$

由③式便得所求旋转体的体积为

$$V = \int_a^b \pi[f(x)]^2 dx. \quad ④$$

类似可得，由连续曲线 $x=\varphi(y)$，直线 $y=c$，$y=d$ 与 y 轴所围成的曲边梯形绕 y 轴旋转一周所围成旋转体的体积为

$$V = \int_c^d \pi[\varphi(y)]^2 dy. \quad ⑤$$

例 4　求由直线 $y=\frac{r}{h}x$，$x=h$（r，$h>0$）和 x 轴所围成的三角形绕 x 轴旋转而成的圆锥体的体积（图 6 - 14）.

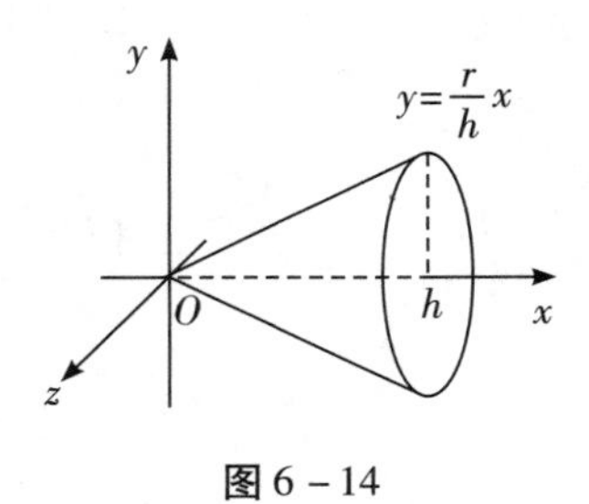

图 6 - 14

解：取 x 为积分变量，则 $x\in[0,h]$，故

$$V=\int_0^h \pi\left(\frac{r}{h}x\right)^2 \mathrm{d}x=\frac{\pi\cdot r^2}{h^2}\int_0^h x^2\mathrm{d}x=\frac{\pi}{3}r^2h.$$

例 5 求由椭圆$\frac{x^2}{a^2}+\frac{y^2}{b^2}=1$绕 x 轴旋转一周而成的旋转体（叫做旋转椭球体）的体积.

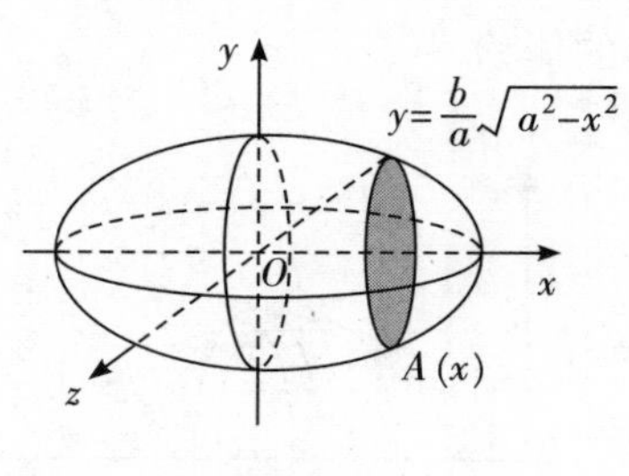

图 6－15

解：这个旋转体可看作是由上半椭圆 $y=\frac{b}{a}\sqrt{a^2-x^2}$及 x 轴所围成的图形绕 x 轴旋转而成的立体（图 6－15）.

取 x 为积分变量，积分区间为 $[-a,a]$，在 $x(-a\leqslant x\leqslant a)$ 处用垂直于 x 轴的平面去截立体所得的截面积为 $A(x)=\frac{\pi b^2}{a^2}(a^2-x^2)$，故

$$V=\int_{-a}^{a}A(x)\mathrm{d}x=\frac{\pi b^2}{a^2}\int_{-a}^{a}(a^2-x^2)\mathrm{d}x=\frac{4}{3}\pi ab^2.$$

令 $a=b$，则得到半径为 a 的球体体积公式

$$V=\frac{4}{3}\pi a^3.$$

例 6 记由抛物线 $y=x^2$，直线 $x=2$ 与 x 轴所围成的平面图形为 T，

（1）求由图形 T 绕 x 轴旋转一周所得立体的体积 V；

（2）求由图形 T 绕 y 轴旋转一周所得立体的体积 W.

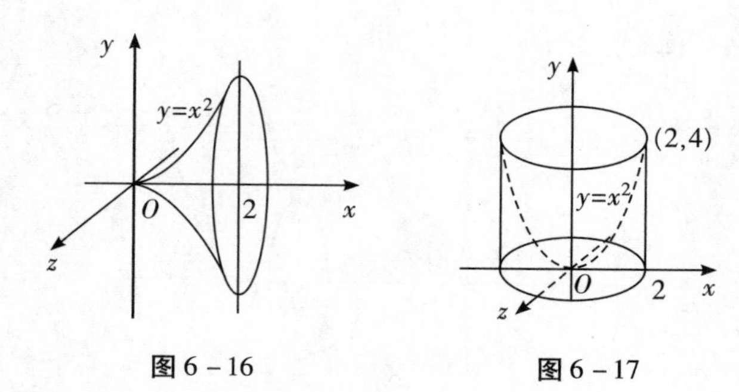

图 6－16　　图 6－17

解:(1)积分变量为 x,积分区间为 [0, 2]. 由图形 T 绕 x 轴旋转而成的旋转体体积(图6-16)为

$$V = \int_0^2 \pi y^2 \mathrm{d}x = \int_0^2 \pi x^4 \mathrm{d}x = \frac{\pi}{5}x^5 \Big|_0^2 = \frac{32}{5}\pi.$$

(2)积分变量为 y,积分区间为[0, 4]. 记 W_1 为由直线 $x=2$,直线 $y=0$,$y=4$ 与 y 轴所围成的矩形绕 y 轴旋转一周所成的圆柱体体积,W_2 为由曲线 $x=\sqrt{y}$,直线 $y=0$,$y=4$ 与 y 轴所围成的图形绕 y 轴旋转一周所成的立体体积(图6-17),则

$$W_1 = \int_0^4 \pi \cdot 2^2 \mathrm{d}y = 16\pi,$$

$$W_2 = \int_0^4 \pi (\sqrt{y})^2 \mathrm{d}y = 8\pi,$$

$$W = W_1 - W_2 = 16\pi - 8\pi = 8\pi.$$

3. 变力沿直线所作的功

我们知道,若物体在不变的力 f 的作用下沿直线移动了距离 s,则此过程中力 f 所作的功为

$$W = f \cdot s.$$

如果力 f 是变力,上面的公式显然不适用. 下面我们利用定积分的元素法来解决变力沿直线做功的问题.

设力 $f(x)$ 是一个方向不变(沿 x 轴正向)而大小与其位置 x 有关的变力,物体在该变力作用下沿 x 轴正向由点 $x=a$ 移动到点 $x=b$,现假定 $f(x)$ 是闭区间 $[a, b]$ 上的连续函数,要求力 $f(x)$ 所作的功为 W.

因为 $f(x)$ 在 $[a, b]$ 上连续,故在点 x 附近可将力近似看成是不变的力 $f(x)$,因而在位移 $[x, x+\mathrm{d}x]$ 过程中,力所作的功(即功的微元)为

$$\mathrm{d}W = f(x)\mathrm{d}x$$

故

$$W = \int_a^b f(x)\mathrm{d}x. \quad ⑥$$

例 7　根据虎克定律,弹簧的弹力与形变的长度成正比. 已知汽车车厢下的减震弹簧压缩 1cm 需力 14 000N,求弹簧压缩 2cm 时所作的功 W.

解:由题意知,弹簧的弹力为 $f(x)=kx$(k 为比例常数),当 $x=0.01$m 时,

$f(0.01)=k\times 0.01=14\ 000$N,故 $k=1.4\times 10^6$,故 $f(x)=1.4\times 10^6 x$,从而

$$W = \int_0^{0.02} f(x)\mathrm{d}x = \int_0^{0.02} 1.4\times 10^6 x\mathrm{d}x = \frac{1.4\times 10^6}{2}x^2 \Big|_0^{0.02} = 280 \text{ (J)},$$

即弹簧压缩 2cm 时所作的功为 280J.

例 8　有一半径为 1m 的半球形水池,池中充满了水,要把池内的水全部抽出,需作多少功?

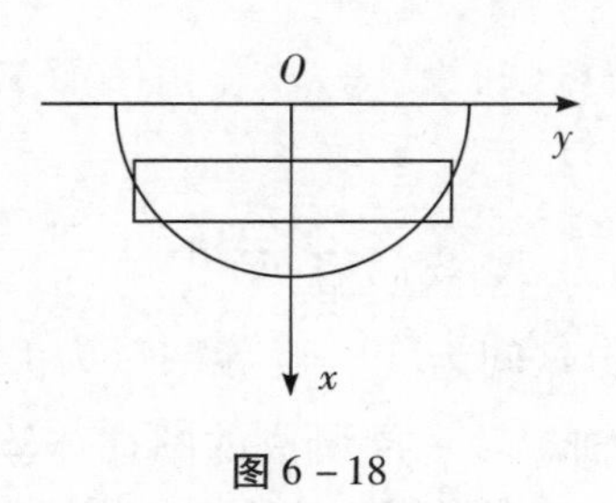

图 6－18

解：建立如图 6－18 所示的坐标系，则圆的方程为 $x^2+y^2=1$. 选水深 x 为积分变量，$x\in[0, 1]$. 任意小区间 $[x, x+\mathrm{d}x]$（$\subseteq[0, 1]$）上相应的小薄圆柱体的水重近似为（水的比重为 $9.8\mathrm{kN/m^3}$）

$9.8\pi y^2\mathrm{d}x=9.8\pi(1-x^2)\mathrm{d}x$,

将这小圆柱体提到池口的距离为 xm，故功元素为

$\mathrm{d}W=9.8\pi y^2\mathrm{d}x\cdot x=9.8\pi(x-x^3)\mathrm{d}x$,

故所求功为

$$W=\int_0^1 9.8\pi(x-x^3)\mathrm{d}x=9.8\pi\left(\frac{1}{2}x^2-\frac{1}{4}x^4\right)\Bigg|_0^1\approx 7.7\ (\mathrm{kJ}).$$

练习 3.1

1. 求由下列各组曲线所围成的平面图形的面积.

（1）$y=\mathrm{e}^x$，$y=\mathrm{e}^{-x}$，$x=2$；

（2）$y^2=2x$，$y=x-4$.

2. 求由曲线 $y=\sin x$ 与 $y=\sin 2x$（$0\leqslant x\leqslant\pi$）所围成的平面图形的面积.

3. 曲线 $x^2+(y-5)^2=4$ 围成的平面图形绕 x 轴旋转一周，求所得旋转体的体积.

习题 6-3

1. 求由下列各组曲线所围成的平面图形的面积：

（1）$y=x^3$，$y=1$，$y=2$，$x=0$；　（2）$xy=1$，$x=-1$，$x=-e$，$y=0$；

（3）$y=0$，$y=1$，$y=\ln x$，$x=0$；　（4）$y=2x-x^2$，$x+y=0$.

2. 求由抛物线 $y^2=4x$ 及其在点（1，2）处的法线所围成的平面图形的面积.

3. 求由抛物线 $y=x^2$ 与直线 $y=2x$ 所围图形分别绕 x 轴和 y 轴旋转所成的立体的体积.

4. 求以圆 $x^2+y^2=a^2$ 为边界线的平面图形绕直线 $x=b$ 旋转所成的立体的体积（$b>a>0$）.

5. 利用定积分证明，下底半径为 R，高为 h 的正圆锥的体积为$\frac{1}{3}\pi R^2 h$.

6. 由实验知道，弹簧在拉伸过程中，弹簧的伸长量 s（单位：cm）与拉力 F（单位：N）成正比：$F=as$（a 是比例常数）. 若把弹簧拉长 6cm，求拉力所作的功.

7. 有一直径为 8 米的半球形水池，池中充满了水，要把池内的水全部抽出，需作多少功？

复习题六

1. 利用定积分定义计算由抛物线 $y = x^2 + 1$，两直线 $x = -2$，$x = 1$ 及 x 轴所围成的图形的面积.

2. 利用定积分计算极限：$\lim\limits_{n\to\infty}\frac{1}{n}\sum\limits_{i=1}^{n}\sqrt{1+\frac{i}{n}}$.

3. 计算导数：$\frac{\mathrm{d}}{\mathrm{d}x}\int_{\cos x}^{\sin x}\cos(\pi t^2)\,\mathrm{d}t$.

4. 计算下列定积分.

(1) $\int_1^4 \sqrt{x}(1+\sqrt{x})\,\mathrm{d}x$；

(2) $\int_{-\pi}^{\pi} |\cos x|\,\mathrm{d}x$；

(3) $\int_0^2 f(x)\,\mathrm{d}x$，其中 $f(x) = \begin{cases} x^2, & x \leqslant 1, \\ 2x+1, & x > 1. \end{cases}$

5. 用换元积分法计算下列定积分.

(1) $\int_{0}^{\frac{\pi}{2}} \cos x \sin^4 x \mathrm{d}x$;

(2) $\int_{1}^{\sqrt{3}} \frac{1}{x^2\sqrt{1+x^2}}\mathrm{d}x$;

(3) $\int_{0}^{2} x\mathrm{e}^{-x^2}\mathrm{d}x$;

(4) $\int_{-\frac{\sqrt{3}}{2}}^{\frac{\sqrt{3}}{2}} \frac{(\arcsin x)^2}{\sqrt{1-x^2}}\mathrm{d}x$.

6. 用分部积分法计算下列定积分.

(1) $\int_{\frac{\pi}{6}}^{\frac{\pi}{3}} \frac{x}{\sin^2 x}\mathrm{d}x$;

(2) $\int_{1}^{4} x\log_2 x\mathrm{d}x$;

(3) $\int_{1}^{\mathrm{e}^2} \sin(\ln x)\mathrm{d}x$.

7. 求由曲线 $y=-(x-2)^2+1$ 及其在点（0，-3）和（3，0）处的切线所围成的图形的面积.

8. 求由曲线 $y=-x^2$ 和 $y^2=x$ 所围成的图形绕 y 轴旋转而得到的旋转体的体积.

文化广角

积分简史（二）

微积分能够成为独立的科学体系并给数学乃至整个自然科学带来革命性的影响，主要归功于两位伟大的科学巨匠——英国学者牛顿(Isaac Newton，1642—1727）和德国学者莱布尼茨（Gottfried Wilhelm Leibniz，1646—1716)，他们被公认为微积分的创立者.他们能够获得革命性突破的关键在于，认识到微分和积分是彼此互逆的两个过程.他们的功绩主要是：①把各种相关问题的解法统一成微分法和积分法；②有明确的计算微分法的步骤；③微分法和积分法互为逆运算.

牛顿和莱布尼茨两人各自独立地完成了微积分的创立.就创立时间而言，牛顿早于莱布尼茨；但莱布尼茨发表成果的时间早于牛顿.

牛顿和莱布尼茨创立微积分的方法是不同的，牛顿主要是从力学的概念出发.据牛顿自述，1665年11月他发明了微分法，次年5月又建立了积分法.1666年10月，牛顿将前两年的研究成果整理成一篇总结性论文《流数简论》，当时虽未正式发表，但在同事中传阅，这也是历史上第一篇系统的微积分文献.

与牛顿创立微积分的力学背景不同，莱布尼茨首先是出于对几何问题的思考.1686年，莱布尼茨发表了论文《深奥的几何与不可分量及无限的分析》，这也是历史上第一篇发表的关于积分学的论文.这篇论文初步论述了积分与微分的互逆关系.他得到了变量替换法、分部积分法，利用部分分式求有理分式的积分法等积分方法.另外，现在使用的微积分的基本符号大都是他创造的，这些符号为以后分析学的发展带来了极大的方便.莱布尼茨是数学历史上最伟大的数学符号创造者.

当然，微积分的创立不能完全归功于一两个人，从古代的哲学思辨到17世纪众多伟大数学家的卓有成效的工作，它经历了一个漫长而曲折的过程，最终在牛顿和莱布尼茨手中集其大成.

在18世纪，微积分进一步深入发展，并推动了许多数学新分支的产生，从而形成了“分析学”这样一个全新的数学领域.从数学发展的角度来看，18世纪可以说是分析的世纪，是向现代数学过渡的重要时期.

在微积分诞生之初，其理论是不严谨的.直到19世纪下半叶，经过数学家们的不懈努力，微积分的牢固基础才得以建立起来.

1902年，法国数学家勒贝格(H. Lebesgue，1875—1941）在他发表的论文《积分、长度与面积》中给出了一种全新的积分——勒贝格积分（它是普通微积分概念的推广)，并在此基础上创立了一个新的数学分支——实变函数论.实变函数论使微积分的适应范围大大扩展，实现了分析学发展的一次飞跃.人们往往把实变函数论诞生以前的分析学称为经典分析，而把实变函数论诞生以后的分析学称为现代分析.

关于微积分的创立，恩格斯做出了这样的评价：“在一切理论成就中，未必再有什么像17世纪下半叶微积分的发现那样被看作人类精神的最高胜利了.如果在某个地方我们看到人类精神的纯粹的和唯一的功绩，那正是在这里.”

第七章　概率与统计初步

概率论与数理统计学是两个有密切联系的姊妹学科. 概率论是数理统计学的基础，数理统计学是概率论的应用. 概率论是研究随机性或不确定性等现象的数学学科. 20 世纪以来，它广泛应用于工业、国防、国民经济及工程技术等各个领域. 数理统计学是研究大量随机现象的统计规律性的数学学科，其核心问题是根据从总体中随机抽出的样本所获得的信息来推断总体的性质.

本章前三节是概率初步的内容，最后一节是统计初步的内容. 概率初步先介绍研究概率的计数工具——排列与组合，随后介绍一个排列组合的应用——二项式定理，再介绍随机事件及其概率等基本概念，最后介绍各种不同类型概率的计算公式；统计初步主要介绍统计的基本概念、抽样方法和对总体分布的简单推断方法.

第一节　排列与组合

一、加法原理与乘法原理

1. 加法原理（addition principle）

完成某项任务有 n 类办法，在第一类办法中有 m_1 种不同的方法，在第二类办法中有 m_2 种不同的方法，…，在第 n 类办法中有 m_n 种不同的方法，那么完成这项任务共有

$$N = m_1 + m_2 + \cdots + m_n$$

种不同的方法.

加法原理的特点是：分类（即分情况）独立完成，因此加法原理也叫做**分类计数原理**（principle of classification counting）.

例 1　桌子上有 4 本漫画、2 本小说和 3 本诗集，它们的内容各不相同. 现从中分别任取一本书、任取两本书，问各有多少种不同的取法？

解： 任取一本书时，有三类取法：

第一类，取漫画，有 4 种取法；

第二类，取小说，有 2 种取法；

第三类，取诗集，有 3 种取法.

根据加法原理，共有 $N = m_1 + m_2 + m_3 = 4 + 2 + 3 = 9$ 种不同的取法.

任取两本书时，有两类取法：

第一类，两本书的类型相同，有 $6 + 1 + 3 = 10$ 种取法；

第二类，两本书的类型不同，有 $4 \times 2 + 4 \times 3 + 2 \times 3 = 26$ 种取法.

根据加法原理，共有 $N = m_1 + m_2 = 10 + 26 = 36$ 种不同的取法.

例 2　从包括甲、乙两人在内的 5 名学生中任选 2 人，参加“海外华侨华人学生中国寻根之旅”活动，甲、乙不能同时参加，有多少种不同的选法？

解：（解法一）

甲、乙不能同时参加活动，有三类选法：

第一类，甲、乙都未参加，有 3 种选法；

第二类，只有甲参加，有 3 种选法；

第三类，只有乙参加，有 3 种选法.

根据加法原理，共有 $N = m_1 + m_2 + m_3 = 3 + 3 + 3 = 9$ 种不同的选法.

（解法二）

5 人中任选 2 人共有 10 种选法，其中甲、乙同时参加的选法只有 1 种，所以甲、乙不能同时参加的选法共有 $10 - 1 = 9$ 种.

此种从总数中减去与所求问题相反目标的数目的解法称为间接法.

2. 乘法原理（multiplicative principle）

完成某项任务有 n 个步骤，完成第一步有 m_1 种不同的方法，完成第二步有 m_2 种不同的方法，…，完成第 n 步有 m_n 种不同的方法，那么完成这项任务共有

$$N = m_1 \times m_2 \times \cdots \times m_n$$

种不同的方法.

乘法原理的特点是：分步依次完成，因此乘法原理也叫做**分步计数原理**（principle of fractional counting）.

例 3　把 3 名运动员分给 5 个班级，每个班级至多 1 名运动员，问有多少种不同的分法？

解：（解法一）

把 3 名运动员分给 5 个班级，可分三步完成：

第一步，把第一名运动员分给 5 个班级中的任意 1 个班级，有 5 种不同的分法；

第二步，把第二名运动员分给其余 4 个班级中的任意 1 个，有 4 种不同的分法；

第三步，把第三名运动员分给最后 3 个班级中的任意 1 个，有 3 种不同的分法.

根据乘法原理，共有 $N = m_1 \times m_2 \times m_3 = 5 \times 4 \times 3 = 60$ 种不同的分法.

（解法二）

把 3 名运动员分给 5 个班级，可分两步完成：

第一步，从 5 个班级中任选 3 个班级，有 10 种不同的选法；

第二步，把 3 名运动员平均分到选出的 3 个班级中，有 6 种不同的分法.

根据乘法原理，共有 $N=m_1\times m_2=10\times 6=60$ 种不同的分法.

例 4 由数字 0，1，2，3，4 可以组成多少个三位整数（各位上的数字允许重复）?

解：要组成一个三位数，可分三步完成：

第一步，确定百位上的数字，有 4 种选法（0 不能排在最高位）；

第二步，确定十位上的数字，有 5 种选法；

第三步，确定个位上的数字，有 5 种选法.

根据乘法原理，共可以组成 $N=m_1\times m_2\times m_3=4\times 5\times 5=100$ 个三位整数.

练习 1.1

1. 某小组有男学生 5 人，女学生 4 人.

（1）从中任选一人去比赛，有多少种不同的选法?

（2）从中任选男、女学生各一人去比赛，有多少种不同的选法?

（3）从中任选两人去比赛，男女不限，有多少种不同的选法?

2. 从 3 人中选出 2 人分别在国庆节假期的前两天值班，1 人值班 1 天，有多少种不同的值班方法？请分别用分类法和分步法求解.

3. 从 2，3，5，7 这四个数中，取两个不同的数出来做假分数（正数范围内分子大于或等于分母的分数），这些假分数共有多少个?

4. 从甲地到乙地有 2 条路可通行，从乙地到丙地有 3 条路可通行；从甲地到丁地有 4 条路可通行，从丁地到丙地有 2 条路可通行. 从甲地到丙地共有多少种不同的通行方法?

5. 若集合 A，B 满足 $A\cup B=\{1, 2\}$，则这样的集合 A，B 共有多少组?

二、排列与排列数

1. 排列

定义 1 一般地，从 n 个不同的元素中，任取 m （$m\leqslant n$） 个元素，按照一定的顺序排成一列，叫做从 n 个不同元素中取出 m 个元素的一个**排列** （arrangement）.

从排列的定义知道，如果两个排列相同，不仅这两个排列的元素必须完全相同，而且排列的顺序也必须相同. 两个条件中，只要有一个条件不符合，就是不同的排列.

2. 排列数

定义 2 从 n 个不同元素中取出 m （$m\leqslant n$） 个元素的所有排列的个数，叫做从 n 个不同元素中取出 m 个元素的**排列数** （number of arrangement），用符号 A_n^m 表示.

排列数的计算公式：

$$\mathrm{A}_n^m = n(n-1)(n-2)\cdots(n-m+1).$$

其中 n，$m\in\mathbf{N}^*$，且 $m\leqslant n$.

当 $m=n$ 时，表示把 n 个不同的元素全部取出来排列叫做这 n 个元素的**全排列** （total arrangement），其排列数为

$$\mathrm{A}_n^n = n(n-1)(n-2)\cdots 3\cdot 2\cdot 1 = n!,$$

其中，$n!$ 表示从正整数 1 到 n 的连续乘积，称为 n 的**阶乘** （factorial）.

当 $m<n$ 时，上述排列数公式可改写为

$$\begin{aligned}\mathrm{A}_n^m &= n(n-1)(n-2)\cdots(n-m+1)\\ &= \frac{n(n-1)(n-2)\cdots(n-m+1)(n-m)(n-m-1)\cdots 2\cdot 1}{(n-m)(n-m-1)\cdots 2\cdot 1}\\ &= \frac{n!}{(n-m)!}.\end{aligned}$$

为了使该公式当 $m=n$ 时也能成立，规定 $0!=1$.

例 1 计算：

（1）A_8^3；（2）A_{16}^3；（3）A_4^4.

解：（1）原式 $=8\times7\times6=336$.

（2）原式 $=16\times15\times14=3\ 360$.

（3）原式 $=4\times3\times2\times1=24$.

例 2 求证：$A_n^m=nA_{n-1}^{m-1}$.

证明：左边 $=n(n-1)(n-2)\cdots(n-m+1)$，

右边 $=n(n-1)(n-2)\cdots[(n-1)-(m-1)+1]$

$=n(n-1)(n-2)\cdots(n-m+1)$，

∴ 左边 = 右边.

即证.

例 3 4 男 3 女共 7 名同学按下列要求排成一列，分别有多少种不同的排法？

（1）男生不排在正中间，女生不排在两端；

（2）3 名女生排在一起，且女生不排在两端；

（3）3 名女生不排在一起.

解：（1）可分三步完成：

第一步，从 4 名男生中选 2 名排在两端，有 A_4^2 种排法；

第二步，从 3 名女生中选 1 名排在正中间，有 A_3^1 种排法；

第三步，把其余 4 人排在剩下的 4 个位置，有 A_4^4 种排法.

根据乘法原理，共有 $A_4^2\cdot A_3^1\cdot A_4^4=12\times3\times24=864$ 种不同的排法.

（2）可分三步完成：

第一步，4 名男生排成一排，有 A_4^4 种排法；

第二步，把 3 名女生“捆绑”在一起当做“1 个人”排在 4 名男生之间的任意一个空隙中，有 3 种排法；

第三步，把 3 名女生进行全排列，有 A_3^3 种排法.

根据乘法原理，共有 $A_4^4\cdot3\cdot A_3^3=24\times3\times6=432$ 种不同的排法.

“相邻”问题一般先把需相邻的几个元素“捆绑”在一起视为一个元素，再与其他元素进行排列（最后这个小团体的内部还要进行排列），此种排列方法叫做“捆绑法”.

（3）可分两类：

第一类，3 名女生中每名女生都不相邻，有 $A_4^4A_5^3=1\ 440$ 种排法；

第二类，3 名女生中有两名女生相邻，另一个不相邻，有 $A_4^4A_5^2C_3^2A_2^2=2\ 880$ 种排法.

根据加法原理，共有 $1\ 440+2\ 880=4\ 320$ 种不同的排法.

本小问还可以用间接法求解，请读者自行解答.

练习1.2

1. 用排列数表示下列各式.

（1）$10\times9\times8\times7\times6\times5$；

（2）$25\times24\times23\times\cdots\times3\times2\times1$；

（3）$n(n-1)(n-2)(n-3)(n-4)$.

2. 求下列各式中的 n.

（1）$\dfrac{A_n^7-A_n^5}{A_n^5}=89$；

（2）$A_{2n}^3=10A_n^3$；

（3）$\dfrac{A_n^5+A_n^4}{A_n^3}=4$.

3. 已知：$A_n^n+A_{n-1}^{n-1}=xA_{n+1}^{n+1}$，求 x 的值.

4. 求证：$A_{n+1}^{n+1}-A_n^n=n^2A_{n-1}^{n-1}$.

5. 由包括甲、乙在内的4男5女共9人排成一行，求满足以下要求的各种排队方法的种数：

（1）甲、乙两人必须排在两端；　　　　（2）男不能相邻；

（3）男女各在一边；　　　　（4）男女必须相间.

6. 从1，2，…，9这9个数字中任选5个组成没有重复数字的五位数，从高位到低位依次看作是第1，2，3，4，5个位置. 求：

（1）奇数位置上的数字是奇数的五位数有多少个？

（2）奇数必须在奇数位置上的五位数有多少个？

三、组合与组合数

1. 组合

定义3　一般地说，从n个不同的元素中，任取m（$m\leqslant n$）个元素并成一组，叫做从n个不同元素中取出m个元素的一个**组合**（combination）.

从排列和组合的定义可以知道，排列与元素的顺序有关，而组合与顺序无关. 如果两个组合中的元素完全相同，那么不管元素的顺序如何，都是相同的组合；只有当两个组合中的元素不完全相同时，才是不同的组合. 例如，ab与ba是两个不同的排列，但是它们是同一个组合.

2. 组合数

定义4　一般地说，从n个不同元素中取出$m(m\leqslant n)$个元素的所有组合的个数，叫做从n个不同元素中取出m个元素的**组合数**（number of combination），用符号C_n^m表示.

组合数的计算公式：

$$C_n^m=\frac{A_n^m}{A_m^m}=\frac{n(n-1)(n-2)\cdots(n-m+1)}{m!}. \qquad ①$$

又因为

$$A_n^m=\frac{n!}{(n-m)!},$$

所以上述公式又可以写为

$$C_n^m = \frac{n!}{m! \cdot (n-m)!}. \quad ②$$

其中，n，$m \in \mathbf{N}^*$，且 $m \leqslant n$. ①式和②式这两个公式都叫做组合数公式.

例 1　计算：

（1）C_{10}^3；　（2）C_{10}^7；　（3）$C_{11}^4 + C_{11}^5$；　（4）C_{12}^5.

解：（1）原式 $= \frac{10 \times 9 \times 8}{3 \times 2 \times 1} = 120$，或原式 $= \frac{10!}{3! \cdot (10-3)!} = 120$.

（2）原式 $= \frac{10 \times 9 \times 8 \times \cdots \times 5 \times 4}{7 \times 6 \times 5 \cdots \times 2 \times 1} = 120$，或原式 $= \frac{10!}{7! \cdot (10-7)!} = 120$.

（3）原式 $= \frac{11 \times 10 \times 9 \times 8}{4!} + \frac{11 \times 10 \times 9 \times 8 \times 7}{5!} = 330 + 462 = 792$.

（4）原式 $= \frac{12 \times 11 \times 10 \times 9 \times 8}{5!} = 792$.

例 2　求证：$mC_n^m = nC_{n-1}^{m-1}$.

证明：左边 $= mC_n^m = m\frac{n!}{m! \cdot (n-m)!} = \frac{n!}{(m-1)! \cdot (n-m)!}$，

右边 $= nC_{n-1}^{m-1} = n\frac{(n-1)!}{(m-1)! \cdot [(n-1)-(m-1)]!} = \frac{n!}{(m-1)! \cdot (n-m)!}$，

$\therefore$ 左边 = 右边.

即证.

例 3　把 5 个参赛名额分给 3 个班，每个班至少 1 个名额，共有多少种分法？

解：（解法一）

从 5 个名额中取出 3 个，平均分给 3 个班，即每个班 1 个名额. 剩下的 2 个名额再次分给 3 个班. 此时有两类分法：①把 2 个名额分给同一个班，有 $C_3^1 = 3$ 种分法；②把 2 个名额平均分给 2 个班，有 $C_3^2 = 3$ 种分法. 由分类加法原理可知共有 $3 + 3 = 6$ 种分法.

（解法二）

把 5 个名额看成 5 个相同的球. 5 个球彼此之间有 4 个空隙，从中任选 2 个空隙分别插入 1 块木板，插入的 2 块木板把 5 个球分成了 3 组，每组球分给 1 个班，故共有 $C_4^2 = 6$ 种分法.

解法二称为"插板法"，此方法适用于排列组合中所有元素都相同的情况.

3. 组合数的两个性质

性质 1　$C_n^m = C_n^{n-m}$

证明：$\because C_n^{n-m} = \frac{n!}{(n-m)! \cdot [n-(n-m)]!} = \frac{n!}{m! \cdot (n-m)!}$，

又 $C_n^m=\dfrac{n!}{m!\cdot(n-m)!}$,

$\therefore\ C_n^m=C_n^{n-m}$.

注：(1) 此公式的特点是：等式两边下标相同，上标之和等于下标；

(2) 此性质公式的作用：当 $m>\dfrac{n}{2}$ 时，计算 C_n^m 可变为计算 C_n^{n-m}，能够使运算简化；

(3) 为了使公式在 $m=n$ 时也成立，我们规定：$C_n^0=1$；

(4) 由 $C_n^x=C_n^y$，得 $x=y$ 或 $x+y=n$.

性质 2　$C_n^{m-1}+C_n^m=C_{n+1}^m$

证明：
$$C_n^{m-1}+C_n^m=\frac{n!}{(m-1)!\cdot[n-(m-1)]!}+\frac{n!}{m!\cdot(n-m)!}$$
$$=\frac{mn!+(n-m+1)n!}{m!\cdot(n-m+1)!}=\frac{(n-m+1+m)n!}{m!\cdot(n-m+1)!}$$
$$=\frac{(n+1)!}{m!\cdot(n-m+1)!}=C_{n+1}^m,$$

即证.

注：(1) 此公式的特点是：下标相同而上标相差 1 的两个组合数之和，等于下标比原下标大 1 而上标与原上标大的相同的一个组合数；

(2) 此性质的作用是：恒等变形，简化运算.

例 4　计算：

(1) $C_{100}^{98}-2C_{100}^{100}$；　(2) $C_{3n}^{n+6}+C_{n+7}^{3n}$；　(3) $C_3^3+C_4^3+C_5^3+\cdots+C_9^3$.

解：(1) 原式 $=C_{100}^2-2C_{100}^0=4\ 950-2=4\ 948$.

(2) 由组合定义知：$\begin{cases}0\leqslant n+6\leqslant 3n,\\0\leqslant 3n\leqslant n+7,\\n\in\mathbf{N}_+,\end{cases}$　$\therefore\ \begin{cases}n\geqslant 3,\\n\leqslant 3.5,\\n\in\mathbf{N}_+.\end{cases}$　$\therefore\ n=3$.

把 $n=3$ 代入原式得：

原式 $=C_9^9+C_{10}^9=C_9^0+C_{10}^1=11$.

注：要注意排列组合中对上下标 m，n 的限制.

(3) 原式 $=C_4^4+C_4^3+C_5^3+\cdots+C_9^3$

$=C_5^4+C_5^3+\cdots+C_9^3=C_{10}^4=210$.

例 5　解方程：$C_{18}^x=C_{18}^{3x-6}$.

解：由组合数的性质 1，得

$x=3x-6$ 或 $x+(3x-6)=18$，

解得：$x=3$ 或 $x=6$.

代入原方程检查知，$x=3$ 和 $x=6$ 都是方程的解.

注： 解出 x 的值后，要注意 x 是否是正整数且满足 $m \leq n$.

练习 1.3

1. 计算.

（1）$C_7^3+C_7^4+C_8^5+C_9^6$；

（2）$C_4^0+C_4^1+C_4^2+C_4^3+C_4^4$；

（3）$C_5^1+2C_5^2+2C_5^3+2C_5^4+C_5^5$；

（4）$C_{11}^1-C_{11}^2+C_{11}^3-C_{11}^4+C_{11}^5-C_{11}^6+C_{11}^7-C_{11}^8+C_{11}^9-C_{11}^{10}$.

2. 求证.

（1）$C_n^{m+1}+C_n^m+C_n^{m-1}=C_{n+2}^{m+1}-C_n^m$；

（2）$C_k^k+C_{k+1}^k+C_{k+2}^k+\cdots+C_{k+n}^k=C_{n+k+1}^{k+1}$.

3. 解方程.

（1）$C_{13}^{x+1}=C_{13}^{2x-3}$；

（2）$C_{16}^{x^2-x}=C_{16}^{5x-5}$.

4. 有 6 名同学选修两门课程，每位同学只能选修其中一门，且每门课程最多接纳 4 人，则有多少种不同的选课方法？

习题 7－1

1. 由 0，1，2，3，4 组成的无重复数字的两位数共有多少个？

2. 仓库里的 3 只老鼠被 2 只猫全部抓完，共有多少种不同的抓法？请分别用分类法和分步法求解.

3. 四个人在一楼同乘一部电梯上楼，电梯到达三楼时所有人才全部下完，则这四个人下电梯的方法共有多少种？

4. 某市购进了 16 台完全相同的校车，准备发放给 6 所学校，每所学校至少 2 台，则共有多少种不同的发放方案？

5. 从 5 名男医生、4 名女医生中选 3 名医生组成一个援助非洲医疗小分队，要求男、女医生都有，则共有多少种不同的选法？

6. 有 5 名班委对 5 项班委工作进行分工，其中甲不适合当班长，乙只适合当体育委员，则共有多少种不同的分工方案？

7. 用 0 到 9 这 10 个数字，可以组成没有重复数字的三位偶数有多少个？

8. 中国某航母在一次舰载机起降飞行训练中，有 5 架舰载机准备着舰. 着舰后，要求甲、乙两机必须相邻，而丙、丁两机必须分隔，那么不同的着舰方法有多少种？

9. 甲、乙两人从 4 门课程中各选 2 门来学习，求：

（1）甲、乙所选的课程中恰有 1 门相同的选法有多少种？

（2）甲、乙所选的课程中至少有一门不同的选法有多少种？

10. 将 5 名志愿者分配到 3 个不同的奥运场馆工作，每个场馆至少分配一人，则共有多少种不同的分配方案？

第二节 二项式定理

一、二项式定理

一般地，对于任意正整数 n 有

$$(a+b)^n = C_n^0 a^n + C_n^1 a^{n-1} b + C_n^2 a^{n-2} b^2 + \cdots + C_n^r a^{n-r} b^r + \cdots + C_n^n b^n (n \in \mathbf{N}),$$

这个公式叫做**二项式定理**（binomial theorem）. 右边的多项式叫做$(a+b)^n$ 的**二项展开式**（binomial expansion），其中各项的系数 $C_n^r (r=0, 1, 2, \cdots, n)$ 叫做**二项式系数**（binomial coefficient）. 展开式中的第 $r+1$ 项 $C_n^r a^{n-r} b^r$ $(0 \leqslant r \leqslant n, r \in \mathbf{Z})$ 称为**二项展开式的通项**（general term of binomial expansion），用 T_{r+1}表示，即

$$T_{r+1} = C_n^r a^{n-r} b^r (0 \leqslant r \leqslant n, r \in \mathbf{Z}).$$

二、二项式定理的特征

（1）共有 $n+1$ 项；

（2）各项里 a 的指数从 n 起依次减小 1，直到 0 为止；b 的指数从 0 起依次增加 1，直到 n 为止. 每一项里 a，b 的指数和均为 n.

三、二项展开式系数的和

在二项式定理的公式中，

令 $a=1$，$b=1$，则有 $C_n^0 + C_n^1 + C_n^2 + \cdots + C_n^{n-1} + C_n^n = 2^n$；

令 $a=1$，$b=-1$，则有 $C_n^0 - C_n^1 + C_n^2 - C_n^3 + \cdots + (-1)^{n-1} C_n^{n-1} + (-1)^n C_n^n = 0$，

即 $C_n^0 + C_n^2 + C_n^4 + \cdots = C_n^1 + C_n^3 + C_n^5 + \cdots = 2^{n-1}$.

由此可得：

（1）二项式系数和为 2^n；

（2）所有奇数项二项式系数和等于所有偶数项二项式系数和，都等于 2^{n-1}.

例 1 展开$\left(2\sqrt{x} - \frac{1}{\sqrt{x}}\right)^6$.

解：原式 $= \left(\frac{2x-1}{\sqrt{x}}\right)^6 = \frac{1}{x^3}(2x-1)^6$

$$= \frac{1}{x^3}\left[C_6^0(2x)^6 - C_6^1(2x)^5 + C_6^2(2x)^4 - C_6^3(2x)^3 + C_6^4(2x)^2 - C_6^5(2x) + C_6^6(2x)^0\right]$$

$$= \frac{1}{x^3}(64x^6 - 192x^5 + 240x^4 - 160x^3 + 60x^2 - 12x + 1).$$

例 2 求$\left(x^4 + \frac{1}{x}\right)^{10}$展开式中的常数项.

解：由二项展开式的通项 $T_{r+1} = C_n^r a^{n-r} b^r$，

得 $T_{r+1}=C_{10}^{r}(x^{4})^{10-r}(x^{-1})^{r}=C_{10}^{r}x^{40-5r}$，

令 $40-5r=0$，解得：$r=8$.

故 $\left(x^{4}+\frac{1}{x}\right)^{10}$ 展开式中的常数项为 $T_{9}=C_{10}^{8}x^{40-5\times 8}=45$.

例 3 求 $\left(x-\frac{1}{x}\right)^{9}$ 展开式中 x^{3} 的系数和二项式系数.

解：由题意可知 $T_{r+1}=C_{9}^{r}x^{9-r}\left(-\frac{1}{x}\right)^{r}=(-1)^{r}C_{9}^{r}x^{9-2r}$，

令 $9-2r=3$，解得：$r=3$.

$\therefore x^{3}$ 的系数是 $(-1)^{3}C_{9}^{3}=-84$，x^{3} 的二项式系数是 $C_{9}^{3}=84$.

习题 7－2

1. 求下列各式的二项展开式中指定各项的系数.

（1）$\left(x-\frac{1}{2x^{2}}\right)^{8}$ 含 x^{2} 的项；（2）$\left(4x+\frac{1}{2\sqrt{x}}\right)^{6}$ 的常数项.

2. 在 $(1+x)^{n}$ 展开式中，按 x 的升幂排列，若第 5，6，7 项的系数成等差数列，求 n 的值.

3. 若今天是周一，则经过 10^{100} 天后是周几？

4. 若 $(1+2x)^{7}=a_{0}+a_{1}x+a_{2}x^{2}+a_{3}x^{3}+a_{4}x^{4}+a_{5}x^{5}+a_{6}x^{6}+a_{7}x^{7}$，求：

（1）展开式中各项系数之和；（2）$a_{0}+a_{2}+a_{4}+a_{6}$ 的值.

第三节 随机事件及其概率

一、随机事件

1. 随机现象

条件完全决定结果的现象称为**确定性现象**（deterministic phenomenon）或**必然现象**（certain phenomenon），条件不能完全决定结果的现象称为**不确定性现象**（uncertainty phenomenon）或**偶然现象**（accidental phenomenon），也称为**随机现象**（random phenomenon）. 前者如太阳东升西落、植物果实的瓜熟蒂落，后者如国庆节当天的晴雨天气，抛硬币时的正反面等.

2. 随机试验

对随机现象进行的试验或观察称为**随机试验**（random experiment），简称**试验**（experiment），通常记为 E，它具有下列特征：

（1）试验可以在相同条件下重复进行；

（2）试验的可能结果不止一个，但是能明确可知所有的可能结果；

（3）每次试验总是出现可能结果中的一个，但在试验之前不能确定出现哪一个结果.

投掷一枚硬币，观察其正反面朝上的情况；抛一颗骰子，观察其出现的点数；检测某品牌的手机电池寿命的长短，以上三个例子都是随机试验，它们都满足上述三个特征.

3. 随机事件

定义 1 随机试验的每一个可能的结果，称为**基本事件**（elementary event）. 它是不能再分的最简单的事件.

定义 2 随机试验的所有基本事件组成的集合叫做该试验的**基本事件空间**（space of elementary events）或**样本空间**（sample space），记为 Ω.

定义 3 相对于不能再分的、最简单的基本事件，由 2 个或 2 个以上的基本事件所组成的事件称为**复合事件**（compound event）.

定义 4 无论是基本事件还是复合事件，它们在试验中发生与否，都带有随机性（即在一定条件下可能发生，也可能不发生），所以都叫做**随机事件**（random event），简称**事件**（event），通常用大写字母 A，B，C 等表示事件.

在试验 E 中必然会发生的事件叫**必然事件**（certain event），不可能发生的事件叫**不可能事件**（impossible event）（记作 $\varnothing$），例如抛骰子的随机实验中，“点数不大于 6” 是必然事件，“点数大于 6” 是不可能事件. 必然事件和不可能事件的发生与否，已经失去了随机性，但为了今后研究的方便，我们仍把它们当作一类特殊的随机事件.

4. 随机事件之间的关系及运算

定义 5 如果事件 A 与事件 B 不能同时发生，则称事件 A 与 B **互斥**（mutually exclusive）或**互不相容**（mutually incompatible）. 事件 A，B 互不相容等价于它们不包含相同的试验结果.

如果 n 个事件 A_1，A_2，A_3，…，A_n 中，任意两个事件不可能同时发生，则称这 n 个事件 A_1，A_2，A_3，…，A_n 是互斥的（或互不相容的）. 在任意一个随机试验中基本事件都是互斥的.

定义6 两个事件 A 与 B 中至少有一个事件发生，这样的一个事件叫做事件 A 与 B 的**和事件**（sum event）或**并事件**（union event），记作 $A\cup B$（或 $A+B$）.

事件的和可推广到有限多个事件和可列（数）无穷多个事件的情形.

用 $A_1\cup A_2\cup\cdots\cup A_n$ 或 $\bigcup\limits_{i=1}^{n}A_i$ 表示 A_1，A_2，…，A_n 中至少发生其中之一这一事件；

用 $A_1\cup A_2\cup\cdots$ 或 $\bigcup\limits_{i=1}^{\infty}A_i$ 表示 A_1，A_2，…中至少发生其中之一这一事件.

定义7 两个事件 A 与 B 都发生，这样的事件称作事件 A 与 B 的**积事件**（product event）或**交事件**（intersection event），记作 $A\cap B$ 或 AB. AB 是由既包含在 A 中又包含在 B 中的试验结果构成的.

与事件的和一样，事件的积也可推广到有限多个积可列（数）无穷多个事件的情形.

用 $A_1\cap A_2\cap\cdots\cap A_n$ 或 $\bigcap\limits_{i=1}^{n}A_i$ 表示 A_1，A_2，…，A_n 都发生这一事件；

用 $A_1\cap A_2\cap\cdots$ 或 $\bigcap\limits_{i=1}^{\infty}A_i$ 表示 A_1，A_2，…都发生的事件.

定义8 设 A 是某随机试验结果中的一个事件，由所有不包含在 A 中的试验结果构成的事件称为 A 的**对立事件**（complementary events）或**逆事件**（inverse events），记作 $\overline{A}$.

易知在一次试验中，若 A 发生，则 $\overline{A}$ 必不发生（反之亦然），即 A 与 $\overline{A}$ 中必然有一个发生，且仅有一个发生.

注： 互逆事件与互斥事件的区别：互逆必定互斥，互斥不一定互逆；互逆只在样本空间只有两个事件时存在，互斥还可在样本空间有多个事件时存在.

例如，在抛硬币的试验中，设 $A=\{$出现正面$\}$，$B=\{$出现反面$\}$，则 A 与 B 互斥且 A 与 B 互为对立事件；而在掷骰子的试验中，设 $A=\{$出现1点$\}$，$B=\{$出现2点$\}$，则 A 与 B 互斥，但 A 与 B 不是对立事件.

例1 掷一颗骰子的试验，观察出现的点数：事件 A 表示“奇数点”；B 表示“点数小于5”；C 表示“小于5的偶数点”. 用集合的列举法表示下列事件：Ω，A，B，C，$A+B$，AB，AC，$\overline{A}\cup B$.

解： $\Omega=\{1,2,3,4,5,6\}$，$A=\{1,3,5\}$，$B=\{1,2,3,4\}$，$C=\{2,4\}$，

$A+B=\{1,2,3,4,5\}$，$AB=\{1,3\}$，$AC=\varnothing$，$\overline{A}\cup B=\{1,2,3,4,6\}$.

练习3.1

1. 判断下列事件哪些是必然事件，哪些是不可能事件，哪些是随机事件？

（1）水涨船高；

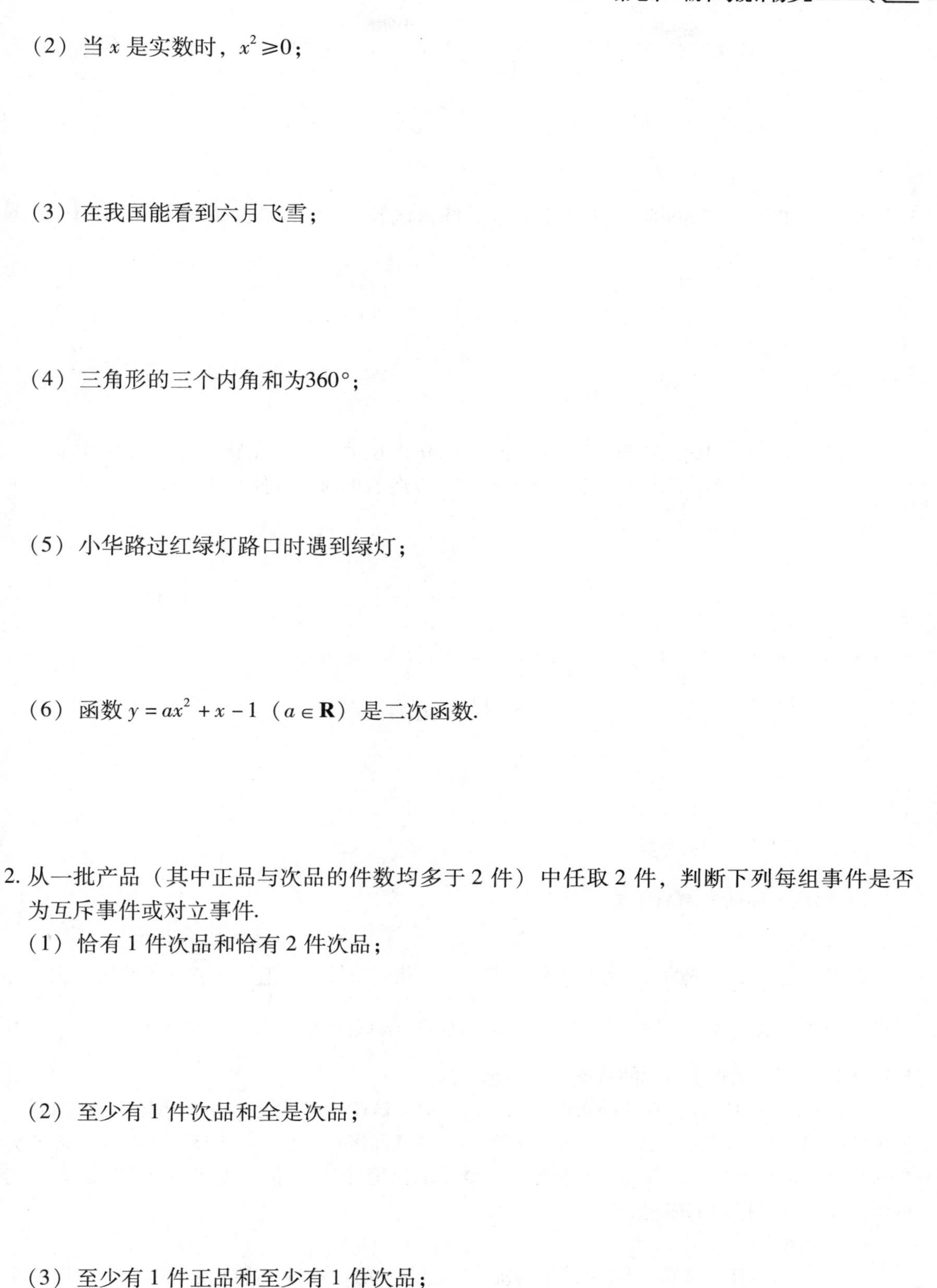

（2）当 x 是实数时，$x^2 \geqslant 0$；

（3）在我国能看到六月飞雪；

（4）三角形的三个内角和为360°；

（5）小华路过红绿灯路口时遇到绿灯；

（6）函数 $y = ax^2 + x - 1$（$a \in \mathbf{R}$）是二次函数.

2. 从一批产品（其中正品与次品的件数均多于 2 件）中任取 2 件，判断下列每组事件是否为互斥事件或对立事件.

（1）恰有 1 件次品和恰有 2 件次品；

（2）至少有 1 件次品和全是次品；

（3）至少有 1 件正品和至少有 1 件次品；

（4）至少有 1 件次品和全是正品.

3. 某地区有 100 人于 1949 年 12 月 1 日出生，随机试验 E：考察截至 2022 年 10 月 31 日这 100 人的在世人数.

（1）写出 E 的样本空间；

（2）设 $A=\{$只有 10 人在世$\}$，$B=\{$至少有 30 人在世$\}$，$C=\{$最多有 5 人在世$\}$，问：A 与 B，A 与 C，B 与 C 是否互斥？A，B，C 各自的对立事件是什么？

4. 设 A，B 为两事件，且 $P(A)=p$，$P(AB)=P(\overline{A}\,\overline{B})$，求 $P(B)$.

二、随机事件的概率

1. 随机事件的概率的定义

（1）频率.

设 E 为任一随机试验，A 为其中任一事件. 在相同条件下，把 E 独立地重复做 n 次，n_A 表示事件 A 在这 n 次试验中出现的次数，称为**频数**（frequency number）. 比值 $f_n(A)=\dfrac{n_A}{n}$ 称为事件 A 在这 n 次试验中出现的**频率**（frequency）.

人们在实践中发现：在相同条件下重复进行同一试验，当试验次数 n 很大时，某事件 A 发生的频率具有一定的“稳定性”，就是说其值在某确定的数值上下摆动. 一般地，试验次数 n 越大，事件 A 发生的频率就越接近那个确定的数值. 因此事件 A 发生的可能性的大小就可以用这个数量指标来描述.

（2）概率的统计定义.

定义 9 设随机试验 E，若当试验的次数 n 充分大时，事件 A 的发生频率 $f(A)$ 稳定在某数 p 附近摆动，则称数 p 为事件的**概率**（probability），记为 $P(A)=p$.

概率的这种定义，称为概率的统计定义，统计定义是以试验为基础的，但这并不是说概率取决于试验. 值得注意的是事件 A 出现的概率是事件 A 的一种属性. 也就是说完全决定于事件 A 本身的结果，是先于试验客观存在的. 概率的统计定义只是描述性的，一般不能用来计算事件的概率. 通常只能在 n 充分大时，以事件出现的频率作为事件概率的近似值.

2. 概率的性质

概率有以下三条性质：

（1）$0 \leq P(A) \leq 1$;

（2）$P(\varnothing)=0$;

（3）$P(\Omega)=1$.

3. 古典概型

"概型"是指某种概率模型. "古典概型"是一种最简单、最直观的概率模型. 如果做某个随机试验 E 时，只有有限个事件 A_1，A_2，…，A_n 可能发生，且事件 A_1，A_2，…，A_n 满足下面三条：

（1）A_1，A_2，…，A_n 发生的可能性相等（等可能性）；

（2）在任意一次试验中，A_1，A_2，…，A_n 至少有一个发生（完备性）；

（3）在任意一次试验中，A_1，A_2，…，A_n 至多有一个发生（互不相容性）.

具有上述特性的概型称为**古典概型**（classical probabilistic model）或**等可能概型**（equally likely probabilistic model）. A_1，A_2，…，A_n 称为基本事件.

等可能概型中事件概率的计算：设在古典概型中，试验 E 共有 n 个基本事件，事件 A 包含了 m 个基本事件，则事件 A 的概率为

$$P(A)=\frac{m}{n}.$$

例 1　一个袋子中有 8 个大小、形状均相同的球，其中 5 个是黑球，3 个是白球. 现从袋中随机地取出 2 个球，求这 2 个球都是黑球的概率.

解：设 A 表示事件{两个球都是黑球}，则 A 发生的取法有 C_5^2 种. 从 8 个球中随机取出 2 个球，有 C_8^2 种取法. 故 $P(A)=\frac{C_5^2}{C_8^2}=\frac{5}{14}$.

即这 2 个球都是黑球的概率是$\frac{5}{14}$.

例 2　从 1 到 9 这九个数字中随机可重复地取一些数字组成 3 位数，求下列事件的概率：

（1）3 个数字完全不同；

（2）3 个数字不含奇数；

（3）3 个数字中有两个 5.

解：（1）设事件 $A=\{3$ 个数字完全不同$\}$，则

$$P(A)=\frac{9\times8\times7}{9^3}=\frac{56}{81};$$

（2）设事件 $B=\{3$ 个数字不含奇数$\}$，则

$$P(B)=\frac{4^3}{9^3}=\frac{64}{729};$$

(3) 设事件 $C=\{3$ 个数字中有两个 $5\}$，则

$$P(C)=\frac{(C_1^1C_3^2)(C_8^1A_1^1)}{9^3}=\frac{8}{243}.$$

所以 3 个数字完全不同的概率为$\frac{56}{81}$，3 个数字不含奇数的概率为$\frac{64}{729}$，3 个数字中有两个 5 的概率为$\frac{8}{243}$.

例 3　甲、乙等 7 名同学站成一排，计算以下事件的概率：

(1) 甲不站正中间；

(2) 甲、乙两人正好相邻；

(3) 甲、乙两人不相邻.

解：(1) 甲不站正中间的概率 $P(A)=\frac{6\cdot A_6^6}{A_7^7}=\frac{6}{7}$；

(2) 甲、乙两人正好相邻的概率 $P(B)=\frac{A_6^6\cdot A_2^2}{A_7^7}=\frac{2}{7}$；

(3) 甲、乙两人不相邻的概率 $P(C)=\frac{A_5^5\cdot A_6^2}{A_7^7}=\frac{5}{7}$或 $P(C)=1-P(B)=\frac{5}{7}$.

所以甲不站在中间的概率是$\frac{6}{7}$，甲、乙两人正好相邻的概率是$\frac{2}{7}$，甲、乙两人不相邻的概率是$\frac{5}{7}$.

例 4　甲、乙两人参加某知识竞赛，该竞赛共设有 10 道题目，其中选择题 6 道，判断题 4 道，甲、乙两人依次各抽一题作答.

(1) 甲抽到选择题且乙抽到判断题的概率是多少？

(2) 甲、乙两人中至少有一人抽到选择题的概率是多少？

解：(1) 甲抽到选择题且乙抽到判断题的概率为

$$P(A)=\frac{C_6^1\cdot C_4^1}{C_{10}^1\cdot C_9^1}=\frac{4}{15};$$

(2) 甲、乙两人中至少有一人抽到选择题的概率为

$$P(B)=\frac{C_6^1\cdot C_5^1+C_6^1\cdot C_4^1+C_4^1\cdot C_6^1}{C_{10}^1\cdot C_9^1}=\frac{13}{15}\text{或 }P(B)=1-\frac{C_4^1\cdot C_3^1}{C_{10}^1\cdot C_9^1}=1-\frac{2}{15}=\frac{13}{15}.$$

所以甲抽到选择题且乙抽到判断题的概率是$\frac{4}{15}$，甲、乙两人中至少有一人抽到选择题的概率是$\frac{13}{15}$.

练习 3.2

1. 在一次口试中，考生要从 10 道题中随机抽出 3 道题进行回答，答对了其中 2 道题就及格，某考生会回答 10 道题中的 6 道题，那么考生及格的概率是多少？

2. 在 80 件产品中，一、二、三等品分别有 50 件、20 件、10 件，从中任取 3 件产品，试求以下事件的概率：

（1）3 件产品均为一等品；

（2）2 件一等品、1 件二等品；

（3）每种等级的产品各有 1 件.

3. 将骰子先后抛掷 2 次，试求以下事件的概率：

（1）朝上一面点数之和为 6；

（2）朝上一面点数之和小于 5.

4. 某间大学宿舍住宿 4 人，则这 4 人至少有 2 人的生日恰好在同一个月的概率是多少？

5. 将 3 封不同的信随机投入 4 个不同的邮筒中，试求以下事件的概率：

（1）恰有 3 个邮筒各有 1 封信；

（2）第 2 个邮筒恰有 2 封信；

（3）恰好有 1 个邮筒有 3 封信.

三、随机事件概率的计算

1. 加法公式

设 A，B 为任意两个事件，则应如何计算这两个事件的和事件的概率？

定理 1 若事件 A，B 互不相容，则 $P(A+B)=P(A)+P(B)$.

证明：（如图 7－1）事件 $A+B$ 的基本事件的个数为 m_1+m_2，因此，

$$P(A+B)=\frac{m_1+m_2}{n}=\frac{m_1}{n}+\frac{m_2}{n}=P(A)+P(B).$$

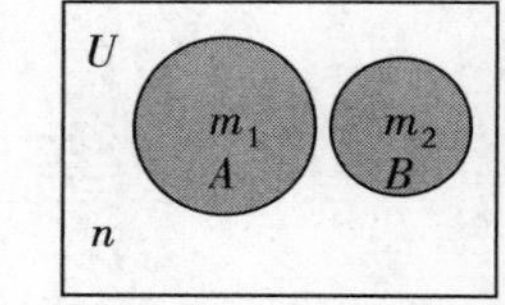

图 7－1

推论 1 若有限个事件 A_1，A_2，…，A_n 互不相容，则

$$P(A_1+A_2+\cdots+A_n)=P(A_1)+P(A_2)+\cdots+P(A_n).$$

推论 2 若事件 A_1，A_2，…，A_n 互不相容，且 $A_1+A_2+\cdots+A_n=U$，则

$$P(A_1)+P(A_2)+\cdots+P(A_n)=1.$$

推论 3 对立事件的概率满足：$P(A)=1-P(\overline{A})$.

对于有些事件 A 直接计算其概率很困难时，可以利用这个公式，先求事件 A 的对立事件 $\overline{A}$ 的概率，这样可以大大简化运算过程.

例 1 不透明的袋子中装有 7 个相同的红球和 3 个相同的黄球，从中任取 3 个球，求至少有 1 个黄球的概率.

解： 记“至少有 1 个黄球”为事件 A，

记“恰好有 1 个黄球”为事件 A_1，

记“恰好有 2 个黄球”为事件 A_2，

记“恰好有 3 个黄球”为事件 A_3.

（解法一）

$\because$ 事件 A_1，A_2，A_3 彼此互斥，

$$\therefore P(A)=P(A_1+A_2+A_3)=P(A_1)+P(A_2)+P(A_3)$$
$$=\frac{C_3^1C_7^2}{C_{10}^3}+\frac{C_3^2C_7^1}{C_{10}^3}+\frac{C_3^3C_7^0}{C_{10}^3}=\frac{17}{24}.$$

（解法二）

$\because A$ 的对立事件 $\bar{A}$ 是“没有黄球”，

$$\therefore P(A)=1-P(\bar{A})=1-\frac{C_3^0C_7^3}{C_{10}^3}=\frac{17}{24}.$$

即 3 个球中至少有 1 个黄球的概率是 $\frac{17}{24}$.

定理 2　设 A，B 为任意两个事件，则 $P(A+B)=P(A)+P(B)-P(AB)$.

证明：（如图 7－2）事件 AB 的基本事件个数为 k，$A+B$ 的基本事件个数为 m_1+m_2-k. 因此，

$$P(A+B)=\frac{m_1+m_2-k}{n}=\frac{m_1}{n}+\frac{m_2}{n}-\frac{k}{n}$$
$$=P(A)+P(B)-P(AB).$$

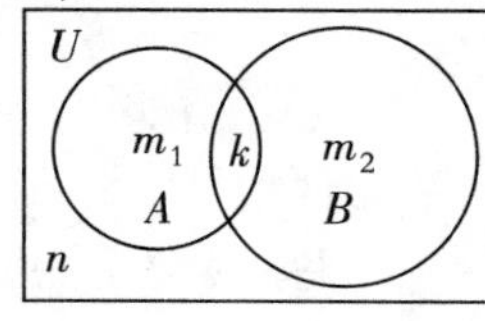

图 7－2

此公式即为任意两个事件的概率的**加法公式**（addition formula）.

例 2　袋中装有 2 个红球、3 个白球、4 个黑球，从中每次任取一球并放回，连取两次. 求以下事件的概率：

（1）两球中无红球；

（2）两球中无白球；

（3）两球中无红球或无白球的概率.

解：设 $A=$“无红球”，$B=$“无白球”，则

（1）$P(A)=\frac{7^2}{9^2}=\frac{49}{81}$，

即两球中无红球的概率是 $\frac{49}{81}$；

（2）$P(B)=\frac{6^2}{9^2}=\frac{36}{81}$，

即两球中无白球的概率是 $\frac{36}{81}$；

（3）$P(A+B)=P(A)+P(B)-P(AB)=\frac{49}{81}+\frac{36}{81}-\frac{16}{81}=\frac{69}{81}$，

即两球中无红球或无白球的概率是 $\frac{69}{81}$.

2. 条件概率与乘法公式

（1）条件概率.

定义 10　设 A，B 是两个事件，且 $P(A)>0$，称 $P(B\mid A)=\frac{P(AB)}{P(A)}$ 为在事件 A 发生的条

件下事件 B 发生的**条件概率**（conditional probability）.

计算条件概率有以下两种方法：

①在缩小后的样本空间 Ω_A 中计算 B 发生的概率 $P(B|A)$；

②在原样本空间 Ω 中，先计算 $P(AB)$，$P(A)$，再按定义 1 中的公式计算 $P(B|A)$.

例 3 设某种动物从出生起活 20 岁以上的概率为 80%，活 25 岁以上的概率为 40%. 如果现在有一只 20 岁的这种动物，问它能活 25 岁以上的概率？

解：设事件 $A=\{$能活 20 岁以上$\}$；事件 $B=\{$能活 25 岁以上$\}$.

依题意，$P(A)=0.8$，$P(B)=0.4$.

由于 $B\subsetneqq A$，因此 $P(AB)=P(B)=0.4$. 由条件概率定义，得

$$P(B|A)=\frac{P(AB)}{P(A)}=\frac{0.4}{0.8}=0.5.$$

即 20 岁的这种动物能活 25 岁以上的概率是 0.5.

例 4 1 到 5 这五个数中任取两个不同的数. 记 $A=$ "两数之和为偶数"，$B=$ "两数为偶数"，求 $P(B|A)$.

解：(解法一)

$$\because P(A)=\frac{C_3^2+C_2^2}{C_5^2}=\frac{2}{5},\ P(AB)=\frac{C_2^2}{C_5^2}=\frac{1}{10},$$

$$\therefore P(B|A)=\frac{P(AB)}{P(A)}=\frac{\frac{1}{10}}{\frac{2}{5}}=\frac{1}{4}.$$

(解法二)

$$P(B|A)=\frac{n(AB)}{n(A)}=\frac{C_2^2}{C_3^2+C_2^2}=\frac{1}{4}.$$

所以 $P(B|A)=\dfrac{1}{4}$.

(2) 乘法公式.

由条件概率的定义容易推得概率的**乘法公式**（Multiplication formula）：

$$P(AB)=P(A)P(B|A)=P(B)P(A|B).$$

利用这个公式可以计算积事件的概率.

乘法公式可以推广到 n 个事件的情形：若 $P(A_1A_2\cdots A_n)>0$，则

$$P(A_1\cdots A_n)=P(A_1)P(A_2|A_1)P(A_3|A_1A_2)\cdots P(A_n|A_1\cdots A_{n-1}).$$

例 5 在一批由 10 件正品，2 件次品组成的产品中，不放回接连抽取 2 件产品，问第一件取到正品，第二件取到次品的概率.

解：设 $A=\{$第一件取到正品$\}$，$B=\{$第二件取到次品$\}$.

$$\because P(A)=\frac{10}{12}=\frac{5}{6},\ P(B|A)=\frac{2}{11},$$

$$\therefore P(AB)=P(A)P(B|A)=\frac{5}{6}\times\frac{2}{11}=\frac{5}{33}.$$

即第一件取到正品，第二件取到次品的概率是$\frac{5}{33}$.

3. 相互独立事件的概率公式

设有A，B两个事件. 一般而言，$P(A)\neq P(A|B)$，这表示事件B的发生对事件A的发生的概率有影响，只有当$P(A)=P(A|B)$时才可以认为事件B的发生与否对事件A的发生毫无影响，这时就称A，B两事件是独立的. 此时，由条件概率可知，

$$P(AB)=P(B)P(A|B)=P(B)P(A)=P(A)P(B).$$

由此，我们引出下面的定义.

定义 11 若两事件A，B满足$P(AB)=P(A)P(B)$，则称A，B**相互独立**（mutual independence）.

定理 3 若四对事件$\{A, B\}$，$\{A, \overline{B}\}$，$\{\overline{A}, B\}$，$\{\overline{A}, \overline{B}\}$中有一对是相互独立的，则另外三对也是相互独立的.

证明： 设事件A与B独立，则

（1）$\because P(A\overline{B})=P(A-B)=P(A-AB)=P(A)-P(A)P(B)$

$=P(A)(1-P(B))=P(A)P(\overline{B})$，

$\therefore A$与$\overline{B}$互相独立.

（2）由对称性可知，$\overline{A}$与B也互相独立.

（3）$\because P(\overline{A}\,\overline{B})=P(\overline{A\cup B})=1-P(A\cup B)$

$=1-P(A)-P(B)+P(AB)$

$=1-P(A)-P(B)+P(A)P(B)$

$=[1-P(A)][1-P(B)]$

$=P(\overline{A})P(\overline{B})$，

$\therefore \overline{A}$与$\overline{B}$相互独立.

在实际问题中，我们一般不用定义来判断两事件A，B是否相互独立，而是相反，从试验的具体条件以及试验的本质去分析判断它们有无关联、是否独立. 如果独立，就可以用定义 2 中的公式来计算积事件的概率了.

例 6 两门高射炮彼此独立地射击一架敌机，设甲炮击中敌机的概率为 0.9，乙炮击中敌机的概率为 0.8，求敌机被击中的概率.

解：（解法一）

设$A=\{$甲炮击中敌机$\}$，$B=\{$乙炮击中敌机$\}$，那么$\{$敌机被击中$\}=A\cup B$；

$\because A$与B相互独立，

$\therefore P(A\cup B)=P(A)+P(B)-P(AB)$

$=P(A)+P(B)-P(A)P(B)$

$=0.9+0.8-0.9\times 0.8$

$=0.98$，

故敌机被击中的概率是 0.98.

（解法二）

$\because A$ 与 B 相互独立，

$\therefore \overline{A}$ 与 $\overline{B}$ 相互独立.

敌机未被击中的概率为

$$P(\overline{A}\,\overline{B})=P(\overline{A})P(\overline{B})$$
$$=[1-P(A)][1-P(B)]$$
$$=(1-0.9)(1-0.8)=0.02,$$

故敌机被击中的概率为 $1-0.02=0.98$.

注：事件的“独立”与“互斥”是两个不同的概念，“互斥”表示两个事件不能同时发生，而“独立”则表示两个事件的发生与否不受对方发生与否的影响，它们可能同时发生，也可能不同时发生. 以下例题更清楚地说明了这两者的不同.

例 7　设 $P(A+B)=0.9$，$P(A)=0.5$，求 A，B 互不相容和 A，B 独立时 $P(B)$ 的值.

解：当 A，B 互不相容时，$AB=\varnothing$，$P(AB)=0$，

故 $P(A+B)=P(A)+P(B)-P(AB)$

$\therefore 0.9=0.5+P(B)$，

$\therefore P(B)=0.4$.

当 A，B 独立时，$P(AB)=P(A)P(B)$，

故 $P(A+B)=P(A)+P(B)-P(AB)$

$=P(A)+P(B)-P(A)P(B)$，

$\therefore 0.9=0.5+P(B)-0.5P(B)$，

$\therefore P(B)=0.8$.

定义 12　设 A，B，C 是三个事件，如果满足：

$P(AB)=P(A)P(B)$，$P(BC)=P(B)P(C)$，$P(AC)=P(A)P(C)$，

则称这三个事件 A，B，C 是**两两独立**（pairwise independent）的.

定义 13　设 A，B，C 是三个事件，如果满足：

$$P(AB)=P(A)P(B),\ P(BC)=P(B)P(C),\ P(AC)=P(A)P(C),$$
$$P(ABC)=P(A)P(B)P(C),$$

则称这三个事件 A，B，C 是**相互独立**（Mutually independent）的.

三个事件相互独立一定是两两独立的，但两两独立未必是相互独立.

例 8　某产品的生产分为 4 道工序，这 4 道工序的次品率分别为 2%，3%，5% 和 3%，各道工序相互独立，求该产品的次品率.

解：设 $A=\{$该产品是次品$\}$，$A_i=\{$第 i 道工序生产出次品$\}(i=1,2,3,4)$，

则 A_i（$i=1,2,3,4$）相互独立，且 $\overline{A}_i(i=1,2,3,4)$ 相互独立.

故 $P(A)=1-P(\overline{A})=1-P(\overline{A}_1\overline{A}_2\overline{A}_3\overline{A}_4)$

$=1-P(\bar{A}_1)P(\bar{A}_2)P(\bar{A}_3)P(\bar{A}_4)$
$=1-(1-0.02)(1-0.03)(1-0.05)(1-0.03)$
$=0.124$，

所以该产品的次品率是12.4%.

事件的相互独立性概念可推广到多个事件的情形.

定义14　设A_1，A_2，…，A_n是n个事件，若对任意k（$1<k\leqslant n$），$1\leqslant i_1<i_2<\cdots<i_k\leqslant n$，等式$P(A_{i_1}A_{i_2}\cdots A_{i_k})=P(A_{i_1})P(A_{i_2})\cdots P(A_{i_k})$都成立，则称事件$A_1$，$A_2$，…，$A_n$相互独立.

4. 伯努利概型与二项概率公式

（1）独立重复的试验与伯努利试验.

若在相同的条件下，将同一个试验重复做n次，且这n次试验是相互独立的，每次试验的结果是有限的，则称这样的n次试验为**n次独立重复试验**（n times independent repeated experiments）.

特别地，每次试验只有两个可能结果A与$\bar{A}$时，这样的n次独立重复试验称为**n重伯努利试验**（n times of the Bernoulli's trail）.

（2）伯努利概型.

一般地，在n重伯努利试验中，事件A恰好发生k（$0\leqslant k\leqslant n$）次的概率为

$$P(X=k)=C_n^k p^k q^{n-k}(k=0,1,2,\cdots,n),$$

其中X表示"A恰好发生的次数".若把上式与二项展开式

$$(q+p)^n=\sum_{k=0}^{n}C_n^k p^k q^{n-k}$$

相比较就可以发现，在n重伯努利试验中，事件A发生k次的概率恰好等于$(q+p)^n$展开式中的第$k+1$项，所以也把这个公式称作**二项概率公式**（binomial probability formula）.我们把符合这样的概率规律的概率模型称为**伯努利概型**（Bernoulli probabilistic model）.

例9　天气预报的正确概率为0.8，则3天的天气预报恰有2天正确的概率是多少？

解：$C_3^2\times0.8^2\times0.2=0.384$.

所以恰有2天正确的概率是0.384.

例10　某山林风景区为了防止游客吸烟引起山火，特制定旅游规则：禁止在山林中吸烟.设每次吸烟引起火灾的概率为0.001.假设某天该景区接待了1 000名吸烟的游客，若他们每人在游玩时都吸烟一次，则该景区由于游客吸烟引发火灾的概率是多少？

解：设事件$A=$"该景区由于吸烟引发火灾"，

则$P(A)=1-P(\bar{A})=1-(1-0.001)^{1\,000}\approx1-0.367\,7=0.632\,3$.

所以该景区由于游客吸烟引发火灾的概率是0.632 3.

从上例可以看出，如果重复次数足够多，小概率事件发生的概率就会急剧增大，从而最终会发生.因此，为了避免引起火灾，我们在外出游玩时，应遵守景区规定，做文明游客，尽量避免吸烟.

5. 全概率公式

为了计算复杂事件的概率，经常把一个复杂事件分解为若干个互不相容的简单事件的和，通过分别计算简单事件的概率，来求得复杂事件的概率.

定义 15 设 A_1, A_2, …, A_n 为样本空间 S 的一个事件组，且满足：

(1) A_1, A_2, …, A_n 互不相容，即 $A_iA_j=\varnothing(i\neq j)$，且 $P(A_i)>0(i=1, 2, \cdots, n)$；

(2) $A_1\cup A_2\cup\cdots\cup A_n=S$.

则称 A_1, A_2, …, A_n 为样本空间 S 的一个完备事件组（complete set of events）.

全概率公式（formula of total probability） 若 A_1, A_2, …, A_n 为样本空间 S 的一个完备事件组，则对 S 中的任意一个事件 B，都有

$$P(B)=P(A_1)P(B\mid A_1)+P(A_2)P(B\mid A_2)+\cdots+P(A_n)P(B\mid A_n).$$

证明： $\because B=BS=B(A_1\cup A_2\cup\cdots\cup A_n)=BA_1\cup BA_2\cup\cdots\cup BA_n$,

且 $(BA_i)(BA_j)=\varnothing(i\neq j)$,

$$\begin{aligned}\therefore P(B)&=P(BA_1)+P(BA_2)+\cdots+P(BA_n)\\&=P(A_1)P(B\mid A_1)+P(A_2)P(B\mid A_2)+\cdots+P(A_n)P(B\mid A_n).\end{aligned}$$

例 11 七人轮流抓阄七张票，其中只有一张参观票，问第二人抓到这张参观票的概率.

解： 设 $A_i=\{$第 i 人抓到参观票$\}(i=1, 2)$，于是

$$P(A_1)=\frac{1}{7},P(\overline{A}_1)=\frac{6}{7},P(A_2\mid A_1)=0,P(A_2\mid \overline{A}_1)=\frac{1}{6},$$

由全概率公式，得

$$P(A_2)=P(A_1)P(A_2\mid A_1)+P(\overline{A}_1)P(A_2\mid \overline{A}_1)=0+\frac{6}{7}\times\frac{1}{6}=\frac{1}{7}.$$

即第二人抓到的概率是 $\frac{1}{7}$.

从这道题，我们可以看到，第一个人和第二个人抓到参观票的概率一样. 事实上，每个人抓到的概率都一样. 这就是“**抓阄不分先后原理**（principle of drawing lots without priority）”.

例 12 一仓库有一批产品，已知其中 50%，30%，20% 依次是甲、乙、丙厂生产的，且甲、乙、丙厂生产的次品率分别为 $\frac{1}{10}$，$\frac{1}{15}$，$\frac{1}{20}$，现从这批产品中任取一件，求取得正品的概率.

解： 以 A_1, A_2, A_3 分别表示事件“取得的这箱产品是甲、乙、丙厂生产”；以 B 表示事件“取得的产品为正品”，于是

$$P(A_1)=\frac{5}{10}=\frac{1}{2},P(A_2)=\frac{3}{10},P(A_3)=\frac{2}{10},$$

$$P(B\mid A_1)=\frac{9}{10},P(B\mid A_2)=\frac{14}{15},P(B\mid A_3)=\frac{19}{20}.$$

由全概率公式，得

$$P(B)=P(B\mid A_1)P(A_1)+P(B\mid A_2)P(A_2)+P(B\mid A_3)P(A_3)$$

$$=\frac{9}{10}\cdot\frac{1}{2}+\frac{14}{15}\cdot\frac{3}{10}+\frac{19}{20}\cdot\frac{2}{10}=\frac{23}{25},$$

即从这批产品中取得正品的概率是$\frac{23}{25}$.

6. 贝叶斯公式

设 B 是样本空间 S 的一个事件，A_1，A_2，…，A_n 为 S 的一个完备事件组，则

$$P(A_k\mid B)=\frac{P(A_kB)}{P(B)}=\frac{P(A_k)P(B\mid A_k)}{P(A_1)P(B\mid A_1)+\cdots+P(A_n)P(B\mid A_n)},$$

这个公式称为**贝叶斯公式**（Bayes's formula），也称为**后验公式**（posterior formula）.

例 13　玻璃杯成箱出售，每箱 20 只，假设各箱含 0，1，2 只残次品的概率相应为 0.8，0.1 和 0.1. 一顾客欲购一箱玻璃杯，在购买时，售货员随意取一箱，而顾客开箱随机地查看 4 只，若无残次品，则买下该箱玻璃杯，否则退回. 试求：

（1）顾客买下该箱的概率；

（2）在顾客买下的一箱中，确实没有残次品的概率.

解：设 $A_i=\{$售货员取的箱中恰好有 i 件残次品$\}(i=0,1,2)$，$B=\{$顾客买下所查看的一箱$\}$.

显然，A_0，A_1，A_2 构成一完备事件组，且

$$P(A_0)=0.8,P(A_1)=0.1,P(A_2)=0.1,$$

$$P(B\mid A_0)=1,P(B\mid A_1)=\frac{C_{19}^4}{C_{20}^4}=\frac{4}{5},P(B\mid A_2)=\frac{C_{18}^4}{C_{20}^4}=\frac{12}{19}.$$

（1）由全概率公式得

$$\begin{aligned}P(B)&=\sum_{i=0}^{2}P(A_i)P(B\mid A_i)\\&=0.8\times1+0.1\times\frac{4}{5}+0.1\times\frac{12}{19}\\&\approx0.94.\end{aligned}$$

（2）由贝叶斯公式，得

$$P(A_0\mid B)=\frac{P(A_0)P(B\mid A_0)}{P(B)}\approx\frac{0.81\times1}{0.94}=0.86.$$

即顾客买下他查看的一箱的概率约为 0.94；在他买下的一箱中，确实没有残次品的概率约为 0.86.

本题是关于全概率公式与贝叶斯公式的一道典型题. 一般来说，在应用上述两个公式计算概率时，关键是寻找出试验的一个完备事件组 A_1，A_2，…，A_n. 直观地讲，A_1，A_2，…，A_n 中的每一个都可看成导致事件 B 发生的“原因”. 事件 B 的概率恰为在各种“原因”下 B 发生的条件概率 $P(B\mid A_i)$的加权平均，权重恰为各“原因”出现的概率，这就是全概率公式解决问题的思路. 而贝叶斯公式实际上是在已知结果发生的条件下，来找各“原因”发生的概率大小的，即求条件概率 $P(A_i\mid B)(i=1,2,\cdots,n)$. 通常我们称 $P(A_i)$为先验概率，$P(A_i\mid B)$为后验概率. 前者往往是根据以往经验确定的一种“主观概率”，而后者是在事件 A

发生之后来判断 A_i 发生的概率. 因此，贝叶斯公式实际上是利用先验概率来求后验概率.

练习 3.3

1. 抛掷一颗均匀骰子，设事件 A 表示出现奇数点，事件 B 表示出现的点数不超过 3.

（1）计算下列概率：$P(A)$，$P(B)$，$P(A+B)$；

（2）比较 $P(A)+P(B)$ 与 $P(A+B)$ 的大小；

（3）在何种情况下 $P(A+B)=P(A)+P(B)$ 成立？

2. 一批产品共 100 件，对产品进行不放回抽样检查，整批产品不合格的条件是：在被检查的 5 件产品中至少有一件是次品，如果在该产品中有 5% 是次品，求该批产品被拒绝接受的概率.

3. 已知 $P(A)=\frac{1}{3}$，$P(B\mid A)=\frac{1}{4}$，$P(A\mid B)=\frac{1}{6}$，求 $P(A\cup B)$.

4. 8 把钥匙中有 2 把可以打开某锁，从中任取 2 把，在其中 1 把能开锁的条件下，第 2 把也能开锁的概率是多少？

5. 袋子中有 2 个黑球和 3 个白球，现不放回地抽取 2 个球. 记事件 A 为“第一次抽到黑球”，事件 B 为“第二次抽到黑球”.

（1）求三个事件 A，B 和 AB 各自发生的概率；

（2）求 $P(B \mid A)$.

6. 甲乙两人独立解决同一问题，甲成功的概率为0.6，乙成功的概率为0.8，则他们至少有1人解决问题的概率是多少？

7. 设三次独立试验中，事件 A 出现的概率相等，若已知 A 至少出现一次的概率等于$\frac{19}{27}$，则事件 A 在一次试验中出现的概率多大？

8. 某道路的甲、乙、丙三处路口都设有红绿灯，这三盏灯在一分钟内开放绿灯的时间分别为15秒，25秒和45秒. 某辆车在这条路上行驶时，在三处都不停车的概率是多少？

9. 在一批次品率为0.2的产品中进行抽样检查，共取了5件样品，求样品中次品分别有4件和5件的概率.

10. 有一批棉花种子，其出苗率是$\frac{2}{3}$，求4粒种子中有3粒出苗的概率.

11. 某工厂有10台同类型的机器，依实践经验知每台机器出故障的概率为0.06，求：

（1）恰有两台机器出故障的概率；

（2）至少有两台机器出故障的概率.

12. 由射手对飞机进行 4 次独立射击，每次射击命中的概率为 0.3，一次命中飞机被击落的概率为 0.6，至少两次命中时飞机必被击落，求飞机被击落的概率.

13. 某人从远方来，他乘火车、轮船、汽车、飞机来的概率分别为 0.3，0.2，0.1 和 0.4，他乘火车、轮船、汽车迟到的概率分别为$\frac{1}{4}$，$\frac{1}{3}$，$\frac{1}{12}$，而乘飞机则不会迟到. 问他迟到的概率为多少？

14. 某家公司销售 10 台数码相机，其中有 3 台次品，已售出 2 台，则从剩下的数码相机中任取 1 台是正品的概率为多少？

15. 一个盒子中有 6 个黑球和 4 个红球，从盒子中任取 1 球，然后放回盒子中，并且加入 5 个与取到的球具有相同颜色的球，则第二次任取的 1 球是红球的概率是多少？

16. 甲、乙、丙三人同时各用一发子弹对目标进行射击，三人各自击中目标的概率分别是 0.4，0.5，0.7. 目标被击中一发而冒烟的概率为 0.2，被击中两发而冒烟的概率为 0.6，被击中三发则必定冒烟，求目标冒烟的概率.

17. 某抽屉中有 4 枚两面均印有国徽的次品硬币和 6 枚正品硬币. 从中任取一枚硬币，将它投掷 2 次，已知每次均得国徽，则此硬币是正品的概率为多少？

18. 甲、乙、丙三人抢答一道竞赛题，他们抢到答题权的概率分别为0.2，0.3，0.5，而他们答对的概率分别为0.9，0.4，0.4. 现此题已被答对，试问回答者最可能是谁.

习题7－3

1. 下列成语属于随机事件的是（　　）

   ①瓮中捉鳖；②守株待兔；③水中捞月；④一箭双雕；⑤缘木求鱼；⑥竹篮打水.

2. 在下列结论中，正确的说法是（　　）

   A. 若 A 与 B 是互斥事件，则 $A+B$ 是必然事件

   B. 若 A 与 B 是对立事件，则 $A+B$ 是必然事件

   C. 若 A 与 B 是互斥事件，则 $A+B$ 是不可能事件

   D. 若 A 与 B 是对立事件，则 $A+B$ 不是必然事件

3. 抛掷一枚骰子，记事件：$A=\{$出现奇数点$\}$，$B=\{$出现偶数点$\}$，$C=\{$点数小于3$\}$，$D=\{$点数大于2$\}$，$E=\{$点数是3的倍数$\}$，求下列事件：

   （1）AB；　　（2）$A+B$；

   （3）$B\cap C$；　　（4）$B\cup C$；

   （5）$\overline{D}$；　　（6）$\overline{A}\cap C$；

   （7）$\overline{B}\cup C$；　　（8）$\overline{D}+\overline{E}$.

4. 有10把钥匙，其中有2把可以开锁，从中任取2把，可以开锁的概率是多少？

5. 从分别写有1，2，3，4，5的5张卡片中随机抽取1张，放回后再随机抽取1张，则抽得的第一张卡片上的数小于第二张卡片上的数的概率为多少？

6. 在一个袋子中装有编号为1，2，3，4，5的5个小球，它们除编号外完全相同. 现从中随机取出2个小球，则它们的编号之和为3或6的概率是多少？

7. 一个袋子里装有编号为1，2，…，12的12个相同大小的小球，其中1到6号球是红色球，其余为黑色球. 从中有放回地每次随机取一个球，共取2次，并且每次记录球的颜色和号码，则两次摸出的球都是红球，且至少有一个球的号码是奇数的概率是多少？

8. 将一枚骰子抛掷两次，先后出现的点数分别记为 a，b，则方程 $x^2+ax+b=0$ 有实根的概率为多少？

9. 设 $A=\{1,2,3,4,5\}$，$B=\{1,3,5,7\}$，集合 C 是从 $A\cup B$ 中任取两个元素组成的集合，则 $C\subseteq(A\cap B)$ 的概率是多少？

10. 某人练习打靶，他命中8环、9环和10环的概率分别是0.27，0.24和0.2，则他至少命中8环的概率是多少？不够9环的概率是多少？

11. 口袋内有一些大小相同的红球、黄球、白球，从中摸出一个球，摸出红球或白球的概率为0.65，摸出黄球或白球的概率是0.6，那么摸出白球的概率是多少？

12. 加工某一零件需经过三道工序，设第一、二、三道工序的次品率分别为$\frac{1}{70}$，$\frac{1}{69}$，$\frac{1}{68}$，且各道工序互不影响，则加工出来的零件的次品率为多少？

13. 设甲、乙两人向同一目标进行射击，已知甲、乙击中的概率分别为0.7和0.6，两人同时击中目标的概率为0.4. 求以下事件的概率：

（1）目标未被击中；

（2）甲击中目标而乙未击中.

14. 甲、乙两人进行乒乓球比赛，比赛规则为“3局2胜”，即以先赢2局者为胜. 每局比赛中甲获胜的概率为0.6，则本次比赛甲获胜的概率是多少？

15. 某台球比赛的规则是11局6胜制. 在甲、乙的比赛中，甲、乙每局获胜的概率分别为$\frac{2}{3}$和$\frac{1}{3}$，若甲在前3局全部取胜，问甲在第8局赢得比赛的概率是多少？

16. 在某次世界女排赛中，中国队取得决赛权. 中国队要与日本队与美国队的胜者争夺冠军，根据以往的战绩，中国队战胜日本队、美国队的概率分别为0.9与0.4，而日本队战胜美国队的概率为0.5，求中国队取得冠军的概率.

17. 甲袋中有 2 个白球和 4 个红球，乙袋中有 1 个白球和 2 个红球. 现在随机从甲袋中取出一球放入乙袋，然后从乙袋中随机取出一球，则取出的球是白球的概率是多少？

18. 一批零件，其中$\frac{1}{2}$从甲厂进货，$\frac{1}{3}$从乙厂进货，$\frac{1}{6}$从丙厂进货. 已知甲、乙、丙三厂的次品率分别为 2%，6%，3%. 求：

（1）这批混合零件的次品率；

（2）若从这批混合零件中取到一只是次品，求该次品是甲厂生产的概率.

19. 设有白球和黑球各 4 只，从中任取 4 只放入甲盒，余下 4 只放入乙盒，然后分别在两盒中各任取一只，颜色正好相同，试问放入甲盒的 4 只球有几只白球的概率最大，且求出此概率.

20. 已知男人中有 5% 是色盲患者，女人中有 0.25% 是色盲患者. 今从男女人数相等的人群中随机地挑选一人，恰好是色盲患者，问此人是男性的概率是多少？

第四节 统计初步

一、总体、样本、统计量

在统计学中，人们所研究的对象的全体叫做**总体**（population）. 例如，工厂生产的某一批产品中的所有平板电脑，一个国家所有 18 岁以上的人口以及某地区所有某个月份的降雨量. 总体中的每一个研究的对象叫做**个体**（individual）. 例如，上述中的工厂生产的某一批产品中的每一台平板电脑，一个国家每一个 18 岁以上的人以及某地区某月份的每个降雨量. 为了推断总体的概率的各种特征，就必须从总体中按一定的法则抽取若干个体进行观测或试验，以获得有关总体的信息. 这一抽取过程称为**抽样**（sampling），所抽取的部分个体称为**样本**(sample). 样本中所含个体的数目叫做**样本的容量**（sample size）. 例如，上述中检查工厂生产的某一批产品中的所有平板电脑的质量，从中抽取 100 台. 这抽取的 100 台平板电脑就是总体的一个样本，样本的容量是 100；测量一个国家所有 18 岁以上的人口的身高，从各个地区抽取 18 岁的人口 2 000 名. 这抽取的 2 000 名人口就是总体的一个样本，样本的容量是 2 000.

总体中所有个体的平均数叫做**总体平均数**（mean of population）. 样本中所有个体的平均数叫做**样本平均数**（mean of sample）. 例如，要了解一个国家所有 18 岁以上人口的平均身高，从各地区抽取 2 000 名人口，用这 2 000 名人口的平均身高，去估计这个国家所有 18 岁以上人口的平均身高. 这里，一个国家所有 18 岁以上人口的平均身高就是总体平均数，从中抽查的部分人口的平均身高就是样本平均数. 通常用样本平均数去估计总体平均数. 一般来说，样本容量越大，这种估计也就越精确. 如抽查的人口数越多，那么所抽查的单人的平均身高，就越接近所有单人的平均身高.

样本是总体的代表和反映，也是统计推断的依据. 为了对总体的分布或数字特征进行各种统计推断，还需要对样本作加工处理，把样本中应关心的事物和信息集中起来，针对不同的问题构造出样本的不同函数，这种样本的函数我们称为**统计量**(statistic).

统计量是属于统计中对数据进行分析检验的变量，它是不含有任何未知参数的样本函数. 引进统计量就是对样本中包含总体的信息，按某种要求进行加工处理，使分散在样本中的信息综合在统计量中. 因此统计推断问题就可以由样本估计总体转化为由样本统计量来估计总体. 从样本构造统计量，实际上是对样本所含总体的信息的提取. 样本均值和样本方差是常用的两个统计量.

练习 4.1

1. 为了了解全校 240 名学生的身高情况，从中抽取 40 名学生进行测量，总体、个体、样本和样本的容量各是什么？

2. 为了检测所生产的某批充电宝的功率，抽测了其中 200 个充电宝的功率，在这个问题中，总体、个体、样本和样本的容量各是什么？

二、抽样方法

抽样分为**不放回抽样**（sampling without replacement）和**放回抽样**（sampling with replacement）两种情况. 顾名思义，不放回抽样是指每次个体从总体中抽取出来后不再放回总体，而放回抽样是指每次个体从总体中抽取出来后，都要将它放回总体，再从总体中抽取下一个个体.

我们着重介绍在实践中应用较多的不放回抽样，其中主要是简单随机抽样、系统抽样和分层抽样.

1. 简单随机抽样

定义 1 一般地，设一个总体的个体总数为 N，从中逐个不放回地抽取 n 个个体作为样本（$n \leqslant N$），如果每次抽取时各个个体被抽到的概率相等，就称这样的抽样为**简单随机抽样**（simple random sampling）. 这样抽取的样本，叫做**简单随机样本**（simple random sample）.

事实上，用简单随机抽样的方法从个体数为 N 的总体中逐次抽取一个容量为 n 的样本，那么每次抽取时每个个体被抽到的概率相等，依次是 $\frac{1}{N}$，$\frac{1}{N-1}$，$\frac{1}{N-2}$，…，$\frac{1}{N-(n-1)}$，且在整个抽样过程中每个个体被抽到的概率都等于 $\frac{n}{N}$.

由于简单随机抽样体现了抽样的客观性和公平性，且这种抽样方法比较简单，所以成为一种基本的抽样方法. 如何实施简单抽样呢？下面介绍两种常用方法：

（1）抽签法.

先将总体中的所有个体编号（号码可以从 1 到 N），并把号码写在形状、大小相同的号签上，号签可以用小球、卡片、纸条等制作，然后将这些号签放在同一个箱子里，进行均匀搅拌，抽签时，每次从中抽出 1 个号签，连续抽取 n 次，就得到一个容量为 n 的样本，对个体编号时，也可以利用已有的编号，例如从全班学生中抽取样本时，可以利用学生的学号、座位号等.

抽签法简便易行，当总体的个体数不多时，适宜采用这种方法.

（2）随机数表法.

下面举例说明如何用随机数表来抽取样本.

为了检验某手机的质量，决定从 40 件手机中抽取 10 件进行检查，在利用随机数表抽取这个样本时，可以按下面的步骤进行：

第一步，先将 40 件手机编号，可以编为 00，01，02，…，38，39.

第二步，在"附录：随机数表"中任选一个数作为开始，例如从第 8 行第 5 列的数 59 开始，为便于说明，我们将"附录：随机数表"中的第 6 行至第 10 行摘录如下：

16 22 77 94 39　49 54 43 54 82　17 37 93 23 78　87 35 20 96 43　84 26 34 91 64

84 42 17 53 31　57 24 55 06 88　77 04 74 47 67　21 76 33 50 25　83 92 12 06 76
63 01 63 78 59　16 95 55 67 19　98 10 50 71 75　12 86 73 58 07　44 39 52 38 79
33 21 12 34 29　78 64 56 07 82　52 42 07 44 38　15 51 00 13 42　99 66 02 79 54
57 60 86 32 44　09 47 27 96 54　49 17 46 09 62　90 52 84 77 27　08 02 73 43 28

第三步，从选定的数 59 开始向右读下去，得到一个两位数字号码 59，由于 $59>39$，将它去掉；继续向右读，得到 16，将它取出；继续下去，又得到 19，10，12，07，39，38，33，21，随后的两位数字号码是 12，由于它在前面已经取出，将它去掉，再继续下去，得到 34. 至此，10 个样本号码已经取满，于是，所要抽取的样本号码是

16　19　10　12　07　39　38　33　21　34.

注：将总体中的 N 个个体编号时可以从 0 开始，例如 $N=100$ 时编号可以是 00，01，02，…，99，这样总体中的所有个体均可用两位数字号码表示，便于运用随机数表.

当随机地选定开始读数的数后，读数的方向可以向右，也可以向左、向上、向下等.

在上面每两位、每两位地读数过程中，得到一串两位数字号码，去掉其中不合要求和与前面重复的号码后，其中依次出现的号码可以看成依次从总体中抽取的各个个体的号码. 由于“随机数表”中每个位置上出现哪一个数字是等概率的，每次读到哪一个两位数字号码，即从总体中抽到哪一个个体的号码也是等概率的. 因而利用随机数表抽取样本保证了各个个体被抽取的概率相等.

例 1　某科技公司生产一种 14 纳米芯片 100 件，为了了解芯片的合格率，要从中取 10 件在同一条件下测量，如何采用简单随机抽样的方法抽取样本？

解：简单随机抽样一般采用两种方法：抽签法和随机数表法.

抽签法：将 100 件芯片编号为 1，2，…，100，并做好大小、形状相同的号签，分别写上这 100 个数，将这些号签放在一起，进行均匀搅拌，接着连续抽取 10 个号签，然后测量这 10 个号签对应的轴的直径.

随机数表法：将 100 件芯片编号为 00，01，…，99，在随机数表中选定一个起始位置，如取第 21 行第 1 个数开始，选取 10 个数，分别为 68，34，30，13，70，55，74，77，40，44，这 10 件即为所要抽取的样本.

简单随机抽样必须具备下列特点：

（1）简单随机抽样要求被抽取的样本的总体个数 N 是有限的；

（2）简单随机样本数 n 小于等于样本总体的个数 N；

（3）简单随机样本是从总体中逐个抽取的；

（4）简单随机抽样是一种不放回的抽样；

（5）简单随机抽样的每个个体入样的可能性均为 $\frac{n}{N}$.

2. 系统抽样

当总体中的个体数目较多时，采用随机简单抽样较为麻烦，这时可采用系统抽样来完成抽样工作.

定义 2 一般地，要从容量为 N 的较大总体中抽取容量为 n 的样本，可将总体分成均衡的若干部分，然后按照预先制定的规则，从每一部分抽取一个个体，得到所需要的样本，这种抽样的方法叫做**系统抽样**（systematic sampling）.

系统抽样的步骤为：

（1）采用随机的方式将总体中的个体编号. 为简便起见，有时可直接采用个体所带有的号码，如考生的准考证号、街道上各户的门牌号等；

（2）为将整个的编号分段（即分成几个部分），要确定分段的间隔 k. 当 $\frac{N}{n}$（N 为总体中的个体的个数，n 为样本容量）是整数时，$k=\frac{N}{n}$；当 $\frac{N}{n}$ 不是整数时，可先用简单随机抽样从总体中剔除一些个体，使剩下的个体的个数 N' 能被 n 整除，这时 $k=\frac{N'}{n}$；

（3）在第一段用简单随机抽样确定起始的个体编号 l；

（4）按照事先确定的规则抽取样本（通常是将 l 加上间隔 k，得到第 2 个编号 $l+k$，第 3 个编号 $l+2k$，这样继续下去，直到获取整个样本）.

例 2 为了了解某大学四年级学生毕业后去向的情况，拟从 1 503 名大学一年级学生中抽取 100 名作为样本，试用系统抽样的方法完成这一抽样.

解：第一步，将 1 503 名学生用随机方式编号为 1，2，3，…，1 503；

第二步，用抽签法或随机数表法，剔除 3 个个体，这样剩下 1 500 名学生，对剩下的 1 500 名学生重新编号；

第三步，确定分段间隔 k，$k=\frac{1\,500}{100}=15$，将总体分为 100 个部分，每一部分包括 15 个个体，这时，第 1 部分的个体编号为 1，2，…，15；第 2 部分的个体编号为 16，17，…，30；依此类推，第 100 部分的个体编号为 1 486，1487，…，1 500；

第四步，在第 1 部分用简单随机抽样确定起始的个体编号，例如 5；

第五步，依次在第 2 部分，第 3 部分，…，第 100 部分，取出号码为 20，35，…，1 490，这样得到一个容量为 100 的样本.

注：总体中的每个个体都必须等可能地入样，为了实现“等距”入样且又等可能，因此，应先剔除，再“分段”，后定起始位. 采用系统抽样，是为了减少工作量，提高其可操作性，减少人为的误差.

由系统抽样的定义可知系统抽样有以下特征：

（1）当总体容量 N 较大时，采用系统抽样.

（2）将总体分成均衡的若干部分指的是将总体分段，分段的间隔要求相等，因此，系统抽样又称**等距抽样**（equidistant sampling），这时间隔一般为 $k=\left[\frac{N}{n}\right]$（$[x]$ 表示取整）.

（3）预先制定的规则指的是：在第 1 段内采用简单随机抽样确定一个起始编号，在此编号的基础上加上分段间隔的整数倍即为抽样编号.

例 3 人们打桥牌时，将洗好的扑克牌随机确定一张为起始牌，这时，开始按次序起牌，对任何一家来说，都是从 52 张总体中抽取 13 张的样本. 这样的抽样方法是简单随机抽样还是系统抽样？

解： 简单随机抽样的实质是逐个地从总体中随机抽取，而这里只是随机地确定了起始张，这时其他各张虽然是逐张起牌的，但其实各张在谁手里已被确定了，所以不是简单随机抽样，据其“等距”起牌的特点，其应为系统抽样.

3. 分层抽样

定义 3 当已知总体由差异明显的几部分组成时，为了使样本更充分地反映总体的情况，将总体分成互不交叉的几部分，然后按照各部分所占的比例从各部分独立地抽取一定数量的个体，把各部分取出的个体合在一起作为样本，这种抽样方法叫做**分层抽样**（stratified sampling），其中所分成的各部分叫做**层**（stratification）.

分层抽样的步骤如下：

（1）分层：按某种特征将总体分成若干部分. 分层需遵循不重复、不遗漏的原则；

（2）按比例确定每层抽取个体的个数. 抽取比例由每层个体占总体的比例确定；

（3）各层分别按简单随机抽样的方法抽取；

（4）综合每层抽样，组成样本.

例 4 一个地区共有 5 个乡镇，人口 3 万人，5 个乡镇的人口比例为 3∶2∶5∶2∶3，从 3 万人中抽取一个 300 人的样本，分析某种疾病的发病率，已知这种疾病与不同的地理位置及水土有关，问应采取什么样的方法？并写出具体过程.

解： 因为疾病与地理位置和水土均有关系，所以不同乡镇的发病情况差异明显，因而采用分层抽样的方法，具体过程如下：

（1）将 3 万人分为 5 层，其中一个乡镇为一层；

（2）按照样本容量的比例随机抽取各乡镇应抽取的样本；

$300\times\frac{3}{15}=60$（人），$300\times\frac{2}{15}=40$（人），$300\times\frac{5}{15}=100$（人）

$300\times\frac{2}{15}=40$（人），$300\times\frac{2}{15}=60$（人）.

因此各乡镇抽取人数分别为 60 人，40 人，100 人，40 人，60 人.

（3）将 300 人组到一起，即得到一个样本.

分层抽样是当总体由差异明显的几部分组成时采用的抽样方法，进行分层抽样时应注意以下几点：

（1）分层抽样中分多少层、如何分层要视具体情况而定，总的原则是层内样本的差异要小，而层之间的样本差异要大且互不重叠.

（2）为了保证每个个体等可能入样，所有层应采用同一抽样比等可能抽样.

（3）在每层抽样时，应采用简单随机抽样或系统抽样的方法进行抽样.

分层抽样的优点：使样本具有较强的代表性，并且抽样过程中可综合选用各种抽样方法，因此分层抽样是一种实用、操作性强、应用比较广泛的抽样方法.

例5 某批零件共160个，其中一级品48个，二级品64个，三级品32个，次品16个. 现从中抽取一个容量为20的样本. 请说明分别用简单随机抽样、系统抽样和分层抽样法抽取时总体中的每个个体被抽取到的概率均相同.

解：(1) 简单随机抽样法：可采取抽签法，将160个零件按1~160编号，相应地制作1~160号的160个签，从中随机抽20个. 显然每个个体被抽到的概率为$\frac{20}{160}=\frac{1}{8}$.

(2) 系统抽样法：将160个零件从1至160编上号，按编号顺序分成20组，每组8个. 然后在第1组用抽签法随机抽取一个号码，如它是第k号（$1\leqslant k\leqslant 8$），则在其余组中分别抽取第$k+8n(n=1,2,3,\cdots,19)$号. 此时每个个体被抽到的概率为$\frac{1}{8}$.

(3) 分层抽样法：按比例$\frac{20}{160}=\frac{1}{8}$，分别在一级品、二级品、三级品、次品中抽取$48\times\frac{1}{8}=6$个，$64\times\frac{1}{8}=8$个，$32\times\frac{1}{8}=4$个，$16\times\frac{1}{8}=2$个，每个个体被抽到的概率分别为$\frac{6}{48}$，$\frac{8}{64}$，$\frac{4}{32}$，$\frac{2}{16}$，即都是$\frac{1}{8}$.

综上可知，无论采取哪种抽样，总体的每个个体被抽到的概率都是$\frac{1}{8}$.

以上我们主要学习了三种常见的抽样方法：简单随机抽样、系统抽样、分层抽样，它们的关系见表7－1.

表7－1 简单随机抽样、系统抽样、分层抽样三种抽样方法的比较

类别	共同点	各自特点	相互联系	适用范围
简单随机抽样	(1) 抽样过程中每个个体被抽取的概率相等 (2) 每次抽出个体后不再将它放回，即不放回抽样	从总体中逐个抽取		总体中的个数较少
系统抽样		将总体均分成几部分，按事先确定的规则分别在各部分中抽取	在起始部分抽样时采用简单随机抽样	总体中的个数较多
分层抽样		将总体分成几层，分层进行抽取	各层抽样时采用简单随机抽样或系统抽样	总体由差异明显的几部分组成

练习4.2

1. 下列抽样的方式是否属于简单随机抽样？为什么？

(1) 从无限多个个体中抽取50个个体作为样本.

（2）箱子里共有 100 个零件，从中选出 10 个零件进行质量检验. 在抽样操作中，从中任意取出一个零件进行质量检验后，再把它放回箱子.

2. 某装订厂平均每小时大约装订图书 362 册，检验员每小时要从中抽取 40 册图书检查其质量状况，请你设计一个调查方案.

3. 某校高中三年级的 295 名学生已经编号为 1，2，…，295，为了了解学生的学习情况，要按 1 : 5 的比例抽取一个样本，用系统抽样的方法进行抽取，写出其过程.

4. 从总数为 103 的总体中采用系统抽样，抽取一个容量为 10 的样本，说明具体的操作方法.

5. 某校有 500 名学生，其中 O 型血的有 200 人，A 型血的人有 125 人，B 型血的有 125 人，AB 型血的有 50 人，为了研究血型与色弱的关系，要从中抽取一个 20 人的样本，按分层抽样，这几种血型的人各应抽取多少人？

6. 某学校有职工 140 人，其中教师 91 人，教辅行政人员 28 人，总务后勤人员 21 人. 为了解教职工的某种情况，要从中抽取一个容量为 20 的样本. 试分别以简单随机抽样、系统抽样和分层抽样的方法给出抽样.

7. 简述简单随机抽样、系统抽样和分层抽样的异同.

三、总体分布的估计

1. 用样本的频率分布估计总体分布

（1）频率分布.

频率分布是指一个样本数据在各个小范围内所占比例的大小. 一般用频率分布直方图反映样本的频率分布，其一般步骤为：

①计算一组数据中最大值与最小值的差，即求极差；

②决定组距与组数；

③将数据分组；

④列频率分布表；

⑤画频率分布直方图.

频率分布直方图的特征：

①从频率分布直方图可以清楚看出数据分布的总体趋势.

②从频率分布直方图得不出原始的数据内容，把数据表示成直方图后，原有的具体数据信息就被抹掉了.

例 1 表 7－2 给出了某校 500 名 12 岁男孩中用随机抽样得出的 120 人的身高（单位：cm）

表 7－2

区间	[122，126)	[126，130)	[130，134)	[134，138)	[138，142)	[142，146)
人数	5	8	10	22	33	20
区间	[146，150)	[150，154)	[154，158)			
人数	11	6	5			

（1）列出样本频率分布表；

（2）画出频率分布直方图；

（3）估计身高小于 134cm 的人数占总人数的百分比.

解：（1）样本频率分布如表 7－3 所示：

表 7－3

分组	频数	频率
[122，126)	5	0.04
[126，130)	8	0.07
[130，134)	10	0.08
[134，138)	22	0.18
[138，142)	33	0.28

（续上表）

分组	频数	频率
[142，146)	20	0.17
[146，150)	11	0.09
[150，154)	6	0.05
[154，158)	5	0.04
合计	120	1

（2）其频率分布直方图如图 7－3 所示：

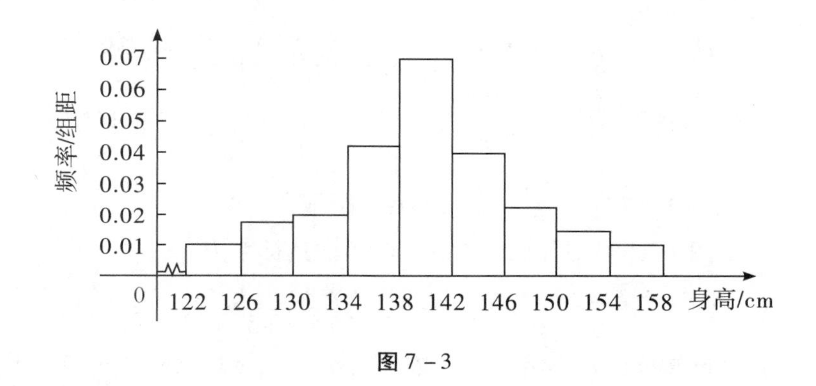

图 7－3

（3）由样本频率分布表可知身高小于 134cm 的男孩出现的频率为 0.04＋0.07＋0.08＝0.19，所以我们估计身高小于 134cm 的人数占总人数的 19%.

（2）频率分布折线图、总体密度曲线.

定义 3　连接频率分布直方图中各小长方形上端的中点，得到的图形就叫做**频率分布折线图**（line plot of frequency distribution）.

定义 4　在样本频率分布直方图中，相应的频率折线图会越来越接近于一条光滑曲线，统计中称这条光滑曲线为**总体密度曲线**（population density curve）. 它能够精确地反映总体在各个范围内取值的百分比，并能给我们提供更加精细的信息.

例 2　为了了解高一学生的体能情况，某校抽取部分学生进行一分钟跳绳次数测试，将所得数据整理后，画出频率分布直方图（图 7－4），图中从左到右各小长方形面积之比为 2∶4∶17∶15∶9∶3，第二小组频数为 12.

（1）第二小组的频率是多少？样本容量是多少？

（2）若次数≥110 为达标，试估计该学校全体高一学生的达标率是多少？

（3）在这次测试中，学生跳绳次数的中位数落在哪个小组内？请说明理由.

分析：在频率分布直方图中，各小长方形的面积等于相应各组的频率，小长方形的高与频数成正比，各组频数之和等于样本容量，频率之和等于 1.

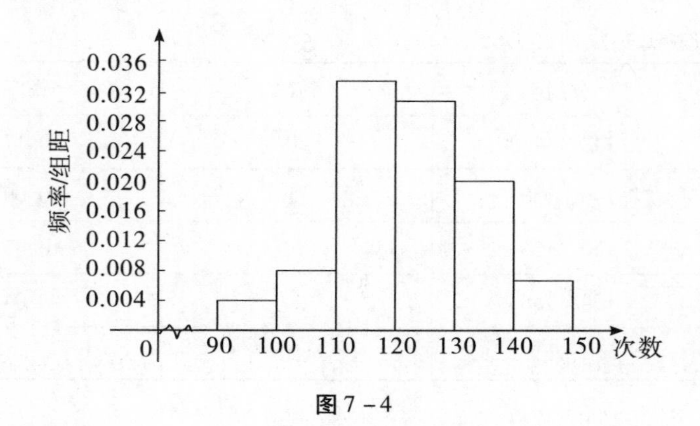

图 7-4

解：（1）由于频率分布直方图以面积的形式反映了数据落在各小组内的频率大小，

因此第二小组的频率为：$\dfrac{4}{2+4+17+15+9+3}=0.08$.

又∵ 频率 $=\dfrac{\text{第二小组频数}}{\text{样本容量}}$，

∴ 样本容量 $=\dfrac{\text{第二小组频数}}{\text{第二小组频率}}=\dfrac{12}{0.08}=150$.

（2）由图 7-4 可估计该学校高一学生的达标率为

$$\frac{17+15+9+3}{2+4+17+15+9+3}\times 100\%=88\%.$$

（3）由已知可得各小组的频数依次为 6，12，51，45，27，9，因此前三组的频数之和为 69，前四组的频数之和为 114，所以跳绳次数的中位数落在第四小组内.

2. 用样本的数字特征估计总体的数字特征

为了从整体上更好地把握总体的规律，我们要通过样本的数据对总体的数字特征进行研究，即用样本的数字特征估计总体的数字特征.

平均数、标准差和方差等，是总体的最重要的数字特征. 平均数是描述一组数据的集中趋势的统计指标，而标准差和方差是描述一组数据的变异趋势的统计指标，两者都能反映数据波动的大小程度或者说是离散程度.

（1）样本均数.

样本均数的计算公式为：$\bar{x}=\dfrac{1}{n}\sum\limits_{i=1}^{n}x_i$.

例 3 在一次射击选拔比赛中，甲、乙两名运动员各射击 10 次，命中环数如下：

甲运动员：7，8，6，8，6，5，8，10，7，4；

乙运动员：9，5，7，8，7，6，8，6，7，7.

分别求出甲、乙两人中环的样本均数.

解：$\bar{x}_{\text{甲}}=\dfrac{1}{10}\sum\limits_{i=1}^{10}x_i=\dfrac{7+8+6+8+6+5+8+10+7+4}{10}=6.9$，

$$\bar{x}_{乙}=\frac{1}{10}\sum_{i=1}^{10}x_i=\frac{9+5+7+8+7+6+8+6+7+7}{10}=7,$$

所以甲、乙两人中环的样本均数均约为 7 环.

（2）样本标准差、样本方差.

①样本标准差.

平均数为我们提供了样本数据的集中趋势，但是有时仅仅了解数据的集中趋势还不够. 例如观察例 1 中的样本数据，若仅仅依靠平均数，甲、乙两人射击的平均成绩几乎是一样的，你能判断哪个运动员发挥得更稳定些吗？因此，只有平均数难以概括样本数据的实际状态.

如果你是教练，你选哪位选手去参加正式比赛？直观上看，甲的成绩比较分散，乙的成绩相对集中，因此我们从另外的角度即样本数据的分散趋势来考察这两组数据.

考察样本数据的分散程度的大小，最常用的统计量是**样本标准差**（sample standard deviation）. 样本标准差是样本数据到样本平均数的一种平均距离，一般用 s 表示，其计算公式为：

$$s=\sqrt{\frac{1}{n-1}\sum_{i=1}^{n}(x_i-\bar{x})^2}\quad（其中 \bar{x} 为样本均数）$$

显然，样本标准差较大，数据的离散程度较大；样本标准差较小，数据的离散程度较小.

②样本方差.

从数学的角度考虑，人们有时用样本标准差的平方 s^2（即方差）来代替样本标准差，作为测量样本数据分散程度的工具，其公式为：

$$s^2=\frac{1}{n-1}\sum_{i=1}^{n}(x_i-\bar{x})^2$$

在刻画样本数据的分散程度上，**样本方差**（sample variance）和样本标准差是一样的，但在解决实际问题时，一般多采用标准差.

例 4　某地区某年 12 月中旬前、后 5 天的最高气温记录如下（单位：℃）：

前 5 天：5，5，0，0，0；

后 5 天：−1，2，2，2，5.

试比较这前后 5 天中最高气温的波动大小.

解：这两组数据的平均数分别为：$\bar{x}_1=2$，$\bar{x}_2=2$.

前 5 天的方差为：$s_1^2=\frac{1}{5-1}[(5-2)^2+(5-2)^2+\cdots+(0-2)^2]=7.5$

后 5 天的方差为：$s_2^2=\frac{1}{5-1}[(-1-2)^2+(2-2)^2+\cdots+(5-2)^2]=4.5$

因为 $s_1^2>s_2^2$，所以后 5 天最高气温的波动较小，比较稳定.

练习 4.3

1. 某班的全体学生参加数学测试，成绩的频率分布直方图如图 7－5 所示. 若低于 60 分的人数是 12 人，则该班的学生人数是（　　）

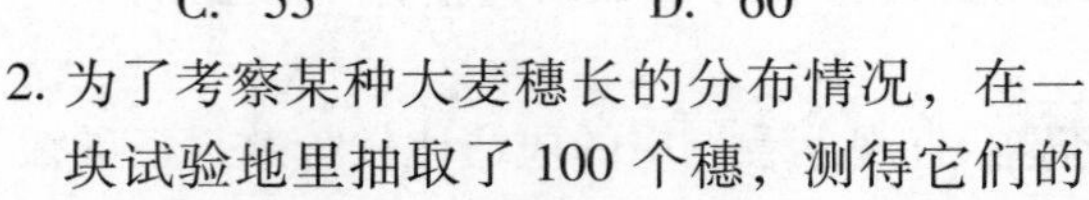

A. 40　　B. 50

C. 55　　D. 60

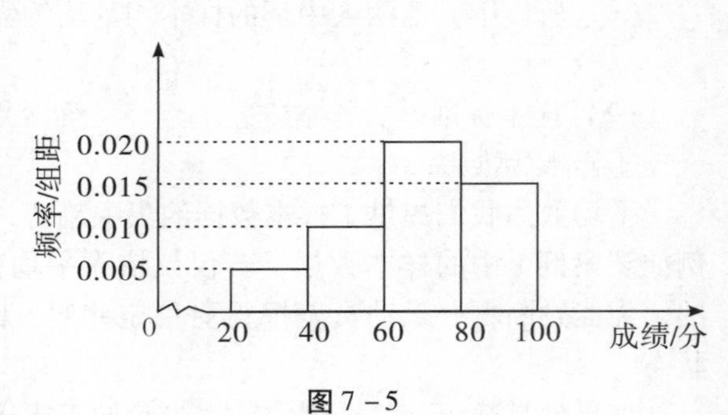

图 7－5

2. 为了考察某种大麦穗长的分布情况，在一块试验地里抽取了 100 个穗，测得它们的长度如下（单位：cm），请列出样本的频率分布表，并画出频率分布直方图.

6.5　6.4　6.7　5.8　5.9　5.9　5.2　4.0　5.4　4.6
5.8　5.5　6.0　6.5　5.1　6.5　5.3　5.9　5.5　5.8
6.2　5.4　5.0　5.0　6.8　6.0　5.0　5.7　6.0　5.5
6.8　6.0　6.3　5.5　5.0　6.3　5.2　6.0　7.0　6.4
6.4　5.8　5.9　5.7　6.8　6.6　6.0　6.4　5.7　7.4
6.0　5.4　6.5　6.0　6.8　5.8　6.3　6.0　6.3　5.6
5.3　6.4　5.7　6.7　6.2　5.6　6.0　6.7　6.7　6.0
5.5　6.2　6.1　5.3　6.2　6.8　6.6　4.7　5.7　5.7
5.8　5.3　7.0　6.0　6.0　5.9　5.4　6.0　5.2　6.0
6.3　5.7　6.8　6.1　4.5　5.6　6.3　6.0　5.8　6.3

3. 甲、乙两名射击运动员，在一轮连续 10 次的射击中，他们所射中环数的平均数一样，但方差不同，正确评价他们的水平是（　　）

A. 因为他们所射中环数的平均数一样，所以他们水平相同

B. 虽然射中环数的平均数一样，但方差较大的，潜力较大，更有发展前途

C. 虽然射中环数的平均数一样，但方差较小的，发挥较稳定，更有发展前途

D. 虽然射中环数的平均数一样，但方差较小的，发挥较不稳定，忽高忽低

4. 某县种鸡场为研究不同种鸡的产蛋量，各选十只产蛋母鸡，它们十天的产蛋量如表 7－4 所示，试问这两种鸡哪个产蛋量比较稳定?

表 7－4

	6.12	6.13	6.14	6.15	6.16	6.17	6.18	6.19	6.20	6.21
甲	9	9	7	9	8	9	9	10	9	7
乙	9	8	10	7	8	8	9	8	8	8

习题 7－4

1. 某市为了考察本市 5 万名初中生的视力情况，从中抽取 500 人进行视力检查，总体、个体、样本和样本容量各是什么？

2. 有一批机器编号为 1，2，3，…，96，请用随机数表法抽取 10 台入样，写出抽样过程.

3. 现有 20 条电脑内存，需从中抽取 5 条进行检查，问如何利用抽签法得到一个容量为 5 的样本？

4. 从编号为 1～52 的 52 枚最新研制的某型导弹中随机抽取 5 枚进行发射实验，用系统抽样法确定所选取的 5 枚导弹的编号可能是（　　）

A. 5，10，15，20，25　　B. 8，18，28，38，48

C. 11，22，33，44，55　　D. 16，25，34，43，52

5. 某校有师生 4 000 人，用分层随机抽样法从所有师生中抽取一个容量为 200 的样本，调查师生对学校食堂餐饮问题的建议. 已知抽取的学生人数为 190 人，则学校教师有（　　）人.

A. 100　　B. 150　　C. 200　　D. 250

6. 表 7－5 为四川卧龙大熊猫保护研究中心的 30 只成年大熊猫的体重（单位：kg），请制作频数分布表和频数分布直方图.

表 7－5

110	104	120	115	99	135
86	132	109	93	116	98
126	117	96	107	116	87
109	113	142	108	123	113
94	104	109	139	101	102

7. 甲、乙两班举行电脑汉字输入速度比赛，各选 10 名学生参加，各班参赛学生每分钟输入汉字个数统计如表 7－6 所示：

表 7－6

输入汉字/个	132	133	134	135	136	137	平均数（$\bar{x}$）	方差（s^2）
甲班学生/人	1	0	1	5	2	1	135	1.8
乙班学生/人	0	1	4	1	2	2		

请填写表中乙班学生的相关数据，再根据所学的统计学知识，从不同方面评价甲、乙两班学生的比赛成绩.（至少从两个方面进行评价）

复习题七

1. 某宾馆安排 A，B，C，D，E 五人入住 3 个房间，每个房间至少住 1 人，且 A，B 不能住同一房间，则不同的安排方法有多少种？

2. 从 3 名男生和 6 名女生中，抽取 3 名学生参加某项竞赛，如果按性别比例分层抽样，则有多少种不同的抽取方法？

3. 已知二项式$\left(x^2+\dfrac{1}{2\sqrt{x}}\right)^n$（$n\in\mathbf{N}^*$）展开式中，前三项的二项式系数和是 56，求展开式中的常数项.

4. 某公司对同时从 A，B，C 三个不同国家进口的某种商品进行抽样检测，从各国家进口此种商品的数量（单位：件）如表 7－7 所示. 工作人员用分层抽样的方法从这些商品中共抽取 6 件样品进行检测.

表 7－7

国家	A	B	C
数量	50	150	100

（1）求这 6 件样品中来自 A，B，C 各国家商品的数量；

（2）若在这 6 件样品中随机抽取 2 件送往甲机构进行进一步检测，求这 2 件商品来自同一个国家的概率.

5. 在一次军事演习中，三架武装直升机分别从不同方位发射一枚导弹对同一目标发动攻击，它们命中目标的概率分别为 0.9，0.9，0.8. 若至少有两枚导弹命中目标方可将其摧毁，则目标被摧毁的概率为多少？

6. 某人进行一系列独立试验，每次试验成功的概率为 $\frac{1}{4}$，问此人在成功 2 次之前已经失败 3 次的概率是多少？

7. 甲袋中有 2 个白球、3 个红球，乙袋中有 4 个白球、2 个红球，从甲袋中任取两个球放入乙袋，再从乙袋中任取一球，求从乙袋取出白球的概率.

8. 采用系统抽样方法从 960 人中抽取 32 人做问卷调查，为此将他们随机编号为 1，2，…，960，分组后在第一组采用简单随机抽样的方法抽到的号码为 9. 抽到的 32 人中，编号落入区间［1，450］的人做问卷 A，编号落入区间［451，750］的人做问卷 B，其余的人做问卷 C，则抽到的人中，做问卷 B 的人数为多少？

附录：随机数表

03 47 43 73 86　36 96 47 36 61　46 98 63 71 62　33 26 16 80 45　60 11 14 10 95
97 74 24 67 62　42 81 14 57 20　42 53 32 37 32　27 07 36 07 51　24 51 79 89 73
16 76 62 27 66　56 50 26 71 07　32 90 79 78 53　13 55 38 58 59　88 97 54 14 10
12 56 85 99 26　96 96 68 27 31　05 03 72 93 15　57 12 10 14 21　88 26 49 81 76
55 59 56 35 64　38 54 82 46 22　31 62 43 09 90　06 18 44 32 53　23 83 01 30 30
16 22 77 94 39　49 54 43 54 82　17 37 93 23 78　87 35 20 96 43　84 26 34 91 64
84 42 17 53 31　57 24 55 06 88　77 04 74 47 67　21 76 33 50 25　83 92 12 06 76
63 01 63 78 59　16 95 55 67 19　98 10 50 71 75　12 86 73 58 07　44 39 52 38 79
33 21 12 34 29　78 64 56 07 82　52 42 07 44 38　15 51 00 13 42　99 66 02 79 54
57 60 86 32 44　09 47 27 96 54　49 17 46 09 62　90 52 84 77 27　08 02 73 43 28
18 18 07 92 45　44 17 16 58 09　79 83 86 19 62　06 76 50 03 10　55 23 64 05 05
26 62 38 97 75　84 16 07 44 99　83 11 46 32 24　20 14 85 88 45　10 93 72 88 71
23 42 40 64 74　82 97 77 77 81　07 45 32 14 08　32 98 94 07 72　93 85 79 10 75
52 36 28 19 95　50 92 26 11 97　00 56 76 31 38　80 22 02 53 53　86 60 42 04 53
37 85 94 35 12　83 39 50 08 30　42 34 07 96 88　54 42 06 87 98　35 85 29 48 39
70 29 17 12 13　40 33 20 38 26　13 89 51 03 74　17 76 37 13 04　07 74 21 19 30
56 62 18 37 35　96 83 50 87 75　97 12 55 93 47　70 33 24 03 54　97 77 46 44 80
99 49 57 22 77　88 42 95 45 72　16 64 36 16 00　04 43 18 66 79　94 77 24 21 90
16 08 15 04 72　33 27 14 34 09　45 59 34 68 49　12 72 07 34 45　99 27 72 95 14
31 16 93 32 43　50 27 89 87 19　20 15 37 00 49　52 85 66 60 44　38 68 88 11 80
68 34 30 13 70　55 74 30 77 40　44 22 78 84 26　04 33 46 09 52　68 07 97 06 57
74 57 25 65 76　59 29 97 68 60　71 91 38 67 54　13 58 18 24 76　15 54 55 95 52
27 42 37 86 53　48 55 90 65 72　96 57 69 36 10　96 46 92 42 45　97 60 49 04 91
00 39 68 29 61　66 37 32 20 30　77 84 57 03 29　10 45 65 04 26　11 04 96 67 24
29 94 98 94 24　68 49 69 10 82　53 75 91 93 30　34 25 20 57 27　40 48 73 51 92
16 90 82 66 59　83 62 64 11 12　67 19 00 71 74　60 47 21 29 68　02 02 37 03 31
11 27 94 75 06　06 09 19 74 66　02 94 37 34 02　76 70 90 30 86　38 45 94 30 38
35 24 10 16 20　33 32 51 26 38　79 78 45 04 91　16 92 53 56 16　02 75 50 95 98
38 23 16 86 38　42 38 97 01 50　87 75 66 81 41　40 01 74 91 62　48 51 84 08 32
31 96 25 91 47　96 44 33 49 13　34 86 82 53 91　00 52 43 48 85　27 55 26 89 62
66 67 40 67 14　64 05 71 95 86　11 05 65 09 68　76 83 20 37 90　57 16 00 11 66
14 90 84 45 11　75 73 88 05 90　52 27 41 14 86　22 98 12 22 08　07 52 74 95 80
68 05 51 18 00　33 96 02 75 19　07 60 62 93 55　59 33 82 43 90　49 37 38 44 59

文化广角

概率论的起源

概率论是一门研究事情发生的可能性的学问，但是最初概率论的起源与赌博问题有关. 17 世纪法国有两个大数学家，一个叫帕斯卡，一个叫费马.

一个赌徒向帕斯卡提出了一个分赌注问题：有两个赌徒 A 与 B 下赌金之后，约定谁先赢满 5 局，谁就获得全部赌金. 赌了一段时间后，A 赢了 4 局，B 赢了 3 局，此时两人因故不得不终止赌博. 此时这个赌金应该如何分配？

对这个问题，有人说把钱分成 7 份，赢了 4 局的就拿 4 份，赢了 3 局的就拿 3 份；也有人认为，因为最早说的是赢满 5 局，而谁也没达到，所以就一人分一半.

直观而言，上述的两种方案显然都不合理，赌博中断时 A 应该多分一些，但到底应该多分多少呢？帕斯卡从直觉意识到，中断赌博时赌注的分配比例，应该与双方距离约定的最终判赢局数有关. 比如说，A 已经赢了 4 局，距离 5 局的判赢局数差 1 局；B 已经赢了 3 局，距离 5 局的判赢局数还差 2 局. 因此，帕斯卡认为需要研究从中断赌博那个“点”开始，如果继续赌下去的各种可能性. 为了尽快地解决这个问题，帕斯卡与住在法国南部的费马以通信的方式讨论，他们最终完整地解决了“分赌注问题”.

他们认为：赢了 4 局的 A 分得全部赌金的 $\frac{3}{4}$，赢了 3 局的 B 分得剩下的 $\frac{1}{4}$.

为什么呢？假定 A，B 再赌一局，在这一局中或者 A 赢，或者 B 赢. 若是 A 赢，则他赢满了 5 局，赌金应该全归他；若 A 输了，则 A，B 各赢 4 局，这个钱应该对半分. 因为 A 输赢的可能性都是 $\frac{1}{2}$，所以他拿的赌金应该是 $\frac{1}{2}\times 1+\frac{1}{2}\times\frac{1}{2}=\frac{3}{4}$，当然，$B$ 就应该得剩余的 $\frac{1}{4}$.

从研究掷骰子开始，帕斯卡与费马一起为现代概率理论奠定了基础，对数学做出了卓越的贡献. 1657 年，荷兰数学家惠更斯在帕斯卡和费马工作的基础上，完成了《论赌博中的计算》一书，此书被认为是关于概率论的最早系统性论著. 不过，人们仍然将概率论的诞生日定为 1654 年 7 月 29 日，因为在那天，帕斯卡和费马开始通信.

概率论从诞生之日起，经过诸多数学家的努力工作逐步发展起来，今天已经成为应用非常广泛的一门学科.

第八章　线性代数初步

线性代数是研究变量间线性关系的一门数学学科，它是代数学的一个重要分支，现已广泛应用于自然科学、工程技术、社会科学等许多领域. 本章主要介绍行列式及其计算、矩阵基础知识，用克莱姆法则、高斯消元法和矩阵方法解线性方程组.

第一节　行列式

行列式（determinant）的概念起源于**解线性方程组**（linear simultaneous equations）. 我们先通过讨论二元一次方程组和三元一次方程组的求解问题引入二阶行列式和三阶行列式的概念，进而定义一般的 n 阶行列式.

一、二阶行列式与三阶行列式

1. 二阶行列式

在初等代数里，对于二元一次方程组

$$\begin{cases} a_{11}x_1 + a_{12}x_2 = b_1, \\ a_{21}x_1 + a_{22}x_2 = b_2. \end{cases} \quad ①$$

由消元法知，当 $a_{11}a_{22} - a_{21}a_{12} \neq 0$ 时，方程组有唯一解

$$\begin{cases} x_1 = \dfrac{b_1a_{22} - b_2a_{12}}{a_{11}a_{22} - a_{21}a_{12}}, \\ x_2 = \dfrac{a_{11}b_2 - a_{21}b_1}{a_{11}a_{22} - a_{21}a_{12}}. \end{cases} \quad ②$$

为了方便记忆与讨论上述表达式②，我们给出以下记法.

定义 1　由 4 个数 a_{11}，a_{12}，a_{21}，a_{22} 写成下面的式子：

$$\begin{vmatrix} a_{11} & a_{12} \\ a_{21} & a_{22} \end{vmatrix} = a_{11}a_{22} - a_{21}a_{12},$$

上式的左端称为**二阶行列式**（second-order determinant），右端称为二阶行列式的展开式，数 $a_{ij}(i=1, 2; j=1, 2)$ 称为行列式的元素. 元素第一个下角标 i 称为**行标**（row-coordinate），

表示该元素位于第 i 行；第二个下角标 j 称为**列标**（column-coordinate），表示该元素位于第 j 列.

把 a_{11}，a_{22}所在的直线称为**主对角线**（leading diagonal），a_{21}，a_{12}所在直线称为**次（副）对角线**（secondary diagonal）.

根据二阶行列式的概念，表达式②的分子部分可以表示为

$$b_1a_{22}-b_2a_{12}=\begin{vmatrix} b_1 & a_{12} \\ b_2 & a_{22} \end{vmatrix},$$

$$a_{11}b_2-a_{21}b_1=\begin{vmatrix} a_{11} & b_1 \\ a_{21} & b_2 \end{vmatrix}.$$

用 D，D_1，D_2 分别表示上述各行列式，即

$$D=\begin{vmatrix} a_{11} & a_{12} \\ a_{21} & a_{22} \end{vmatrix},\ D_1=\begin{vmatrix} b_1 & a_{12} \\ b_2 & a_{22} \end{vmatrix},\ D_2=\begin{vmatrix} a_{11} & b_1 \\ a_{21} & b_2 \end{vmatrix}.$$

于是，当 $D\neq0$ 时，线性方程组①的解可用二阶行列式表示为

$$\begin{cases} x_1=\dfrac{D_1}{D}, \\ x_2=\dfrac{D_2}{D}. \end{cases}$$

其中，D 称为方程组①的**系数行列式**（determinant of coefficient），D_1 和 D_2 是以 b_1，b_2 分别替代系数行列式 D 中的第一列、第二列元素所得到的两个二阶行列式.

例 1 展开下列行列式，并化简：

（1）$\begin{vmatrix} 10 & -9 \\ -3 & 7 \end{vmatrix}$；（2）$\begin{vmatrix} m+1 & m+2 \\ m & m+1 \end{vmatrix}$；

（3）$\begin{vmatrix} \sin x & \cos x \\ \cos x & -\sin x \end{vmatrix}$；（4）$\begin{vmatrix} \log_a x & \log_a x \\ m & n \end{vmatrix}$.

解：（1）原式 $=10\times7-(-3)\times(-9)=43$；

（2）原式 $=(m+1)^2-m(m+2)=1$；

（3）原式 $=-\sin^2x-\cos^2x=-1$；

（4）原式 $=n\log_a x-m\log_a x=(n-m)\log_a x$.

例 2 解二元一次方程组 $\begin{cases} 11x-2y=-5, \\ 3x+7y=-24. \end{cases}$

解：由 $D=\begin{vmatrix} 11 & -2 \\ 3 & 7 \end{vmatrix}=77-(-6)=83\neq0$，

$$D_x=\begin{vmatrix} -5 & -2 \\ -24 & 7 \end{vmatrix}=-35-48=-83,$$

$$D_y=\begin{vmatrix} 11 & -5 \\ 3 & -24 \end{vmatrix}=-264-(-15)=-249,$$

得 $x=\dfrac{D_x}{D}=\dfrac{-83}{83}=-1$，$y=\dfrac{D_y}{D}=\dfrac{-249}{83}=-3$.

故方程组的解为 $\begin{cases}x=-1,\\ y=-3.\end{cases}$

2. 三阶行列式

对于三元一次方程组 $\begin{cases}a_{11}x_1+a_{12}x_2+a_{13}x_3=b_1,\\ a_{21}x_1+a_{22}x_2+a_{23}x_3=b_2,\\ a_{31}x_1+a_{32}x_2+a_{33}x_3=b_3.\end{cases}$ ③

类似于二元一次线性方程组的情形，我们同样可以利用消元法得到其求解公式，为了便于记忆，我们引入三阶行列式的概念.

定义 2 由 9 个数组成下面的式子

$$\begin{vmatrix}a_{11} & a_{12} & a_{13}\\ a_{21} & a_{22} & a_{23}\\ a_{31} & a_{32} & a_{33}\end{vmatrix}$$

称为**三阶行列式**（third-order determinant），其展开式为

$$\begin{vmatrix}a_{11} & a_{12} & a_{13}\\ a_{21} & a_{22} & a_{23}\\ a_{31} & a_{32} & a_{33}\end{vmatrix}=a_{11}a_{22}a_{33}+a_{12}a_{23}a_{31}+a_{13}a_{21}a_{32}-a_{11}a_{23}a_{32}-a_{12}a_{21}a_{33}-a_{13}a_{22}a_{31}.$$

三阶行列式的展开式为 6 项的代数和，其规律遵循图 8 - 1 所示的**对角线法则**（diagonal method）. 每一项均位于不同行不同列的 3 个元素之积，实线相连的 3 个元素之积带"+"号，虚线相连的 3 个元素之积带"-"号，

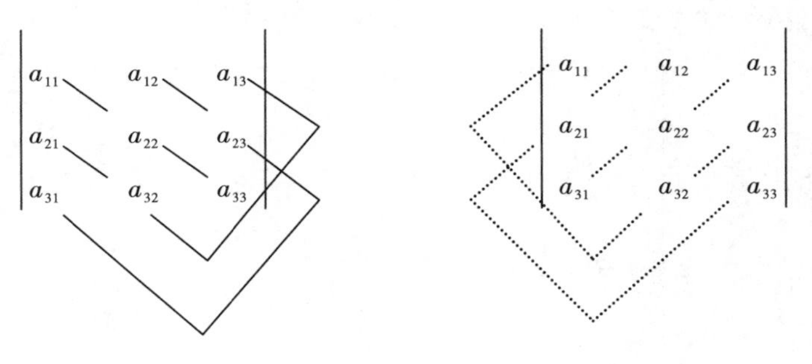

图 8 - 1

方程组③左边未知数的系数按原来相对位置构成的行列式称为方程组③的**系数行列式**（determinant of coefficient）. 设

$$D=\begin{vmatrix}a_{11} & a_{12} & a_{13}\\ a_{21} & a_{22} & a_{23}\\ a_{31} & a_{32} & a_{33}\end{vmatrix},D_1=\begin{vmatrix}b_1 & a_{12} & a_{13}\\ b_2 & a_{22} & a_{23}\\ b_3 & a_{32} & a_{33}\end{vmatrix},D_2=\begin{vmatrix}a_{11} & b_1 & a_{13}\\ a_{21} & b_2 & a_{23}\\ a_{31} & b_3 & a_{33}\end{vmatrix},D_3=\begin{vmatrix}a_{11} & a_{12} & b_1\\ a_{21} & a_{22} & b_2\\ a_{31} & a_{32} & b_3\end{vmatrix}.$$

如果 $D\neq0$，那么方程组③的解为

$$\begin{cases}x_1=\dfrac{D_1}{D},\\x_2=\dfrac{D_2}{D},\\x_3=\dfrac{D_3}{D}.\end{cases}$$

例 3 用对角线法则计算行列式：$\begin{vmatrix}3&-2&1\\-2&1&3\\2&0&-2\end{vmatrix}$.

解：原式 $=3\times1\times(-2)+(-2)\times0\times1+2\times(-2)\times3-3\times0\times3-(-2)\times(-2)\times(-2)-2\times1\times1$

$=-6+0-12-0+8-2=-12.$

例 4 解方程组：$\begin{cases}2x_1-x_2+3x_3=1,\\4x_1+2x_2+5x_3=4,\\2x_1+2x_3=6.\end{cases}$

解：$\because D=\begin{vmatrix}2&-1&3\\4&2&5\\2&0&2\end{vmatrix}$

$=2\times2\times2+4\times0\times3+2\times5\times(-1)-2\times2\times3-0\times5\times2-2\times(-1)\times4$

$=-6\neq0,$

$$D_1=\begin{vmatrix}1&-1&3\\4&2&5\\6&0&2\end{vmatrix}=-54,\ D_2=\begin{vmatrix}2&1&3\\4&4&5\\2&6&2\end{vmatrix}=6,\ D_3=\begin{vmatrix}2&-1&1\\4&2&4\\2&0&6\end{vmatrix}=36,$$

$\therefore$ 原方程组的解为 $\begin{cases}x_1=\dfrac{D_1}{D}=9,\\x_2=\dfrac{D_2}{D}=-1,\\x_3=\dfrac{D_3}{D}=-6.\end{cases}$

练习 1.1

1. 用对角线法则计算.

(1) $\begin{vmatrix}x-1&x^3\\1&x^2+x+1\end{vmatrix}$；　　(2) $\begin{vmatrix}e^{x+y}&e^x-1\\e^x+1&e^{x-y}\end{vmatrix}$；

(3) $\begin{vmatrix} 3 & -5 & 1 \\ 2 & 3 & -6 \\ -7 & 2 & 4 \end{vmatrix}$；　　(4) $\begin{vmatrix} a & h & g \\ h & b & f \\ g & f & c \end{vmatrix}$.

2. 解下列方程组.

(1) $\begin{cases} 7x-5y=17, \\ 13x+7y=-1; \end{cases}$　　(2) $\begin{cases} 9x+23y=-7, \\ 5x-11y=8; \end{cases}$

(3) $\begin{cases} x_1-x_2+3x_3=0, \\ 2x_1+4x_2+5x_3=6, \\ 7x_1-2x_3=7; \end{cases}$　　(4) $\begin{cases} 5x_1-4x_2+3x_3=4, \\ 2x_1+x_2+3x_3=6, \\ 7x_1-x_2+2x_3=8. \end{cases}$

二、n 阶行列式的定义及其展开式

如果我们重新组合三阶行列式的结果，则三阶行列式可用二阶行列式表示如下：

$$\begin{vmatrix} a_{11} & a_{12} & a_{13} \\ a_{21} & a_{22} & a_{23} \\ a_{31} & a_{32} & a_{33} \end{vmatrix} = a_{11}(a_{22}a_{33}-a_{23}a_{32})+a_{12}(a_{23}a_{31}-a_{21}a_{33})+a_{13}(a_{21}a_{32}-a_{23}a_{31})$$

$$=a_{11}(-1)^{1+1}\begin{vmatrix} a_{22} & a_{23} \\ a_{32} & a_{33} \end{vmatrix}+a_{12}(-1)^{1+2}\begin{vmatrix} a_{21} & a_{23} \\ a_{31} & a_{33} \end{vmatrix}+a_{13}(-1)^{1+3}\begin{vmatrix} a_{21} & a_{22} \\ a_{31} & a_{32} \end{vmatrix}.$$

在这一结论中，三个二阶行列式

$$\begin{vmatrix} a_{22} & a_{23} \\ a_{32} & a_{33} \end{vmatrix}, \begin{vmatrix} a_{21} & a_{23} \\ a_{31} & a_{33} \end{vmatrix}, \begin{vmatrix} a_{21} & a_{22} \\ a_{31} & a_{32} \end{vmatrix},$$

分别是三阶行列式中去掉元素 a_{11}，a_{12}，a_{13}所在的行和列后余下的元素按原位置排列成的二阶行列式.

定义 3　一般地，称三阶行列式中去掉元素 a_{ij}所在的行和列后余下的元素按原位置排列成的二阶行列式为元素 a_{ij}的**余子式**（cofactor），记为 M_{ij}；称$(-1)^{i+j}M_{ij}$为元素 a_{ij}的**代数余子式**（algebraic cofactor），记为 A_{ij}，即 $A_{ij}=(-1)^{i+j}M_{ij}$.

由此可得，三阶行列式

$$\begin{vmatrix} a_{11} & a_{12} & a_{13} \\ a_{21} & a_{22} & a_{23} \\ a_{31} & a_{32} & a_{33} \end{vmatrix} = a_{11}A_{11} + a_{12}A_{12} + a_{13}A_{13}.$$

同理，我们可以进一步验证：三阶行列式等于其任意一行（或列）的元素与其对应的代数余子式的乘积之和.

例 1　计算行列式：$\begin{vmatrix} 3 & 1 & -2 \\ 5 & -2 & 7 \\ 3 & 4 & 2 \end{vmatrix}$.

解：按第一行展开

$$\text{原式} = 3\times(-1)^{1+1}\begin{vmatrix} -2 & 7 \\ 4 & 2 \end{vmatrix} + 1\times(-1)^{1+2}\begin{vmatrix} 5 & 7 \\ 3 & 2 \end{vmatrix} + (-2)\times(-1)^{1+3}\begin{vmatrix} 5 & -2 \\ 3 & 4 \end{vmatrix}$$

$$= 3\times(-32) - 1\times(-11) - 2\times 26 = -137.$$

定义 4　由 n^2 个数 $a_{ij}(i=1, 2, \cdots, n;\ j=1, 2, \cdots, n)$ 构成具有 n 行 n 列的式子

$$D_n = \begin{vmatrix} a_{11} & a_{12} & \cdots & a_{1n} \\ a_{21} & a_{22} & \cdots & a_{2n} \\ \vdots & \vdots & & \vdots \\ a_{n1} & a_{n2} & \cdots & a_{nn} \end{vmatrix}$$

叫做 ***n* 阶行列式**（n-order determinant）.

n 阶行列式的展开式是一个算式，其算法定义如下：

当 $n=1$ 时，$D_1 = |a_{11}| = a_{11}$（这里的 $|a_{11}| = a_{11}$ 特指一阶行列式）；

当 $n\geqslant 2$ 时，$D_n = a_{i1}A_{i1} + a_{i2}A_{i2} + \cdots + a_{in}A_{in}(i=1, 2, \cdots, n)$

或 $D_n = a_{1j}A_{1j} + a_{2j}A_{2j} + \cdots + a_{mj}A_{mj}$ $(j=1, 2, \cdots, n)$.

其中，$A_{ij} = (-1)^{i+j}M_{ij}$，$M_{ij}$ 是去掉 n 阶行列式中元素 a_{ij} 所在的行和列后余下的元素按原位置构成的 $n-1$ 阶行列式，即

$$M_{ij} = \begin{vmatrix} a_{1,1} & \cdots & a_{1,j-1} & a_{1,j+1} & \cdots & a_{1,n} \\ \vdots & & \vdots & \vdots & & \vdots \\ a_{i-1,1} & \cdots & a_{i-1,j-1} & a_{i-1,j+1} & \cdots & a_{i-1,n} \\ a_{i+1,1} & \cdots & a_{i+1,j-1} & a_{i+1,j+1} & \cdots & a_{i+1,n} \\ \vdots & & \vdots & \vdots & & \vdots \\ a_{n,1} & \cdots & a_{n,j-1} & a_{n,j+1} & \cdots & a_{n,n} \end{vmatrix} \quad (i=1, 2, \cdots, n;\ j=1, 2, \cdots, n),$$

称 M_{ij} 为元素 a_{ij} 的余子式，A_{ij} 为元素 a_{ij} 的代数余子式.

也就是说，n 阶行列式等于其任意一行（或列）的元素与其对应的代数余子式的乘积之和.

例 2　把行列式 $\begin{vmatrix} 5 & 2 & -3 & 0 \\ 1 & -7 & 2 & 6 \\ 6 & -1 & 1 & -2 \\ 3 & 8 & 4 & 2 \end{vmatrix}$ 按第二行展开.

解：原式 $=1\times(-1)^{2+1}\begin{vmatrix}2 & -3 & 0\\-1 & 1 & -2\\8 & 4 & 2\end{vmatrix}+(-7)\times(-1)^{2+2}\begin{vmatrix}5 & -3 & 0\\6 & 1 & -2\\3 & 4 & 2\end{vmatrix}+$

$$2\times(-1)^{2+3}\begin{vmatrix}5 & 2 & 0\\6 & -1 & -2\\3 & 8 & 2\end{vmatrix}+6\times(-1)^{2+4}\begin{vmatrix}5 & 2 & -3\\6 & -1 & 1\\3 & 8 & 4\end{vmatrix}$$

$$=-\begin{vmatrix}2 & -3 & 0\\-1 & 1 & -2\\8 & 4 & 2\end{vmatrix}-7\begin{vmatrix}5 & -3 & 0\\6 & 1 & -2\\3 & 4 & 2\end{vmatrix}-2\begin{vmatrix}5 & 2 & 0\\6 & -1 & -2\\3 & 8 & 2\end{vmatrix}+6\begin{vmatrix}5 & 2 & -3\\6 & -1 & 1\\3 & 8 & 4\end{vmatrix}.$$

例 3　计算行列式：$\begin{vmatrix}1 & 0 & 0 & 0\\2 & 3 & 0 & 0\\4 & 5 & 6 & 0\\7 & 8 & 9 & 10\end{vmatrix}$.

解：原式 $=1\times\begin{vmatrix}3 & 0 & 0\\5 & 6 & 0\\8 & 9 & 10\end{vmatrix}+0+0+0$

$$=1\times3\times\left(\begin{vmatrix}6 & 0\\9 & 10\end{vmatrix}+0+0\right)$$

$$=1\times3\times6\times10=180.$$

对于 n 阶行列式，a_{11}，a_{22}，$\cdots$，a_{nn}所在的对角线位置称为主对角线. 主对角线上方元素全为零的行列式称为下三角形行列式. 上例说明，下三角形行列式的值等于其主对角线上元素的乘积.

对于主对角线下方元素全为零的上三角形行列式也有类似的结果.

练习 1.2

1. 计算下列行列式.

（1）$\begin{vmatrix}2 & 3 & 3\\1 & -2 & 0\\3 & 1 & 7\end{vmatrix}$；　　（2）$\begin{vmatrix}1 & -3 & 1\\2 & 1 & -1\\4 & -5 & 1\end{vmatrix}$；

（3）$\begin{vmatrix}1 & 1 & 0\\0 & 2 & 2\\3 & 0 & 3\end{vmatrix}$；　　（4）$\begin{vmatrix}x & -1 & 0\\-1 & x & -1\\0 & -1 & x\end{vmatrix}$.

2. 计算下列行列式.

(1) $\begin{vmatrix} 0 & 0 & 0 & 1 \\ 0 & 0 & 2 & 3 \\ 0 & 4 & 5 & 6 \\ 7 & 8 & 9 & 10 \end{vmatrix}$; (2) $\begin{vmatrix} 2 & 2 & 11 & 5 \\ 1 & 1 & 5 & 2 \\ 1 & 0 & 0 & -2 \\ 1 & -3 & 3 & 4 \end{vmatrix}$;

(3) $\begin{vmatrix} a & 1 & 1 & 1 \\ 1 & a & 1 & 1 \\ 1 & 1 & a & 1 \\ 1 & 1 & 1 & a \end{vmatrix}$; (4) $\begin{vmatrix} a & -1 & 0 & 0 \\ 1 & a & -1 & 0 \\ 0 & 1 & a & -1 \\ 0 & 0 & 1 & a \end{vmatrix}$.

三、行列式的性质

由例 2 不难看出，利用行列式的定义计算行列式是很麻烦的，且当阶数越高时，计算量就越大. 因此，有必要进一步研究行列式的解，以便简化计算.

利用行列式定义的展开式可以证明行列式的以下性质，这些性质常常用来简化行列式的计算.

设 n 阶行列式

$$D = \begin{vmatrix} a_{11} & a_{12} & \cdots & a_{1n} \\ a_{21} & a_{22} & \cdots & a_{2n} \\ \vdots & \vdots & & \vdots \\ a_{n1} & a_{n2} & \cdots & a_{nn} \end{vmatrix},$$

将 D 的行换为同序号的列（即将第 i 行换为第 i 列）后，得到新的行列式

$$D^T = \begin{vmatrix} a_{11} & a_{21} & \cdots & a_{n1} \\ a_{12} & a_{22} & \cdots & a_{n2} \\ \vdots & \vdots & & \vdots \\ a_{1n} & a_{2n} & \cdots & a_{nn} \end{vmatrix},$$

则 D^T 称为 D 的**转置行列式**（transposed determinant）.

行列式有如下性质：

性质 1 行列式与它的转置行列式的值相等，即 $D = D^T$，

性质 2 互换行列式中任意两行（列）的位置，所得行列式与原行列式的绝对值相等，符号相反.

如：

$$\begin{vmatrix} 1 & 3 & 2 \\ 4 & 1 & 1 \\ 2 & -3 & 1 \end{vmatrix} = -\begin{vmatrix} 2 & -3 & 1 \\ 4 & 1 & 1 \\ 1 & 3 & 2 \end{vmatrix}.$$

特别地，如果行列式中有两行（列）的对应元素完全相同，则行列式的值为零.

如：

$$\begin{vmatrix} 1 & 2 & 3 \\ 1 & 2 & 3 \\ 4 & 5 & 6 \end{vmatrix} = 0.$$

性质3　行列式的某一行（列）中所有的元素都乘以同一数 k，等于用数 k 乘以这个行列式.

同理，行列式的某一行（列）中所有元素的公因子可以提到行列式符号的外面.

如：

$$\begin{vmatrix} a_1 & b_1 & c_1 \\ ka_2 & kb_2 & kc_2 \\ a_3 & b_3 & c_3 \end{vmatrix} = k\begin{vmatrix} a_1 & b_1 & c_1 \\ a_2 & b_2 & c_2 \\ a_3 & b_3 & c_3 \end{vmatrix}.$$

性质4　行列式中如果有两行（列）的对应元素成比例，则此行列式的值为零.

如：

$$\begin{vmatrix} 1 & 2 & 3 \\ 2 & 4 & 6 \\ 7 & 8 & 9 \end{vmatrix} = 2\begin{vmatrix} 1 & 2 & 3 \\ 1 & 2 & 3 \\ 7 & 8 & 9 \end{vmatrix} = 0.$$

性质5　若行列式的某一行（列）的元素都是两数之和，则此行列式等于两个行列式的和，且这两个行列式除这一行（列）以外，其余元素与原行列式的对应元素相同.

如：

$$\begin{vmatrix} 3 & 1 & 2 \\ 8 & 5 & 3 \\ 6 & -1 & 7 \end{vmatrix} = \begin{vmatrix} 1+2 & 1 & 2 \\ 5+3 & 5 & 3 \\ -1+7 & -1 & 7 \end{vmatrix} = \begin{vmatrix} 1 & 1 & 2 \\ 5 & 5 & 3 \\ -1 & -1 & 7 \end{vmatrix} + \begin{vmatrix} 2 & 1 & 2 \\ 3 & 5 & 3 \\ 7 & -1 & 7 \end{vmatrix} = 0 + 0 = 0.$$

性质6　把行列式的某一行（列）的各元素乘以同一数然后加到另一行（列）对应的元素上去，行列式的值不变.

$$\begin{vmatrix} a_1 & b_1 & c_1 \\ a_2 & b_2 & c_2 \\ a_3 & b_3 & c_3 \end{vmatrix} = k\begin{vmatrix} a_1 & b_1 & c_1 \\ a_2 + ka_1 & b_2 + kb_1 & c_2 + kc_1 \\ a_3 & b_3 & c_3 \end{vmatrix}.$$

例1　计算下列行列式的值.

(1) $\begin{vmatrix} 2 & 2 & 11 & 5 \\ 1 & 1 & 5 & 2 \\ 1 & 0 & 0 & -2 \\ 1 & -3 & 3 & 4 \end{vmatrix}$；　　(2) $\begin{vmatrix} 1 & 3 & 7 & 2 \\ 2 & 1 & 0 & -2 \\ 7 & 4 & 1 & -6 \\ -3 & -2 & 4 & 5 \end{vmatrix}$.

解：(1) $\begin{vmatrix} 2 & 2 & 11 & 5 \\ 1 & 1 & 5 & 2 \\ 1 & 0 & 0 & -2 \\ 1 & -3 & 3 & 4 \end{vmatrix} \xlongequal{\text{第一列乘以2加到第四列}} \begin{vmatrix} 2 & 2 & 11 & 9 \\ 1 & 1 & 5 & 4 \\ 1 & 0 & 0 & 0 \\ 1 & -3 & 3 & 6 \end{vmatrix}$

$$\xlongequal{\text{第二列加到第四列}} \begin{vmatrix} 2 & 2 & 11 & 11 \\ 1 & 1 & 5 & 5 \\ 1 & 0 & 0 & 0 \\ 1 & -3 & 3 & 3 \end{vmatrix} = 0;$$

(2) $\begin{vmatrix} 1 & 3 & 7 & 2 \\ 2 & 1 & 0 & -2 \\ 7 & 4 & 1 & -6 \\ -3 & -2 & 4 & 5 \end{vmatrix} \xlongequal[\text{第二列乘以(-2)加到第一列}]{\text{第一列加到第四列}} \begin{vmatrix} -5 & 3 & 7 & 3 \\ 0 & 1 & 0 & 0 \\ -1 & 4 & 1 & 1 \\ 1 & -2 & 4 & 2 \end{vmatrix}$

$$= 1 \times (-1)^{2+2} \begin{vmatrix} -5 & 7 & 3 \\ -1 & 1 & 1 \\ 1 & 4 & 2 \end{vmatrix} \xlongequal[\text{第三列减第二列}]{\text{第二列加到第一列}} \begin{vmatrix} 2 & 7 & -4 \\ 0 & 1 & 0 \\ 5 & 4 & -2 \end{vmatrix}$$

$$= 1 \times (-1)^{2+2} \times \begin{vmatrix} 2 & -4 \\ 5 & -2 \end{vmatrix} = -4 + 20 = 16.$$

例 2 利用行列式的性质计算 $\begin{vmatrix} a & 1 & 1 & 1 \\ 1 & a & 1 & 1 \\ 1 & 1 & a & 1 \\ 1 & 1 & 1 & a \end{vmatrix}$.

解：原式 $= \begin{vmatrix} a+3 & a+3 & a+3 & a+3 \\ 1 & a & 1 & 1 \\ 1 & 1 & a & 1 \\ 1 & 1 & 1 & a \end{vmatrix} = \begin{vmatrix} a+3 & 0 & 0 & 0 \\ 1 & a-1 & 0 & 0 \\ 1 & 0 & a-1 & 0 \\ 1 & 0 & 0 & a-1 \end{vmatrix}$

$$= (a+3)(a-1)^3.$$

练习 1.3

1. 计算下列行列式.

(1) $\begin{vmatrix} 10 & 8 & -2 \\ 15 & 12 & -3 \\ 25 & 20 & 7 \end{vmatrix}$;　　(2) $\begin{vmatrix} \frac{1}{2} & \frac{1}{3} & \frac{1}{4} \\ 12 & 24 & 36 \\ -5 & -4 & -3 \end{vmatrix}$;

(3) $\begin{vmatrix} -ab & bd & bf \\ ac & -cd & cf \\ ae & de & -ef \end{vmatrix}$;　　(4) $\begin{vmatrix} \lambda-1 & 0 & -1 \\ 0 & \lambda & 0 \\ -\lambda & 0 & \lambda-1 \end{vmatrix}$.

2. 计算下列行列式.

(1) $\begin{vmatrix} 1 & 1 & 1 & 1 \\ 1 & 2 & 3 & 4 \\ 1 & 3 & 6 & 10 \\ 1 & 4 & 10 & 20 \end{vmatrix}$;　　(2) $\begin{vmatrix} 1 & p & q & r+s \\ 1 & q & r & s+p \\ 1 & r & s & p+q \\ 1 & s & p & q+r \end{vmatrix}$.

四、线性方程组与克莱姆法则

克莱姆法则（Cramer's rule），又译克拉默法则，是线性代数中一个关于求解**线性方程组**（system of linear equations）的定理. 它适用于变量和方程数目相等的线性方程组，是瑞士数学家克莱姆(Cramer，1704—1752）于1750年在他的《线性代数分析导言》中发表的.

1. 线性方程组的概念

一般地，含有 m 个方程的 n 个未知数的线性方程组可写为

$$\begin{cases} a_{11}x_1 + a_{12}x_2 + \cdots + a_{1n}x_n = b_1, \\ a_{21}x_1 + a_{22}x_2 + \cdots + a_{2n}x_n = b_2, \\ \quad\vdots \qquad\quad \vdots \qquad\qquad\quad \vdots \qquad \vdots \\ a_{m1}x_1 + a_{m2}x_2 + \cdots + a_{mn}x_n = b_m, \end{cases}$$

其中，$a_{ij}(i=1, 2, \cdots, m; j=1, 2, \cdots, n)$ 是方程组的系数，b_i $(i=1, 2, \cdots, m)$ 是方程组的常数项，$x_1, x_2, \cdots, x_n$ 是方程组的未知量.

常数项全为零的线性方程组称为**齐次线性方程组**（system of homogeneous linear equations），b_i $(i=1, 2, \cdots, m)$ 中至少有一个不为零的线性方程组称为**非齐次线性方程组**（system of non-homogeneous linear equations).

2. 克莱姆法则

与二元一次方程组和三元一次方程组的解可用行列式表示相似，对于变量和方程数目相等的线性方程组，它的解也可以用行列式表示.

定理（克莱姆法则）　如果线性方程组

$$\begin{cases}a_{11}x_1+a_{12}x_2+\cdots+a_{1n}x_n=b_1,\\a_{21}x_1+a_{22}x_2+\cdots+a_{2n}x_n=b_2,\\\quad\vdots\qquad\vdots\qquad\qquad\vdots\quad\ \vdots\\a_{n1}x_1+a_{n2}x_2+\cdots+a_{nn}x_n=b_m\end{cases}$$

的系数行列式

$$D=\begin{vmatrix}a_{11}&a_{12}&\cdots&a_{1n}\\a_{21}&a_{22}&\cdots&a_{2n}\\\vdots&\vdots&&\vdots\\a_{n1}&a_{n2}&\cdots&a_{nn}\end{vmatrix}\neq 0,$$

那么线性方程组有唯一解

$$x_j=\frac{D_j}{D}(j=1,2,3,\cdots,n),$$

其中，$D_j(j=1,2,3,\cdots,n)$ 是将系数行列式 D 中的第 j 列的元素 a_{1j}，a_{2j}，$\cdots$，a_{nj} 对应地换为方程组右端的常数项 b_1，b_2，$\cdots$，b_n 后得到的行列式.

例 1　用克莱姆法则解方程组：$\begin{cases}2x_1+3x_2+11x_3+5x_4=2,\\x_1+x_2+5x_3+2x_4=1,\\2x_1+x_2+3x_3+2x_4=-3,\\x_1+x_2+3x_3+4x_4=-3.\end{cases}$

解：∵ 该方程组的系数行列式

$$D=\begin{vmatrix}2&3&11&5\\1&1&5&2\\2&1&3&2\\1&1&3&4\end{vmatrix}=14\neq 0,$$

∴ 方程组有唯一解.

又∵ $D_1=\begin{vmatrix}2&3&11&5\\1&1&5&2\\-3&1&3&2\\-3&1&3&4\end{vmatrix}=-28$，$D_2=\begin{vmatrix}2&2&11&5\\1&1&5&2\\2&-3&3&2\\1&-3&3&4\end{vmatrix}=0$，

$$D_3=\begin{vmatrix}2&3&2&5\\1&1&1&2\\2&1&-3&2\\1&1&-3&4\end{vmatrix}=14,\qquad D_4=\begin{vmatrix}2&3&11&2\\1&1&5&1\\2&1&3&-3\\1&1&3&-3\end{vmatrix}=-14,$$

∴ 由克莱姆法则，得方程组的解为$\begin{cases}x_1=-2,\\x_2=0,\\x_3=1,\\x_4=-1.\end{cases}$

由克莱姆法则，容易得到以下结论：

(1) 如果线性方程组无解或有两个不同的解，则它的系数行列式必为零.

（2）如果齐次线性方程组有非零解，则它的系数行列式 $D=0$.

（3）如果齐次线性方程组的系数行列式 D 不等于零，则齐次线性方程组只有唯一零解.

练习 1.4

1. 用克莱姆法则解下列线性方程组.

（1）$\begin{cases}4x+3y=18,\\-x+3y=3;\end{cases}$

（2）$\begin{cases}x-y-2z=-12,\\2x+y-4z=-15,\\3x+2y+z=14;\end{cases}$

（3）$\begin{cases}x_1-x_2-2x_3=-2,\\2x_1+3x_2-4x_3=-9,\\3x_1+2x_2+x_3=3;\end{cases}$

（4）$\begin{cases}x_1-x_2-2x_3=1,\\2x_1+3x_2-4x_3=-13,\\3x_1+2x_2+x_3=-5.\end{cases}$

2. 用克莱姆法则解下列线性方程组.

（1）$\begin{cases}x_1+2x_2+3x_3-4x_4=8,\\2x_1+2x_2-x_3+3x_4=-1,\\x_1+x_2-2x_3+x_4=2,\\x_1-2x_2+x_3-3x_4=4;\end{cases}$

（2）$\begin{cases}x_1+7x_2+3x_3-9x_4=-2,\\2x_1+x_2-3x_3+6x_4=5,\\x_1+x_2-2x_3+4x_4=3,\\x_1-x_3+x_4=2.\end{cases}$

习题 8－1

1. 展开下列行列式，并化简.

（1）$\begin{vmatrix}1 & 3\\4 & -5\end{vmatrix}$；

（2）$\begin{vmatrix}\sin\alpha & \cos\alpha\\\cos\alpha & -\sin\alpha\end{vmatrix}$；

(3) $\begin{vmatrix} 1-\sqrt{2} & 2-\sqrt{3} \\ 2+\sqrt{3} & 1+\sqrt{2} \end{vmatrix}$；

(4) $\begin{vmatrix} \log_a b & 1 \\ 2 & \log_b a \end{vmatrix}$.

2. 利用对角线法则计算.

(1) $\begin{vmatrix} 3 & -5 & 1 \\ 2 & 3 & 6 \\ -7 & 2 & 4 \end{vmatrix}$；

(2) $\begin{vmatrix} a & b & c \\ 0 & d & e \\ 0 & 0 & f \end{vmatrix}$；

(3) $\begin{vmatrix} 1 & 1 & 1 \\ 2 & 1 & -3 \\ 4 & 1 & 9 \end{vmatrix}$；

(4) $\begin{vmatrix} 0 & a & 0 \\ b & 0 & c \\ 0 & d & 0 \end{vmatrix}$.

3. 设 $D=\begin{vmatrix} 1 & 1 & 1 \\ 2 & a & 3 \\ 4 & a^2 & 9 \end{vmatrix}=0$，求常数 a.

4. 利用行列式性质计算.

(1) $\begin{vmatrix} -1 & 3 & 2 \\ 3 & 5 & -1 \\ 2 & -1 & 6 \end{vmatrix}$；

(2) $\begin{vmatrix} 10 & 8 & -2 \\ 15 & 12 & -3 \\ 25 & 32 & 7 \end{vmatrix}$；

(3) $\begin{vmatrix} \frac{1}{2} & \frac{1}{2} & -1 \\ \frac{1}{3} & \frac{2}{3} & -\frac{2}{3} \\ \frac{2}{5} & \frac{3}{5} & -\frac{1}{5} \end{vmatrix}$；

(4) $\begin{vmatrix} 554 & 427 & 327 \\ 570 & 443 & 343 \\ 631 & 504 & 404 \end{vmatrix}$；

(5) $\begin{vmatrix} 1 & a & a \\ a & 1 & a \\ 1 & 1 & a \end{vmatrix}$；

(6) $\begin{vmatrix} 1 & 1 & 1 \\ a & b & c \\ a^2 & b^2 & c^2 \end{vmatrix}$.

5. 利用行列式性质和展开定理计算.

(1) $\begin{vmatrix} 2 & 1 & 0 & 4 \\ 1 & 2 & -1 & 3 \\ 2 & 3 & 0 & 2 \\ 1 & 2 & 3 & -5 \end{vmatrix}$；

(2) $\begin{vmatrix} 1 & 2 & 3 & 4 \\ 2 & 3 & 4 & 1 \\ 3 & 4 & 1 & 2 \\ 4 & 1 & 2 & 3 \end{vmatrix}$；

(3) $\begin{vmatrix} 1 & a_1 & 0 & 0 \\ -1 & 1-a_1 & a_2 & 0 \\ 0 & -1 & 1-a_2 & a_3 \\ 0 & 0 & -1 & 1-a_3 \end{vmatrix}$；

(4) $\begin{vmatrix} 3 & 1 & -1 & 2 \\ -5 & 1 & 3 & 4 \\ 2 & 0 & 1 & -1 \\ 1 & -5 & 3 & -3 \end{vmatrix}$；

(5) $\begin{vmatrix} a & b & b & b \\ b & a & b & b \\ b & b & a & b \\ b & b & b & a \end{vmatrix}$；

(6) $\begin{vmatrix} 2 & 3 & 0 & 0 \\ -1 & 4 & 0 & 0 \\ 23 & 540 & 1 & 0 \\ 431 & 1\,012 & 112 & 3 \end{vmatrix}$.

6. 用克莱姆法则解下列线性方程组.

(1) $\begin{cases}13x-7y=10,\\19x+15y=2;\end{cases}$

(2) $\begin{cases}4x-y-2z=4,\\2x+y-4z=8,\\x+2y+z=1;\end{cases}$

(3) $\begin{cases}2x_1-x_2+3x_3=1,\\4x_1+2x_2+5x_3=4,\\x_1+x_3=3;\end{cases}$

(4) $\begin{cases}3x_1+2x_2+4x_3-x_4=1,\\x_1+x_2-x_3+2x_4=8,\\2x_1+3x_2-x_3+3x_4=15,\\4x_1-4x_2+3x_3-5x_4=-17.\end{cases}$

第二节　矩　阵

一、矩阵的概念及运算

1. 矩阵的概念

定义 1　由 $m\times n$ 个数 $a_{ij}(i=1,2,\cdots,m;\ j=1,2,\cdots,n)$ 排列而成的如下 m 行 n 列的矩形数表

$$\begin{pmatrix}a_{11}&a_{12}&\cdots&a_{1n}\\a_{21}&a_{22}&\cdots&a_{2n}\\\vdots&\vdots&&\vdots\\a_{m1}&a_{m2}&\cdots&a_{mn}\end{pmatrix}$$

叫做一个 m 行 n 列**矩阵**（matrix），简称 $m\times n$ 矩阵. 称矩阵的横排为**行**(row)，纵排为**列**(column)，其中的每一个数 a_{ij}，称为矩阵的元素，下标中的 i 表示行标，j 表示列标. 通常用大写字母 $\boldsymbol{A}$，$\boldsymbol{B}$，$\boldsymbol{C}$，…表示矩阵. 为了更清楚地表明矩阵的行数和列数，有时矩阵也记作 $\boldsymbol{A}_{m\times n}$ 或 $\boldsymbol{A}=(a_{ij})_{m\times n}$.

元素全为零的矩阵称为**零矩阵**（null matrix），记为 $\boldsymbol{O}$（这不是一个0，而是含有 $m\times n$ 个0的矩形数表）.

行数和列数均为 n 的矩阵称为 n 阶**方阵**（square matrix），n 称为**方阵的阶数**（order of matrix）. 方阵中从左上角到右下角的直线称为方阵的主对角线，从左下角到右上角的直线称为方阵的次（副）对角线.

主对角线上的元素全是1，主对角线以外的元素全是0的方阵称为**单位矩阵**（identity

matrix)，记作 $\boldsymbol{E}$ 或 $\boldsymbol{E}_n$，即

$$\boldsymbol{E}_n = \begin{pmatrix} 1 & 0 & \cdots & 0 \\ 0 & 1 & \cdots & 0 \\ \vdots & \vdots & & \vdots \\ 0 & 0 & \cdots & 1 \end{pmatrix}.$$

主对角线以外的元素全是 0 的方阵称为**对角矩阵**（diagonal matrix）. 主对角线以上的元素全为 0 的方阵称为下三角矩阵，主对角线以下的元素全为 0 的方阵称为上三角矩阵，下三角矩阵与上三角矩阵合称**三角矩阵**（triangular matrix）.

2. 矩阵的运算

（1）矩阵的加法.

定义 2 设有两个同型的 $m \times n$ 矩阵 $\boldsymbol{A} = (a_{ij})$，$\boldsymbol{B} = (b_{ij})$，将它们对应位置上的元素分别相加得到的 $m \times n$ 矩阵叫矩阵 $\boldsymbol{A}$ 与 $\boldsymbol{B}$ 的和，记作 $\boldsymbol{A} + \boldsymbol{B}$，即

$$\boldsymbol{A} + \boldsymbol{B} = (a_{ij})_{m \times n} + (b_{ij})_{m \times n} = (a_{ij} + b_{ij})_{m \times n}.$$

（2）矩阵的减法.

定义 3 设有两个同型的 $m \times n$ 矩阵 $\boldsymbol{A} = (a_{ij})$，$\boldsymbol{B} = (b_{ij})$，将它们对应位置上的元素分别相减得到的 $m \times n$ 矩阵叫矩阵 $\boldsymbol{A}$ 与 $\boldsymbol{B}$ 的差，记作 $\boldsymbol{A} - \boldsymbol{B}$，即

$$\boldsymbol{A} - \boldsymbol{B} = (a_{ij})_{m \times n} - (b_{ij})_{m \times n} = (a_{ij} - b_{ij})_{m \times n}.$$

（3）数与矩阵相乘.

定义 4 用数 λ 乘矩阵 $\boldsymbol{A}$ 的每一个元素所得到的矩阵，称为数 λ 与矩阵 $\boldsymbol{A}$ 的积，简称数乘，记作 $\lambda\boldsymbol{A}$. 即如果 $\boldsymbol{A} = (a_{ij})_{m \times n}$，则

$$\lambda\boldsymbol{A} = (\lambda a_{ij})_{m \times n}.$$

矩阵的加（减）法和数乘运算统称为矩阵的线性运算.

例 1 设矩阵 $\boldsymbol{A} = \begin{pmatrix} 1 & 0 & 1 \\ -1 & 1 & 2 \end{pmatrix}$，$\boldsymbol{B} = \begin{pmatrix} 1 & 1 & 0 \\ 0 & 1 & 0 \end{pmatrix}$，求 $3\boldsymbol{A} - 2\boldsymbol{B}$.

解：
$$3\boldsymbol{A} - 2\boldsymbol{B} = \begin{pmatrix} 3 & 0 & 3 \\ -3 & 3 & 6 \end{pmatrix} - \begin{pmatrix} 2 & 2 & 0 \\ 0 & 2 & 0 \end{pmatrix}$$
$$= \begin{pmatrix} 3-2 & 0-2 & 3-0 \\ -3-0 & 3-2 & 6-0 \end{pmatrix} = \begin{pmatrix} 1 & -2 & 3 \\ -3 & 1 & 6 \end{pmatrix}.$$

（4）矩阵与矩阵的乘法.

定义 5 设矩阵 $\boldsymbol{A} = (a_{ij})_{m \times l}$ 的行数与矩阵 $\boldsymbol{B} = (a_{ij})_{l \times n}$ 的列数相同，称由元素

$$a_{ij} = a_{i1}b_{1j} + a_{i2}b_{2j} + \cdots + a_{in}b_{nj} (i = 1, 2, \cdots, m; j = 1, 2, \cdots, n)$$

构成的 m 行 n 列矩阵 $\boldsymbol{C} = (c_{ij})_{m \times n}$ 叫矩阵 $\boldsymbol{A}$ 与矩阵 $\boldsymbol{B}$ 的乘积，记为 $\boldsymbol{AB}$.

从矩阵乘积的定义可知，只有矩阵 $\boldsymbol{A}$ 的列数等于矩阵 $\boldsymbol{B}$ 的行数时，$\boldsymbol{AB}$ 才有意义.

例 2 设矩阵 $\boldsymbol{A} = \begin{pmatrix} 1 & 1 \\ 0 & 1 \end{pmatrix}$，$\boldsymbol{B} = \begin{pmatrix} 1 & 2 \\ 3 & 4 \end{pmatrix}$，求 $\boldsymbol{AB}$，$\boldsymbol{BA}$ 及 $\boldsymbol{A}^3$.

解：
$$\boldsymbol{AB} = \begin{pmatrix} 1 & 1 \\ 0 & 1 \end{pmatrix}\begin{pmatrix} 1 & 2 \\ 3 & 4 \end{pmatrix} = \begin{pmatrix} 1\times1+1\times3 & 1\times2+1\times4 \\ 0\times1+1\times3 & 0\times2+1\times4 \end{pmatrix} = \begin{pmatrix} 4 & 6 \\ 3 & 4 \end{pmatrix},$$

$$\boldsymbol{BA}=\begin{pmatrix}1&2\\3&4\end{pmatrix}\begin{pmatrix}1&1\\0&1\end{pmatrix}=\begin{pmatrix}1\times1+2\times0&1\times1+2\times1\\3\times1+4\times0&3\times1+4\times1\end{pmatrix}=\begin{pmatrix}1&3\\3&7\end{pmatrix},$$

$$\boldsymbol{A}^3=\begin{pmatrix}1&1\\0&1\end{pmatrix}\begin{pmatrix}1&1\\0&1\end{pmatrix}\begin{pmatrix}1&1\\0&1\end{pmatrix}=\begin{pmatrix}1\times1+1\times0&1\times1+1\times1\\0\times1+1\times0&0\times1+1\times1\end{pmatrix}=\begin{pmatrix}1&2\\0&1\end{pmatrix}\begin{pmatrix}1&1\\0&1\end{pmatrix}=\begin{pmatrix}1&3\\0&1\end{pmatrix}.$$

矩阵的乘法一般不满足交换律，即一般情况下 $\boldsymbol{AB}\neq\boldsymbol{BA}$，若 $\boldsymbol{AB}=\boldsymbol{BA}$，则称 $\boldsymbol{A}$ 与 $\boldsymbol{B}$ 是**可交换的矩阵**（commutative matrix）.

（5）转置矩阵.

定义 6 将 $m\times n$ 矩阵 $\boldsymbol{A}$ 的行换为同序号的列而得到的 $n\times m$ 矩阵叫做矩阵 $\boldsymbol{A}$ 的转置矩阵（transposed matrix），记作 $\boldsymbol{A}^T$. 即如果

$$\boldsymbol{A}=\begin{pmatrix}a_{11}&a_{12}&\cdots&a_{1n}\\a_{21}&a_{22}&\cdots&a_{2n}\\\vdots&\vdots&&\vdots\\a_{m1}&a_{m2}&\cdots&a_{mn}\end{pmatrix},$$

$$\boldsymbol{A}^T=\begin{pmatrix}a_{11}&a_{21}&\cdots&a_{m1}\\a_{12}&a_{22}&\cdots&a_{m2}\\\vdots&\vdots&&\vdots\\a_{1n}&a_{2n}&\cdots&a_{mn}\end{pmatrix}.$$

矩阵的转置运算满足以下运算规律：

（1）$(\boldsymbol{A}^T)^T=\boldsymbol{A}$；

（2）$(\boldsymbol{A}\pm\boldsymbol{B})^T=\boldsymbol{A}^T\pm\boldsymbol{B}^T$；

（3）$(\lambda\boldsymbol{A})^T=\lambda\boldsymbol{A}^T$（$\boldsymbol{A}$ 为常数）；

（4）$(\boldsymbol{AB})^T=\boldsymbol{B}^T\boldsymbol{A}^T$.

例 3 已知矩阵 $\boldsymbol{A}=\begin{pmatrix}2&4&7\\1&3&1\end{pmatrix}$，$\boldsymbol{B}=\begin{pmatrix}3&5&10\\0&3&1\end{pmatrix}$，求 $\boldsymbol{AB}^T$，$\boldsymbol{BA}^T$.

解：$\boldsymbol{B}^T=\begin{pmatrix}3&0\\5&3\\10&1\end{pmatrix}$，所以 $\boldsymbol{AB}^T=\begin{pmatrix}2&4&7\\1&3&1\end{pmatrix}\begin{pmatrix}3&0\\5&3\\10&1\end{pmatrix}=\begin{pmatrix}96&19\\28&10\end{pmatrix}$.

$\boldsymbol{A}^T=\begin{pmatrix}2&1\\4&3\\7&1\end{pmatrix}$，所以 $\boldsymbol{BA}^T=\begin{pmatrix}3&5&10\\0&3&1\end{pmatrix}\begin{pmatrix}2&1\\4&3\\7&1\end{pmatrix}=\begin{pmatrix}96&28\\19&10\end{pmatrix}$.

（6）方阵的行列式.

设有 n 阶方阵 $\boldsymbol{A}$，由 $\boldsymbol{A}$ 的元素（行列次序不变）所构成的行列式叫做方阵 $\boldsymbol{A}$ 的行列式，记作 $|\boldsymbol{A}|$ 或者 $\det\boldsymbol{A}$. 若 $|\boldsymbol{A}|\neq0$，则方阵 $\boldsymbol{A}$ 称为**非奇异矩阵**（nonsingular matrix），否则称为**奇异矩阵**（singular matrix）.

设 $\boldsymbol{A}$，$\boldsymbol{B}$ 均为 n 阶方阵，则有下列运算法则：

（1）$|\boldsymbol{A}^T|=|\boldsymbol{A}|$；

（2）$|\boldsymbol{AB}| = |\boldsymbol{A}| \cdot |\boldsymbol{B}|$；

（3）$|\boldsymbol{A}^n| = |\boldsymbol{A}|^n$；

（4）$|k\boldsymbol{A}| = k^n|\boldsymbol{A}|$（$k$ 为常数）.

例 4　设矩阵 $\boldsymbol{A} = \begin{pmatrix} 1 & 0 & 1 \\ 2 & 1 & -1 \\ 0 & 1 & 1 \end{pmatrix}$，求 $|\boldsymbol{A}^3|$.

解：因为 $|\boldsymbol{A}| = 4$，故 $|\boldsymbol{A}^3| = |\boldsymbol{A}|^3 = 64$.

例 5　设 $\boldsymbol{A} = \begin{pmatrix} 1 & 0 & 1 \\ 2 & 1 & -1 \\ 0 & 1 & 1 \end{pmatrix}$，求 $|2\boldsymbol{A}|$.

解：因为 $|\boldsymbol{A}| = 4$，故 $|\boldsymbol{A}^3| = 2^3|\boldsymbol{A}| = 8 \times 4 = 32$.

练习 2.1

1. 设矩阵 $\boldsymbol{A} = \begin{pmatrix} 1 \\ -1 \\ 2 \end{pmatrix}$，$\boldsymbol{B} = \begin{pmatrix} 3 \\ 1 \\ 4 \end{pmatrix}$，求 $\boldsymbol{AB}^T$，$\boldsymbol{BA}^T$.

2. 设矩阵 $\boldsymbol{A} = \begin{pmatrix} 3 & -1 & 2 \\ 2 & 1 & 4 \end{pmatrix}$，$\boldsymbol{B} = \begin{pmatrix} 2 & 1 & 0 \\ 0 & 1 & 2 \end{pmatrix}$，求 $\boldsymbol{A} - 2\boldsymbol{B}$.

3. 已知矩阵 $\boldsymbol{A} = \begin{pmatrix} 3 & -1 & 2 \\ 2 & 1 & 4 \end{pmatrix}$，$\boldsymbol{B} = \begin{pmatrix} 1 & 1 & 2 \\ 5 & 1 & -4 \\ 3 & 1 & 5 \end{pmatrix}$，求 $\boldsymbol{AB}$.

4. 设矩阵 $\boldsymbol{A} = \begin{pmatrix} 1 & 1 & -1 \\ 1 & 2 & 1 \\ 3 & 1 & -2 \end{pmatrix}$，$\boldsymbol{B} = \begin{pmatrix} 1 & 0 & 0 \\ 0 & -2 & 0 \\ 0 & 0 & 1 \end{pmatrix}$，求 $|\boldsymbol{A}^3|$ 和 $\left|2\boldsymbol{A} + 3\boldsymbol{B}\right|$.

二、矩阵的初等变换及矩阵的逆

1. 矩阵的初等变换

矩阵的初等变换（elementary transformation of a matrix）是研究矩阵理论的重要内容，它是求解逆矩阵、计算矩阵的秩、求解线性方程组的重要工具.

定义 7 矩阵的下列 3 种变换称为矩阵的初等行变换：

（1）互换矩阵中任意两行的位置（简称互换）；

（2）给矩阵的某一行的所有元素乘以一个不为零的数（简称数乘）；

（3）将矩阵中某一行的倍数加到另一行中去（简称倍加）.

若将初等行变换中的行变成列，则称为初等列变换. 初等行变换与初等列变换统称为初等变换.

例 1 利用初等行变换将矩阵$\begin{pmatrix} 1 & -2 & 3 \\ 3 & 1 & -2 \\ -2 & 0 & 2 \end{pmatrix}$化为上三角矩阵.

解：

$$\begin{pmatrix} 1 & -2 & 3 \\ 3 & 1 & -2 \\ -2 & 0 & 2 \end{pmatrix} \xrightarrow[\text{第一行乘以 2 加到第三行}]{\text{第一行乘以}(-3)\text{加到第二行}} \begin{pmatrix} 1 & -2 & 3 \\ 0 & 7 & -11 \\ 0 & -4 & 8 \end{pmatrix}$$

$$\xrightarrow[\text{第三行乘以}(-7)\text{加到第二行}]{\text{第三行除以}(-4)} \begin{pmatrix} 1 & -2 & 3 \\ 0 & 0 & 3 \\ 0 & 1 & -2 \end{pmatrix}$$

$$\xrightarrow{\text{第三、四行互换}} \begin{pmatrix} 1 & -2 & 3 \\ 0 & 1 & -2 \\ 0 & 0 & 3 \end{pmatrix}.$$

2. 矩阵的逆

定义 8 若同阶方阵 $\boldsymbol{A}$ 与 $\boldsymbol{B}$ 满足条件

$$\boldsymbol{AB} = \boldsymbol{BA} = \boldsymbol{E}$$

其中，$\boldsymbol{E}$ 为单位矩阵，则称方阵 $\boldsymbol{A}$ 与 $\boldsymbol{B}$ 互为**逆矩阵**（inverse matrix），并把 $\boldsymbol{A}$ 与 $\boldsymbol{B}$ 中的一个叫另一个的逆矩阵. $\boldsymbol{A}$ 的逆矩阵记为 $\boldsymbol{A}^{-1}$，于是

$$\boldsymbol{A}^{-1} = \boldsymbol{B}, \boldsymbol{B}^{-1} = \boldsymbol{A}.$$

若矩阵 $\boldsymbol{A}$ 可逆，由逆矩阵的定义则有

$$\boldsymbol{A}^{\boldsymbol{A}-1} = \boldsymbol{A}^{-1}\boldsymbol{A} = \boldsymbol{E}.$$

若 $|\boldsymbol{A}| \neq 0$，则方阵 $\boldsymbol{A}$ 有逆矩阵.

3. 逆矩阵的求法

（1）伴随矩阵法.

定义 9 称由 n 阶方阵 $\boldsymbol{A}=\begin{pmatrix}a_{11}&a_{12}&\cdots&a_{1n}\\a_{21}&a_{22}&\cdots&a_{2n}\\\vdots&\vdots&&\vdots\\a_{n1}&a_{n2}&\cdots&a_{nn}\end{pmatrix}$ 的行列式 $|\boldsymbol{A}|$ 中，各个元素的代数余子式构成的矩阵 $\begin{pmatrix}A_{11}&A_{12}&\cdots&A_{1n}\\A_{21}&A_{22}&\cdots&A_{2n}\\\vdots&\vdots&&\vdots\\A_{n1}&A_{n2}&\cdots&A_{nn}\end{pmatrix}^T$ 叫方阵 $\boldsymbol{A}$ 的**伴随矩阵**（adjoint matrix），记为 $\boldsymbol{A}^*$.

伴随矩阵 $\boldsymbol{A}^*$ 是由在 $\boldsymbol{A}$ 的各个元素 a_{ij} 对应的位置上，用其代数余子式代替后，转置得到的矩阵：$\boldsymbol{A}^*=\begin{pmatrix}A_{11}&A_{21}&\cdots&A_{n1}\\A_{12}&A_{22}&\cdots&A_{n2}\\\vdots&\vdots&&\vdots\\A_{1n}&A_{2n}&\cdots&A_{nn}\end{pmatrix}$

根据行列式的展开式，易得：$\boldsymbol{AA}^*=\boldsymbol{A}^*\boldsymbol{A}=|\boldsymbol{A}|\boldsymbol{E}$（$\boldsymbol{E}$ 为单位矩阵）.

若 $|\boldsymbol{A}|\neq0$，则有 $\boldsymbol{A}\left(\dfrac{\boldsymbol{A}^*}{|\boldsymbol{A}|}\right)=\left(\dfrac{\boldsymbol{A}^*}{|\boldsymbol{A}|}\right)\boldsymbol{A}=\boldsymbol{E}$，根据逆矩阵的定义有 $\boldsymbol{A}^{-1}=\left(\dfrac{\boldsymbol{A}^*}{|\boldsymbol{A}|}\right)$.

这种求逆矩阵的方法，称为伴随矩阵法.

例 2 试判断方阵 $\boldsymbol{A}=\begin{pmatrix}1&-1&1\\1&1&0\\2&1&1\end{pmatrix}$ 是否可逆，如果可逆，求出 $\boldsymbol{A}^{-1}$.

解：因为 $|\boldsymbol{A}|=1\neq0$，所以方阵 $\boldsymbol{A}$ 可逆.

$A_{11}=\begin{vmatrix}1&0\\1&1\end{vmatrix}=1$　　$A_{12}=-\begin{vmatrix}1&0\\2&1\end{vmatrix}=-1$　　$A_{13}=\begin{vmatrix}1&1\\2&1\end{vmatrix}=-1$,

$A_{21}=-\begin{vmatrix}-1&1\\1&1\end{vmatrix}=2$　　$A_{22}=\begin{vmatrix}1&1\\2&1\end{vmatrix}=-1$　　$A_{23}=-\begin{vmatrix}1&-1\\2&1\end{vmatrix}=-3$,

$A_{31}=\begin{vmatrix}-1&1\\1&0\end{vmatrix}=-1$　　$A_{32}=-\begin{vmatrix}1&1\\1&0\end{vmatrix}=1$　　$A_{33}=\begin{vmatrix}1&-1\\1&1\end{vmatrix}=2$,

故 $\boldsymbol{A}^*=\begin{pmatrix}1&2&-1\\-1&-1&1\\-1&-3&2\end{pmatrix}$,

从而得 $\boldsymbol{A}^{-1}=\dfrac{\boldsymbol{A}^*}{|\boldsymbol{A}|}=\begin{pmatrix}1&2&-1\\-1&-1&1\\-1&-3&2\end{pmatrix}$.

（2）初等行变换法.

由初等矩阵的理论知识可知，对可逆矩阵 $\boldsymbol{A}$ 与其同阶的单位矩阵 $\boldsymbol{E}$ 作相同的初等行变换，矩阵 $\boldsymbol{A}$ 变换为 $\boldsymbol{E}$，则 $\boldsymbol{E}$ 就变换为 $\boldsymbol{A}^{-1}$.

因此，用初等行变换求矩阵 $\boldsymbol{A}$ 的逆矩阵时，只需在矩阵 $\boldsymbol{A}$ 的右边添上一个同阶数的单位矩阵构成一个新矩阵 $(\boldsymbol{A}\mid\boldsymbol{E})$，则用初等行变换将 $(\boldsymbol{A}\mid\boldsymbol{E})$ 中的 $\boldsymbol{A}$ 变换为 $\boldsymbol{E}$ 的同时，$\boldsymbol{E}$ 就变换为 $\boldsymbol{A}^{-1}$，即

$$(\boldsymbol{A}\mid\boldsymbol{E})\longrightarrow(\boldsymbol{E}\mid\boldsymbol{A}^{-1}).$$

例 3　用初等行变换，求例 1 中矩阵的逆矩阵.

$$\boldsymbol{AE}=\begin{pmatrix}1&-1&1&1&0&0\\1&1&0&0&1&0\\2&1&1&0&0&1\end{pmatrix}\xrightarrow[\text{第一行乘以}(-2)\text{加到第三行}]{\text{第二行减第一行}}\begin{pmatrix}1&-1&1&1&0&0\\0&2&-1&-1&1&0\\0&3&-1&-2&0&1\end{pmatrix}$$

$$\xrightarrow[\text{第二行乘以 3 加到第三行}]{\text{第二行减第三行}}\begin{pmatrix}1&-1&1&1&0&0\\0&-1&0&1&1&-1\\0&0&-1&1&3&-2\end{pmatrix}$$

$$\xrightarrow[\text{第一行加第三行}]{\text{第一行减第二行}}\begin{pmatrix}1&0&1&1&2&-1\\0&-1&0&1&1&-1\\0&0&-1&1&3&-2\end{pmatrix}$$

$$\xrightarrow[\text{第三行乘以}(-1)]{\text{第二行乘以}(-1)}\begin{pmatrix}1&0&1&1&2&-1\\0&1&0&-1&-1&1\\0&0&1&-1&-3&2\end{pmatrix},$$

因此，$\boldsymbol{A}^{-1}=\begin{pmatrix}1&2&-1\\-1&-1&1\\-1&-3&2\end{pmatrix}$.

练习 2.2

1. 利用初等变换将下列矩阵化为上三角矩阵.

(1) $\begin{pmatrix}1&-3&1\\2&1&-1\\4&-5&1\end{pmatrix}$;　　(2) $\begin{pmatrix}2&3&11&5\\1&1&5&2\\2&1&3&2\\1&1&3&4\end{pmatrix}$.

2. 试判断方阵 $\boldsymbol{A}=\begin{pmatrix}1&1&-1\\1&2&1\\3&1&-2\end{pmatrix}$ 是否可逆，如果可逆，求出 $\boldsymbol{A}^{-1}$.

3. 求下列矩阵的逆矩阵.

(1) $\begin{pmatrix} 2 & 0 & 0 \\ 0 & -1 & 0 \\ 0 & 0 & 2 \end{pmatrix}$;

(2) $\begin{pmatrix} 1 & 2 & 3 \\ 2 & 1 & 2 \\ 1 & 3 & 4 \end{pmatrix}$;

(3) $\begin{pmatrix} 1 & 1 & -2 \\ 1 & 2 & -1 \\ 3 & 2 & -1 \end{pmatrix}$;

(4) $\begin{pmatrix} 1 & 2 & 3 & 4 \\ 0 & 1 & 2 & 3 \\ 0 & 0 & 1 & 2 \\ 0 & 0 & 0 & 1 \end{pmatrix}$.

三、矩阵的应用

矩阵一般应用于复杂的数学模型，下面通过例子来介绍运用矩阵求解线性方程组的两种方法.

1. 利用矩阵的初等变换解下列线性方程组

例 1 解线性方程组：

$$\begin{cases} 2x_1 + 3x_2 - 5x_3 = 3, \\ x_1 - 2x_2 + x_3 = 0, \\ 3x_1 + x_2 + 3x_3 = 7. \end{cases}$$

解：由方程组的系数及常数项构成的矩阵

$$\begin{pmatrix} 2 & 3 & -5 & 3 \\ 1 & -2 & 1 & 0 \\ 3 & 1 & 3 & 7 \end{pmatrix},$$

称为该方程组的**增广矩阵**（augmented matrix）. 用消元法解线性方程组的过程，就是对线性方程组的增广矩阵施行初等变换的过程. 现对该方程组的增广矩阵施行初等变换.

$$\begin{pmatrix} 2 & 3 & -5 & 3 \\ 1 & -2 & 1 & 0 \\ 3 & 1 & 3 & 7 \end{pmatrix} \xrightarrow{\text{第一、二行互换}} \begin{pmatrix} 1 & -2 & 1 & 0 \\ 2 & 3 & -5 & 3 \\ 3 & 1 & 3 & 7 \end{pmatrix}$$

$$\xrightarrow[\text{第一行乘以}(-3)\text{加到第三行}]{\text{第一行乘以}(-2)\text{加到第二行}}\begin{pmatrix}1&5&-6&3\\0&7&-7&3\\0&7&0&7\end{pmatrix}$$

$$\xrightarrow[\text{第二、三行互换}]{\text{第三行乘以}(-1)\text{加到第二行}}\begin{pmatrix}1&-2&1&0\\0&7&0&7\\0&0&-7&-4\end{pmatrix}\xrightarrow[\text{第三行乘以}(-1)]{\text{第二行除以}7}\begin{pmatrix}1&-2&1&0\\0&1&0&1\\0&0&7&4\end{pmatrix}$$

因此原方程组与下述方程组同解

$$\begin{cases}x_1-2x_2+x_3=0,\\x_2=1,\\7x_3=4.\end{cases}$$

得 $x_3=\dfrac{4}{7},x_2=1,x_1=2\times1-\dfrac{4}{7}=\dfrac{10}{7}.$

2. 利用矩阵方程解线性方程组

定义 10 对于线性方程组

$$\begin{cases}a_{11}x_1+a_{12}x_2+\cdots+a_{1n}x_n=b_1,\\a_{21}x_1+a_{22}x_2+\cdots+a_{2n}x_n=b_2,\\\quad\vdots\qquad\quad\vdots\qquad\qquad\quad\vdots\qquad\ \vdots\\a_{n1}x_1+a_{n2}x_2+\cdots+a_{nn}x_n=b_m.\end{cases}$$

设 $\boldsymbol{A}=\begin{pmatrix}a_{11}&a_{12}&\cdots&a_{1n}\\a_{21}&a_{22}&\cdots&a_{2n}\\\vdots&\vdots&&\vdots\\a_{m1}&a_{m2}&\cdots&a_{mn}\end{pmatrix}$, $\boldsymbol{X}=\begin{pmatrix}x_1\\x_2\\\vdots\\x_m\end{pmatrix}$, $\boldsymbol{B}=\begin{pmatrix}b_1\\b_2\\\vdots\\b_m\end{pmatrix}$,

则利用矩阵乘法的知识，线性方程组可用矩阵表示为

$$\begin{pmatrix}a_{11}&a_{12}&\cdots&a_{1n}\\a_{21}&a_{22}&\cdots&a_{2n}\\\vdots&\vdots&&\vdots\\a_{m1}&a_{m2}&\cdots&a_{mn}\end{pmatrix}\begin{pmatrix}x_1\\x_2\\\vdots\\x_m\end{pmatrix}=\begin{pmatrix}b_1\\b_2\\\vdots\\b_m\end{pmatrix},$$

可简写成

$$\boldsymbol{AX}=\boldsymbol{B}.$$

这个方程叫矩阵方程. 其中，矩阵 $\boldsymbol{A}$ 称为线性方程组的**系数矩阵**（coefficient matrix），矩阵 $\boldsymbol{B}$ 称为线性方程组的**常数项矩阵**（constant matrix），$\boldsymbol{X}$ 称为线性方程组的**未知参数矩阵**（unknown parameter matrix）.

例 2 解线性方程组：$\begin{cases}x_1-x_2+x_3=0,\\x_1+x_2=1,\\2x_1+x_2+x_3=1.\end{cases}$

解：设 $\boldsymbol{A}=\begin{pmatrix}1&-1&1\\1&1&0\\2&1&1\end{pmatrix}$, $\boldsymbol{X}=\begin{pmatrix}x_1\\x_2\\x_3\end{pmatrix}$, $\boldsymbol{B}=\begin{pmatrix}0\\1\\1\end{pmatrix}$，则原线性方程组可写成 $\boldsymbol{AX}=\boldsymbol{B}$.

利用逆矩阵的计算方法可得

$$A^{-1}=\begin{pmatrix}1&2&-1\\-1&-1&1\\-1&-3&2\end{pmatrix}.$$

给等式 $AX=B$ 的两端的左边同时乘以 A^{-1}，得

$$X=A^{-1}B=\begin{pmatrix}1&2&-1\\-1&-1&1\\-1&-3&2\end{pmatrix}\begin{pmatrix}0\\1\\1\end{pmatrix}=\begin{pmatrix}1\\0\\-1\end{pmatrix}.$$

所以，原方程组的唯一一组解是$\begin{cases}x_1=1,\\x_2=0,\\x_3=-1.\end{cases}$

练习2.3

1. 利用矩阵的初等变换解下列线性方程组.

（1）$\begin{cases}x+y+2z=-3,\\2x-y+3z=-9,\\x+y-z=6;\end{cases}$

（2）$\begin{cases}x_1-2x_2+3x_3+x_4=-5,\\2x_1+3x_2+2x_3=3,\\x_2-2x_3+4x_4=-1,\\x_1+4x_3-3x_4=0.\end{cases}$

2. 利用矩阵方程解线性方程组.

（1）$\begin{cases}x_1-2x_2+x_3=-1,\\2x_1-x_2=-1,\\x_1+x_2+2x_3=3;\end{cases}$

（2）$\begin{cases}x_1-x_2+x_3=0,\\2x_1+x_2-2x_3=-4,\\3x_1+x_2+3x_3=0.\end{cases}$

3. 设矩阵 $A=\begin{pmatrix}2&1&2\\3&2&2\\1&2&3\end{pmatrix}$，$B=\begin{pmatrix}1\\1\\3\end{pmatrix}$，解矩阵方程 $AX=B$.

习题 8－2

1. 填空题.

（1）设矩阵 $\boldsymbol{A}=\begin{pmatrix}1&3&5\\a&4&6\\3&0&9\end{pmatrix}$，$\boldsymbol{B}=\begin{pmatrix}1&3&5\\2&4&6\\b&0&9\end{pmatrix}$，若 $\boldsymbol{A}=\boldsymbol{B}$，则 $a=$______，$b=$______.

（2）已知矩阵 $\boldsymbol{A}=\begin{pmatrix}2&3\\5&-2\end{pmatrix}$，$\boldsymbol{B}=\begin{pmatrix}1&6\\7&0\end{pmatrix}$，若 $\boldsymbol{A}+\boldsymbol{B}=$______.

（3）设 $\boldsymbol{A}=(1,\ 1,\ 0)$，$\boldsymbol{B}=\begin{pmatrix}0\\1\\1\end{pmatrix}$，则 $\boldsymbol{AB}=$______.

（4）已知矩阵 $\boldsymbol{A}=\begin{pmatrix}1&2\\3&4\end{pmatrix}$，且 $|\boldsymbol{AB}|=4$，则 $|2\boldsymbol{B}|=$______.

2. 解答题.

（1）设矩阵 $\boldsymbol{A}=\begin{pmatrix}1&2\\0&3\end{pmatrix}$，$\boldsymbol{B}=\begin{pmatrix}3&-1\\4&2\end{pmatrix}$，求 $\boldsymbol{A}+\boldsymbol{B}$.

（2）设矩阵 $\boldsymbol{A}=\begin{pmatrix}3&2\\0&-3\\2&0\end{pmatrix}$，$\boldsymbol{B}=\begin{pmatrix}1&-2&0\\-3&-1&5\end{pmatrix}$，求 $\boldsymbol{AB}$.

（3）设矩阵 $\boldsymbol{A}=\begin{pmatrix}1&0\\3&7\\0&5\end{pmatrix}$，求 $\boldsymbol{AA}^T$.

（4）计算：$\begin{pmatrix}1&1\\3&0\end{pmatrix}\begin{pmatrix}2&0\\3&6\end{pmatrix}-\begin{pmatrix}5&6\\6&0\end{pmatrix}$.

3. 设 $\boldsymbol{A}=\begin{pmatrix}0&1&1\\0&1&2\\1&2&0\end{pmatrix}$，$\boldsymbol{B}=\begin{pmatrix}1&1&-1\\2&-1&0\\1&0&1\end{pmatrix}$，求 $\boldsymbol{AB}$，$\boldsymbol{BA}$，$\boldsymbol{AB}-\boldsymbol{BA}$，$2\boldsymbol{A}+(\boldsymbol{A}+\boldsymbol{B})^T$.

4. 用初等变换将下矩阵化为上三角矩阵.

(1) $\begin{pmatrix}1&4\\-2&1\end{pmatrix}$；　　(2) $\begin{pmatrix}3&5\\-2&0\end{pmatrix}$；

(3) $\begin{pmatrix}1&1&1\\-2&1&1\\-3&-3&3\end{pmatrix}$；　　(4) $\begin{pmatrix}2&3&5\\1&2&3\\3&4&-3\end{pmatrix}$.

5. 判断下列矩阵是否可逆，如果可逆，求出其逆矩阵.

(1) $\begin{pmatrix}3&5\\1&2\end{pmatrix}$；　　(2) $\begin{pmatrix}1&-1&2\\2&3&-1\\0&-1&1\end{pmatrix}$.

6. 利用矩阵的初等变换解下列线性方程组.

(1) $\begin{cases}x+2y+4z=9,\\5x+y+2z=9,\\3x-y+z=2;\end{cases}$　　(2) $\begin{cases}x_1-2x_2=-1,\\3x_2+3x_3+2x_4=8,\\x_2-2x_3=-1,\\4x_3-3x_4=1.\end{cases}$

7. 解下列矩阵方程.

（1）设 $\boldsymbol{AX}=\boldsymbol{B}$，其中 $\boldsymbol{A}=\begin{pmatrix}1 & 1 & -1\\0 & 2 & 2\\1 & -1 & 0\end{pmatrix}$，$\boldsymbol{X}=\begin{pmatrix}x_1\\x_2\\x_3\end{pmatrix}$，$\boldsymbol{B}=\begin{pmatrix}0\\-2\\2\end{pmatrix}$.

（2）设 $\boldsymbol{AX}=\boldsymbol{B}$，其中 $\boldsymbol{A}=\begin{pmatrix}1 & 0 & -1\\2 & 1 & -2\\1 & 1 & 0\end{pmatrix}$，$\boldsymbol{X}=\begin{pmatrix}x_1\\x_2\\x_3\end{pmatrix}$，$\boldsymbol{B}=\begin{pmatrix}2\\1\\0\end{pmatrix}$.

8. 设矩阵 $\boldsymbol{A}$ 和 $\boldsymbol{B}$ 满足关系式 $\boldsymbol{AB}=\boldsymbol{A}+2\boldsymbol{B}$，其中 $\boldsymbol{A}=\begin{pmatrix}3 & 0 & 1\\1 & 1 & 0\\0 & 1 & 4\end{pmatrix}$，求矩阵 $\boldsymbol{B}$.

复习题八

1. 填空题.

（1）行列式 $\begin{vmatrix}1 & 1 & 1\\1 & 2 & 3\\1 & 4 & 9\end{vmatrix}=$______.

（2）行列式 $\begin{vmatrix}2 & 2 & 2 & 0\\2 & 2 & 0 & 2\\2 & 0 & 2 & 2\\0 & 2 & 2 & 2\end{vmatrix}=$______.

（3）设矩阵 $\boldsymbol{A}=\begin{pmatrix}-1 & 3 & 5\\2 & -4 & 8\\1 & 1 & -2\end{pmatrix}$，则 $3\boldsymbol{A}+2\boldsymbol{E}=$______.

（4）已知矩阵 $\boldsymbol{A}$ 的转置矩阵 $\boldsymbol{A}^T$，则 $(\boldsymbol{A}^T)^T=$______.

（5）已知$A=\begin{pmatrix}1&2&-1\\3&1&4\\0&-1&2\end{pmatrix}$，$B=\begin{pmatrix}0&1&4\\2&1&3\\-1&2&1\end{pmatrix}$，则$(AB)^T=$________.

（6）设n阶方阵$A=\begin{pmatrix}0&3&-4\\1&0&0\\0&2&1\end{pmatrix}$，则$|2A|=$________.

（7）已知$A=\begin{pmatrix}3&0&0\\1&4&0\\0&0&3\end{pmatrix}$，则$(A-2E)^{-1}=$________.

2. 计算下列行列式.

（1）$\begin{vmatrix}3&1&4\\5&-1&6\\-7&8&3\end{vmatrix}$；

（2）$\begin{vmatrix}2x&x&1\\1&x&1\\3&2&x\end{vmatrix}$；

（3）$\begin{vmatrix}a&a^2&1\\b&b^2&1\\c&c^2&1\end{vmatrix}$；

（4）$\begin{vmatrix}1&1&1&1\\1&-1&1&1\\1&1&-1&1\\1&1&1&-1\end{vmatrix}$；

（5）$\begin{vmatrix}3&1&1&1\\1&3&1&1\\1&1&3&1\\1&1&1&3\end{vmatrix}$；

（6）$\begin{vmatrix}1&0&2&1\\0&-1&0&1\\2&0&2&3\\0&1&-1&0\end{vmatrix}$；

（7）$\begin{vmatrix}3&1&-1&2\\-5&1&3&4\\2&0&1&-1\\1&-5&3&-3\end{vmatrix}$；

（8）$\begin{vmatrix}0&a&b&0\\a&0&0&b\\0&c&d&0\\c&0&0&d\end{vmatrix}$.

3. 设 $\boldsymbol{D}=\begin{vmatrix} 2 & -3 & 2 & 4 \\ 1 & -1 & 4 & -3 \\ 1 & 2 & 3 & 4 \\ -1 & 1 & 5 & 7 \end{vmatrix}$，求 $A_{22}+A_{34}$.

4. 用克莱姆法则解下列线性方程组.

(1) $\begin{cases} x-y+z=-5, \\ 2x+y-z=-1, \\ x+y=0; \end{cases}$

(2) $\begin{cases} 7x+2y+3z=15, \\ 5x-3y+2z=15, \\ 10x-11y+5z=36; \end{cases}$

(3) $\begin{cases} 2x_1-x_2+3x_3=1, \\ 4x_1+2x_2+x_3=4, \\ x_1+x_3=3; \end{cases}$

(4) $\begin{cases} 2x_1+x_2-5x_3+x_4=8, \\ x_1-3x_2-6x_4=9, \\ 2x_2-x_3+2x_4=-5, \\ x_1+4x_2-7x_3+6x_4=0. \end{cases}$

5. 已知 $\boldsymbol{A}=\begin{pmatrix} 1 & 0 & 0 \\ 2 & 2 & 0 \\ 3 & 4 & 5 \end{pmatrix}$，求 $\boldsymbol{A}^*$.

6. 求下列方阵的逆矩阵.

(1) $\begin{pmatrix} 1 & 2 \\ 3 & 4 \end{pmatrix}$;

(2) $\begin{pmatrix} 1 & 0 & 0 \\ 1 & 1 & 0 \\ 1 & 1 & 1 \end{pmatrix}$;

(3) $\begin{pmatrix} 1 & 1 & 1 \\ 2 & -1 & 1 \\ 1 & 2 & 0 \end{pmatrix}$;　　(4) $\begin{pmatrix} 1 & 2 & 3 \\ 2 & 1 & 2 \\ 1 & 3 & 4 \end{pmatrix}$.

7. 利用矩阵的初等变换解下列线性方程组.

(1) $\begin{cases} x_1 + x_2 - 2x_3 = -3, \\ 5x_1 - 2x_2 + 7x_3 = 22, \\ x_1 - 3x_2 + 3x_3 = 4; \end{cases}$　　(2) $\begin{cases} 3x_1 + 2x_2 + 4x_3 - x_4 = 10, \\ x_1 + x_2 - x_3 + 2x_4 = -1, \\ 2x_1 + 3x_2 - x_3 + 3x_4 = 1, \\ 4x_1 - 4x_2 + 3x_3 - 5x_4 = 8; \end{cases}$

(3) $\begin{cases} x_1 - 2x_2 + 3x_3 - x_4 = 1, \\ 3x_1 - x_2 + 5x_3 - 3x_4 = 2, \\ 2x_1 + x_2 + 2x_3 - 2x_4 = 3; \end{cases}$　　(4) $\begin{cases} x_1 + 2x_2 + 3x_3 + 4x_4 = 5, \\ x_1 - x_2 + x_3 + x_4 = 1. \end{cases}$

8. 用矩阵方法解线性方程组.

(1) $\begin{cases} x_1 - x_2 + x_3 = 0, \\ x_1 + x_2 = 1, \\ 2x_1 + x_2 + x_3 = 1; \end{cases}$　　(2) $\begin{cases} x_1 - x_3 = 2, \\ 2x_1 + x_2 - 2x_3 = 1, \\ x_1 + x_2 = 0. \end{cases}$

9. 设 $\boldsymbol{X} = \boldsymbol{AX} + \boldsymbol{B}$，其中 $\boldsymbol{A} = \begin{pmatrix} 0 & 1 & 0 \\ -1 & 1 & 1 \\ 1 & 0 & -1 \end{pmatrix}$，$\boldsymbol{B} = \begin{pmatrix} 1 & -1 \\ 2 & 0 \\ 1 & 2 \end{pmatrix}$，求 $\boldsymbol{X}$.

10. 设$A=\begin{pmatrix}1 & 0 & 1\\0 & 2 & 0\\1 & 0 & 1\end{pmatrix}$，且$AB+E=A^2+B$，求$B$.

文化广角

矩阵理论的发展简史

矩阵是一个按照长方阵列排列的复数或实数集合，最早来自方程组的系数及常数所构成的方阵.矩阵是线性代数学、统计分析等应用数学学科中的常见工具.

矩阵的产生最早源于线性方程组的求解.早在公元前1世纪，中国的《九章算术》方程术中，就已经用到类似于矩阵解线性方程组的方法.后来，魏晋时期的数学家刘徽（约225—约295）又在《九章算术注》中对方程术中的遍乘直除算法进一步完善，给出了完整的演算程序，其筹算过程与现今矩阵的行初等变换的一些性质十分相似.

但是，矩阵概念的产生、发展并形成系统完善的理论体系，是在欧洲完成的，英国、法国、德国、瑞士等国很多重要的科学家为矩阵理论的形成和发展做出过巨大贡献.1748年，瑞士数学家欧拉（Euler，1707—1783）在将三个变数的二次型化为标准型时，隐含地给出了特征方程的概念.1773年，法国数学家拉格朗日（Lagrange，1736—1813）在讨论齐次多项式时引入了线性变换.1801年德国数学家高斯（Gauss，1777—1855）在《算术研究》中，将欧拉与拉格朗日的二次型理论进行了系统的推广，给出了两个线性变换的复合，而这个复合的新变换其系数矩阵是原来两个变换的系数矩阵的乘积.1815年，法国数学家柯西（Cauchy，1789—1857）在研究微分方程问题时证明了所有对角矩阵的特征向量（至少在不等的情况下）都是实的.

矩阵的特征根是实数，其中孕育了对称矩阵、特征方程、正交变换等矩阵的一些基本概念.1827年，德国数学家雅可比（Jacobi，1804—1851）得出结论“斜对称矩阵的秩是偶数”.1843年，德国数学家艾森斯坦（Eisenstein，1823—1852）用明确的符号$S\times T$来表示两个变换S和T的复合，并指出矩阵乘法运算不符合交换律.1850年，英国数学家西尔维斯特（SylveSter，1814—1897）在研究方程的个数与未知量的个数不相同的线性方程组时，由于无法使用行列式，所以引入了矩阵的概念.1855年，英国数学家凯莱（Caylag，1821—1895）在研究线性变换下的不变量时，为了简洁、方便，引入了矩阵的概念.1858年，他发表了重要文章《矩阵论的研究报告》，系统地阐述了矩阵的基本理论.1878年，德国数学家弗罗伯纽斯（Frobeniws，1849—1917）在他的论文中引入了矩阵的行列式因子、不变因子和初等因子等概念，1879年，他又在自己的论文中引进矩阵秩的概念.

矩阵的理论发展非常迅速，到19世纪末，矩阵理论体系已基本形成.20世纪初，矩阵理论得到了进一步的发展，现在矩阵已由最初作为一种工具而发展成为独立的数学分支——矩阵论，而矩阵论又可分为矩阵方程论、矩阵分解论和广义逆矩阵论等矩阵的现代理论.目前矩阵及其理论已广泛地应用于现代科技的各个领域，在物理学、控制论、机器人理论、生物学、经济学等学科有大量的应用.

习题参考答案与提示

第一章　函　数

第一节　集　合

练习 1.1

1. (1) {火药，指南针，造纸术，印刷术}；　(2) $\{2, 3, 5, 7, 11, 13\}$；
   (3) $\{3, 5\}$；　(4) $\{0, 1, 2, 3, 4\}$.
2. (1) $\{x \mid x$ 表示中国四大河流$\}$；　(2) $\{x \mid x$ 表示一年的四个季节$\}$；
   (3) $\{x \mid x = 3k + 2, k \in \mathbf{Z}\}$；　(4) $\{(x, y) \mid y = \pm x\}$.
3. (1) 有限集；　(2) 无限集；　(3) 空集；　(4) 空集.

练习 1.2

1. (1) $\in$；　(2) $\subsetneqq$；　(3) $\notin$；　(4) $\supsetneqq$；　(5) $=$；　(6) $\in$；
   (7) $\in$, $\subsetneqq$, $\subsetneqq$, $=$.
2. C　3. D　4. C
5. 子集：
   $\varnothing$, $\{0\}$, $\{1\}$, $\{2\}$, $\{3\}$, $\{0, 1\}$, $\{0, 2\}$, $\{0, 3\}$, $\{1, 2\}$, $\{1, 3\}$, $\{2, 3\}$, $\{0, 1, 2\}$, $\{0, 1, 3\}$, $\{0, 2, 3\}$, $\{1, 2, 3\}$, $\{0, 1, 2, 3\}$.
   真子集：
   $\varnothing$, $\{0\}$, $\{1\}$, $\{2\}$, $\{3\}$, $\{0, 1\}$, $\{0, 2\}$, $\{0, 3\}$, $\{1, 2\}$, $\{1, 3\}$, $\{2, 3\}$, $\{0, 1, 2\}$, $\{0, 1, 3\}$, $\{0, 2, 3\}$, $\{1, 2, 3\}$.
   非空真子集：
   $\{0\}$, $\{1\}$, $\{2\}$, $\{3\}$, $\{0, 1\}$, $\{0, 2\}$, $\{0, 3\}$, $\{1, 2\}$, $\{1, 3\}$, $\{2, 3\}$, $\{0, 1, 2\}$, $\{0, 1, 3\}$, $\{0, 2, 3\}$, $\{1, 2, 3\}$.

6. $q=-\frac{1}{2}$.

练习 1.3

1. B 2. C 3. B 4. B 5. A.

6. $A\cap C=\{2\}$，$B\cap C=\{x\mid x$ 是除 2 以外的质数$\}$，$A\cap B=\varnothing$，$A\cup B=\mathbf{Z}$.

7. (1) $\complement_U A=\{x\mid x$ 是有理数$\}$，$\complement_U B=\{x\mid x$ 是负实数和 0$\}$，
   $\complement_U A\cap\complement_U B=\{x\mid x$ 是负理数与 0$\}$；
   (2) $A=\{x\mid -4\leqslant x\leqslant 2\}$，$\complement_U A=\{x\mid x>2$ 或 $x<-4\}$.

8. $A\cap B=\{x\mid -4<x\leqslant 1$ 或 $3\leqslant x<4\}$，$A\cup B=\mathbf{R}$，
   $\complement_U(A\cap B)=\complement_U A\cup\complement_U B=\{x\mid x\leqslant -4$ 或 $1<x<3$ 或 $x\geqslant 4\}$.

习题 1－1

1. (1) {春节，清明节，端午节，劳动节，中秋节，国庆节，元旦}；
   (2) $\{1, 3, 5, 15\}$；
   (3) {一月，三月，五月，七月，八月，十月，十二月}；
   (4) $\{(1, 3), (4, 2), (7, 1), (10, 0)\}$.

2. (1) $\{x\mid x$ 表示不大于 10 的正偶数$\}$； (2) $\{x\mid x=2k, k\in\mathbf{Z}\}$；
   (3) $\{x\mid x$ 为大于 1 而小于 100 的质数$\}$； (4) $\{x\mid x=\frac{2k-1}{2k}, k\in\mathbf{N}_+\}$.

3. (1) 空集； (2) 有限集； (3) 无限集； (4) 有限集.

4. (1) $\notin$；$\notin$；$\subsetneqq$；$\subsetneqq$； (2) $\subsetneqq$；$\supsetneqq$.

5. (1) $A\cap B=\{3, 4\}$，$B\cap C=\{6, 7\}$，$A\cap C=\varnothing$；
   (2) $A\cup B=\{1, 2, 3, 4, 5, 6, 7\}$，$B\cup C=\{3, 4, 5, 6, 7, 8, 9\}$，
   $A\cup C=\{1, 2, 3, 4, 6, 7, 8, 9\}$.

6. $A\cap B=\{(1, 1)\}$.

7. (1) $\complement_U A=\{b, e, f\}$，$\complement_U B=\{a, c, f\}$，$\complement_U A\cap\complement_U B=\{f\}$，
   $\complement_U A\cup\complement_U B=\{a, b, c, e, f\}$；(2) 略.

8. 由题意可知 7 为两方程的公共根，分别代入方程得：
   $7^2-7m+14=0$，解得 $m=9$， $\therefore A=\{x\mid x^2-9x+14=0\}=\{2, 7\}$；
   $7^2-8\times 7+n=0$，解得 $n=7$， $\therefore B=\{x\mid x^2-8x+7=0\}=\{1, 7\}$.

9. D 10. C

第二节　函数的概念和性质

练习 2.1

1. (1) $\{x\mid x\neq\pm 1\}$； (2) $\{x\mid x\geqslant -4$ 且 $x\neq -2\}$； (3) $x\in\mathbf{R}$； (4) $\left\{x\mid x>\frac{1}{3}\right\}$；

(5) $\{x \mid x>3$ 或 $x<-3\}$；　(6) $\{x \mid x\neq -4, -1, 1, 2\}$.

2. (1)不是；　(2)不是；　(3)是；　(4)是.
3. (1)不是；　(2)是；　(3)是.
4. (1)元素 120°的象为 $-\frac{1}{2}$；　(2)元素 0 的原象为90°.
5. 提示：$f(0)=1$，$f(1)=1\cdot f(1-1)=f(0)=1$；
$f(2)=2\cdot f(2-1)=2\cdot f(1)=2$；
$f(3)=3\cdot f(3-1)=3\cdot f(2)=6$；
$f(4)=4\cdot f(4-1)=4\cdot f(3)=24$；
$f(5)=5\cdot f(5-1)=5\cdot f(4)=120$.
6. (1)$f^{-1}(x)=\frac{1+x}{x}$ $(x\neq 0)$；
(2)$f^{-1}(x)=\ln(x+1)$ $(x>-1)$；
(3)$f^{-1}(x)=x^2-5$ $(x\geqslant 0)$；
(4)$f^{-1}(x)=\frac{2}{x-1}-x$ $(x\neq 1)$；
(5) $f^{-1}(x)=(x+2)^{\frac{5}{3}}$；
(6)$f^{-1}(x)=1-\sqrt{x+1}$ $(x\geqslant 0)$.

练习 2.2

1. 设任意实数 x_1，x_2 且 $x_1<x_2$，
$f(x_1)-f(x_2)=(mx_1+b)-(mx_2+b)=m(x_1-x_2)$
$\because x_1<x_2$，$\therefore x_1-x_2<0$.
故当 $m<0$ 时，$f(x_1)>f(x_2)$，函数 $y=mx+b$ 是减函数，
当 $m>0$ 时，$f(x_1)<f(x_2)$，函数 $y=mx+b$ 是增函数.
2. 设任意实数 x_1，x_2 且 $x_1<x_2$，
$f(x_1)-f(x_2)=(-x_1^2)-(-x_2^2)=(x_2-x_1)(x_2+x_1)$，
$\because x_1<x_2$，$\therefore x_2-x_1>0$.
当 x_1，$x_2\in(-\infty, 0)$ 时，$x_1+x_2<0$，$f(x_1)-f(x_2)<0$，即 $f(x_1)<f(x_2)$，
当 x_1，$x_2\in(0, +\infty)$ 时，$x_1+x_2>0$，$f(x_1)-f(x_2)>0$，即 $f(x_1)>f(x_2)$，
所以，函数 $f(x)=-x^2$ 在 $(-\infty, 0)$ 是增函数；在 $(0, +\infty)$ 是减函数.
3. 设任意实数 x_1，x_2 且 $x_1<x_2$，
$kf(x_1)-kf(x_2)=k(f(x_1)-f(x_2))$
$\because f(x)$是 $\mathbf{R}$ 上的增函数，$\therefore f(x_1)<f(x_2)$.
又 $k>0$，$k(f(x_1)-f(x_2))<0$，即 $kf(x_1)<kf(x_2)$.
$\therefore$ 函数 $y=kf(x)$是 $\mathbf{R}$ 上的增函数.
4. (1)设任意 x_1，$x_2\in(-\infty, 0)$，且 $x_1<x_2$，
　则 $f(x_1)-f(x_2)=\frac{3}{x_1}-\frac{3}{x_2}=\frac{3(x_2-x_1)}{x_1x_2}$，

$\because x_1 < x_2$ 且 x_1，$x_2 \in (-\infty, 0)$，$\therefore x_2 - x_1 > 0$ 且 $x_1 \cdot x_2 > 0$，

$\therefore f(x_1) - f(x_2) > 0$，即 $f(x_1) > f(x_2)$，

$\therefore$ 函数 $f(x) = \dfrac{3}{x}$ 在（$-\infty$，0）上是减函数；

(2)设任意 x_1，$x_2 \in (0, +\infty)$，且 $x_1 < x_2$，

则 $f(x_1) - f(x_2) = (x_1^2 + 1) - (x_2^2 + 1) = (x_1 + x_2)(x_1 - x_2)$，

$\because x_1 < x_2$ 且 x_1，$x_2 \in (0, +\infty)$，$\therefore x_1 - x_2 < 0$ 且 $x_1 + x_2 > 0$，

$\therefore f(x_1) - f(x_2) < 0$，即 $f(x_1) < f(x_2)$，

$\therefore$ 函数 $f(x) = x^2 + 1$ 在（0，$+\infty$）上是增函数；

(3)设任意 x_1，$x_2 \in [2, 6]$，且 $x_1 < x_2$，

则 $f(x_1) - f(x_2) = \dfrac{2}{x_1 - 1} - \dfrac{2}{x_2 - 1} = \dfrac{2(x_2 - x_1)}{(x_1 - 1)(x_2 - 1)}$，

$\because x_1$，$x_2 \in [2, 6]$，$\therefore (x_1 - 1)(x_2 - 1) > 0$，

又 $\because x_1 < x_2$，$\therefore x_2 - x_1 > 0$，

$\therefore f(x_1) - f(x_2) > 0$，即 $f(x_1) > f(x_2)$.

$\therefore$ 函数 $f(x) = \dfrac{2}{x - 1}$ 在［2，6］上是减函数.

5. (1)奇函数；　(2)非奇非偶函数；　(3)偶函数；
   (4)奇函数；　(5)偶函数；　(6)非奇非偶函数.
6. 设 $x < 0$，则 $-x > 0$，$\therefore f(-x) = (-x)[1 + (-x)] = -x(1 - x)$，
   又 $\because f(x)$ 是奇函数，$\therefore f(-x) = -f(x) = -x(1 - x)$，$\therefore f(x) = x(1 - x)$，
   即 $x < 0$ 时，$f(x) = x(1 - x)$.
7. 设任意 x_1，$x_2 \in (0, +\infty)$，且 $x_1 < x_2$，则 $-x_1$，$-x_2 \in (-\infty, 0)$，且 $-x_1 > -x_2$，
   由 $f(x)$ 在（$-\infty$，0）是增函数，可知 $f(-x_1) > f(-x_2)$，
   又 $f(x)$ 是偶函数，$\therefore f(-x_1) = f(x_1)$，$f(-x_2) = -f(x_2)$，
   $\therefore f(x_1) > f(x_2)$，$\therefore$ 函数 $f(x)$ 在（0，$+\infty$）上是减函数.
8. (1)设 $f(x)$ 和 $g(x)$ 定义域相同，且 $f(x)$ 为奇函数，$g(x)$ 为偶函数，
   令 $F(x) = f(x) \cdot g(x)$，则 $F(-x) = f(-x) \cdot g(-x) = -f(x) \cdot g(x) = -F(x)$，
   $\therefore F(x)$ 是奇函数；
   (2)设 $h(x)$ 和 $g(x)$ 定义域相同，且均为偶函数，
   令 $G(x) = g(x) \cdot h(x)$，则 $G(-x) = g(-x) \cdot h(-x) = g(x) \cdot h(x) = G(x)$，
   $\therefore G(x)$ 是偶函数.
9. 偶函数.
10. 奇函数.

习题 1-2

1. C　2. C　3. A　4. A　5. D　6. B

7. 512.

8. $f(-\sqrt{2}) = 8 + 5\sqrt{2}$，$f(-a) = 3a^2 + 5a + 2$，$f(a + 3) = 3a^2 + 13a + 14$，

$f(a)+f(3)=3a^2-5a+16.$

9. (1) $\because f\left(x-\frac{1}{x}\right)=x^2+\frac{1}{x^2}=\left(x-\frac{1}{x}\right)^2+2$，$\therefore f\left(x+\frac{1}{x}\right)=\left(x+\frac{1}{x}\right)^2+2$；

(2) 设 $3x+1=t$，则 $x=\frac{t-1}{3}$，则 $f(t)=4\cdot\frac{t-1}{3}+3=\frac{4}{3}t+\frac{5}{3}$，$\therefore f(x)=\frac{4}{3}x+\frac{5}{3}$.

10. (1) $f(2)=1$，$f(5)=10$，$f(8)=19$；

(2) $f(x)=3x-5=35\Rightarrow x=\frac{40}{3}$，$f(x)=3x-5=47\Rightarrow x=\frac{52}{3}$.

11. (1) $x\in\mathbf{R}$；　(2) $x\in\mathbf{R}$；　(3) $\{x\mid x\geqslant1\}$；　(4) $\{x\mid x<0\}$.

12. (1) $f^{-1}(x)=\frac{3}{x}-2\ (x\neq0)$；　(2) $f^{-1}(x)=(x-1)^{\frac{1}{5}}\ (x\in\mathbf{R})$；

(3) $f^{-1}(x)=1-2^{-x}\ (x\in\mathbf{R})$；　(4) $f^{-1}(x)=\frac{x}{2-5x}\ \left(x\neq\frac{2}{5}\right)$；

(5) $f^{-1}(x)=1+\sqrt{x-1}\ (x\geqslant1)$；　(6) $f^{-1}(x)=\frac{x^2+4}{2}\ (x\geqslant0)$.

第三节　初等函数

练习 3.1

1. (1) $\left(\frac{1}{2}\right)^{2.5}<(2.5)^0<2^{2.5}$；

(2) $\left(\frac{2}{3}\right)^{-\frac{1}{3}}<\left(\frac{5}{3}\right)^{\frac{2}{3}}<3^{\frac{2}{3}}$.

2. (1) $\{x\mid x\geqslant1\}$；　(2) $\{x\mid x\neq1\}$；　(3) $\left\{x\mid \frac{3}{4}<x\leqslant1\right\}$；　(4) $\{x\mid x\geqslant2\}$.

3. (1) $\{x\mid x>0\}$；

(2) $\{x\mid x\neq2\}$；

(3) $\{x\mid x\geqslant3$ 且 $x\neq6\}$；

(4) $\begin{cases}32-4^x>0,\\ \sqrt{x^2-3x-4}\neq0,\\ x^2-3x-4\geqslant0,\end{cases}$ 解得 $x<-1$，函数定义域为 $\{x\mid x<-1\}$.

4. (1) 偶函数；

(2) $\begin{cases}1-x\geqslant0,\\ x-1\geqslant0,\end{cases}$ 即 $x=1$，函数的定义域不关于原点对称，

$\therefore f(x)=\sqrt{1-x}+\sqrt{x-1}$ 是非奇非偶函数；

(3) $\because f(-x)=(-x)\cdot\frac{a^{-x}-1}{a^x+1}=x\cdot\frac{a^x-1}{a^x+1}=f(x)$，

$\therefore f(x)=x\cdot\frac{a^x-1}{a^x+1}$（$a>0$ 且 $a\neq1$）是偶函数；

(4) $f(x)=\frac{a^x+1}{2(a^x-1)}\Rightarrow f(-x)=\frac{1}{2}\cdot\frac{a^{-x}+1}{a^{-x}-1}=-\frac{1}{2}\cdot\frac{a^x+1}{a^x-1}=-f(x)$，

$\therefore f(x)=\frac{1}{a^x-1}+\frac{1}{2}$（$a>0$ 且 $a\neq 1$）是奇函数.

5. (1) $T=\frac{8\pi}{3}$；　(2) $T=\frac{3\pi}{2}$；　(3) $T=6\pi$；　(4) $T=4\pi$.

6. (1) $x=\frac{4}{3}\pi$；　(2) $x=\frac{2}{3}\pi$；　(3) $x=\frac{3}{4}\pi$ 或 $x=-\frac{\pi}{4}$；　(4) $x=\frac{5\pi}{4}$ 或 $x=\frac{7\pi}{4}$.

7. (1) $y=-\frac{\pi}{2}$；　(2) $y=\pi$；　(3) $y=\frac{\pi}{3}$；　(4) $y=\frac{2\pi}{3}$；

(5) $y=\frac{5\pi}{6}$；　(6) $y=-\frac{\pi}{6}$.

8. C　9. A

10. 1.

练习 3.2

1. (1) $y=\sin^2 x$；　(2) $y=(x^2+1)^2=x^4+2x^2+1$；
(3) $y=e^{\cot^2 x}$；　(4) $y=\ln(\cos e^x)$.

2. (1) $y=\frac{1}{u}$，$u=\cos v$，$v=1+x^2$；
(2) $y=u^5$，$u=1+x$；
(3) $y=\ln u$，$u=v^3$，$v=\sin\mu$，$\mu=3x$；
(4) $y=\arctan u$，$u=v^{-1}$，$v=x+1$.

练习 3.3

1. A
2. B
3. x^2+5x+2.
4. A
5. $x+1$.
6. $[1, 2]$.

练习 3.4

1. D　2. C
3. 7 000.
4. 设销售价格为 x 元，利润为 y，商中销售量为 $500-10(x-50)=1\ 000-10x$ 件，
$y=(x-40)(1\ 000-10x)=-10x^2+140x-40\ 000$
$=-10(x-70)^2+9\ 000(40\leqslant x\leqslant 100)$，
当 $x=70$，即定价为 70 元时，商店获得的最大利润是 9 000 元.
5. 设利润为 w，$w=(x-18)(-2x+100)=-2x^2+136x-1\ 800$

$= -2(x-34)^2+512(18 \leqslant x \leqslant 50)$，

当 $x=34$，即定价为 34 元时，厂商每月获得的最大利润是 512 万元.

习题 1-3

1. （1）$0<a<1$；（2）$a>1$；（3）$0<a<3$；（4）$a>1$.
2. $\log_2[\log_3(\log_4 x)]=0 \Rightarrow \log_3(\log_4 x)=1 \Rightarrow \log_4 x=3 \Rightarrow x=64$
   $\log_3[\log_4(\log_2 y)]=0 \Rightarrow \log_4(\log_2 y)=1 \Rightarrow \log_2 y=4 \Rightarrow y=16$
   则 $x+y=64+16=80$.
3. （1）$\{x \mid x \geqslant 1\}$；（2）$\{x \mid x \neq 1\}$；（3）$\left\{x \mid \frac{3}{4}<x \leqslant 1\right\}$；（4）$\{x \mid x \geqslant 2\}$.
4. D 5. A 6. D
7. 2.
8. 18.
9. （1）奇函数；
   （2）$\because f(-x)=a^{-x}-a^{-(-x)}=-(a^x-a^{-x})=-f(x)$；
   $\therefore f(x)=a^x-a^{-x}$ 是奇函数；
   （3）$\because f(-x)=\lg(1-x)+\lg[1-(-x)]=\lg(1-x)+\lg(1+x)=f(x)$；
   $\therefore f(x)=\lg(1+x)+\lg(1-x)$ 是偶函数.
10. （1）利润为 y 元，则，
    $y=Px-R=(180-2x)x-(500-30x)=-2x^2+150x-500$
    由 $-2x^2+150x-500 \geqslant 1\,300$，得 $x^2-75x+900 \leqslant 0$，
    解得 $15<x<60$.
    故该厂日产量在 15 ~60 件时，所得利润不少于 1 300 元.
    （2）$y=-2x^2+150x-500=-2(x-37.5)^2+2\,312.5$.
    又 $f(37)=f(38)=2\,312$.
    故当 $x=37$，日产量为 37 件时，工厂获得的最大利润是 2 312 元.

复习题一

1. D 2. A 3. D
4. 3.
5. $\left[-2, \frac{1}{2}\right]$.
6. $-x^2+2x+4$.
7. $1 \leqslant \lg x \leqslant 3 \Rightarrow 10 \leqslant x \leqslant 10^3$，定义域为 $\{x \mid 10 \leqslant x \leqslant 10^3\}$.
8. （1）$2^{x^2-2x-3}<2^{3-3x}$，$\therefore x^2-2x-3<3-3x$，解得 $-3<x<2$，
   $\therefore$ 原不等式的解集为 $\{x \mid -3<x<2\}$；

(2) $\begin{cases} x^2-3x-4<2x+10, \\ x^2-3x-4>0, \\ 2x+10>0, \end{cases}$ 解得 $-2<x<-1$ 或 $4<x<7$,

$\therefore$ 原不等式的解集为 $\{x \mid -2<x<-1$ 或 $4<x<7\}$;

(3) $5^x+\frac{1}{5}\cdot 5^x<750$, $5^x<5^4$, 解得 $x<4$,

$\therefore$ 原不等式的解集为 $\{x \mid x<4\}$.

9. (1) $f^{-1}(x)=\log_{0.25}x\ (x>0)$; (2) $f^{-1}(x)=\log_{\sqrt{2}}x\ (x>0)$;

(3) $f^{-1}(x)=2^x (x\in \mathbf{R})$; (4) $f^{-1}(x)=2\cdot a^x (x\in \mathbf{R})$.

10. $2\leqslant m\leqslant 6$.

11. (1) $1-\sin x\neq 0$, $\sin x\neq 1$, $\therefore x\neq \frac{\pi}{2}+2k\pi$, $k\in \mathbf{Z}$,

所以定义域为 $\left\{x \mid x\neq \frac{\pi}{2}+2k\pi,\ k\in \mathbf{Z}\right\}$;

(2) $1+\cos x\neq 0$, $\cos x\neq -1$, $\therefore x\neq \pi+2k\pi$, $k\in \mathbf{Z}$,

所以定义域为 $\{x \mid x\neq \pi+2k\pi,\ k\in \mathbf{Z}\}$;

(3) $\tan x\geqslant 0$, 解得 $x\in \left[k\pi, \frac{\pi}{2}+k\pi\right)$, $k\in \mathbf{Z}$.

所以定义域为 $\left[k\pi, \frac{\pi}{2}+k\pi\right)$, $k\in \mathbf{Z}$.

12. (1)奇函数; (2)偶函数; (3)偶函数; (4)非奇非偶函数; (5)非奇非偶函数.

13. (1) $y=\sin x^2$; (2) $y=\ln(\sin^2 x+1)$; (3) $y=a\sin^2(bx+c)$.

14. (1) $T=\frac{8\pi}{3}$; (2) $T=\frac{3\pi}{2}$; (3) $T=6\pi$; (4) $T=4\pi$.

15. (1) $(0, 1)\cup(1, 4]$; (2) $\left(0, \frac{1}{3}\right)$; (3) $(-1, 1)$; (4) $[1, 3)\cup(1, 4]$.

第二章 极限与连续

第一节 数列极限

练习 1.1

(1) $a_n=(-1)^n\frac{1}{2n-1}$, 极限为0, 即 $\lim\limits_{n\to\infty}(-1)^n\frac{1}{2n-1}=0$.

(2) $a_n=\frac{1}{n(n+1)}=\frac{1}{n^2+n}$, 极限为0, 即 $\lim\limits_{n\to\infty}\frac{1}{n(n+1)}=\lim\limits_{n\to\infty}\frac{1}{n^2+n}=0$.

(3) $a_n=\frac{n+2}{n}=1+\frac{2}{n}$, 极限为0, 即 $\lim\limits_{n\to\infty}\frac{n+2}{n}=\lim\limits_{n\to\infty}\left(1+\frac{2}{n}\right)=1$.

(4) $a_n = n + \left(\frac{1}{2}\right)^{n-1}$，依通项的变化趋势，极限不存在，可记作$\lim\limits_{n\to\infty}\left[n + \left(\frac{1}{2}\right)^{n-1}\right] = \infty$.

(5) $a_n = 1 + (-1)^n\frac{2n-1}{n^2}$，极限为1，即$\lim\limits_{n\to\infty}\left[1 + (-1)^n\frac{2n-1}{n^2}\right] = 1$.

(6) $a_n = (-1)^{n+1}\frac{(2n-1)^2}{2n}$，依通项的变化趋势，极限不存在，

可记作$\lim\limits_{n\to\infty}(-1)^{n+1}\frac{(2n-1)^2}{2n} = \infty$.

练习 1.2

1. (1) 0；　(2) 0；　(3) $\frac{3}{4}$；　(4) $-\frac{1}{4}$.

2. (1) 0；　(2) $\frac{4}{3}$.

3. (1) 2；

(2) 原式 $= \lim\limits_{n\to\infty}\left(\frac{1}{1} - \frac{1}{2} + \frac{1}{2} - \frac{1}{3} + \cdots + \frac{1}{n} - \frac{1}{n+1}\right) = \lim\limits_{n\to\infty}\left(1 - \frac{1}{n+1}\right) = 1$.

4. $a = 1$，$b = -1$.

5. $\because \frac{n^2}{n^2+n\pi} \leqslant n\left(\frac{1}{n^2+\pi} + \frac{1}{n^2+2\pi} + \cdots + \frac{1}{n^2+n\pi}\right) \leqslant \frac{n^2}{n^2+\pi}$，

且$\lim\limits_{n\to\infty}\frac{n^2}{n^2+n\pi} = 1$，$\lim\limits_{n\to\infty}\frac{n^2}{n^2+\pi} = 1$，

$\therefore \lim\limits_{n\to\infty} n\left(\frac{1}{n^2+\pi} + \frac{1}{n^2+2\pi} + \cdots + \frac{1}{n^2+n\pi}\right) = 1$.

练习 1.3

1. $\frac{4}{3}$.

2. $\left|\frac{a}{a-2}\right| < 1$，解得 $a < 1$.

3. $q = \frac{1}{2}$.

习题 2－1

1. (1) $a_n = (-1)^n\frac{1}{2n}$，极限为0，即$\lim\limits_{n\to\infty}(-1)^n\frac{1}{2n} = 0$.

(2) $a_n = \frac{(-1)^n}{n(n+1)}$，极限为0，$\lim\limits_{n\to\infty}\frac{(-1)^n}{n(n+1)} = 0$.

(3) $a_n = \frac{1}{(2n-1)(2n+1)}$，极限为0，即$\lim\limits_{n\to\infty}\frac{1}{(2n-1)(2n+1)} = 0$.

(4) $a_n=\dfrac{n^2}{n^2+1}$，极限为 1，$\lim\limits_{n\to\infty}\dfrac{n^2}{n^2+1}=\lim\limits_{n\to\infty}\dfrac{1}{1+\dfrac{1}{n^2}}=\dfrac{1}{1+0}=1.$

(5) $a_n=\dfrac{n+2}{3n+2}$，极限为$\dfrac{1}{3}$，$\lim\limits_{n\to\infty}\dfrac{n+2}{3n+2}=\lim\limits_{n\to\infty}\dfrac{1+\dfrac{2}{n}}{3+\dfrac{2}{n}}=\dfrac{1+0}{3+0}=\dfrac{1}{3}.$

(6) $a_n=1+(-1)^{n+1}\dfrac{2n-1}{(2n)^2}$，极限为 1，即

$$\lim_{n\to\infty}\left[1+(-1)^{n+1}\frac{2n-1}{(2n)^2}\right]=\lim_{n\to\infty}\left[1+\frac{(-1)^{n+1}(2n-1)}{4n^2}\right]=1.$$

2. (1)3；　(2)4；　(3)$\dfrac{1}{5}$；　(4)1；　(5) 2；　(6)2.

3. (1)$\dfrac{3}{2}$；　(2) -1.

4. (1) $a=\sqrt[3]{8}=2$；　(2) $a=b=-2$.

5. (1)0；　(2)1.

6. $\dfrac{81}{4}$.

7. 2.

第二节　函数极限

练习 2.1

1. (1)2；　(2)0；　(3)1；　(4)$\dfrac{4}{9}$；　(5) 0；　(6)1.

2. $\alpha=5$，$\beta=\dfrac{1}{243}$.

3. $a=0$.

练习 2.2

1. (1)2；　(2) -1；　(3)0；　(4)$\dfrac{1}{4}$；　(5) 4；　(6)1.

2. $a=2$，$b=-4$.

3. $a=2$，$b=-8$.

4. $\lim\limits_{x\to1}f(x)=2$.

5. 不存在.

   提示：$\lim\limits_{x\to0^-}f(x)\neq\lim\limits_{x\to0^+}f(x)$.

6. $k=1$.

练习 2.3

1. (1)$\frac{3}{5}$； (2)$\frac{3}{5}$； (3)$\frac{1}{2}$； (4)1； (5)2；

(6)设 $t=x-1$，则 $x=t+1$，由 $x\to1$，得 $t\to0$，

$$\therefore \text{原式}=\lim_{t\to0}\frac{1-(t+1)^2}{\sin(\pi+\pi t)}=\lim_{t\to0}\frac{t(t+2)}{\sin \pi t}=\lim_{t\to0}\left(\frac{\pi t}{\sin \pi t}\cdot\frac{t+2}{\pi}\right)=1\times\frac{2}{\pi}=\frac{2}{\pi}.$$

2. (1)e^2； (2)e； (3)$\frac{1}{e^2}$； (4)e； (5) e^4； (6)e^4.

练习 2.4

1. (1)$\frac{1}{2}$； (2)2； (3)4； (4)$\frac{1}{2}$； (5) $\frac{1}{6}$；

(6)$\text{原式}=\lim_{x\to1}\frac{\sqrt{1+(2x-2)}-1}{x^2-1}=\lim_{x\to1}\frac{\frac{1}{2}(2x-2)}{x^2-1}=\lim_{x\to1}\frac{1}{x+1}=\frac{1}{2}.$

2. (1)$\text{原式}=\lim_{x\to0}\frac{e^{\sin x}(e^{\tan x-\sin x}-1)}{x^3}=\lim_{x\to0}\frac{e^{\tan x-\sin x}-1}{x^3}=\lim_{x\to0}\frac{\tan x-\sin x}{x^3}=\lim_{x\to0}\frac{\frac{1}{2}x^3}{x^3}=\frac{1}{2}$；

(2)$\text{原式}=\lim_{x\to0}\frac{\tan 4x+1-\cos\sqrt{2}x}{\sin 2x}=\lim_{x\to0}\frac{4x+\frac{1}{2}(\sqrt{2}x)^2}{2x}=\lim_{x\to0}\frac{4x+x^2}{2x}=\lim_{x\to0}\frac{4+x}{2}=2.$

3. $a=1$.

习题 2－2

1. (1)2； (2)0； (3)2； (4)1； (5) 0； (6)2.

2. (1) -1； (2)$\frac{2}{3}$； (3) $-\frac{1}{2}$； (4)$\frac{1}{4}$； (5) $\frac{5}{7}$； (6)0；

(7)$\frac{1}{4}$； (8) 4.

3. (1)$\frac{2}{3}$； (2) $-\frac{1}{8}$； (3)1； (4)$\frac{1}{e}$； (5) $\frac{1}{6}$；

(6)$\text{原式}=\lim_{x\to1}\frac{\sqrt{1+(3x-3)}-1}{x^3-1}=\lim_{x\to1}\frac{\frac{1}{2}(3x-3)}{(x-1)(x^2+x+1)}$

$=\frac{3}{2}\lim_{x\to1}\frac{1}{x^2+x+1}=\frac{3}{2}\times\frac{1}{3}=\frac{1}{2}$；

(7)$\text{原式}=\lim_{x\to0}\frac{e^{2x}(e^x-1)}{\sin x}=\lim_{x\to0}\left(e^{2x}\cdot\frac{e^x-1}{\sin x}\right)=\lim_{x\to0}\left(e^{2x}\cdot\frac{x}{x}\right)=1\times1=1$；

(8)原式 $=\lim\limits_{x\to 0}\dfrac{\ln(1+\cos x-1)}{x^2}=\lim\limits_{x\to 0}\dfrac{\cos x-1}{x^2}=\lim\limits_{x\to 0}\dfrac{-\frac{1}{2}x^2}{x^2}=-\dfrac{1}{2}$.

4. $a<0$，$a=-1$，$b=\dfrac{1}{2}$.

5. $a=-3$，$b=2$.

提示：$\lim\limits_{x\to 2}\dfrac{x^2+ax+b}{\sin(x-2)}=\lim\limits_{x\to 2}\dfrac{x^2+ax+b}{x-2}$.

6. $\lim\limits_{x\to\infty}f(x)$不存在.

提示：$\lim\limits_{x\to-\infty}f(x)=\lim\limits_{x\to-\infty}\dfrac{1}{x-1}=0$，$\lim\limits_{x\to+\infty}f(x)=\lim\limits_{x\to+\infty}\dfrac{2x^2-1}{x^2+1}=2$，

$\lim\limits_{x\to-\infty}f(x)\neq\lim\limits_{x\to+\infty}f(x)$.

$\lim\limits_{x\to 0}f(x)$存在.

提示：$\lim\limits_{x\to 0^-}f(x)=\lim\limits_{x\to 0^-}\dfrac{1}{x-1}=-1$，$\lim\limits_{x\to 0^+}f(x)=\lim\limits_{x\to 0^+}\dfrac{2x^2-1}{x^2+1}=-1$，

$\lim\limits_{x\to 0^-}f(x)=\lim\limits_{x\to 0^+}f(x)=-1$，且$\lim\limits_{x\to 0}f(x)=-1$.

7. $a=2$.

第三节　连续函数

练习3.1

1. 连续

提示：$\lim\limits_{x\to 2}f(x)=4=f(2)$.

2. $a=0$.

3. $a=\dfrac{1}{2}$.

4. $a=3$，$b=2$.

5. $f(x)$在$x=1$处不连续；但$f(x)$在$x=0$处连续，且$\lim\limits_{x\to 0}f(x)=\lim\limits_{x\to 0}\dfrac{1}{x-1}=-1$.

练习3.2

1. $x=0$是第一类间断点中的跳跃间断点；$x=1$是函数$f(x)$的连续点.

2. (1)$x=2$是第一类间断点中的跳跃间断点；(2)$x=0$是第二类间断点.

3. $x=1$是第二类间断点；$x=2$是第一类间断点中的可去间断点，函数$f(x)$的连续延拓函数为：$g(x)=\begin{cases}\dfrac{x^2-4}{x^2-3x+2}, & x\neq 2,\\ 4, & x=2.\end{cases}$

练习3.3

1. $\because$ 函数$f(x)$在 $[1, 2]$ 上连续，
   $\therefore$ 由最大值最小值定理，可知函数$f(x)$一定有最小值 m 和最大值 M，
   并使得 $m\leqslant f(1)\leqslant M$；$m\leqslant f(2)\leqslant M$ 且 $2m\leqslant 2f(2)\leqslant 2M$，
   于是 $3m\leqslant f(1)+2f(2)\leqslant 3M$，即 $m\leqslant \dfrac{f(1)+2f(2)}{3}\leqslant M$，又 $f(1)+2f(2)=0$，
   $\therefore$ 由介值定理，至少存在一点 $\xi\in[1, 2]$，使得 $f(\xi)=\dfrac{f(1)+2f(2)}{3}=0$.
2. 函数 $f(x)=x^3-4x^2+1$ 在闭区间 $[0, 1]$ 上连续,又 $f(0)=1>0$，$f(1)=-2<0$，异号.
   由零点定理，在 $(0, 1)$ 内至少有一点 $\xi\in(0, 1)$,使得 $f(\xi)=0$.
   故方程 $x^3-4x^2+1=0$ 在区间 $(0, 1)$ 内至少有一个根.
3. 设 $f(x)=\sin x+x+1$，在开区间 $\left(-\dfrac{\pi}{2}, \dfrac{\pi}{2}\right)$ 上连续，
   $f\left(-\dfrac{\pi}{2}\right)=\sin\left(-\dfrac{\pi}{2}\right)-\dfrac{\pi}{2}+1=-\dfrac{\pi}{2}<0$，$f\left(\dfrac{\pi}{2}\right)=\sin\dfrac{\pi}{2}+\dfrac{\pi}{2}+1=2+\dfrac{\pi}{2}>0$，异号.
   由零点定理，至少有一 $\xi\in(0, 1)$，使 $f(\xi)=0$.
   故方程 $\sin x+x+1=0$ 在开区间 $\left(-\dfrac{\pi}{2}, \dfrac{\pi}{2}\right)$ 内至少有一个实根.

习题2-3

1. $a=2$.
2. $a=1$.
3. $a=2$，$b=1$.
4. (1) $x=-1$ 为第一类间断点中的跳跃间断点；
   (2) $f(x)=1+\dfrac{|x+1|}{x+1}=\begin{cases}0, & x<-1,\\ 2, & x>-1,\end{cases}$ $x=-1$ 为第一类间断点中的跳跃间断点；
   (3) $x=0$ 是第一类间断点中的跳跃间断点.
   提示：$\lim\limits_{x\to0^-}f(x)=\lim\limits_{x\to0^-}\dfrac{2^{\frac{1}{x}}-1}{2^{\frac{1}{x}}+1}=-1$，$\lim\limits_{x\to0^+}f(x)=\lim\limits_{x\to0^+}\dfrac{2^{\frac{1}{x}}-1}{2^{\frac{1}{x}}+1}=\lim\limits_{x\to0^+}\dfrac{1-\dfrac{1}{2^{\frac{1}{x}}}}{1+\dfrac{1}{2^{\frac{1}{x}}}}=1$，
   $\lim\limits_{x\to0^-}f(x)\neq\lim\limits_{x\to0^+}f(x)$.
   (4) $x=0$ 为第一类间断点中的可去间断点.
   提示：$\lim\limits_{x\to0}f(x)=\lim\limits_{x\to0}\dfrac{\frac{1}{2}x}{\frac{1}{2}\cdot 2x}=\dfrac{1}{2}$，但 $f(0)$ 不存在，$\lim\limits_{x\to0}f(x)\neq f(0)$.
5. $x=1$ 是函数 $f(x)$ 的第二类间断点；$x=3$ 是函数 $f(x)$ 的第一类间断点中的可去间断点，

延拓函数为：$g(x)=\begin{cases}\dfrac{x^2-9}{x^2-5x+6}, & x\neq 3,\\ 6, & x=3.\end{cases}$

6. $\because$ 函数$f(x)$在$[a,\ b]$上连续，

$\therefore$ 由最大值最小值定理，可知函数$f(x)$一定有最小值 m 和最大值 M，

并使得 $m\leqslant f(x_1)\leqslant M$；$m\leqslant f(x_2)\leqslant M$ 且 $2m\leqslant 2f(x_2)\leqslant 2M$；

$m\leqslant f(x_3)\leqslant M$ 且 $3m\leqslant 3f(x_3)\leqslant 3M$，

于是 $6m\leqslant f(x_1)+2f(x_2)+3f(x_3)\leqslant 6M$，即 $m\leqslant\dfrac{f(x_1)+2f(x_2)+3f(x_3)}{6}\leqslant M$，

$\therefore$ 由介值定理，至少存在一点 $\xi\in[a,\ b]$，使得$f(\xi)=\dfrac{f(x_1)+2f(x_2)+3f(x_3)}{6}$.

7. 设$f(x)=x-2\sin x-1$，

函数$f(x)$在［0，3］上连续，又$f(0)=-1<0$，$f(3)=3-2\sin 3-1>0$，异号.

由零点定理，在（0，3）内至少存在一个ξ，使得$f(\xi)=0$，

即方程 $x-2\sin x=1$ 至少有一个正根小于3.

复习题二

1. (1)$\dfrac{3}{2}$；　(2)0；　(3)3；

(4)原式 $=\lim\limits_{n\to\infty}\left[\sqrt{\dfrac{(1+n)n}{2}}-\sqrt{\dfrac{n(n-1)}{2}}\right]=\lim\limits_{n\to\infty}\dfrac{\sqrt{2}\cdot\sqrt{n}}{\sqrt{n+1}+\sqrt{n-1}}=\dfrac{\sqrt{2}}{2}$；

(5) 2；　(6)1；　(7) $-\dfrac{1}{2}$；　(8) 1；

(9) 0；

提示：$\dfrac{-\sqrt[3]{n}}{n^3+1}\leqslant\dfrac{\sqrt[3]{n}\sin n}{n^3+1}\leqslant\dfrac{\sqrt[3]{n}}{n^3+1}$；

(10) $\dfrac{1}{2}$；

(11) 1；

提示：$\dfrac{\sqrt{n^2+2}}{\sqrt{n^4+3n}}\times n\leqslant\dfrac{\sqrt{n^2+2}}{\sqrt{n^4+3}}+\dfrac{\sqrt{n^2+4}}{\sqrt{n^4+6}}+\cdots+\dfrac{\sqrt{n^2+2n}}{\sqrt{n^4+3n}}\leqslant\dfrac{\sqrt{n^2+2n}}{\sqrt{n^4+3}}\times n$；

(12) 当$0<a<1$时，原式$=-1$；当$a=1$时，原式$=0$；当$a>1$时，原式$=1$.

2. (1)0；　(2)0；　(3)$\dfrac{1}{2}$；　(4)0；　(5) 1；

(6)原式 $=\lim\limits_{x\to+\infty}\dfrac{\sqrt{x+2\sqrt{x}}+\sqrt{x}}{(\sqrt{x+2\sqrt{x}}-\sqrt{x})(\sqrt{x+2\sqrt{x}}+\sqrt{x})}=\lim\limits_{x\to+\infty}\dfrac{\sqrt{x+2\sqrt{x}}+\sqrt{x}}{2\sqrt{x}}=1$；

(7)原式 $=\lim\limits_{x\to+\infty}\dfrac{\dfrac{\sqrt{4x^2+x-1}}{x}+\dfrac{x}{x}+\dfrac{1}{x}}{\dfrac{\sqrt{x^2+\sin x}}{x}}=\lim\limits_{x\to+\infty}\dfrac{\sqrt{4+\dfrac{1}{x}-\dfrac{1}{x^2}}+1+\dfrac{1}{x}}{\sqrt{1+\dfrac{1}{x^2}\sin x}}=3$；

(8) 1；　(9) $\frac{1}{2}$；　(10) -1；

(11) 原式 $=\lim\limits_{x\to4}\frac{(2-\sqrt{x})(2+\sqrt{x})(3+\sqrt{2x+1})}{(2+\sqrt{x})(3-\sqrt{2x+1})(3+\sqrt{2x+1})}=\lim\limits_{x\to4}\frac{3+\sqrt{2x+1}}{2(2+\sqrt{x})}=\frac{3}{4}$；

(12)(解法一) 原式 $=\lim\limits_{x\to0}\frac{(\sqrt{x^2+4}-2)(\sqrt{x^2+4}+2)(\sqrt{x^2+9}+3)}{(\sqrt{x^2+4}+2)(\sqrt{x^2+9}-3)(\sqrt{x^2+9}+3)}=\lim\limits_{x\to0}\frac{\sqrt{x^2+9}+3}{\sqrt{x^2+4}+2}$

$=\frac{3}{2}$，

(解法二) 原式 $=\lim\limits_{x\to0}\frac{\sqrt{4+x^2}-2}{\sqrt{9+x^2}-3}=\lim\limits_{x\to0}\frac{2\left(\sqrt{1+\frac{1}{4}x^2}-1\right)}{3\left(\sqrt{1+\frac{1}{9}x^2}-1\right)}=\frac{2}{3}\lim\limits_{x\to0}\frac{\frac{1}{4}x^2}{\frac{1}{9}x^2}=\frac{2}{3}\times\frac{9}{4}=\frac{3}{2}.$

3. (1)2；　(2)8；　(3)$\frac{1}{2}$；　(4)1；　(5) e^2；

(6)原式 $=\lim\limits_{n\to\infty}\left(\frac{1}{1}-\frac{1}{2}+\cdots+\frac{1}{n}-\frac{1}{n+1}\right)^n=\lim\limits_{n\to\infty}\left(1-\frac{1}{n+1}\right)^n=\lim\limits_{n\to\infty}\left[\left(1+\frac{-1}{n+1}\right)^{-(n+1)}\right]^{\frac{n}{-(n+1)}}$

$=e^{-1}=\frac{1}{e}$；

(7)原式 $=\lim\limits_{x\to\infty}\left[\left(\sin\frac{1}{x}+\cos\frac{1}{x}\right)^2\right]^{\frac{x}{2}}=\lim\limits_{x\to\infty}\left(1+\sin\frac{2}{x}\right)^{\frac{x}{2}}=\lim\limits_{x\to\infty}\left[\left(1+\sin\frac{2}{x}\right)^{\frac{1}{\sin\frac{2}{x}}}\right]^{\sin\frac{2}{x}\cdot\frac{x}{2}}$

$=e^{\lim\limits_{x\to\infty}\frac{\sin\frac{2}{x}}{\frac{2}{x}}}=e$；

(8) 原式 $=\lim\limits_{x\to0}\frac{\sqrt[3]{1+x}-1}{\sqrt{1+x}-1}=\lim\limits_{x\to0}\frac{\frac{1}{3}x}{\frac{1}{2}x}=\frac{2}{3}$；

(9) 原式 $=\lim\limits_{x\to0}\frac{\ln(1+\cos x-1)}{\ln(1+\cos 2x-1)}=\lim\limits_{x\to0}\frac{\cos x-1}{\cos 2x-1}=\lim\limits_{x\to0}\frac{-\frac{1}{2}x^2}{-\frac{1}{2}(2x)^2}=\frac{1}{4}$；

(10) 原式 $=\lim\limits_{x\to0}\left[\frac{3\sin x}{\ln(1+x)}+\frac{x}{\ln(1+x)}\cdot x\cos\frac{1}{x}\right]=\lim\limits_{x\to0}\left(\frac{3x}{x}+\frac{x}{x}\times0\right)=\lim\limits_{x\to0}\frac{3x}{x}=3$；

(11) 原式 $=\lim\limits_{x\to0}\left[\left(1+\frac{\tan x-\sin x}{1+\sin x}\right)^{\frac{1+\sin x}{\tan x-\sin x}}\right]^{\frac{\tan x-\sin x}{1+\sin x}\cdot\frac{1}{x^3}}=e^{\lim\limits_{x\to0}\frac{\tan x-\sin x}{x^3}}=\sqrt{e}$；

(12) 原式 $=\lim\limits_{x\to0}\frac{e^{x\ln(1+2x)}-1}{x\sin x}=\lim\limits_{x\to0}\frac{x\ln(1+2x)}{x^2}=\lim\limits_{x\to0}\frac{\ln(1+2x)}{x}=\lim\limits_{x\to0}\frac{2x}{x}=2.$

4. $a=9$，$b=-12$.

5. $a=4$，$b=-5$.

提示：$\lim\limits_{x\to1}\frac{x^2+ax+b}{\sin(x^2-1)}=\lim\limits_{x\to1}\frac{x^2+ax+b}{x^2-1}$.

6. 设 $f(x)=m(x-2a)(x-4a)(x-n)\ (m\neq0)$，

$\lim\limits_{x\to2a}\frac{f(x)}{x-2a}=\lim\limits_{x\to2a}\frac{m(x-2a)(x-4a)(x-n)}{x-2a}=-2am(2a-n)=1$　　①

$$\lim_{x\to 4a}\frac{f(x)}{x-4a}=\lim_{x\to 4a}\frac{m(x-2a)(x-4a)(x-n)}{x-4a}=2am(4a-n)=1 \qquad ②$$

由①②得 $n=3a$，$m=\frac{1}{2a^2}$，故 $f(x)=\frac{1}{2a^2}(x-2a)(x-4a)(x-3a)$，

$$\therefore \lim_{x\to 3a}\frac{f(x)}{x-3a}=\lim_{x\to 3a}\frac{\frac{1}{2a^2}(x-2a)(x-3a)(x-4a)}{x-3a}=\lim_{x\to 3a}\frac{1}{2a^2}(x-2a)(x-4a)$$

$$=\frac{1}{2a^2}(3a-2a)(3a-4a)=\frac{1}{2a^2}\times a\times(-a)=-\frac{1}{2}.$$

7. $f(x)$在 $x=0$ 处连续.
8. $a=2$，$b=-6$.
9. 当 $a>0$ 时，$f(x)$连续.
10. （1）$x=1$ 为第一类间断点中的可去间断点. 延拓函数为：$g(x)=\begin{cases}\frac{1-\sqrt{x}}{1-\sqrt[3]{x}}, & x\neq 1,\\ \frac{3}{2}, & x=1.\end{cases}$

（2）当 $\alpha\leqslant 0$ 时，$\lim\limits_{x\to 0^+}x^{\alpha}\sin\frac{1}{x}$不存在，$x=0$ 为第二类间断点；

当 $\alpha>0$ 时，$\lim\limits_{x\to 0^+}x^{\alpha}\sin\frac{1}{x}=0$，$\lim\limits_{x\to 0^-}(\mathrm{e}^x+\beta)=1+\beta$，$f(0)=1+\beta$，

$\beta=-1$ 时，在 $x=0$ 处连续，

$\beta\neq -1$ 时，$x=0$ 为第一类间断点中的跳跃间断点.

11. 当 $|x|<1$ 时，$f(x)=\lim\limits_{n\to\infty}\frac{x^{2n+1}+ax^2+bx}{x^{2n}+1}=\frac{ax^2+bx}{1}=ax^2+bx$；

当 $|x|>1$ 时，$f(x)=\lim\limits_{n\to\infty}\frac{x^{2n+1}+ax^2+bx}{x^{2n}+1}=\lim\limits_{n\to\infty}\frac{x+a\frac{1}{x^{2n-2}}+b\frac{1}{x^{2n-1}}}{1+\frac{1}{x^{2n}}}=x$；

当 $x=1$ 时，$f(x)=\lim\limits_{n\to\infty}\frac{x^{2n+1}+ax^2+bx}{x^{2n}+1}=\frac{1+a+b}{2}$；

当 $x=-1$ 时，$f(x)=\lim\limits_{n\to\infty}\frac{x^{2n+1}+ax^2+bx}{x^{2n}+1}=\frac{-1+a-b}{2}$.

$$\therefore f(x)=\begin{cases}ax^2+bx, & |x|<1,\\ x, & |x|>1,\\ \frac{1+a+b}{2}, & x=1,\\ \frac{-1+a-b}{2}, & x=-1.\end{cases}\qquad 即 f(x)=\begin{cases}ax^2+bx, & -1<x<1,\\ x, & x<-1 或 x>1,\\ \frac{a+b+1}{2}, & x=1,\\ \frac{a-b-1}{2}, & x=-1.\end{cases}$$

现讨论分界点处的连续性：

$x=1$ 处，由 $\lim\limits_{x\to 1^+}f(x)=\lim\limits_{x\to 1^+}x=1$，$\lim\limits_{x\to 1^-}f(x)=\lim\limits_{x\to 1^-}(ax^2+bx)=a+b$，

且 $f(1)=\frac{1+a+b}{2}$，要使 $f(x)$在 $x=1$ 处连续，则 $a+b=1$； ①

$x=-1$ 处，由 $\lim\limits_{x\to-1^-}f(x)=\lim\limits_{x\to-1^-}x=-1$，$\lim\limits_{x\to-1^+}f(x)=\lim\limits_{x\to-1^+}(ax^2+bx)=a-b$，

且 $f(-1)=\dfrac{a-b-1}{2}$，要使 $f(x)$ 在 $x=-1$ 处连续，则 $a-b=-1$， ②

由①②得 $a=0$，$b=1$ 时，$f(x)=\lim\limits_{n\to\infty}\dfrac{x^{2n+1}+ax^2+bx}{x^{2n}+1}$ 是连续函数.

12. 设 $F(x)=f(x)-x$，则 $F(x)$ 在 $[0,1]$ 上连续，
    $F(0)=f(0)\geqslant 0$，$F(1)=f(1)-1\leqslant 0$，
    若 $F(0)=0$ 或 $F(1)=0$，则可取 $\xi=0$ 或 1，使 $f(\xi)=\xi$.
    若 $F(0)>0$ 或 $F(1)<0$，由零点定理，至少存在 $\xi\in(0,1)$，使 $F(\xi)=0$.
    总之，有 $\xi\in[0,1]$，使 $F(\xi)=0$，即 $f(\xi)=\xi$.

第三章 导数与微分

第一节 导数的概念

练习 1.1

1. 5.
2. 17m/s.
3. −5.
4. 2.
5. $\dfrac{10}{3}$.
6. (1)9m/s；　(2)19m/s；　(3)27m/s.

练习 1.2

1. D　2. D
3. (1)在 P 点的切线的斜率为 4；
   (2)在 P 点的切线方程为 $4x-y-4=0$；
   (3)在 P 点的法线方程为 $x+4y-18=0$.
4. 在 P 点的切线方程为 $4x-y-3=0$；在 P 点的法线方程为 $x+4y-5=0$.

练习 1.3

1. B
2. $f'_-(0)=0$，$f'_+(0)=0$，$f'(0)$ 存在.

练习1.4

1. A 2. A 3. A

4. $\lim\limits_{x\to 0} f(x)=\lim\limits_{x\to 0}\sqrt[3]{x}=0=f(0)$，即$\lim\limits_{x\to 0} f(x)=f(0)$，

因此函数$f(x)=\sqrt[3]{x}$在点$x=0$处连续.

又$\lim\limits_{\Delta x\to 0}\dfrac{f(0+\Delta x)-f(0)}{\Delta x}=\lim\limits_{\Delta x\to 0}\dfrac{\sqrt[3]{\Delta x}}{\Delta x}=\lim\limits_{\Delta x\to 0}\dfrac{1}{\Delta x^{\frac{2}{3}}}=\infty$，

因此函数$f(x)=\sqrt[3]{x}$在点$x=0$处不可导.

事实上，曲线$y=\sqrt[3]{x}$在原点O具有垂直于x轴的切线$x=0$.

习题3-1

1. (1) $\bar{v}=10\text{m/s}$；　(2) $\bar{v}=14\text{m/s}$；　(3) $v=16\text{m/s}$.
2. -20.
3. (1) 0；　(2) -1；

(3) $-\dfrac{\sqrt{3}}{2}$.

提示：$y'=\lim\limits_{\Delta x\to 0}\dfrac{\cos(x+\Delta x)-\cos x}{\Delta x}=\lim\limits_{\Delta x\to 0}\dfrac{-2\sin\left(x+\dfrac{\Delta x}{2}\right)\cdot\sin\dfrac{\Delta x}{2}}{\Delta x}=-\sin x\Big|_{x=\frac{\pi}{3}}=-\dfrac{\sqrt{3}}{2}$.

4. -1.

提示：$\lim\limits_{h\to 0}\dfrac{f(3-h)-f(3)}{2h}=-\dfrac{1}{2}\lim\limits_{h\to 0}\dfrac{f(3-h)-f(3)}{-h}=-\dfrac{1}{2}f'(3)=-1$. 这里要注意到$-h$是自变量的增量.

5. (1) a；　(2) $-\dfrac{1}{x^2}$；　(3) $-\dfrac{2}{x^3}$.

6. $f'(x)=\dfrac{1}{(1-x)^2}$；$f'(0)=1$；$f'(2)=1$.

7. 12m/s.

8. 切线的斜率为-4；切线方程为$4x+y-4=0$；法线方程为$2x-8y+15=0$.

9. 切线方程为$x-y-1=0$；法线方程为$x+y-3=0$.

10. 切线方程为$3x-y-2=0$；法线方程为$x+3y-4=0$.

11. 在$x=1$处不可导.

用导数的定义

左导数$f'_-(1)=\lim\limits_{x\to 1^-}\dfrac{f(x)-f(1)}{x-1}=\lim\limits_{x\to 1^-}\dfrac{x^2+1-2}{x-1}=2$，

右导数$f'_+(1)=\lim\limits_{x\to 1^+}\dfrac{f(x)-f(1)}{x-1}=\lim\limits_{x\to 1^+}\dfrac{3x-1-2}{x-1}=3$，

$\because$ 左导数$\neq$右导数，

$\therefore$ 函数$f(x)$在 $x=1$ 处不可导.

12. $a=2$，$b=-1$.

提示：要使$f(x)$在 $x=1$ 处连续，须$\lim\limits_{x\to1^-}f(x)=\lim\limits_{x\to1^+}f(x)=f(1)$，

而$\lim\limits_{x\to1^-}f(x)=\lim\limits_{x\to1^-}x^2=1$，$\lim\limits_{x\to1^+}f(x)=\lim\limits_{x\to1^+}(ax+b)=a+b$，$f(1)=1$.

从而 $a+b=1$.

又$f'_-(1)=\lim\limits_{x\to1^-}\dfrac{f(x)-f(1)}{x-1}=\lim\limits_{x\to1^-}\dfrac{x^2-1}{x-1}=2$，

$$f'_+(1)=\lim_{x\to1^+}\frac{f(x)-f(1)}{x-1}=\lim_{x\to1^+}\frac{ax+b-1}{x-1}=\lim_{x\to1^+}\frac{a(x-1)+a+b-1}{x-1}=\lim_{x\to1^+}\frac{a(x-1)}{x-1}$$

$=a$.

要使$f(x)$在 $x=1$ 处可导，须$f'_+(1)=f'_-(1)$，即 $a=2$.

又 $a+b=1$，得 $b=-1$.

注意：本题中$f'_+(1)$及$f'_-(1)$亦可由求导公式获得.

13. 由于$f'_-(0)\neq f'_+(0)$，故$f'(0)$ 不存在.

提示：$f'_+(0)=\lim\limits_{x\to0^+}\dfrac{f(x)-f(0)}{x-0}=\lim\limits_{x\to0^+}\dfrac{x^2}{x}=0$；

$f'_-(0)=\lim\limits_{x\to0^-}\dfrac{f(x)-f(0)}{x-0}=\lim\limits_{x\to0^-}\dfrac{-x}{x}=-1$.

由于$f'_-(0)\neq f'_+(0)$，故$f'(0)$不存在.

第二节　求导法则

练习 2.1

1. A
2. $y'=3x^2-1$.
3. $y'=4x^3-\sin x$.
4. $y'=3x^2-4x+3$.
5. $y'=-12x-7$.
6. $y'=4x^3+5\cos x$.
7. D　8. B
9. $y'=\dfrac{3x^2\cos x+x^3\sin x}{\cos^2 x}$.
10. $f'(1)=0$.
11. $y'=3x^2-\dfrac{20}{x^5}+\dfrac{2}{x^2}$.

练习 2.2

1. $y'=12(3x+2)^3$.

2. $y' = -\frac{10}{(2x-1)^6}$.

3. $y' = 6(2x-3\sin 4x)^2(1-6\cos 4x)$.

4. $y' = -\cos^2 x(2\sin 2x\cos x + 3\sin x\cos 2x)$.

5. $y' = \frac{2(1-x^2)}{(1+x^2)^2}\cos\frac{2x}{1+x^2}$.

练习2.3

1. $y' = -\frac{1}{\sqrt{4-x^2}}$.

2. $y' = \frac{2}{1+x^2}$.

3. $y' = \frac{5}{1+25x^2}$.

4. $y' = \frac{3}{2x^2-2x+5}$.

练习2.4

1. A

解析：$f'(x) = \frac{3}{3x+a}$，由 $f'(0)=1$ 得 $\frac{3}{a}=1$，故 $a=3$.

2. A

3. 1.

4. $y = x-1$.

5. $y' = \frac{2x}{x^2+2}$.

6. $y' = \frac{2\cos 2x}{\sin 2x} = 2\cot 2x$.

练习2.5

1. B

2. $y = -5x+3$.

3. $y = x$.

4. $y' = 2xe^{x^2}$.

5. $y' = -\frac{1}{x^2}e^{\sin\frac{1}{x}}\cos\frac{1}{x}$.

6. $y' = 2a^{2x}\ln a$.

7. $y' = \frac{4}{3}x^{\frac{1}{3}} - \frac{5}{6}x^{-\frac{1}{6}}$.

8. $y' = 3x\sqrt{x^2-2}$.

习题 3－2

1. (1) $y' = 12x^3 - 69x^2 + 40$;　(2) $y' = 3ax^2 - b$;
   (3) $y' = \cos x - 1$;　(4) $y' = 2x - \sin x$.
2. (1) $y' = -9x^2 + 12x - 1$;　(2) $y' = 30x^4 - 8x^3 - 6x + 1$;
   (3) $y' = -(1+x^2)\sin x + 2x\cos x$;　(4) $y' = (1-2x)\cos x - 2(1+\sin x)$.
3. (1) $y' = \dfrac{2}{(x+1)^2}$;　(2) $y' = \dfrac{-2a}{(a+x)^2}$;
   (3) $y' = \dfrac{x^2+2x+3}{(3-x^2)^2}$;　(4) $y' = \dfrac{(x^2-1)\sin x + 2x\cos x}{(1-x^2)^2}$.
4. (1) $y' = -\dfrac{2}{x^2} - \dfrac{6}{x^3} + \dfrac{12}{x^4}$;　(2) $y' = -\dfrac{20}{x^6} - \dfrac{28}{x^5} + \dfrac{2}{x^2}$;
   (3) $y' = -3 - \dfrac{3}{x^2} + \dfrac{15}{x^4}$.
5. (1) $y' = 2x\sin x + x^2\cos x + 3x^2$;　(2) $y' = \dfrac{-4a^2x}{(a^2+x^2)^2}$;
   (3) $y' = 9x^2 - 2x + 1$;　(4) $y' = \dfrac{1}{1-\sin x}$.
6. (1) $y'\Big|_{x=\frac{\pi}{4}} = \dfrac{\sqrt{2}(4+\pi)}{8}$;　(2) $y'\Big|_{x=1} = -\dfrac{16}{9}$.
7. 切线方程为 $6\sqrt{3}x - 12y - \sqrt{3}\pi + 6 = 0$，法线方程为 $12x + 6\sqrt{3}y - 3\sqrt{3} - 2\pi = 0$.
8. (1) $y' = 8(2x+5)^3$;　(2) $y' = 3\sin(4-3x)$;
   (3) $y' = \sin 2x$;　(4) $y' = 2x\sec^2(x^2)$.
9. (1) $y' = -\dfrac{1}{\sqrt{x-x^2}}$;　(2) $y' = \dfrac{2x}{1+x^4}$;
   (3) $y' = \dfrac{2\arcsin x}{\sqrt{1-x^2}}$;　(4) $y' = \dfrac{2\arcsin \frac{x}{2}}{\sqrt{4-x^2}}$.
10. (1) $y' = \dfrac{14x}{(1+3x^2)(2-x^2)}$;
    (2) $y' = \dfrac{6(x+1)\log_a e}{2x^2+3x}\left(\text{也可以表示成 } y' = \dfrac{6(x+1)}{(2x^2+3x)\ln a}\right)$;
    (3) $y' = \dfrac{-\lg e \cdot \sin x}{1+\cos x}$ 或 $y' = \dfrac{-\sin x}{(1+\cos x)\ln 10}$;
    (4) $y' = \dfrac{1}{x\ln x}$.
11. (1) $y' = \dfrac{1}{2}\left(e^{\frac{x}{a}} + e^{-\frac{x}{a}}\right)$;　(2) $y' = x^{n-1}e^{-x}(n-x)$;
    (3) $y' = e^{2x}\left(2\ln x + \dfrac{1}{x}\right)$;　(4) $y' = 2xe^{x^2+1}$.

12. (1) $y'=\frac{2}{3}x^{-\frac{1}{3}}+x^{-\frac{3}{2}}+\frac{35}{6}x^{\frac{1}{6}}$； (2) $y'=-\frac{x}{\sqrt{a^2-x^2}}$.

13. (1) $y'=-\frac{x}{\sqrt{2-x^2}}$； (2) $y'=\frac{2+x}{2(1+x)\sqrt{1+x}}$；

(3) $y'=\frac{1}{1+\cos x}$； (4) $y'=\tan^4 x$；

(5) $y'=\frac{1}{1+\sin x}$； (6) $y'=-\frac{1}{2}\sec^2\left(\frac{\pi}{4}-\frac{x}{2}\right)$或$-\frac{1}{1+\sin x}$.

14. (1) $y'=\frac{\sqrt{1-x^2}+x\cdot\arcsin x}{(1-x^2)\sqrt{1-x^2}}$； (2) $y'=\frac{1}{1-x^2}$；

(3) $y'=ax^{a-1}+a^x\ln a$； (4) $y'=\arctan x$.

15. (1) $y'=-\frac{3x}{5\sqrt{25-x^2}}$, $y'\Big|_{x=4}=-\frac{4}{5}$.

切线方程为 $4x+5y-25=0$，法线方程为 $25x-20y-64=0$.

(2) $y'=2x-\frac{2}{\sqrt{x}}$, $y'\Big|_{x=1}=0$.

切线方程为 $y=-3$，法线方程为 $x=1$.

第三节 隐函数的导数与二阶导数

练习3.1

1. $y'_x=-\frac{y\cdot e^x}{1+y}$.

2. $y'\Big|_{x=0}=\frac{4}{3}$.

3. $x+3\sqrt{2}y-9=0$.

练习3.2

1. $y''=4$.
2. $y''=-9\cos 3x$.
3. $y''=36x^2+12x$.
4. $y'\Big|_{x=0}=1$，$y''\Big|_{x=0}=2$.

习题3-3

1. (1) $\frac{y}{y-x}$ $(y\neq x)$； (2) $\frac{ay-x^2}{y^2-ax}$ $(y^2\neq ax)$；

(3) $\frac{e^{x+y}-y}{x-e^{x+y}}$ $(x\neq e^{x+y})$；　(4) $-\frac{e^{y}}{1+xe^{y}}$ $(1+xe^{y}\neq 0)$.

2. $5x-2y-2=0$.

3. (1) $x+3\sqrt{2}y-9=0$；　(2) $2x-3\sqrt{3}y-12=0$.

4. (1) $3x+\sqrt{2}y-1=0$；　(2) $3\sqrt{3}x-2\sqrt{2}y-1=0$.

5. $y'\Big|_{x=5}=-\frac{4}{3}$；切线方程为 $4x+3y-35=0$；法线方程为 $3x-4y+5=0$.

6. (1) $\frac{1}{x}$；　(2) $2\sec^2 x\tan x$；　(3) $4-\frac{1}{x^2}$；　(4) $4e^{2x-1}$.

7. $f''(2)=72$.

第四节　函数的微分与应用

练习 4.1

(1) $dy=-\sin x dx$；

(2) $dy=\frac{2xe^{x^2}}{1+e^{x^2}}dx$；

(3) $dy=-e^{1-3x}(3\cos x+\sin x)dx$；

(4) $dy=8x\tan(1+2x^2)\sec^2(1+2x^2)dx$；

(5) $dy=-\frac{2x}{1+x^4}dx$.

练习 4.2

1. $2r=50$，$r_{外}=25$，$\Delta r=0.1$，$V=\frac{4}{3}\pi r^3$，$dV=4\pi r^2 dr$，

   当 $r=25$，$dr=0.1$ 时，$dV=4\pi\cdot 25^2\cdot 0.1=250\pi$.

   故球壳体积的近似值是 $250\pi cm^3$.

2. $\cos 29°=\cos(30°-1°)\approx\cos 30°+\sin 30°\cdot\frac{\pi}{180}\approx 0.874\ 75$.

   提示：①用公式 $f(x_0+\Delta x)\approx f(x_0)+f'(x_0)\Delta x$；②角度的增量要用弧度制计算.

3. (1) $\sin 0.016\approx 0.016$；

   (2) $\sqrt{15.98}=\sqrt{16-0.02}=\sqrt{16\left(1-\frac{0.02}{16}\right)}\approx 4\left(1-\frac{0.01}{16}\right)\approx 3.997\ 5$；

   (3) $\ln 0.97=\ln(1-0.03)\approx -0.03$.

习题 3-4

1. (1) $dy=(3ax^2+2bx+c)dx$；　(2) $dy=(18x^2+16x-9)dx$；

(3) $dy=-10x(a^2-x^2)^4dx$；　(4) $dy=\frac{6(x^2-2)}{(x+1)^2(x+2)^2}dx$.

2. (1) $dy=\left(-\frac{1}{x^2}+\frac{\sqrt{x}}{x}\right)dx$；　(2) $dy=(\sin 2x+2x\cos 2x)dx$；

(3) $dy=(x^2+1)^{-\frac{3}{2}}dx$；　(4) $dy=\frac{2\ln(1-x)}{x-1}dx$.

3. $r=10$，$dr=0.05$，$A=\pi r^2$.　$dA=2\pi r dr=2\pi\times10\times0.05=\pi$.
故圆管的横截面积的近似值是 π.

4. $\tan 136°=\tan(135°+1°)=\tan 135°+\sec^2 135°\cdot\frac{\pi}{180}\approx-1+\frac{2\pi}{180}\approx-0.965\ 09$.

提示：①用公式 $f(x_0+\Delta x)\approx f(x_0)+f'(x_0)\Delta x$；②角度的增量要用弧度制计算.

5. (1) $\sqrt{9.01}=\sqrt{9\left(1+\frac{0.01}{9}\right)}=3\sqrt{1+\frac{0.01}{9}}\approx3\left(1+\frac{0.01}{18}\right)\approx3.001\ 7$；

(2) $\sqrt[3]{1.004}\approx1+\frac{0.004}{3}\approx1.001\ 3$；

(3) $e^{-0.03}\approx1-0.03=0.97$.

复习题三

1. 17m/s.

2. (1) $A=-f'(x_0)$；　(2) $A=2f'(x_0)$.

提示：(1) $\lim\limits_{\Delta x\to0}\frac{f(x_0-\Delta x)-f(x_0)}{\Delta x}=-\lim\limits_{\Delta x\to0}\frac{f(x_0-\Delta x)-f(x_0)}{-\Delta x}=-f'(x_0)=A$，

即 $A=-f'(x_0)$.

(2)
$$\lim_{h\to0}\frac{f(x_0+h)-f(x_0-h)}{h}=\lim_{h\to0}\frac{[f(x_0+h)-f(x_0)]-[f(x_0-h)-f(x_0)]}{h}$$
$$=\lim_{h\to0}\frac{f(x_0+h)-f(x_0)}{h}+\lim_{h\to0}\frac{f(x_0-h)-f(x_0)}{-h}$$
$$=f'(x_0)+f'(x_0)=2f'(x_0)$$

即 $A=2f'(x_0)$.

3. (1) $-\frac{1}{2x\sqrt{x}}$；　(2) $\frac{1}{2\sqrt{x-1}}$.

4. 切线的斜率为 -1；倾斜角为135°.

5. (1)在 $x=0$ 处连续，不可导；　(2)在 $x=0$ 处连续且可导.

提示：(1) $\lim\limits_{x\to0^-}y=\lim\limits_{x\to0^-}(-\sin x)=0$，$\lim\limits_{x\to0^+}y=\lim\limits_{x\to0^+}\sin x=0$，又 $y(0)=0$，

有 $\lim\limits_{x\to0}y=y(0)=0$，所以 $y=|\sin x|$ 在 $x=0$ 处连续.

又 $\lim\limits_{x\to0^-}\frac{y-y(0)}{x-0}=\lim\limits_{x\to0^-}\frac{-\sin x}{x}=-1$，$\lim\limits_{x\to0^+}\frac{y-y(0)}{x-0}=\lim\limits_{x\to0^+}\frac{\sin x}{x}=1$，

显然 $y'_-(0)\neq y'_+(0)$，故 $y=|\sin x|$ 在 $x=0$ 处不可导.

(2) $\lim\limits_{x\to0}y=\lim\limits_{x\to0}x^2\sin\frac{1}{x}=0=y(0)$；所以函数 y 在 $x=0$ 处连续.

又 $\lim\limits_{x\to 0}\dfrac{y-y(0)}{x-0}=\lim\limits_{x\to 0}\dfrac{x^2\sin\dfrac{1}{x}}{x}=\lim\limits_{x\to 0}x\sin\dfrac{1}{x}=0$，

故函数 y 在 $x=0$ 处可导，且 $y'\Big|_{x=0}=0$.

6. 函数 $f(x)$ 在 $x=1$ 处不可导.

提示：$f'_-(1)=\lim\limits_{x\to 1^-}\dfrac{f(x)-f(1)}{x-1}=\lim\limits_{x\to 1^-}\dfrac{\dfrac{2}{3}x^3-\dfrac{2}{3}}{x-1}$

$=\lim\limits_{x\to 1^-}\dfrac{2}{3}\cdot\dfrac{x^3-1}{x-1}=\lim\limits_{x\to 1^-}\dfrac{2}{3}(x^2+x+1)=2$；

$f'_+(1)=\lim\limits_{x\to 1^+}\dfrac{f(x)-f(1)}{x-1}=\lim\limits_{x\to 1^+}\dfrac{x^2-\dfrac{2}{3}}{x-1}=\infty$.

∵ 函数 $f(x)$ 在 $x=1$ 处左导数存在，右导数不存在，

∴ 函数 $f(x)$ 在 $x=1$ 处不可导.

7. (1) $y'=6x^2-10x+3$；　(2) $y'=3x^2-6x+4$.

8. (1) $y'=-42x-2$；　(2) $y'=6x^5-36x^3+46x$.

9. (1) $y'=\dfrac{-\cos x}{(1+\sin x)^2}$；　(2) $y'=\dfrac{x\cos x-\sin x}{x^2}$.

10. (1) $y'=3x^2\left(\sin x+\dfrac{\sqrt{2}}{2}\right)+x^3\cos x$；　(2) $y'=\dfrac{-x^2+2x+3}{(x^2-3x+6)^2}$.

11. (1) $y'\Big|_{x=\frac{\pi}{6}}=\dfrac{\sqrt{3}+1}{2}$；$y'\Big|_{x=\frac{\pi}{4}}=\sqrt{2}$；　(2) $f'(0)=\dfrac{3}{25}$；$f'(2)=\dfrac{17}{15}$.

12. 切线方程为 $\sqrt{3}x+2y-1-\dfrac{\sqrt{3}\pi}{3}=0$；法线方程为 $4x-2\sqrt{3}y+\sqrt{3}-\dfrac{4\pi}{3}=0$.

13. (1) $y'=\dfrac{2x\cos 2x-\sin 2x}{x^2}$；　(2) $y'=an(ax+b)^{n-1}$；

(3) $y'=6\sin(4x+3)\cdot\sin(8x+6)$；　(4) $y'=\dfrac{2(1+x)\cos 2x-\sin 2x}{(1+x)^2}$.

14. (1) $y'=-\dfrac{1}{1+x^2}$；　(2) $y'=\dfrac{\arccos x+\arcsin x}{\sqrt{1-x^2}\cdot(\arccos x)^2}=\dfrac{\pi}{2\sqrt{1-x^2}(\arccos x)^2}$；

(3) $y'=\arcsin x+\dfrac{x}{\sqrt{1-x^2}}$；　(4) $y'=\dfrac{1}{\sqrt{2x-x^2}}$；

(5) $y'=\dfrac{2\arctan x}{1+x^2}$；　(6) $y'=\dfrac{2x}{2-2x^2+x^4}$.

15. (1) $y'=\ln x(\ln x+2)$；　(2) $y'=-\dfrac{2}{x(1+\ln x)^2}$；

(3) $y'=\dfrac{-2}{\cos x}$；　(4) $y'=\log_3 ex$.

16. (1) $y'=\dfrac{4}{(e^x+e^{-x})^2}$；　(2) $y'=e^{-3x}(2\cos 2x-3\sin 2x)$；

(3) $y'=\dfrac{1-(1+x)\ln 2}{2^x}$；　(4) $y'=2a^{2x+1}\ln a$.

17. (1) $y'=-\dfrac{4x}{\sqrt[3]{4-3x^2}}$；　(2) $y'=\dfrac{2a}{3\sqrt[3]{(x+a)^4(x-a)^2}}$.

18. 切线方程为 $x-y+1=0$；法线方程为 $x+y-1=0$.

19. (1) $-2\sin x-x\cos x$；　(2) $-2e^{-t}\cos t$；

(3) $-\dfrac{2(1+x^2)}{(1-x^2)^2}$；　(4) $2\arctan x+\dfrac{2x}{1+x^2}$.

20. $f''(-3)=30$.

21. (1) $dy=e^{-x}\left(\dfrac{1}{x}-\ln x\right)dx$；　(2) $dy=2\cos(2x+1)dx$.

22. (1) $dy=2x(1+x)e^{2x}dx$；　(2) $dy=e^{-x}[\sin(3-x)-\cos(3-x)]dx$.

23. (1) $\sqrt[3]{0.982}=\sqrt[3]{1-0.018}\approx 1-\dfrac{0.018}{3}=0.994$；

(2) $(1.002)^5=(1+0.002)^5\approx 1+5\times 0.002=1.01$；

(3) $\ln 1.01=\ln(1+0.01)\approx 0.01$.

第四章　导数的应用

第一节　一阶导数的应用

练习 1.1

1. 满足.

2. (1) $\xi=0$；　(2) $\xi=\dfrac{2}{3}$；　(3) $\xi=\sqrt{6}$.

练习 1.2

1. (1) 在 **R** 上是减函数；

(2) 在 $(-1, 1)$ 上是增函数，在 $(-\infty, -1)$ 和 $(1, +\infty)$ 上是减函数；

(3) 在 **R** 上是减函数；

(4) 在 $\left(\dfrac{1}{2}, +\infty\right)$ 上是增函数.

2. $y'=(1-x)(2x-x^2)^{-\frac{1}{2}}$，函数的定义域为 $[0, 2]$，$x\in(0, 1)$ 时 $y'>0$，$x\in(1, 2)$ 时 $y'<0$，函数在 $(0, 1)$ 内为增函数，函数在 $(1, 2)$ 内为减函数.

练习 1.3

1. $\because$ $y=\ln x$ 的导数为 $y'=\dfrac{1}{x}$，无驻点，函数没有极值；$y=ax+b$ 的导数为 $y'=a$，无驻点，

函数没有极值.

2. (1) $x=-6$ 时函数有极大值 -50，在 $x=-2$ 时函数有极小值 -82；
(2) $x=-3$ 时函数有极大值 $6e^{-3}$，在 $x=1$ 时函数有极小值 $-2e$；
(3) $x=\frac{\pi}{4}$ 时函数有极大值 $\frac{1}{2}$，在 $x=\frac{3\pi}{4}$ 时函数有极小值 $-\frac{1}{2}$；
(4) 在 $x=1$ 时函数有极大值 -2；
(5) $c>0$ 时，在 $x=a$ 函数有极小值 b；$c<0$ 时，在 $x=a$ 函数有极大值 b；$c=0$ 时；函数无极值；
(6) 在 $x=0$ 时函数有极小值 0.

3. 设航速为 $x$km/h，据题意每航行 1km 的耗费为 $y=\frac{1}{x}(kx^3+96)$. 由已知当 $x=10$ 时，$k\cdot 10^3=6$，故得比例系数 $k=0.006$，所以有 $y=\frac{1}{x}(0.006x^3+96)$，$x\in(0,+\infty)$. 令 $y'=\frac{0.012}{x^2}(x^3-8\ 000)=0$，求得 $x=20$. 经检验 $x=20$ 是极小值点. 由于在 $(0,+\infty)$ 上该函数处处可导，且只有唯一的极值点，当它为极小值点时同时为最小值. 所以求得船速为 20km/h 时，每航行 1km 所消耗的费用最少，最小值为 $y_{\min}=0.006\times 20^2+\frac{96}{20}=7.2$ 元.

练习 1.4

1. (1) $\frac{1}{2}$；　(2) 1；　(3) 1；　(4) 3.

习题 4－1

1. $f'(\xi)=3\xi^2=\frac{f(3)-f(0)}{3-0}=9$，$\xi=\sqrt{3}$.
2. 略.
3. 假设在 $[0,1]$ 上，方程 $x^3-3x+C=0$ 有两个不同的根 ξ_1，ξ_2，满足 $0\leqslant\xi_1<\xi_2\leqslant 1$，则函数 $f(x)=x^3-3x+C$ 在 $[\xi_1,\xi_2]$ 上连续，在 (ξ_1,ξ_2) 上可导，那么在 (ξ_1,ξ_2) 内至少存在一点 ξ，使得 $f'(\xi)=\frac{f(\xi_2)-f(\xi_1)}{\xi_2-\xi_1}$，$f(\xi_1)=f(\xi_2)=0$，$f'(\xi)=3\xi^2-3<0$，矛盾.
4. (1) 证明：$\because$ $y'=-\sin x$，在 $\left(\frac{\pi}{2},\pi\right)$ 内 $y'<0$，则函数 $y=\cos x$ 在 $\left(\frac{\pi}{2},\pi\right)$ 内是减函数；
(2) $\because$ $y'=2ax$，当 $x>0$ 时是减函数，函数 $y=ax^2$ $(a\neq 0)$ 在 $\mathbf{R}$ 上连续且可导，则必有 $y'<0$，得到 $a<0$.
5. (1) $\because$ $y'=-p-\sin x$，要函数在整个数轴上是减函数则说明对于一切 x 满足 $y'<0$，$p>1$；
(2)、(3) 略；
(4) $y'=\frac{-(2x+1)}{(x^2+x+1)^2}=0$ 时，$x=-\frac{1}{2}$，函数在 $\left(-\infty,-\frac{1}{2}\right)$ 上是增函数，在

$\left(-\frac{1}{2}, +\infty\right)$上是减函数.

6. (1) -1;　(2) 12;　(3) $\frac{1}{6}$;　(4) 1;　(5) 0.

7. 存在，不能用洛必达法则.

第二节　二阶导数的应用

练习 2.1

(1) $f'(x)=3x^2+6x-9=0$ 时 $x=-3$ 或 $x=1$，$f''(x)=6x+6$，则 $x=-3$ 时函数有极大值 33，$x=1$ 时函数有极小值 1；

(2) $f'(x)=1-2\cos x=0$ 时 $x=\frac{\pi}{3}$ 或 $x=\frac{5\pi}{3}$，$f''(x)=2\sin x$，$x=\frac{\pi}{3}$ 时函数有极小值 $\frac{\pi}{3}-\frac{\sqrt{3}}{2}$，$x=\frac{5\pi}{3}$ 时函数有极大值 $\frac{5\pi}{3}+\frac{\sqrt{3}}{2}$；

(3) $f'(x)=2ax+b=0$ 时 $x=-\frac{b}{2a}$，$f''(x)=2a$，则当 $a>0$ 时函数有极小值 $\frac{4ac-b^2}{4a}$，当 $a<0$ 时函数有极大值 $\frac{4ac-b^2}{4a}$.

练习 2.2

1. (1) $x=\frac{2}{5}$;　(2) $x_1=-3$，$x_2=3$;　(3) $x_1=\frac{2+\sqrt{31}}{3}$，$x_2=\frac{2-\sqrt{31}}{3}$;　(4) $x=0$.

2. $f'(x)=4x^3+3ax^2+6ax$，$f''(x)=12x^2+6ax+6a$，函数图象有拐点，则 $12x^2+6ax+6a=0$ 有解，$a\geqslant 8$ 或 $a\leqslant 0$.

练习 2.3

(1) $f'(x)=-4x^3+4x=0$，得驻点 $x=0, -1, 1$，函数在 $(-\infty, -1)$，$(0, 1)$ 上是增函数，在 $(-1, 0)$，$(1, +\infty)$ 上是减函数.
在 $x=0$ 有极小值，$x=-1$，1 有极大值.

(2) $f'(x)=(x-2)(3x-2)$，得驻点 $x=2$，$\frac{2}{3}$，函数在 $\left(\frac{2}{3}, 2\right)$ 上是减函数，在 $\left(-\infty, \frac{2}{3}\right)$ 和 $(2, +\infty)$ 上是增函数，在 $x=\frac{2}{3}$ 时有极大值，在 $x=2$ 时有极小值.

(3) $f'(x)=\frac{2x^3-1}{x^2}=0$，解得 $x=\sqrt[3]{\frac{1}{2}}$，函数在 $\left(-\infty, \sqrt[3]{\frac{1}{2}}\right)$ 上是减函数，在 $\left(\sqrt[3]{\frac{1}{2}}, +\infty\right)$ 上是增函数，在 $x=\sqrt[3]{\frac{1}{2}}$ 时有极小值.

(4) $f'(x)=\frac{2(x-1)(x+1)}{(x^2+1)^2}=0$，解得 $x=-1$，1，函数在 $(-1, 1)$ 是减函数，在 $(-\infty, -1)$ 和 $(1, +\infty)$ 是增函数，在 $x=1$ 时有极小值，在 $x=-1$ 时有极大值.

(5) $f'(x)=e^{-\frac{1}{x}}\frac{1}{x^2}>0$，则原函数在 $(-\infty, 0)$ 和 $(0, +\infty)$ 是增函数.

练习 2.4

1. (1) $y'=3x^2+2$，$E=\frac{3x^3+2x}{x^3+2x+1}$；　(2) $y'=\frac{-1}{(1+x)^2}$，$E=\frac{-x}{(1+x)(2+x)}$；

   (3) $y'=-5e^{-5x}$，$E=-5x$；　(4) $y'=1+\ln x$，$E=\frac{1+\ln x}{\ln x}$.

2. (1) $E_P=\frac{2P^2}{100-P^2}$；

   (2) $E_P(5)=\frac{2}{3}$，说明当价格 $P=5$ 时，需求变动的幅度小于价格变动的幅度，此时价格上涨1%，需求只减少0.66%.

习题 4-2

1. (1)最大值13，最小值4；　(2)最大值8，最小值0；　(3)最大值1，最小值$\frac{3}{5}$；

   (4)最大值$\frac{1}{4}$，最小值$\sqrt{3}-3$；　(5) 最大值57，最小值$-\frac{115}{4}$.

2. 设 $p>0$，$M(a, 0)$，$N(x, \pm\sqrt{2px})$，则 $|MN|=\sqrt{(x-a)^2+2px}$，令 $y=\sqrt{(x-a)^2+2px}$，$y'=\frac{x-a+p}{\sqrt{(x-a)^2+2px}}$，$x=a-p$ 时 $|MN|$ 最小.

3. (1) $(0, 1)$ 和 $(1, 0)$ 是拐点，函数在 $(-\infty, 0)$ 和 $(1, +\infty)$ 上凸，在 $(0, 1)$ 下凸；
   (2) $(k\pi, 0)$ 是拐点，其中 $k\in\mathbf{Z}$，函数在 $(2k\pi, 2k\pi+\pi)$ 上凸，在 $(2k\pi-\pi, 2k\pi)$ 下凸；
   (3)无拐点，函数在 $(-\infty, -1)$ 上凸，在 $(-1, +\infty)$ 下凸；
   (4)无拐点，函数在 $(-\infty, +\infty)$ 下凸；
   (5) 无拐点，函数在 $(-\infty, +\infty)$ 下凸.

4. (1) $C(10)=206$ 万元；
   (2) $\overline{C}(10)=20.6$ 万元，$C'(10)=1.6$ 万元，经济意义是：当产品数量为10时，再多生产一件产品，所耗费的成本为1.6万元.

复习题四

1. 设在曲线 $y=x^3-3x+3$ 上切点的坐标为 (x_0, y_0)，过该点的切线的斜率为 $3x_0^2-3$，直

线 $y=3x$ 的斜率为 3，则 $3x_0^2-3=3$，$x_0=\pm\sqrt{2}$.

2. 与直线 $2x-6y-1=0$ 垂直的直线方程的斜率为 -3，设在曲线 $y=x^3+3x^2-5$ 上切点的坐标为（x_0，y_0），则切线斜率为 $3x_0^2+6x_0=-3$，$x_0=-1$，直线方程为 $3x+y+6=0$.
3. (1)成立； (2)不成立； (3)不成立； (4)不成立.
4. 首先求出 $y'=3x^2+2ax+b$，已知函数 $f(x)=x^3+ax^2+bx+a^2=0$ 在 $x=1$ 的极值为 10，这说明 $f'(1)=0$，$f(1)=10$，计算得 $a=4$，$b=-11$ 或 $a=-3$，$b=3$.
5. 略.
6. (1) $y'=a(3x^2-1)$，如果 $x>\frac{\sqrt{3}}{3}$时，y 是减函数，说明 $y'<0$，此时 $3x^2-1>0$，则 $a<0$；

   (2) 如果 $x<-\frac{\sqrt{3}}{3}$时，y 是减函数，$3x^2-1>0$，则 $a<0$.
7. (1)函数在 $x=\frac{3\pi}{4}$时函数有极小值 -1；

   (2)函数在 $x=\frac{\pi}{4}$时函数有极大值$\sqrt{2}$；

   (3)函数在 $x=-1$ 时函数有极小值 $-\frac{1}{2}$；

   (4)函数在 $x=\frac{\pi}{6}$时函数有极小值$\frac{\pi}{6}-\frac{\sqrt{3}}{2}$；函数在 $x=\frac{5\pi}{6}$时函数有极大值$\frac{5\pi}{6}+\frac{\sqrt{3}}{2}$.
8. (1) 函数在（$-\infty$，0）和（1，$+\infty$）是增函数，在（0，1）是减函数，函数的极小值为 3；

   (2)函数在（$-\infty$，1）上是增函数，在（1，$+\infty$）上是减函数，函数的极大值为$\sqrt{2}$；

   (3)函数在（0，$\sqrt{e}$）上是增函数，在（$\sqrt{e}$，$+\infty$）上是减函数，函数的极大值为$\frac{1}{2e}$.
9. (1)（-1，0）是拐点，函数在（$-\infty$，-1）下凸，在（-1，$+\infty$）上凸；

   (2)$\left(-\frac{1}{2}, e^{-\frac{1}{2}}\right)$和$\left(\frac{1}{2}, e^{\frac{1}{2}}\right)$是拐点，函数在$\left(-\infty, -\frac{1}{2}\right)$和$\left(\frac{1}{2}, +\infty\right)$上凸，在$\left(-\frac{1}{2}, \frac{1}{2}\right)$下凸；

   (3)无拐点，函数在（$-\infty$，-1）上凸，在（-1，$+\infty$）下凸；

   (4)$\left(1, -\frac{5}{3}\right)$是拐点，函数在（$-\infty$，1）下凸，在（1，$+\infty$）上凸.
10. 函数 $y=\frac{ax+b}{x^2+a}$在 $x=2$ 时的极大值为 1，则点（2，1）位于函数图象上，$b=4-a$；

    $y'=\frac{-ax^2+a^2-2bx}{(x^2+a)^2}$，函数 $y=\frac{ax+b}{x^2+a}$在 $x=2$ 时存在极大值，则 $x=2$ 时 $y'=0$，求得 $a=4$ 或 $a=-4$，检验得到 $a=4$.
11. (1)$\frac{Ey}{Ex}=-\frac{p}{2}$； (2)$E_P(10)=5$.

第五章 不定积分

第一节 不定积分的概念与性质

练习 1.1

1. $2x\cos x^2$.
2. x^3+C.
3. e^x+C.
4. 解：设所求的曲线方程为 $y=F(x)$，由题意可知，曲线上任意一点（x，y）处切线的斜率是 $F'(x)=x$，所以 $F(x)$是 x 的一个原函数。

$\because \left(\frac{x^2}{2}+C\right)'=x.$

令 $F(x)=\frac{x^2}{2}+C$,

由 $F(x)$经过点（3，4），

$\therefore 4=\frac{3^2}{2}+C.\quad \therefore C=-\frac{1}{2}.$

所求曲线方程为 $F(x)=\frac{x^2}{2}-\frac{1}{2}.$

练习 1.2

(1) $-\frac{1}{2}x^{-2}+C$;

(2) $\frac{2}{9}x^{\frac{9}{2}}+C$;

(3) $-\frac{2}{5\sqrt{x^5}}+C$;

(4) $\frac{3^x}{\ln 3}+C$.

练习 1.3

(1) $\frac{2}{5}x^{\frac{5}{2}}-2x^{\frac{3}{2}}+C$;

(2) $\frac{2^x}{\ln 2}+\frac{x^3}{3}+C$;

(3) $x^3+\arctan x+C$;

(4) $x-2\arctan x+C$;

(5) $-\frac{1}{x}-\arctan x+C$;

(6) $e^{x}+x+C$;

(7) $\frac{8}{15}x^{\frac{15}{8}}+C$.

习题 5－1

1. 略.
2. $f(x)=2\cos 2x$.
3. $f(x)=\ln x+1$, $f'(x)=\frac{1}{x}$.
4. (1) $d\int e^{-x^2}dx=e^{-x^2}dx$; (2) $\int(\sin x)'dx=\sin x+C$.
5. $\int f(2x-3)dx=\frac{1}{2}\int f(2x-3)d(2x-3)=\frac{1}{2}F(2x-3)+C$.
6. $\int xf(1-x^2)dx=-\frac{1}{2}\int f(1-x^2)d(1-x^2)=-\frac{1}{2}F(1-x^2)+C$.
7. (1) x^2+3x+C;

   (2) $\frac{1}{2}x^2-3x+3\ln|x|+\frac{1}{x}+C$;

   (3) $\frac{1}{3}x^3-\frac{4}{5}x^{\frac{5}{2}}+\frac{1}{2}x^2+C$;

   (4) $-\frac{2}{3}x^{-\frac{3}{2}}+C$;

   (5) $-2\cos x+C$;

   (6) $2\sin x+C$;

   (7) $\frac{1}{2}(x+\sin x)+C$;

   (8) $\sin x-\cos x+C$;

   (9) $\ln|x|-\sin x+C$;

   (10) $e^{x}+2\cos x+\frac{\sqrt{2}}{4}x^4+C$;

   (11) $\frac{3^x\cdot e^x}{1+\ln 3}+C$;

   (12) $\frac{3^x}{\ln 3}+C$;

   (13) 原式 $=\int\frac{x^2+1-1}{x^2+1}dx$

   $=\int 1dx-\int\frac{1}{x^2+1}dx$

   $=x-\arctan x+C$;

(14) 原式 $=\int \frac{3x^2(x^2+1)-(x^2+1)+1}{x^2+1}dx$

$=\int 3x^2dx-\int 1dx+\int \frac{1}{x^2+1}dx$

$=x^3-x+\arctan x+C.$

8. $y=x^2+1.$

第二节 不定积分的计算

练习 2.1

1. (1) $\frac{1}{3}e^{3x}+C$; (2) $-\frac{1}{20}(3-5x)^4+C$;

(3) $-\frac{1}{2}\ln|3-2x|+C$; (4) $-\frac{1}{a}\cos ax+C$;

(5) $\ln|1-x^4|+C$; (6) $e^{x^2}+C$;

(7) $-\frac{1}{2}\sin^{-2}x+C$; (8) $\ln|\sin x|+C.$

2. (1) $\sqrt{x^2-9}-3\arccos\frac{3}{|x|}+C\left(令 x=3\sec t,\ t\in\left(0,\frac{\pi}{2}\right)\right)$;

(2) $\arcsin x-\frac{1-\sqrt{1-x^2}}{x}+C\left(令 x=\sin t,\ t\in\left(-\frac{\pi}{2},\frac{\pi}{2}\right)\right)$;

(3) $\frac{x}{\sqrt{1+x^2}}+C\left(令 x=\tan t,\ t\in\left(-\frac{\pi}{2},\frac{\pi}{2}\right)\right)$;

(4) $\frac{x}{a^2\sqrt{a^2+x^2}}+C\left(令 x=a\tan t,\ t\in\left(-\frac{\pi}{2},\frac{\pi}{2}\right)\right).$

练习 2.2

(1) $x\arcsin x+\sqrt{1-x^2}+C$;

(2) $x\ln(1+x^2)-2x+2\arctan x+C$;

(3) $\frac{x}{2}(\cos\ln x+\sin\ln x)+C$;

(4) $x\tan x+\ln|\cos x|-\frac{1}{2}x^2+C$;

(5) $x\ln^2x-2x\ln x+2x+C$;

(6) $\frac{1}{2}x^2\ln(x-1)-\frac{1}{4}x^2-\frac{1}{2}x-\frac{1}{2}\ln(x-1)+C$;

(7) $-\frac{\ln^2x+\ln x+2}{x}+C$;

(8) $\ln x(\ln\ln x-1)+C.$

习题 5－2

1. (1) $\frac{1}{5}e^{5x+1}+C$;　　(2) $-\frac{1}{3}\ln|1-3x|+C$;

(3) $\frac{1}{12}(2x-1)^6+C$;　　(4) $\frac{1}{2}\ln|2x+1|+C$;

(5) 提示：设 $u=1-x^2$，则 $du=-2xdx$，于是

$$原式=-\frac{1}{2}\int\sqrt{1-x^2}\,(-2x)dx=-\frac{1}{2}\int u^{\frac{1}{2}}du=-\frac{1}{3}u^{\frac{3}{2}}+C$$

$$=-\frac{1}{3}(1-x^2)^{\frac{3}{2}}+C;$$

(6) $-\cos(\ln x)+C$;　　(7) $-\frac{1}{b}e^{a-bx}+C$;

(8) $\frac{1}{\ln a}a^{\sin x}+C$;　　(9) $-e^{\frac{1}{x}}+C$;

(10) $\frac{1}{3}\cos^3x-\cos x+C$;　　(11) $\frac{x}{2}+\frac{1}{4}\sin 2x+C$;

(12) 提示：设 $u=\sin x$，则 $du=\cos x dx$，于是

$$原式=\int\frac{\cos x}{\sin x}dx=\int\frac{1}{u}du=\ln|u|+C=\ln|\sin x|+C;$$

(13) 提示：由三角函数和差化积公式得

$$\sin 5x\cdot\cos x=\frac{1}{2}(\sin 6x+\sin 4x)$$

$$代入原式=-\frac{1}{12}\cos 6x-\frac{1}{8}\cos 4x+C;$$

(14) 提示：设 $u=\sin x$，则 $du=\cos x dx$，于是

$$原式=\frac{1}{6}\sin^6x+C;$$

(15) 提示：

$$原式=-\int\frac{1}{(1+\cos x)^3}d\cdot\cos x$$

$$=-\int\frac{1}{(1+\cos x)^3}d(1+\cos x)$$

$$=\frac{1}{2}(1+\cos x)^{-2}+C;$$

(16) $\frac{1}{2}(1+\tan x)^2+C$;

(17) 提示：

$$原式=\frac{1}{9}\int\frac{1}{1+\left(\frac{x}{3}\right)^2}dx$$

$$=\frac{1}{3}\int\frac{1}{1+\left(\frac{x}{3}\right)^2}d\frac{x}{3}$$

$$=\frac{1}{3}\arctan\ \frac{x}{3}+C;$$

(18) 提示：设 $u=x^2$，则 $du=2xdx$，于是

$$\text{原式}=\frac{1}{2}\int\frac{1}{\sqrt{2-3u}}du$$
$$=-\frac{1}{6}\int\frac{1}{\sqrt{2-3u}}d(2-3u)$$
$$=-\frac{1}{9}(2-3u)^{\frac{3}{2}}+C;$$

(19) $\int xe^{-x^2}dx=-\frac{1}{2}\int e^{-x^2}d-x^2=-\frac{1}{2}e^{-x^2}+C;$

(20) $\frac{1}{2}\int\sqrt{x^2-3}\ d(x^2-3)=\frac{1}{3}(x^2-3)^{\frac{3}{2}}+C;$

(21) 提示：设 $t=\sqrt{x}$，则 $x=t^2$ 且 $dx=2tdt$，于是

$$\text{原式}=\int\frac{2t}{t+1}dt$$
$$=2\int\frac{1+t-1}{t+1}dt$$
$$=2\int\left(1-\frac{1}{1+t}\right)dt$$
$$=2(t-\ln|1+t|)+C$$
$$=2(\sqrt{x}-\ln|1+\sqrt{x}|)+C;$$

(22) 提示：设 $t=\sqrt{x-3}$，则 $x=t^2+3$ 且 $dx=2tdt$，于是

$$\text{原式}=\frac{2}{3}(x+6)\sqrt{x-3}+C;$$

(23) $\frac{2}{\sqrt{3}}\arctan\ \frac{2x-1}{\sqrt{3}}+C;$ (24) $\arctan(x+1)+C;$

(25) $-\frac{2}{x}+\arctan x+C;$ (26) $-\sqrt{1-x^2}+C;$

(27) 提示：设 $x=t^6$

$$\frac{6}{5}x^{\frac{5}{6}}+\frac{3}{2}x^{\frac{2}{3}}+2x^{\frac{1}{2}}+3x^{\frac{1}{3}}+6x^{\frac{1}{6}}+6\ln|x^{\frac{1}{6}}-1|+C;$$

(28) $2\arctan\sqrt{x}+C;$ (29) $-\frac{\sqrt{1+x^2}}{x}+C;$

(30) $\frac{1}{a}\ln\left|\frac{a}{x}-\frac{\sqrt{a^2-x^2}}{x}\right|+C;$ (31) $\frac{1}{4}\ln^2\left|\frac{1+x}{1-x}\right|+C;$

(32) 提示：由 $\frac{1}{4\sin^2x+9\cos^2x}=\frac{1}{\cos^2x(4\tan^2x+9)}$

$$=\frac{\sec^2x}{(2\tan x)^2+3^2}$$

$$\therefore\ \text{原式}=\int\frac{\sec^2x}{(2\tan x)^2+3^2}dx$$

$$= \int \frac{1}{(2\tan x)^2 + 3^2} \mathrm{d}\tan x$$

令 $u = \tan x$ 有

$$\text{原式} = \int \frac{1}{(2u)^2 + 3^2} \mathrm{d}u$$

$$= \frac{1}{6}\arctan \frac{2}{3}u + C$$

$$= \frac{1}{6}\arctan\left(\frac{2}{3}\tan x\right) + C;$$

(33) 提示：设 $x = 2\sec t$，则 $\mathrm{d}x = 2\sec t\tan t\mathrm{d}t$，于是

$$\text{原式} = \int \frac{2\sec t \cdot \tan t}{4\sec^2 t \cdot \sqrt{4\sec^2 t - 4}} \mathrm{d}t$$

$$= \frac{1}{4}\int \frac{\sec t \cdot \tan t}{\sec^2 t \cdot \tan t} \mathrm{d}t$$

$$= \frac{1}{4}\sin t + C$$

$\because x = 2\sec t$，$\therefore \cos t = \frac{2}{x}$，则

$$\sin t = \frac{\sqrt{x^2 - 4}}{x}$$

从而原式 $= \frac{1}{4}\frac{\sqrt{x^2-4}}{x} + C$；

(34) 提示：设 $x = \frac{1}{t}$，则 $\mathrm{d}x = -\frac{1}{t^2}\mathrm{d}t$，于是

$$\text{原式} = \int \frac{\sqrt{a^2 - \frac{1}{t^2}}}{\frac{1}{t^4}}\left(-\frac{1}{t^2}\right)\mathrm{d}t$$

$$= -\int (a^2t^2 - 1)^{\frac{1}{2}} |t| \mathrm{d}t,$$

当 $x > 0$ 时，原式 $= -\frac{\sqrt{(a^2 - x^2)^3}}{3a^2x^3} + C$，

当 $x < 0$ 时有相同结果；

(35) $\frac{2}{3}\ln|x-2| + \frac{1}{3}\ln|x+1| + C$； (36) $\ln|\ln(\ln x)| + C$.

2. (1) $-x\cos x + \sin x + C$； (2) $x\ln x - x + C$；

(3) $x\arcsin x + \sqrt{1-x^2} + C$；

(4) 提示：原式 $= \frac{1}{2}\int \arctan x\mathrm{d}x^2$

$$= \frac{1}{2}\left(x^2\arctan x - \int x^2 \mathrm{d}\arctan x\right)$$

$$= \frac{1}{2}\left(x^2\arctan x - \int \frac{x^2}{1+x^2}\mathrm{d}x\right)$$

$=\frac{1}{2}\left(x^2\arctan x - x + \arctan x\right) + C$；

（5）提示：原式 $=\int \cos x d\sin x$

$=\cos x\sin x + \int \sin^2 x\mathrm{d}x$

$=\cos x\sin x + \int (1-\cos^2 x)\mathrm{d}x$

$=\cos x\sin x + x - \int \cos^2 x\mathrm{d}x$

$\therefore \int \cos^2 x\mathrm{d}x = \frac{x}{2} + \frac{1}{4}\sin 2x + C$；

（6）$2x\sin\frac{x}{2} + 4\cos\frac{x}{2} + C$；

（7）$x^2 + 2x\cos x - 2\sin x + C$；

（8）$\frac{1}{4}x^4\ln x - \frac{1}{16}x^4 + C$；

（9）提示：令 $\ln x = t$，则 $x = \mathrm{e}^t$，所以

原式 $=\int t^2\mathrm{d}\mathrm{e}^t$

$=t^2\mathrm{e}^t - \int \mathrm{e}^t\mathrm{d}t^2$

$=t^2\mathrm{e}^t - 2t\mathrm{e}^t + 2\mathrm{e}^t + C$

$=x(\ln x)^2 - 2x\ln x + 2x + C$；

（10）提示：令 $\ln x = t$，则 $x = \mathrm{e}^t$，所以

原式 $=\int \sin t\mathrm{d}\mathrm{e}^t$

由第三节例 8 可知

$\int \sin t\mathrm{d}\mathrm{e}^t = \frac{\sin t - \cos t}{2}\mathrm{e}^t + C$

$=\frac{x[\sin(\ln x) - \cos(\ln x)]}{2} + C$；

（11）提示：令 $\sqrt{x} = t$，则 $x = t^2$，所以

原式 $=2\int t\mathrm{e}^t\mathrm{d}t$

$=2(t-1)\mathrm{e}^t + C$

$=2(\sqrt{x}-1)\mathrm{e}^{\sqrt{x}} + C$；

（12）提示：由第三节例 8 可知

原式 $=\frac{2\sin 3x - 3\cos 3x}{13}\mathrm{e}^{2x} + C$；

（13）提示：由第三节例 8 可知

原式 $=\frac{2\sin 2x - \cos 2x}{5}\mathrm{e}^{-x} + C$；

(14) $-\frac{1}{2}x\cos\ 2x+\frac{1}{4}\sin\ 2x+C$;

(15) $2\sqrt{x}\arcsin\sqrt{x}+2\sqrt{1-x}+C$;

(16) $x(\arcsin\ x)^2+2\sqrt{1-x^2}\arcsin x-2x+C$;

(17) $\frac{1}{2}x^2\left(\ln^2x-\ln x+\frac{1}{2}\right)+C$;

(18) $\frac{2}{3}(\sqrt{3x+9}-1)e^{\sqrt{3x-9}}+C$.

第三节　有理函数的不定积分

练习 3.1

(1) $\frac{x^3}{3}-\frac{3}{2}x^2+9x-27\ln|x+3|+C$;

(2) $\ln|x-3|-\ln|x+1|+C$;

(3) $7\ln|x+2|-6\ln|x+1|+C$;

(4) $\ln\frac{|x|}{\sqrt{x^2+1}}+C$;

(5) $-\frac{1}{2}\ln|x+1|+2\ln|x+2|-\frac{3}{2}\ln|x+3|+C$;

(6) $\ln\left(\frac{x+3}{x+2}\right)^2-\frac{3}{x+3}+C$;

(7) $\frac{1}{2}x^2-\frac{2}{3}x^{\frac{3}{2}}+x+C$（令 $t=\sqrt{x}$）;

(8) $\frac{3}{2}\sqrt[3]{(1+x)^2}-3\sqrt[3]{1+x}+3\ln|\sqrt[3]{1+x}+1|+C$（令 $t=\sqrt[3]{x+1}$）.

习题 5-3

1. (1) $-\frac{1}{2(x-a)^2}+C$;

(2) 提示：$\frac{x+1}{x^2-5x+6}=\frac{4}{x-3}-\frac{3}{x-2}$

原式 $=4\ln|x-3|-3\ln|x-2|+C$;

(3) 提示：$\frac{x+2}{(2x+1)(x^2+x+1)}=\frac{2}{2x+1}-\frac{x}{x^2+x+1}$

原式 $=\ln|2x+1|-\frac{1}{2}\ln(x^2+x+1)+\frac{\sqrt{3}}{3}\arctan\frac{2\sqrt{3}x+\sqrt{3}}{3}+C$;

(4) 提示：$\frac{x-3}{(x-1)(x^2-1)}=\frac{x-2}{(x-1)^2}-\frac{1}{x+1}$

原式 $=\ln|x-1|+\dfrac{1}{x-1}-\ln|x+1|+C$;

(5) $\dfrac{\sqrt{2}}{2}\arctan\dfrac{\sqrt{2}\tan\dfrac{x}{2}}{2}+C$;

(6)提示：令 $t=\sqrt{x-1}$

原式 $=2(\sqrt{x-1}-\arctan\sqrt{x-1})+C$;

(7) $\dfrac{2}{\sqrt{3}}\arctan\dfrac{2\tan\dfrac{x}{2}+1}{\sqrt{3}}+C$;

(8) $\ln\left|1+\tan\dfrac{x}{2}\right|+C$;

(9) $x-4\sqrt{x+1}+4\ln(\sqrt{1+x}+1)+C$;

(10) $\ln\left|\dfrac{\sqrt{1-x}-\sqrt{1+x}}{\sqrt{1-x}+\sqrt{1+x}}\right|+2\arctan\sqrt{\dfrac{1-x}{1+x}}+C$ 或 $\ln\dfrac{1-\sqrt{1-x^2}}{|x|}-\arcsin x+C$.

2. (1) $\int x^m e^x dx=x^m e^x-m\int x^{m-1}e^x dx$;

(2) $\int\cos^m x dx=\dfrac{\cos^{m-1}x\cdot\sin x}{m}+\dfrac{m-1}{m}\int\cos^{m-2}x dx$;

(3) $\int\dfrac{1}{\sin^m x}dx=-\dfrac{\cos x\sin^{1-m}x}{m-1}+\dfrac{m-2}{m-1}\int\dfrac{1}{\sin^{m-2}x}dx\ (m\neq1)$.

复习题五

1. (1) $-\dfrac{1}{2}x^{-2}+C$;　(2) $-2x^{-\frac{1}{2}}+C$;

(3) $\dfrac{x^3}{3}+x^2+x+C$;　(4) $\dfrac{5^x}{\ln 5}+C$.

2. (1) $-\dfrac{1}{8}(3-2x)^4+C$;　(2) $-2\cos\sqrt{x}+C$;

(3) $-\dfrac{1}{2}(5-3x)^{\frac{2}{3}}+C$.

3. (1) $\ln|\csc x-\cot x|+C$;　(2) $-2(\sqrt{x}\cos\sqrt{x}-\sin\sqrt{x})+C$;

(3) $\sqrt{2x}-\ln(1+\sqrt{2x})+C$.

4. (1) $\dfrac{x^2}{4}+\dfrac{x\sin 2x}{4}+\dfrac{\cos 2x}{8}+C$;　(2) $x\ln(1+x^2)-2x+2\arctan x+C$;

(3) $(1+x)\arctan\sqrt{x}-\sqrt{x}+C$.

5. (1) $\ln|x-2|+\ln|x+5|+C$;　(2) $\ln|x|-\dfrac{1}{2}\ln(x^2+1)+C$;

(3) $\ln|x-1|+\dfrac{1}{x-1}-\ln|x+1|+C$;　(4) $4\ln|x-3|-3\ln|x-2|+C$;

(5) $2(\sqrt{x-1}-\arctan\sqrt{x-1})+C$.

第六章 定积分

第一节 定积分的概念和性质

练习 1.1

1. $\frac{1}{2}(b^2-a^2)$.

2. (1)正；　(2)负.

3. (1)3；　(2)$\frac{\pi}{4}$.

练习 1.2

1. $\int_1^2 \ln x\mathrm{d}x > \int_1^2 (\ln x)^2\mathrm{d}x$.

2. $1\leqslant \int_1^2 x^{\frac{4}{3}}\mathrm{d}x\leqslant \sqrt[3]{16}$.

习题 6－1

1. $\frac{4}{3}$.　2. 正.　3. 0.　4. $\int_0^1 x^3\mathrm{d}x$.

5. (1) $\int_{-2}^0 \mathrm{e}^x\mathrm{d}x > \int_{-2}^0 x\mathrm{d}x$；　(2) $\int_0^1 x\mathrm{d}x > \int_0^1 \ln(1+x)\mathrm{d}x$.

6. (1)$2\leqslant \int_1^3 (2x^2-1)\leqslant 34$；

   (2)$\pi\leqslant \int_{\frac{\pi}{4}}^{\frac{5\pi}{4}} (1+\sin^2 x)\mathrm{d}x\leqslant 2\pi$；

   (3)$\frac{\pi}{3}\leqslant \int_0^{\pi} \frac{1}{2+\sin^{\frac{3}{2}} x}\mathrm{d}x\leqslant \frac{\pi}{2}$.

7. 略.

第二节 定积分的计算

练习 2.1

1. e^{-x}.

2. (1) $\frac{1}{4}$；　(2)$\frac{7}{12}\pi$；　(3) $\frac{1}{2}(\mathrm{e}^2-1)$；　(4) 1.

练习2.2

1. (1) $\frac{22}{3}$;

提示：设 $t=\sqrt{2x+1}$;

(2) $\frac{\pi}{3}$;　(3) $\frac{e-1}{2e}$;　(4) $\frac{1}{2}\ln 5$.

2. 0.

3. (1) -2;　(2) $\frac{1}{9}(2e^3+1)$;　(3) $\frac{\pi}{4}-\frac{1}{2}$.

习题6-2

1. (1) $-\cos^2 x$;　(2) $-\ln(1+x^2)$.

2. $b'(x)f[b(x)]-a'(x)f[a(x)]$.

3. (1) $\frac{1}{2}\ln 2$;　(2) 1;　(3) $\sqrt{5}-1$;　(4) $\frac{\pi}{2}-1$;　(5) $\frac{e+e^{-1}}{2}-1$;　(6) $\frac{8}{3}$;

(7) $\frac{3}{4}$;　(8) $\frac{5}{2}$.

4. $\frac{\pi}{3}$.

提示：注意定积分 $\int_0^1 f(x)\mathrm{d}x$ 是一个常数，若设 $\int_0^1 f(x)\mathrm{d}x=A$，则有 $f(x)=\frac{1}{1+x^2}+x^3A$.

5. $$F'(x)=\frac{\left[\int_0^x tf(t)\mathrm{d}t\right]'\cdot\int_0^x f(t)\mathrm{d}t-\int_0^x tf(t)\mathrm{d}t\cdot\left[\int_0^x f(t)\mathrm{d}t\right]'}{\left[\int_0^x f(t)\mathrm{d}t\right]^2}$$

$$=\frac{xf(x)\int_0^x f(t)\mathrm{d}t-f(x)\int_0^x tf(t)\mathrm{d}t}{\left[\int_0^x f(t)\mathrm{d}t\right]^2}$$

$$=\frac{f(x)\int_0^x (x-t)f(t)\mathrm{d}t}{\left[\int_0^x f(t)\mathrm{d}t\right]^2}$$

当 $0<t<x$ 时，$f(t)>0$，$(x-t)f(t)>0$，从而 $\int_0^x (x-t)f(t)\mathrm{d}t>0$，得 $F'(x)>0$，

$\therefore$ 函数 $F(x)$ 在 $(0,+\infty)$ 内是增函数.

6. $\frac{1}{2e}$.

提示：此极限为 $\frac{0}{0}$ 型未定式，用洛必达法则求解.

7. (1)$4-4\ln 3$； (2)$\frac{3}{16}\pi$； (3) $\frac{1}{3}$； (4) $\frac{1}{2}$； (5) $2\ln\frac{3}{2}$； (6) $\frac{4}{5}$；

(7)$\frac{\pi}{2}$； (8) $\frac{\pi}{4}$； (9) $\frac{\pi}{8}$

提示：令 $x=\tan t$.

8. (1)2； (2)$2-4e^{-1}$.

9. 略.

10. (1)$\frac{1}{2}-\frac{3}{4e^2}+\frac{3e^4}{4}$； (2) $\pi-2$； (3) $\frac{1}{2}(e^{2\pi}-1)$； (4)$1-\frac{2}{e}$；

(5) $4(2\ln 2-1)$.

第三节 定积分的应用

练习 3.1

1. (1)$e^2+e^{-2}-2$； (2)18.
2. 2.
3. $40\pi^2$.

习题 6－3

1. (1)$\frac{3}{4}(2^{\frac{4}{3}}-1)$； (2)1； (3)$e-1$； (4)$4\frac{1}{2}$.

2. $\frac{64}{3}$.

3. $\frac{64}{15}\pi$.

4. $2\pi^2a^2b$.

5. 略.

6. $0.18a$J.

7. 1 964.4kJ .

复习题六

1. 6.

2. $\frac{2}{3}(2\sqrt{2}-1)$.

3. $(\cos x-\sin x)\cdot\cos(\pi\sin^2 x)$.

4. (1)$12\frac{1}{6}$； (2)4； (3)$4\frac{1}{3}$.

5. (1)$\frac{1}{5}$； (2)$\sqrt{2}-\frac{2\sqrt{3}}{3}$； (3)$\frac{1}{2}(1-e^{-4})$； (4) $\frac{2\pi^3}{81}$.

6. (1) $\frac{\sqrt{3}\pi}{18}+\frac{1}{2}\ln 3$； (2) $16-\frac{15}{4\ln 2}$； (3) $\frac{1}{2}(e^2\sin 2-e^2\cos 2+1)$.

7. $\frac{9}{4}$.

8. $\frac{3\pi}{10}$.

第七章　概率与统计初步

第一节　排列与组合

练习 1.1

1. (1)9； (2)20； (3)72.
2. 分类法：2(甲不值班)+2(甲第一天值班)+2(甲第二天值班)=6；
   分步法：$3\times 2=6$.
3. 6.
4. 14.
5. 分类法：1(A 中有 0 个元素)+4(A 中有 1 个元素)+4(A 中有 2 个元素)=9；
   分步法：把并集中的两个元素分给两个集合 A，B 中的至少一个，元素 1 有 3 种分法，元素 2 也有 3 种分法，故 $3\times 3=9$.

练习 1.2

1. (1) A_{10}^{6}； (2) A_{25}^{25}； (3) A_{n}^{5}.
2. (1)15； (2)8； (3)6.
3. $\frac{1}{n}$.
4. 略.
5. (1)10 080； (2)43 200； (3)5 760； (4)2 880.
6. (1)1 800； (2)2 520.

练习 1.3

1. (1)210； (2)16； (3)56； (4)0.
2. 略.
3. (1)4 或 5； (2)3.
4. C_6^4(4 名同学选修第一门课程)+C_6^3(3 名同学选修第一门课程)+C_6^2(2 名同学选修第一门课程)=50.

习题 7-1

1. 16.
2. 分类法：1(第一只猫没抓到老鼠)+3(第一只猫抓到1只老鼠)+3(第一只猫抓到2只老鼠)+1(第一只猫抓到3只老鼠)=8；
   分步法：2(第一只老鼠有2种被抓方法)×2(第二只老鼠有2种被抓方法)×2(第三只老鼠有2种被抓方法)=8.
3. 15.
4. 126.
5. 70.
6. 18.
7. 328.
8. 24.
9. (1)24；　(2)30.
10. 150.

第二节　二项式定理

习题 7-2

1. (1)7；　(2)15.
2. 7或14.
3. 周五.
4. 令 $x=1$，得 $(1+2)^7=a_0+a_1+a_2+a_3+a_4+a_5+a_6+a_7=2\ 187$　①
   令 $x=-1$，得 $(1-2)^7=a_0-a_1+a_2-a_3+a_4-a_5+a_6-a_7=-1$　②
   ①+②得：$2a_0+2a_2+2a_4+2a_6=2\ 186$，
   所以 $a_0+a_2+a_4+a_6=1\ 093$.

第三节　随机事件及其概率

练习 3.1

1. (1)、(2)必然事件，(3)、(4)不可能事件，(5)、(6)随机事件.
2. (1)、(2)、(3)互斥不对立；(4)互斥且对立.
3. 以 k 来表示到2022年10月31日还在世的人数.
   (1)样本空间：{到2022年10月31日还有 k 个人在世，$k=0, 1, 2, \cdots, 100$}
   (2)A 与 B 互斥，A 与 C 互斥，B 与 C 互斥.
   A 的对立事件是{在世的人数不是10人}，
   B 的对立事件是{在世的人数不足30人}，

C 的对立事件是{在世的人数不止 5 人}.

4. $P(\overline{A}\,\overline{B})=P(\overline{A\cup B})=1-P(A\cup B)=1-[P(A)+P(B)-P(AB)]$,

又由于 $P(AB)=P(\overline{A}\,\overline{B})$ 且 $P(A)=p$，故 $P(B)=1-P(A)=1-p$.

练习 3.2

1. $\frac{C_4^1C_6^2}{C_{10}^3}+\frac{C_6^3}{C_{10}^3}=\frac{2}{3}$.

2. (1) $\frac{C_{50}^3}{C_{80}^3}=\frac{245}{1\,027}$； (2) $\frac{C_{50}^2C_{20}^1}{C_{80}^3}=\frac{1\,225}{4\,108}$； (3) $\frac{C_{50}^1C_{20}^1C_{10}^1}{C_{80}^3}=\frac{125}{1\,027}$.

3. (1) $\frac{5}{36}$； (2) $\frac{1}{6}$.

4. $1-\frac{A_{12}^4}{12^4}=\frac{123}{288}$.

5. (1) $\frac{3}{8}$； (2) $\frac{9}{64}$； (3) $\frac{1}{16}$.

练习 3.3

1. (1)事件 $A=\{1, 3, 5\}$，事件 $B=\{1, 2, 3\}$，事件 $A+B=\{1, 2, 3, 5\}$，

所以 $P(A)=\frac{1}{2}$，$P(B)=\frac{1}{2}$，$P(A+B)=\frac{2}{3}$；

(2) $\because P(A)+P(B)=1$，$P(A+B)=\frac{2}{3}$，$\therefore P(A)+P(B)>P(A+B)$；

(3)当事件 A，B 互斥时，公式 $P(A+B)=P(A)+P(B)$ 成立.

2. 设 $A=\{$该批产品被拒绝接受$\}$，则 $P(A)=1-P(\overline{A})=1-\frac{C_{95}^5}{C_{100}^5}=0.23$.

3. $\frac{3}{4}$.

4. $\frac{1}{13}$.

5. (1) $P(A)=\frac{2}{5}$，$P(B)=\frac{2}{5}$，$P(AB)=\frac{1}{10}$； (2) $P(B\mid A)=\frac{1}{4}$.

6. 0.92.

7. $p=\frac{1}{3}$.

8. $\frac{5}{64}$.

9. $\frac{4}{625}$.

10. $\frac{32}{81}$.

11. (1)0.098 75；(2)0.117 6.
12. 0.595.
13. 0.15.
14. 0.7.
15. 0.4.
16. 0.458.
17. $\frac{3}{11}$.
18. 丙.

习题7－3

1. ②④.
2. B
3. (1) $\varnothing$；(2) $\{1,2,3,4,5,6\}$；(3) $\{2\}$；(4) $\{1,2,4,6\}$；(5) $\{1,2\}$；
(6) $\{2\}$；(7) $\{1,2,3,5\}$；(8) $\{1,2,4,5\}$.
4. $\frac{17}{45}$.
5. $\frac{2}{5}$.
6. $\frac{3}{10}$.
7. $\frac{3}{16}$.
8. $\frac{19}{36}$.
9. $\frac{1}{5}$.
10. 0.71；0.56.
11. 设摸出红球、白球、黄球的事件分别为 A，B，C. 由题意知：
$P(A\cup B)=P(A)+P(B)=0.65$，$P(B\cup C)=P(B)+P(C)=0.6$，
$\therefore P(C)=1-P(A\cup B)=1-0.65=0.35$，
$P(B)=P(B\cup C)-P(C)=0.6-0.35=0.25$.
12. $\frac{3}{70}$.
13. 设 $A=$“甲击中目标”，$B=$“乙击中目标”.
$P(\text{目标未击中})=P(\overline{A}\,\overline{B})=1-P(A\cup B)=1-[P(A)+P(B)-P(AB)]$
$=1-(0.7+0.6-0.4)=0.1$，
$P(\text{甲击中目标而乙未击中})=P(A\overline{B})=P(A)-P(AB)=0.7-0.4=0.3$.
14. 0.648.

15. $\frac{16}{81}$.

16. 0. 65.

17. 设 A = “从甲袋放入乙袋中的球是白球”，B = “最后从乙袋中取出的球是白球”.

$\therefore P(A)=\frac{1}{3}$，$P(\bar{A})=\frac{2}{3}$，$P(B\mid A)=\frac{1}{2}$，$P(B\mid\bar{A})=\frac{1}{4}$，

$$P(B)=P(AB)+P(\bar{A}B)=P(A)P(B\mid A)+P(\bar{A})P(B\mid\bar{A})$$
$$=\frac{2}{6}\times\frac{2}{4}+\frac{4}{6}\times\frac{1}{4}=\frac{1}{3}.$$

18. (1)用 A_1，A_2，A_3 分别表示甲、乙、丙厂生产：C 表示次品.

则 $P(A_1)=\frac{1}{2}$，$P(A_2)=\frac{1}{3}$，$P(A_3)=\frac{1}{6}$，

$P(C\mid A_1)=2\%$，$P(C\mid A_2)=6\%$，$P(C\mid A_3)=3\%$，

由全概率公式得：

$$P(C)=P(A_1)\cdot P(C\mid A_1)+P(A_2)\cdot P(C\mid A_2)+P(A_3)\cdot P(C\mid A_3)$$
$$=\frac{1}{2}\times2\%+\frac{1}{3}\times6\%+\frac{1}{6}\times3\%=3.5\%.$$

(2)由条件概率得：

$$P(A_1\mid C)=\frac{P(A_1C)}{P(C)}$$
$$=\frac{P(A_1)\cdot P(C\mid A_1)}{P(A_1)P(C\mid A_1)+P(A_2)P(C\mid A_2)+P(A_3)P(C\mid A_3)}$$
$$=\frac{\frac{1}{2}\times2\%}{3.5\%}=\frac{2}{7}.$$

19. 设 A = {从甲、乙两盒中各取一球，颜色相同}，

B_i = {甲盒中有 i 只白球}，$i=0$，1，2，3，4.

显然 B_0，B_1，…，B_n 构成一个完备事件组，

又由题设知：$P(B_i)=\frac{C_4^iC_4^{4-i}}{C_8^4}$，$i=0$，1，…，4.

且 $P(A\mid B_1)=\frac{3}{8}$，$P(A\mid B_2)=\frac{1}{2}$，$P(A\mid B_3)=\frac{3}{8}$，

$P(A\mid B_0)=P(A\mid B_4)=0$，

由全概率公式得：

$$P(A)=\sum_{i=0}^{5}P(B_i)P(A\mid B_i)=\frac{C_4^1C_4^3}{C_8^4}\times\frac{3}{8}+\frac{C_4^2C_4^2}{C_8^4}\times\frac{1}{2}+\frac{C_4^3C_4^1}{C_8^4}\times\frac{3}{8}=\frac{3}{7}.$$

从而再由贝叶斯公式得：

$$P(B_1\mid A)=\frac{P(B_1)P(A\mid B_1)}{P(A)}=\frac{\frac{8}{35}\times\frac{3}{8}}{\frac{3}{7}}=\frac{1}{5},$$

$$P(B_2 \mid A)=\frac{P(B_2)P(A \mid B_2)}{P(A)}=\frac{\frac{18}{35}\times\frac{4}{8}}{\frac{3}{7}}=\frac{3}{5},$$

$$P(B_3 \mid A)=\frac{P(B_3)P(A \mid B_3)}{P(A)}=\frac{\frac{8}{35}\times\frac{3}{8}}{\frac{3}{7}}=\frac{1}{5},$$

$$P(B_0 \mid A)=P(B_4 \mid A)=0.$$

即放入甲盒的 4 只球中只有两只白球的概率最大，最大值为$\frac{3}{5}$.

20. 设 $A_1=\{男人\}$，$A_2=\{女人\}$，$B=\{色盲\}$，显然 $A_1\cup A_2=S$，$A_1A_2=\varnothing$，

由题意知 $P(A_1)=P(A_2)=\frac{1}{2}$，$P(B \mid A_2)=0.25\%$，$P(B \mid A_1)=5\%$.

由贝叶斯公式得：

$$P(A_1 \mid B)=\frac{P(A_1B)}{P(B)}=\frac{P(A_1)P(B \mid A_1)}{P(A_1)P(B \mid A_1)+P(A_2)P(B \mid A_2)}$$

$$=\frac{\frac{1}{2}\cdot\frac{5}{100}}{\frac{1}{2}\cdot\frac{5}{100}+\frac{1}{2}\cdot\frac{25}{10\,000}}=\frac{20}{21}.$$

第四节　统计初步

练习 4.1

1. 总体是全校学生，个体是全校的每一名学生，样本是抽取出来的 40 名学生，样本容量是 40.
2. 总体是某批充电宝，个体是这批充电宝中的每个充电宝，样本是抽测的 200 个充电宝，样本容量是 200.

练习 4.2

1. （1）不是简单随机抽样，因为总体的个数是无限多个，而不是有限的；

（2）不是简单随机抽样. 因为抽样时进行了重复抽样，而不是不重复抽样.

2. （1）分段：$\frac{362}{40}$ 商是 9，余数是 2，抽样距为 9；

（2）先用简单抽样从这些书中抽取 2 册书不检验；

（3）将剩下的书编号：0，1，…，359；

（4）从第一组（编号为 0，1，…，8）书中按照简单随机抽样的方法抽取一册书，比如

其编号为 k；

（5）抽取编号为下面数字的书：$k+9n(1\leqslant n\leqslant 39)$，总共得到 40 个样本.

3. 按照 1 : 5 的比例，应该抽取的样本容量为$\frac{295}{5}=59$.

（1）把 259 名同学分成 59 组，每组 5 人.
第 1 组是编号为 1 ~ 5 的 5 名学生，
第 2 组是编号为 6 ~ 10 的 5 名学生，
依次下去，
第 59 组是编号为 291 ~ 295 的 5 名学生；

（2）采用简单随机抽样的方法，从第一组 5 名学生中抽出一名学生，不妨设编号为 k $(1\leqslant k\leqslant 5)$；

（3）从其他组中分别抽取编号为 $k+5l$（$l=1, 2, \cdots, 58$）的学生，得到 59 个个体作为样本，如当 $k=3$ 时的样本编号为 3，8，13，…，288，293.

4. 略.
5. 各血型应抽取的人数分别为：O 型血 8 人，A 型血和 B 型血各 5 人，AB 型血 2 人.
6. 随机抽样法：将 140 人从 1 ~ 140 编号，然后制作出有编号 1 ~ 140 的 140 个形状、大小相同的号签，并将号签放入箱子里搅拌均匀，然后从中抽取 20 个号签，编号与签号相同的 20 个人被选出；
系统抽样法：将 140 人分成 20 组，每组 7 人，并将每组 7 人按 1 ~ 7 编号，在第一组采用抽签法抽出 k 号（$1\leqslant k\leqslant 7$），则其余各组按 $k+7n(n=1, 2, \cdots, 19)$ 抽号，20 个人被选出；
分层抽样法：按20 : 140 = 1 : 7 的比例，从教师中抽取 13 人，从教辅行政人员中抽取 4 人，从总务后勤人员中抽取 3 人. 从各类人员中抽取所需人员时，均采用随机数表法，可抽到 20 个人.
7. 略.

练习 4. 3

1. A
2. （1）计算最大值与最小值的差：7. 4 − 4. 0 = 3. 4cm；
（2）决定组距与组数：取定组距为 0. 3cm，组数为 12；
（3）决定分点：所分的 12 个小组可以是 3. 95 ~ 4. 25，4. 25 ~ 4. 55，4. 55 ~ 4. 85，…，7. 25 ~ 7. 55.

分组	频数累计	频数	频率
[3. 95 ~ 4. 25)	一	1	0. 01
[4. 25 ~ 4. 55)	一	1	0. 01
[4. 55 ~ 4. 85)	丅	2	0. 02
[4. 85 ~ 5. 15)	正	5	0. 05

（续上表）

分组	频数累计	频数	频率
[5.15～5.45)	正正一	11	0.11
[5.45～5.75)	正正正	15	0.15
[5.75～6.05)	正正正正正下	28	0.28
[6.05～6.35)	正正下	13	0.13
[6.35～6.65)	正正一	11	0.11
[6.65～6.95)	正正	10	0.10
[6.95～7.25)	丅	2	0.02
[7.25～7.55)	一	1	0.01
合计		100	1.00

（4）画频率分布直方图：

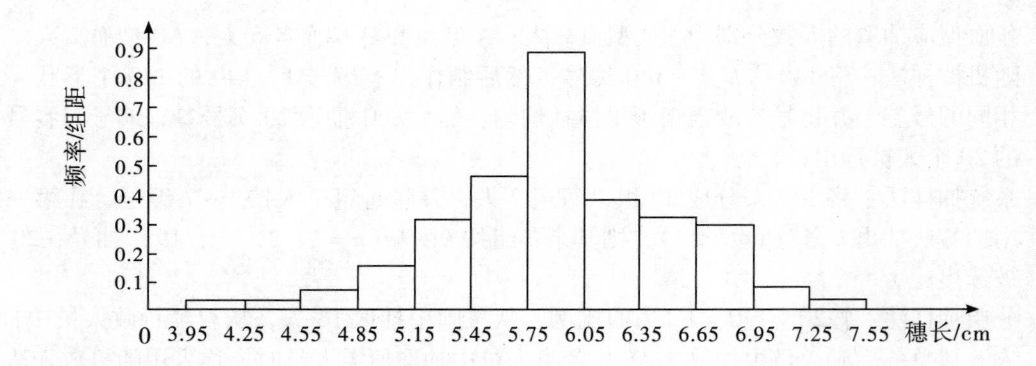

3. C
4. $s_{甲}^2=0.84$，$s_{乙}^2=0.61$，$s_{甲}^2>s_{乙}^2$，故乙种鸡比甲种鸡产蛋量稳定.

习题7－4

1. 总体是5万名初中生，个体是5万名初中生中的每1人，样本是抽取出来的500名初中生，样本容量是500.
2. 第一步：将原来的编号调整为01，02，…，96.
   第二步：在“附录：随机数表”中任选一数作为开始，任选一个方向为读数方向. 比如，选第4行第1个数“12”向右读.
   第三步：从12开始向右读，每次取一个两位数，凡不在01～96中的数跳过去不读，前面已读的数也不读，依次得到12，56，85，26，96，68，27，31，05，03.
   第四步：对应以上编号的机器便是要抽取的对象.
3. （1）将这20条电脑内存编号：01，02，…，20；
   （2）将这20个号码分别写在形状、大小相同的卡片上；
   （3）将这20张卡片放入同一个不透明的箱子里，搅拌均匀；
   （4）从箱子里依次不放回抽取5张卡片，并记录上面的编号；

（5）所得编号对应的电脑内存组成样本.

4. B

5. C

6. 略；

7. 平均数135，方差2.0.

评价：①从均数看，甲班和乙班学生平均每分钟输入的汉字个数相同，说明两个班的整体水平相当；②从方差看，$s_{甲}^2 < s_{乙}^2$，甲班成绩波动小，较稳定.

复习题七

1. 5人住3个房间，每个房间至少住1人，则有（3，1，1）和（2，2，1）两种住法.

当为（3，1，1）时，共有 $C_5^3A_3^3=60$ 种住法，其中 A，B 住同一房间有 $C_3^1A_3^3=18$ 种住法，故 A，B 不住同一房间有 $60-18=42$ 种住法；当为（2，2，1）时，共有 $\frac{C_5^2C_3^2}{A_2^2}A_3^3=90$ 种住法，其中 A，B 住同一房间有 $C_3^2A_3^3=18$ 种住法，故 A，B 不住同一房间有 $90-18=72$ 种住法. 由分类计数原理，A，B 不住同一房间共有 $42+72=114$ 种住法.

2. 45.

3. $\frac{45}{256}$.

4. (1)1，3，2；　(2)$\frac{4}{15}$.

5. 0.954.

6. $\frac{27}{256}$.

提示：事件{成功2次之前已经失败3次}等价于事件{前4次恰成功1次，且第5次成功}.

7. 设 A_1 表示从甲袋中取出两个白球，A_2 表示从甲袋中取出两个红球，A_3 表示从甲袋中取出一白一红，B 表示从乙袋中取出一个白球.

由全概率公式得：

$$P(B)=P(A_1)P(B|A_1)+P(A_2)P(B|A_2)+P(A_3)P(B|A_3)$$

$$=\frac{1}{C_5^2}\cdot\frac{C_6^1}{C_8^1}+\frac{C_3^2}{C_5^2}\cdot\frac{C_4^1}{C_8^1}+\frac{C_2^1C_3^1}{C_5^2}\cdot\frac{C_5^1}{C_8^1}$$

$$=\frac{1}{10}\times\frac{3}{4}+\frac{3}{10}\times\frac{1}{2}+\frac{3}{5}\times\frac{5}{8}=\frac{3}{5}.$$

8. 抽取号码的间隔为 $\frac{960}{32}=30$，从而区间 [451，750] 包含的段数为 $\frac{750}{30}-\frac{450}{30}=10$，则编号落入区间 [451，750] 的人数为10，即做问卷 B 的人数为10.

第八章　线性代数初步

第一节　行列式

练习 1.1

1. (1) -1；　(2) 1；　(3) -73；　(4) $abc+2fgh-af^2-bg^2-ch^2$.

2. (1) $\begin{cases}x=1,\\y=-2;\end{cases}$　(2) $\begin{cases}x=\dfrac{1}{2},\\y=-\dfrac{1}{2};\end{cases}$　(3) $\begin{cases}x_1=1,\\x_2=1,\\x_3=0;\end{cases}$　(4) $\begin{cases}x_1=1,\\x_2=1,\\x_3=1.\end{cases}$

练习 1.2

1. (1) -28；　(2) 0；　(3) 12；　(4) x^3-2x.
2. (1) 56；　(2) 0；　(3) $(a+3)(a-1)^3$；　(4) a^4+3a^2+1.

练习 1.3

1. (1) 0；　(2) 6；　(3) $4abcdef$；　(4) $\lambda^2(\lambda-2)$.
2. (1) 1；　(2) 0.

练习 1.4

1. (1) $\begin{cases}x=3,\\y=2;\end{cases}$　(2) $\begin{cases}x_1=1,\\x_2=3,\\x_3=5;\end{cases}$　(3) $\begin{cases}x_1=1,\\x_2=-1,\\x_3=2;\end{cases}$　(4) $\begin{cases}x_1=0,\\x_2=-3,\\x_3=1.\end{cases}$

2. (1) $\begin{cases}x_1=1,\\x_2=1,\\x_3=-1,\\x_4=-2;\end{cases}$　(2) $\begin{cases}x_1=1,\\x_2=0,\\x_3=-1,\\x_4=0.\end{cases}$

习题 8-1

1. (1) -17；　(2) -1；　(3) -2；　(4) -1.
2. (1) 275；　(2) adf；　(3) -20；　(4) 0.
3. $a=2$ 或 $a=3$.

4. (1) -115; (2) 0; (3) $\frac{1}{10}$; (4) 0; (5) $-a(a-1)^2$; (6) $(a-b)(b-c)(c-a)$.

5. (1) 8; (2) 160; (3) 1; (4) 200; (5) $(a+3b)(a-b)^3$; (6) 33.

6. (1) $\begin{cases} x=\frac{1}{2}, \\ y=-\frac{1}{2}; \end{cases}$ (2) $\begin{cases} x=\frac{1}{2}, \\ y=1, \\ z=-\frac{3}{2}; \end{cases}$ (3) $\begin{cases} x_1=1, \\ x_2=-5, \\ x^3=2; \end{cases}$ (4) $\begin{cases} x_1=1, \\ x_2=2, \\ x_3=-1, \\ x_4=2. \end{cases}$

第二节 矩 阵

练习 2.1

1. $\begin{pmatrix} 3 & 1 & 4 \\ -3 & -1 & -4 \\ 6 & 2 & 8 \end{pmatrix}$, 10.

2. $\begin{pmatrix} -1 & -3 & 2 \\ 2 & -1 & 0 \end{pmatrix}$.

3. $\begin{pmatrix} 4 & 4 & 20 \\ 19 & 7 & 20 \end{pmatrix}$.

4. 125, -14.

练习 2.2

1. (1) $\begin{pmatrix} 1 & -3 & 1 \\ 0 & 7 & -3 \\ 0 & 0 & 0 \end{pmatrix}$; (2) $\begin{pmatrix} 1 & 1 & 3 & 4 \\ 0 & 1 & 5 & -3 \\ 0 & 0 & 2 & -3 \\ 0 & 0 & 0 & 1 \end{pmatrix}$.

2. $\because |\boldsymbol{A}|=5\neq 0$, $\therefore$ 方阵 $\boldsymbol{A}$ 可逆, $\frac{1}{5}\begin{pmatrix} -5 & 1 & 3 \\ 5 & 1 & -2 \\ -5 & 2 & 1 \end{pmatrix}$.

3. (1) $\begin{pmatrix} 1 & 0 & 0 \\ 0 & -1 & 0 \\ 0 & 0 & \frac{1}{2} \end{pmatrix}$; (2) $\begin{pmatrix} -2 & 1 & 1 \\ -6 & 1 & 4 \\ 5 & -1 & -3 \end{pmatrix}$; (3) $\frac{1}{6}\begin{pmatrix} 0 & -3 & 3 \\ -2 & 5 & -1 \\ -4 & 1 & 1 \end{pmatrix}$;

(4) $\begin{pmatrix} 1 & -2 & 1 & 0 \\ 0 & 1 & -2 & 1 \\ 0 & 0 & 1 & -2 \\ 0 & 0 & 0 & 1 \end{pmatrix}$.

练习2.3

1. (1) $\begin{cases}x=1,\\y=2,\\z=-3;\end{cases}$ (2) $\begin{cases}x_1=1,\\x_2=1,\\x_3=-1,\\x_4=-1.\end{cases}$

2. (1) $\begin{cases}x_1=0,\\x_2=1,\\x_3=1;\end{cases}$ (2) $\begin{cases}x_1=-1,\\x_2=0,\\x_3=1.\end{cases}$

3. $\frac{1}{5}\begin{pmatrix}-1\\3\\4\end{pmatrix}$，得 $\begin{pmatrix}-\frac{1}{5}\\ \frac{3}{5}\\ \frac{4}{5}\end{pmatrix}$.

习题 8-2

1. (1)2，3； (2)$\begin{pmatrix}3&9\\12&-2\end{pmatrix}$； (3)1； (4)$-8$.

2. (1)$\begin{pmatrix}4&-1\\4&5\end{pmatrix}$； (2)$\begin{pmatrix}-3&-8&10\\9&3&-15\\2&-4&0\end{pmatrix}$； (3)$\begin{pmatrix}1&3&0\\3&58&35\\0&35&25\end{pmatrix}$； (4)$\begin{pmatrix}0&0\\0&0\end{pmatrix}$.

3. $\boldsymbol{AB}=\begin{pmatrix}3&-1&1\\4&-1&2\\5&-1&-1\end{pmatrix}$，$\boldsymbol{BA}=\begin{pmatrix}-1&0&3\\0&1&0\\1&3&1\end{pmatrix}$，

$\boldsymbol{AB}-\boldsymbol{BA}=\begin{pmatrix}4&-1&-2\\4&-2&2\\4&-4&-2\end{pmatrix}$，$2\boldsymbol{A}+(\boldsymbol{A}+\boldsymbol{B})^T=\begin{pmatrix}1&4&4\\0&4&6\\2&6&1\end{pmatrix}$.

4. (1)$\begin{pmatrix}1&4\\0&9\end{pmatrix}$； (2)$\begin{pmatrix}5&3\\0&-2\end{pmatrix}$； (3)$\begin{pmatrix}1&1&1\\0&3&3\\0&0&6\end{pmatrix}$； (4)$\begin{pmatrix}1&2&3\\0&-1&-1\\0&0&-10\end{pmatrix}$.

5. (1)可逆，$\boldsymbol{A}^{-1}=\begin{pmatrix}2&-5\\-1&3\end{pmatrix}$； (2)不可逆.

6. (1) $\begin{cases}x_1=1,\\x_2=2,\\x_3=1;\end{cases}$ (2) $\begin{cases}x_1=1,\\x_2=1,\\x_3=1,\\x_4=1.\end{cases}$

7. (1) $\begin{cases} x_1 = 1, \\ x_2 = -1, \\ x_3 = 0; \end{cases}$ (2) $\begin{cases} x_1 = 3, \\ x_2 = -3, \\ x_3 = 1. \end{cases}$

8. $\begin{pmatrix} 5 & -2 & -2 \\ 4 & -3 & -2 \\ -2 & 2 & 3 \end{pmatrix}$.

复习题八

1. (1)2; (2) −48; (3) $\begin{pmatrix} -1 & 9 & 15 \\ 6 & -10 & 24 \\ 3 & 3 & -4 \end{pmatrix}$; (4) $\boldsymbol{A}$;

(5) $\begin{pmatrix} 5 & -2 & -4 \\ 1 & 12 & 3 \\ 9 & 19 & -1 \end{pmatrix}$; (6) −88; (7) $\begin{pmatrix} 1 & 0 & 0 \\ -\frac{1}{2} & \frac{1}{2} & 0 \\ 0 & 0 & 1 \end{pmatrix}$.

2. (1) −78; (2) $(2x-1)(x^2-2)$; (3) $(a-b)(b-c)(c-a)$; (4) −8;
(5) 48; (6)1; (7)200; (8) $-(ad-bc)^2$.

3. $A_{22}+A_{34}=12-9=3$.

4. (1) $\begin{cases} x = -2, \\ y = 2, \\ z = -1; \end{cases}$ (2) $\begin{cases} x = 2, \\ y = -1, \\ z = 1; \end{cases}$ (3) $\begin{cases} x_1 = -3, \\ x_2 = 11, \\ x_3 = 6; \end{cases}$ (4) $\begin{cases} x_1 = 3, \\ x_2 = -4, \\ x_3 = -1, \\ x_4 = 1. \end{cases}$

5. $\begin{pmatrix} 10 & 0 & 0 \\ -10 & 5 & 0 \\ 2 & -4 & 2 \end{pmatrix}$.

6. (1) $\begin{pmatrix} -2 & 1 \\ \frac{3}{2} & -\frac{1}{2} \end{pmatrix}$; (2) $\begin{pmatrix} 1 & 0 & 0 \\ -1 & 1 & 0 \\ 0 & -1 & 1 \end{pmatrix}$; (3) $\begin{pmatrix} -\frac{1}{2} & \frac{1}{2} & \frac{1}{2} \\ \frac{1}{4} & -\frac{1}{4} & \frac{1}{4} \\ \frac{5}{4} & -\frac{1}{4} & -\frac{3}{4} \end{pmatrix}$;

(4) $\begin{pmatrix} -2 & 1 & 1 \\ -6 & 1 & 4 \\ 5 & -1 & -3 \end{pmatrix}$.

7. (1) $\begin{cases} x_1 = 1, \\ x_2 = 2, \\ x_3 = 3; \end{cases}$ (2) $\begin{cases} x_1 = 1, \\ x_2 = 1, \\ x_3 = 1, \\ x_4 = -1; \end{cases}$ (3)无解;

(4) $\begin{cases} x_1 = -\frac{5}{3}x_3 - 2x_4 + \frac{7}{3}, \\ x_2 = -\frac{2}{3}x_3 - x_4 + \frac{4}{3}, \end{cases}$ 其中 x_3，x_4 可取任意值.

8. (1) $\begin{cases} x_1 = 1, \\ x_2 = 0, \\ x_3 = -1; \end{cases}$ (2) $\begin{cases} x_1 = 3, \\ x_2 = -3, \\ x_3 = 1. \end{cases}$

9. $\begin{pmatrix} 5 & 2 \\ 4 & 3 \\ 3 & 2 \end{pmatrix}$.

10. $\begin{pmatrix} 2 & 0 & 1 \\ 0 & 3 & 0 \\ 1 & 0 & 2 \end{pmatrix}$.

参考文献

1. 同济大学数学系. 高等数学. 7版. 北京：高等教育出版社，2014.

2. 华东师范大学数学系. 数学分析. 5版. 北京：高等教育出版社，2019.

3. 张国楚，等. 大学文科数学. 3版. 北京：高等教育出版社，2015.

4. 赵树嫄. 经济应用数学基础（一）·微积分. 5版. 北京：中国人民大学出版社，2021.

5. 人民教育出版社，等. 普通高中教科书·数学（A版，1-5）. 北京：人民教育出版社，2019.

6. 暨南大学华文学院预科部. 大学预科系列教材·数学. 广州：暨南大学出版社，2000.

7. 暨南大学华文学院预科部. 大学预科系列教材·数学. 广州：暨南大学出版社，2010.

8. 暨南大学华文学院预科部. 暨南大学、华侨大学联合招收港澳地区、台湾省、华侨、华人及其他外籍学生入学考试复习丛书·数学. 广州：暨南大学出版社，2021.

后 记

本教材是我们在多年大学预科教学所积累的经验基础上编写而成的。在编写过程中，我们围绕大学预科人才培养目标来选择内容和表述形式，力求使教材适合学生的特点。教材的内容包括微积分、概率统计和线性代数三部分，系统全面地介绍了高等数学的基础知识；在表述形式上，我们力求简明扼要，深入浅出，生动直观，以利于学生数学能力的培养和数学素养的提高，为学生进入大学本科阶段打下良好的数学基础。

全书通俗易懂、易学实用，善于从数学文化视角展现知识的来龙去脉，注重揭示知识技能背后所蕴含的数学思想方法，关注数学理论的实际应用，尤其强调数学基本方法和基本技能的训练，并配有大量典型的例题和习题。本书既可作为大学预科教材及本科思维训练教材，也可作为教师教学参考和学生自学用书。

本书由谢益民任主编，谭学功任副主编。全书具体编写分工如下：

岑文、周思当：第一章；谢益民：第二章；张卓：第三章；谭学功：第四章；刘岑枫：第五章；赖章荣：第六章；刘家有：第七章；周思当：第八章。

在本书编写过程中，我们参考了大量同类教材和部分网上资料，尤其“文化广角”的编写吸收了许多有关的数学文化研究成果。由于篇幅有限，恕未能在书中一一列出，在此谨对诸位原创作者表示衷心感谢！

暨南大学出版社的编校人员为本书的出版付出了大量心血，我们在这里表示衷心感谢！

由于时间仓促，且限于编者水平，书中难免有不妥甚至错误之处，恳请读者批评指正，并提出更多宝贵建议。

编　者

2024 年 3 月